程序控制

Process Control

王一虹◎著

獻給凡事支持我的父母與吾妻斐清

誌　謝

作者要特別感謝美國維吉尼亞州立科技大學化工系講座教授劉裔安教授提供細詳參考書目之連絡資料，使本書所有的引用資料均得到授權而准予轉印。台灣大學化工系陳誠亮教授與謝中天先生慷慨授予部分模糊控制之說明亦深爲感動。

美國化工學會（AICHE）、美國儀器協會（Instrument Society of America，ISA）、美國 McGraw-Hill 圖書公司及美國 PTR Prentice Hall Inc 出版商授權同意作者使用其部分刊物內容一併表示感謝。

中美和石化公司程序控制小組的施奇良、鐘進煌、黃傳家與李秋燕，幫忙部分的編緝校對工作，及揚智文化事業公司之賴筱彌、晏華璞與蕭家琪小姐的負責編緝，終使本書在歷經年餘的撰寫後，能劃上完美的句點，於此順向他們表示最大的謝意。

作者非常樂意接受讀者的任何建議或經驗分享，俾能於再版中予以校正補充之。來函請寄701台南市東寧路546號11樓，所有的來信均將予以正式回覆之。

序

在從事石化工業的第一線程序控制工作多年後，深切感受到程序控制所具有的各種優良特質，實爲企業競爭的利器。然而能够享有此一本輕利多效益的程序工業，著實不多，國外如此，國內更是嚴重。其主要的問題在於管理階層的不够重視或甚至無此認知、工程師及第一線操作人員無法累積有用的程控技術，及學生在校所學與實際工業之程控知識有所脫節所致。今天談藉由程序控制技術的提升來增加企業競爭力，非從這些方面來著手改善不可。因此，在使命感的驅使下，筆者融合了自己實作的經驗與國內外專家學者之論述，並堅持以最少的數學式、最實用的例子、最簡單的方法、最淺易的說明及最廣泛的技術收集來闡述各種程序控制之理論與技術。因此，極適合專科以上的學生作爲教科書或參考書籍以學得實用的程序控制技術；現場工程師則可以本書爲工具書以解決其每日均須面對的程控問題；企業管理階層主管則可依本書來制定訂技術競爭路線的策略依據。

行遠必自邇，程序控制的發展亦然，惟有按部就班的逐步推演才能建構堅實的程控系統。本書的內容安排即按此一步驟逐次展開。

第一章概述了程序控制究爲何物，程序控制之效益及建立程控體系的方法，爲經營主管所必看。接著依序分成四大部分：

第Ⅰ部爲基礎控制，這是程控體系建立的基石，非常重要，也是學生及現場工程師修習的主要重點。它包括了：第二章的回饋控制環路的構成，說明迴路上各種儀錶及控制器之基本功能及其特性。第三章的動態特性分析，是程控理論的根基，其中的現場測試尋求動態模式的方法對於瞭解控制迴路的特性極爲實用，應大加使用。第四章則分別從時域（time domain）、頻域（frequency domain）及根軌跡分析（S domain）的方法來討論控制迴路穩定性的方法，其中的PID控制器調諧技術更收集了八種以上的技巧，足以應付日常工作所需。第五章的控制器分類介紹，詳細介紹了程序工業中最常使用的各種流量、溫度、壓力、液位等單迴路控制特性及分叉控制、限制控制、閥位控制……等常見之多迴路控制設計技巧。第六章的控制環路之偵錯與改善，說明如何從程序之動態特性來偵察迴路元件之各式問題。

第Ⅱ部分爲進階控制（advanced regulatory control，ARC）是作者刻意爲基礎控制與高階控制而區分出的。此部分對於控制策略的設計作了更精巧的描述。任何一個程序在跨入高階控制時，均應已完善的使用控制策略。其中的第七章說明了傳統的串級控制及前饋控制的設計及調諧準則，第十章的控制策略之設計實爲本書的核心所在，匠心獨運的控制策略設計，其結果往往猶勝於單純的使用高階控制技術之效果，是程控工程師展現其優雅技藝的最高表現，必須配合實作，方能心領神會之。第八章的pH控制，雖爲典型的單迴路控制，然因其特殊的S型非線性特性，在實用工業中，一個好的pH控制還真如鳳毛麟角般難尋，在此提供了從製程上改善及控制閥精度的改良上來輔助pH控制的方法，相當實用。第九章的批次程序控制，因與連續製程的程序控制其訴求不同，且有較高的困難度，因此亦列舉數例來談批次程序所需要的間續控制與調節控制。

第Ⅲ部分的高階控制是程序控制技術的最高境界，這裏所介紹的許多技術有些仍在持續發展改良中，有些則已極度成熟，這裏面的每一章均可完整的擴展到厚厚的一本完整的書，因此，詳細介紹其原理及應用實例爲本書之困難所在，作者只能扮演引領入門及點大角色，有興趣的讀者當搜尋更多的相關資料研習之。第十一章的推理控制及IMC控制設計可以非常巧妙地規劃於電腦控制系統，對於長靜時的程序可以發揮較PID控制器更宏大的功能。第十二章的交互作用特性介紹及去偶合設計談到如何獲得交互作用大小的指標及如何靠控制器適當鬆緊的調諧與去偶合的設計技巧來減少或去除交互作用現象。第十三章的多變數預測控制器(multivariable predictive controller,MPC)爲目前普遍用於解決多變數交互作用程序的一種集中式控制設計技術,MPC爲一複雜的技術,其使用有其技巧及適用範圍,文中均詳細交代,背離這些原則的MPC之使用,只有失敗一途,絕無僥倖可言。第十四章是概述非線性程序所使用的控制器之原理簡介,從最典型的PID控制器到人工智慧的模糊控制、類神經網路控制乃至專家系統均作一簡介,使讀者對程序控制領域所使用的控制器,至少均能有初步的認識。

第Ⅳ部分對於程序控制之分支發展及與其它多功能目標之整合乃開放式電腦控制之必然應用。第十五章說明如何經由控制策略之設計及程序模式來達到最適化的方法,此外CUSUM、田口及進化操作法(evolutionary operation)等三種傳統最適化方法亦一併介紹之。最後一章則分析了程序控制系統如何支援其它領域的發展,如訓練用的動態模擬機、會計帳目所需之數據重整技術、增進企業工安與環保之失誤偵測與診斷技術、乃至於與程序資訊系統(process information system)的結合完成各種商業目標的任務。

很明顯的,電腦技術的進步搭配各種知識基礎的技術的逐漸開發,程序控制對於程序工業的功能當不只是

- 降低操作成本。
- 提升產品品質。
- 增加操作便利。
- 擴充操作煉量。
- 延長設備壽命。
- 改善工安環保。

等傳統多功能效益而已,其實已肩負企業競爭存亡的關鍵角色,越有效越早實施程序控制的企業,在未來亦相對有較大的機會。

程序控制適用於煉油、化學、纖維、鋼鐵、造紙、食品乃至半導

體、液晶製造等程序工業，希望這本書的問世對國內程序工業的控制技術提升能良有助益。而作者雖才疏學淺，然引據之圖表、方法均列出處，並對其實用與正確性多加考據，務使其有最高之參考價值，惟程控技術範疇極廣，不免有謬誤遺漏之處，若蒙諸先進專家之指正，實亦作者之福。

王一虹

目　錄

第Ⅱ部　進階控制　175

第Ⅲ部　高階控制　259

第Ⅳ部　程序控制之發展與整合　361

第1章

程序控制概述

◈研習目標◈

當您讀完這章，您可以

A.瞭解程序控制的四要件。

B.瞭解程序控制的效益及其估算。

C.瞭解程序控制之整體架構及推展順序。

D.瞭解確保各階段程序控制專案成功的要素。

E.瞭解程序控制工程師所必須具備的技能。

在開始本書之前，有一個很重要的概念必須先弄清楚，到底什麼是程序控制？它跟經營者有何關係？它跟工程師們又是什麼關係？而控制工程師必須至少具備什麼技能才能得心應手地從事此工作？對操作員而言，程序控制眞的會加重他們的工作負擔嗎？或者是幫助他們更舒服工作的得力助手？

在瞭解了程序控制爲何物後，如何在程序工廠（process plants）內建立起堅實的程序控制系統？確實爲公司帶來利基，爲工程師增長智能，爲操作員改善環境，甚至帶來敦親睦鄰的效果。我們在一開始即闡述原因是，希望讀者能對程序控制產生瞭解並在心裏先擁有程序控制架構的藍圖，在往後的各章由基礎漸入較能排除對程序控制的恐懼感，若能由實作中慢慢建立信心，相信建構整廠堅實之程序控制系統並不難。

1.1 何謂程序控制

「控制」一詞在我們日常生活中無處不在：家電用品有其開關等控制元件，汽車之油門、剎車亦構成簡單之控制系統，甚至在我們的體內各系統亦各自和諧地控制其內分泌腺並交互形成複雜的內宇宙控制系統，而浩瀚無邊的外宇宙亦有其運轉的控制系統，這林林總總的控制系統均稱爲控制。這裏我們可以簡單的給控制下一個定義：藉由調整某些東西而可以保持吾人所欲的情況者謂之。因此形成控制的四要件即爲：

- **系統：**被控制的對象所處的環境。
- **量測元件：**可以測知系統現況。
- **控制元件：**根據現況，計算如何作調整。
- **作動元件：**對系統作調整以避免偏離目標。

例如：我們開車時，會根據路況不時地調整方向盤、踩剎車、加油門等，以保持最佳之行進狀況，這當中：

- 系統爲路況。
- 量測元件爲人的眼睛。
- 控制元件爲人的頭腦。

·作動元件爲人的手＋方向盤＋剎車器＋油門。

再複雜的控制系統亦離開不了此四要件。想要增進控制之效果，對上述之四元件任何一樣加以改良均將產生助益。然而一般而言，對系統加以改良才是斧底抽薪的解決辦法，如**圖1.1**的系統——路況，若將道路取直，清除石頭、油漬，補平坑洞，則此系統之控制就會變得非常容易。若是因地形、天候或其它因素，此路如蜀道一般，則欲在此路平穩行車，則須有一雙好的眼睛（看清路況）、一個敏捷的腦袋（精確控制）和一輛好的車子（靈活作動）才能達到。

「程序控制」一詞，即在「控制」之前加「**程序**」二字，乃專指對程序工業（process industry）而言所需之控制。程序工業是指如石化、造紙、食品、煉鋼……等由管線、設備等連結而成有先後次序之生產工業而言。程序控制的目標很清礎的是希望在每一階段程序都能完成某些條件（如溫度、組成、pH……等），以產出合於規範的產品。因此，對於程序工業而言，程序控制的四要件即爲：

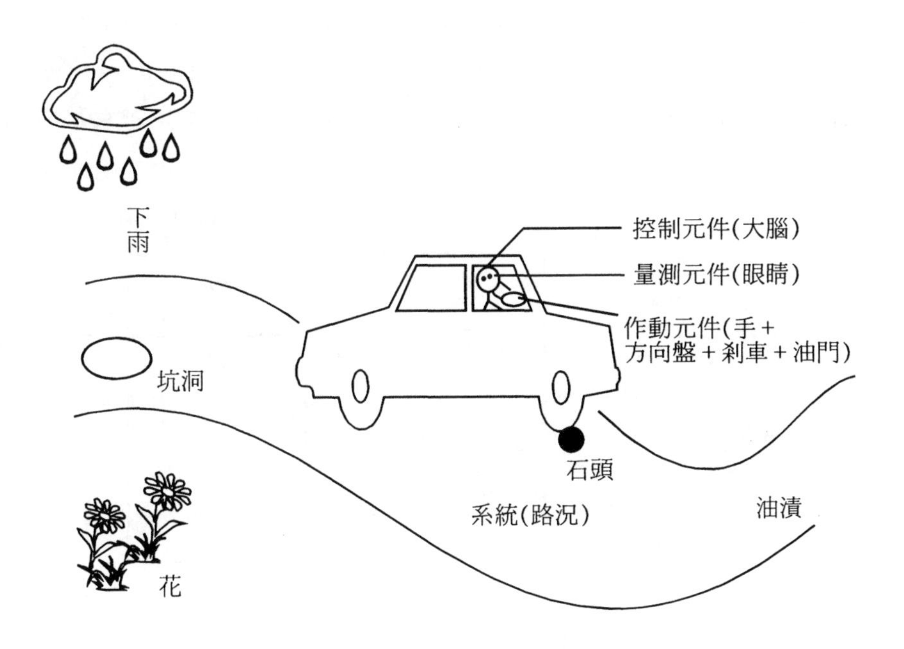

圖 1.1　開車實為一程序控制典型例子

·製程（process）：被控制的對象。

·量測元件（sensor）：測知製程內之某些特性（如溫度、壓力、組成、pH……等）。

·控制器（controller）：計算如何根據製程變化來調整作動元件，以維持製程目標。

·最終控制元件：最終之作動元件，通常是控制閥（control valve）。

如圖1.2所示，加熱槽（程序）的溫度（量測元件）有所變化時，控制室的分散式控制系統（distributed control system，DCS）或傳統控制器會根據溫度的偏差來計算且調整蒸汽的進入量（控制閥），使最後的槽溫如操作員的設定值一樣，達到控制的目的。跟上面所討論的情形一樣，增進控制效果最有效的辦法，即改善製程使其越簡單越好，然而不幸的是，製程之被設計乃是爲了要生產某種有經濟價值的東西、某種高品質的產品或是降低生產成本的考慮，而不是爲了要「好控制」。雖然，有些時候，製程之修改是爲了容易控制它，但畢竟必先不違背上述目的，因此，程序變得越來越複雜，越來越不容易控制。也正因爲如此，越來越新的量測元件問世，甚至量不出的東西，也要想辦法弄出一個推理數學式(inferential formular)來代表它；越來越多的

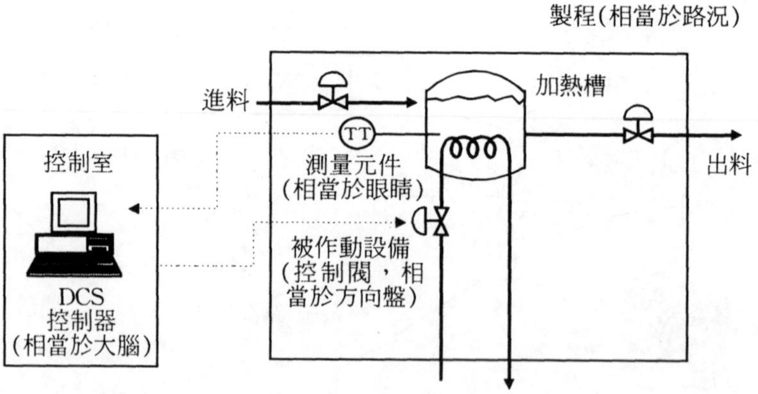

圖 1.2　程序工業中典型的控制系統

控制器問世。其最後的目標就是為了能控制愈趨繁雜的程序。然而無論如何，程序控制與其它的控制一樣離開不了控制四要件，而想要有一個優良的控制效果，最重要的就是要「瞭解程序」，知己知彼，才能攻無不克。對程序工業而言，雖然製程不一樣，惟大多數的單元設備與特性卻是一樣的，因此幸運地大大減少了必須瞭解的程序，只有那些特殊製程或高品質要求的程序才需要特殊控制，也使得程序控制成為可能。這其中最簡單的控制架構即如**圖1.3**所示之回饋控制系統（feedback control system）。當量測到出流（output）之製程變數產生變化時，經過控制器運算後調整入流（input）之控制閥。它的特性就是必須等到出流的變數變化後才調整入流閥，有時會因製程特性及高規格品之要求而顯得力不從心。然而對大多數之程序控制而言，此架構乃是最簡單直接有效之架構，且能滿足大多數之控制要求，在第 I 部分的基礎控制會清楚介紹。

1.2　程序控制之效益

當今企業之所以急於建立堅實之程序控制體系，最主要的理由還是經濟上的考量，透過各階段程序控制之實施均能達到相當程度之實質效益，而當程序控制為企業帶來利潤時，它更同時提供了下列效益，使得程序控制已經成為企業競爭不可忽視的利器。

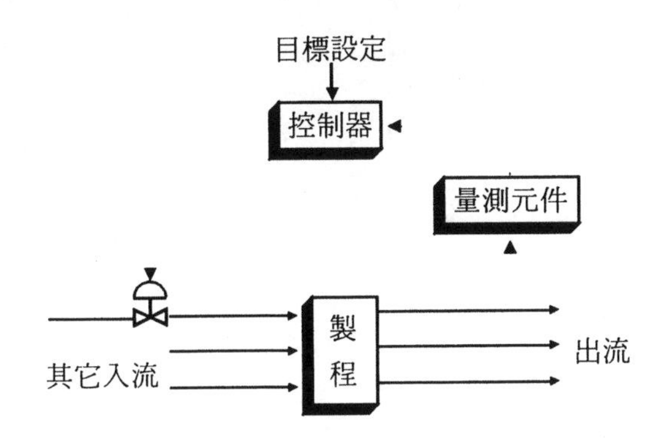

圖 1.3　回饋控制系統

·提升製程能力，減少產品變異度。

·降低工廠操作成本。

·增加工廠單位產量。

·增加工廠操作之安全性。

·減少廢棄物之產生（如廢氣、廢水等）。

·降低次級低價品之產量。

·降低能源耗用量。

·延長設備使用壽命，減少保修支出。

看看下面這個蒸餾塔例子，即可見一斑。

〈**例1.1**〉

進料經一加熱器升溫後，進入蒸餾塔分離。塔底是我們要的產品（重成分），塔頂是廢棄流排入廢水處理場。根據蒸餾塔原始設計的處理能力，對塔底重成分的回收組成有一最大值無法超越，對塔頂排出組成的重成分含量有一低限值，不可能比此低值還低。**圖1.4(a)**表示沒有任何控制，或控制不當的情形，顯示塔底塔頂之產物組成完全隨進料組

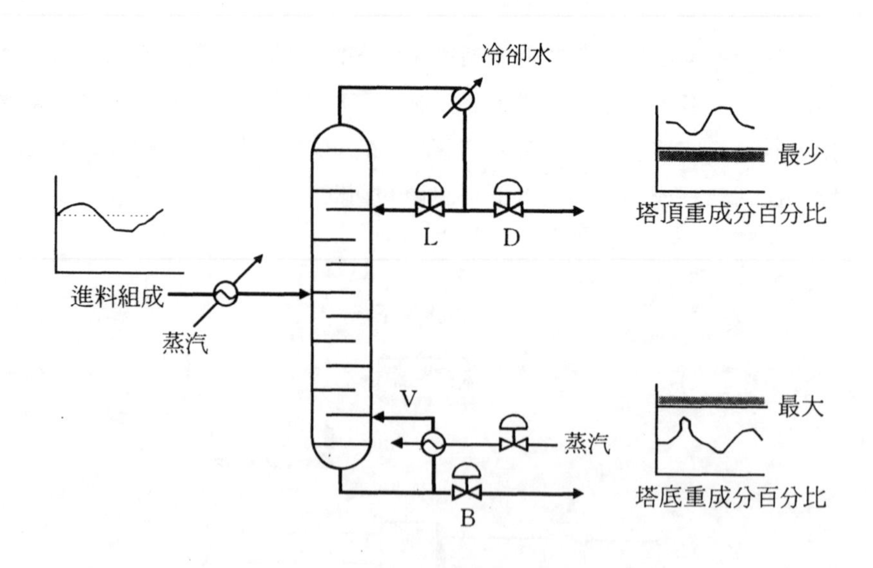

圖1.4(a)　沒有控制的蒸餾塔

成而變，控制效果極差。**圖1.4(b)**在塔底加入一對線上組成分析儀（GC）及溫度控制器作回饋控制，顯然降低了塔頂及塔底重成分組成的變異度，惟這種簡單的回饋控制，卻無法消除干擾，並使產量極大化。而**圖1.4(c)**利用一組組成回饋控制及進料組成之模式預測控制，並加入設備能力之限制條件，可使得塔底塔頂組成接近極大限值並大大地減低產品變異度。以此例而言，由(a)到(c)，很明顯地，經由程序控制能力的提升達到了下列目標：

- 在設備能力的限制下，產量達到最大化。
- 不要的產品被最小化，並且減少廢水場負荷。
- 降低了產品變異度，提升了製程能力。
- 工廠操作之安全性同時增加，並減少操作員之負擔。
- 蒸餾系統之壽命，因操作穩定性增加可望稍有延長。
- 能源被精確之利用。

這個例子告訴我們，越精良的控制系統，其衍生之效益越大，惟沒有踏實之基礎控制（如(b)），直接引進高階控制系統卻不能保證其成

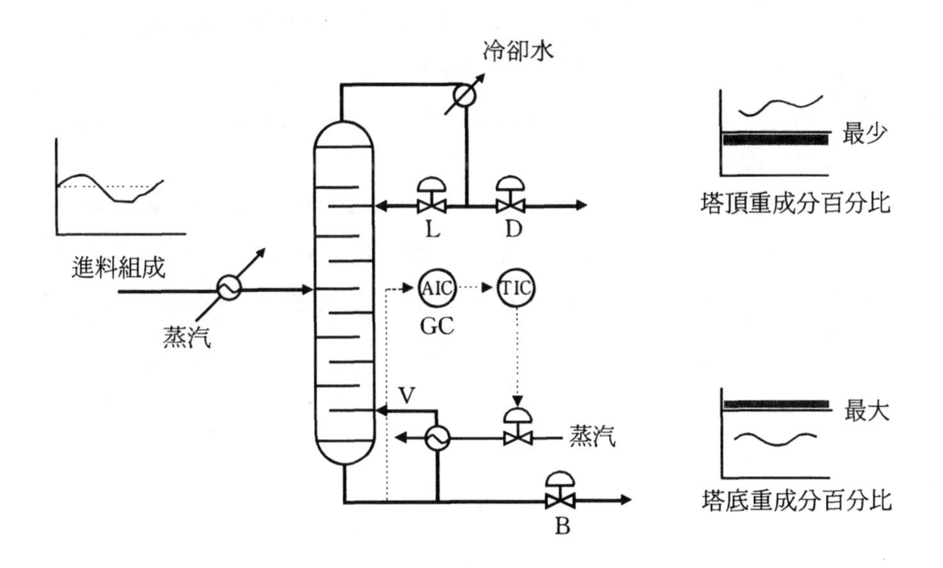

圖 1.4(b)　加入簡易塔底成分控制

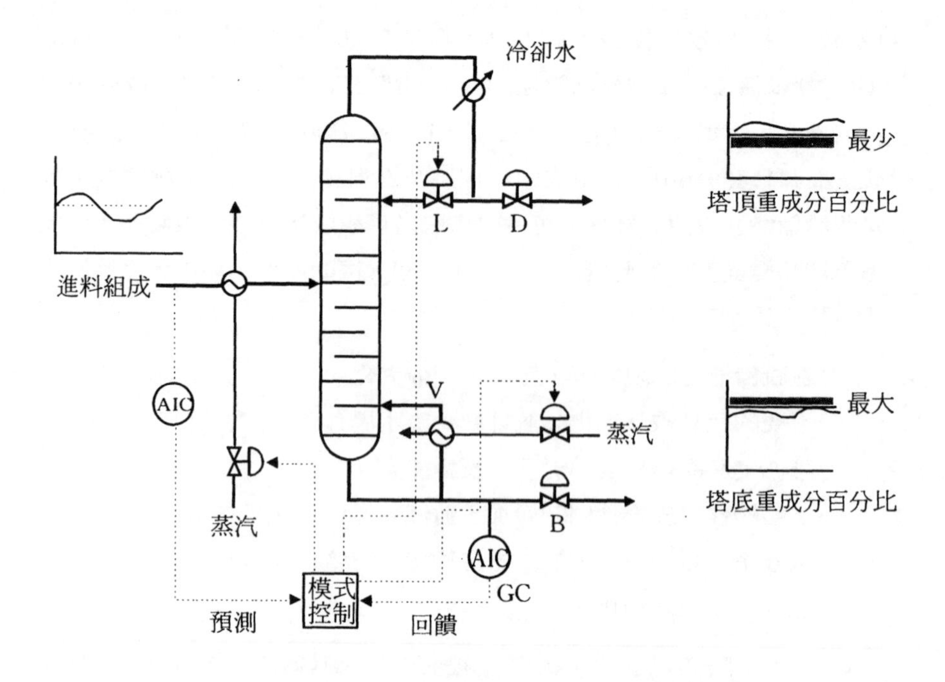

圖 1.4(c) 蒸餾塔高階多變數預測控制

功，因爲基礎控制若不聽話，那麼再高階的控制系統一點也沒有效果。所以按部就班的建構控制系統爲一鐵律，躁進不得。而經濟效益的評估，並不單純的只是將產量最大化，而是須以目標函數進行分析才能得到最佳的操作點。

定量的經濟效益評估有很多方法，大多都是利用統計分析的方法，求控制變數變異度減少量所產生的經濟效益，Marlin[2] 所提供平均製程效能（average process performance）的方法是較簡易的方法，茲簡介如下：

$$P_{ave} = \sum_{i=1}^{M} F_i P_i$$

其中，P_{ave} = 平均製程效能

F_i = 在區段 i = N_i/N_T 內所含點數百分比

N_i = 在區段 i 內所含點數

N_T = 所有取樣之點數

表1.1　〈例1.2〉之鍋爐效率計算

（已蒙 McGraw－Hill 公司授權同意轉印）

過剩氧氣中心點 (mol fraction)	鍋爐效率 (%)	不良控制		優良控制	
		F_j	$P_j \times F_j$	F_j	$P_j \times F_j$
0.25	83.88	0	0	0	0
0.75	85.70	0	0	0	0
1.25	86.85	0.04	3.47	0	0
1.75	87.50	0.12	10.50	0.250	2.19
2.25	87.70	0.24	21.05	0.475	41.66
2.75	87.54	0.12	10.50	0.475	41.58
3.25	87.10	0.20	17.42	0.025	2.18
3.75	86.48	0.04	3.46	0	0
4.25	85.76	0.08	6.86	0	0
4.75	85.02	0.04	3.40	0	0
5.25	84.36	0.08	6.75	0	0
5.75	83.86	0.04	3.35	0	0
average efficiency(%) = $\sum P_j \times F_j$ =			86.77		87.70

P_i = 在區段 i 中點時的製程效能

M = 分布區間總數

而經由程序控制所產生的效益即爲：

$$\triangle profit = (\triangle P) \times \$ / (\%performance)$$

〈例1.2〉

假設鍋爐效率與過剩空氣的氧氣濃度有**圖1.5(a)**的關係，試計算在過剩氧氣濃度從不良的控制（**圖1.5(b)**）到優良的控制後（**圖1.5(c)**）其程序控制之改良所帶來的利潤爲何？

〈說明〉

根據圖1.5的分布，可得如**表1.1**之優良控制與不良控制之改善幅度約爲1%，其產生之年經濟效益（一年用330操作天計）則爲：

$$\triangle Profit，\$/年 = (\triangle efficient/100) \times (蒸汽量，噸/時) \times (\triangle Hvap, energy/噸蒸汽) \times (\$/energy) \times 7920時/年$$

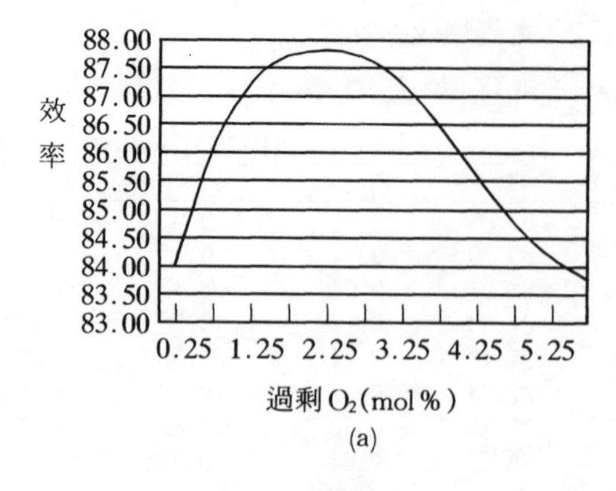

(a)

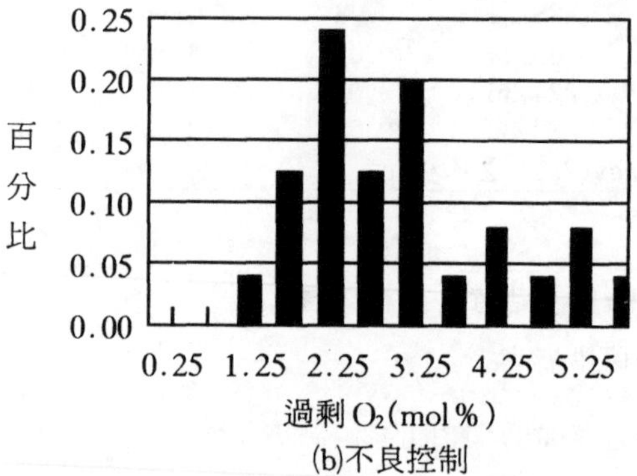

(b)不良控制

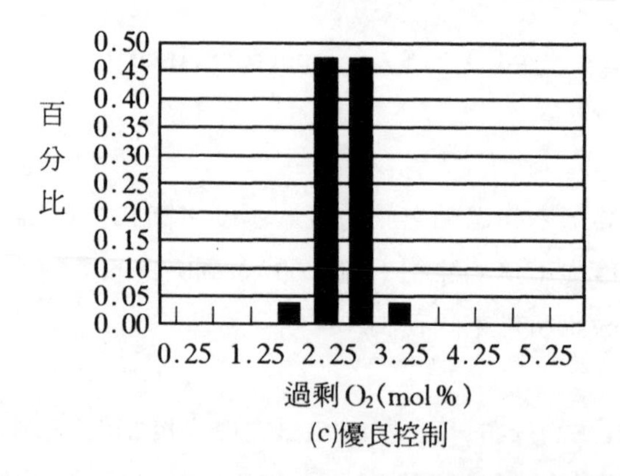

(c)優良控制

圖 1.5 鍋爐效率與過剩氧氣關係圖[2]

(已蒙 McGraw-Hill 公司授權同意轉印)

通常，除了經濟上的效益評估，還有一些不易量化的效益亦應試著評估出來，如品質的提升、人員工時的減少（有些專家提及高階控制的實施，並不會減少人員工時，但依筆者經驗，正確的說法應是：操作人員工時會減少，但工程師級人員工時會增加，而總的說來，人員工時應可減少）、環保能力之增長、工安之保障，均可由歷史資料用統計的技巧概估出來。

1.3 如何建構堅實之程序控制體系

當製程設計完成後，通常均已伴隨著某種程度之控制架構在裏面，新的 know how 用的控制會越簡單，較成熟的 know how 有些甚至已將高階控制（advanced process control，APC）放入裏頭。但是無論是新的製程或已經成熟的製程，當新廠完工試轉時，均須由最基礎的控制做起，確定在每一階段踏實後，才能往上續推。前面說過，基礎控制不穩固而直接導入高階控制是不會有任何效益的。隨著工廠運轉的成熟度，逐步上推是最平穩的作法，而完全沒有程序控制的工廠將帶來如下的結果：

- 對製程掌控的能力低，容易帶來更多的危險。
- 需要更多的人力監控製程。
- 不合格的產品率將會增加。
- 也許始終無法量產，更別提產量最大化。

程序控制體系由基礎往上推疊是最堅實的作法，在每一階段任務完成時評估：

- 是否此階段之控制體系完成任務。
- 尚未完全做好的部分，其確實因原爲何（以四要件檢查之）。
- 是否可以往上再推一級，以符合營運目標。

圖1.6是一般公認的做法，基礎控制（basic process control，BPC 或稱 basic regulatory control）指的是每一個最基礎的控制迴路，這一步驟是整個程序控制架構的基石，一定要確實做好。進階控制（ad-

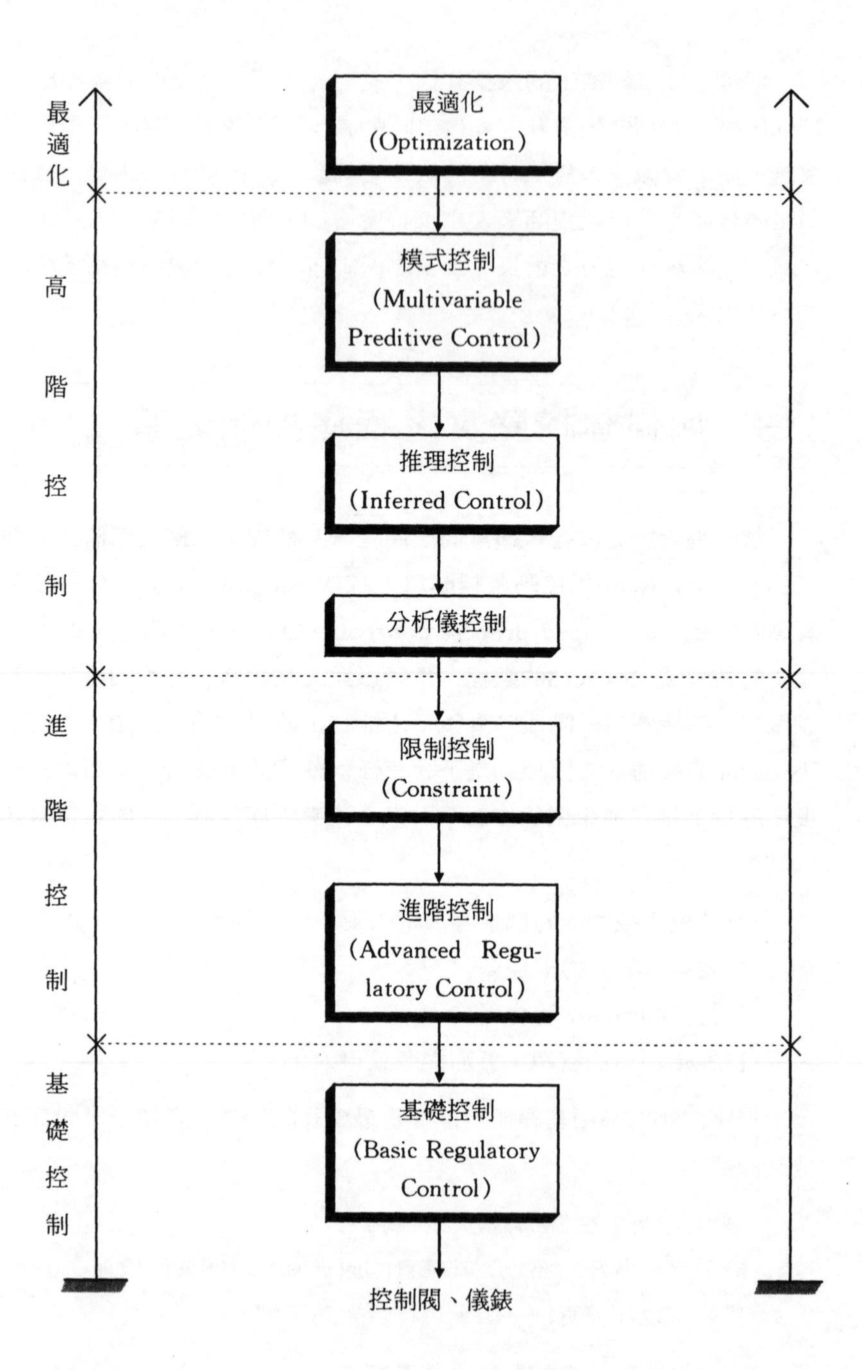
最適化
高階控制
進階控制
基礎控制
最適化
(Optimization)
模式控制
(Multivariable
Preditive Control)
推理控制
(Inferred Control)
分析儀控制
限制控制
(Constraint)
進階控制
(Advanced Regu-
latory Control)
基礎控制
(Basic Regulatory
Control)
控制閥、儀錶

圖 1.6 程序控制建構圖

vanced regulatory control）乃是藉著控制策略的設計達到目標，這一階段用的控制器難度稍高或是一些較特殊程序的控制（如 pH）。高階控制用的控制器花樣繁多，須小心選擇適合程序特性的控制器。在此之前，控制的問題大都局限於解決動態（dynamic）的問題上，而接下來的最適化（optimization），則是考慮到靜態（steady state）的問題，根據製程特性，市場產品價格變動，計算出最符合經濟效益之操作點。

本書之安排亦按此一架構順序，即希望讀者能將程序控制建構圖銘記於心，並方便有心做程序控制的人士檢查其目前狀態而設。

1.4　如何做好每一階段之程序控制

程序控制架構越往上發展越顯複雜，必須在人員與文件上做好應做工作，否則恐將步上無人能保修終至「冰封」的命運。

從人員相關性來說，大致有四種人應參與程序控制之發展：

・管理階層：瞭解程序控制之重要，並能誠心誠意地支持此類專案，堅信其將帶來很大的效益。因爲畢竟程序控制的發展是一條漫長的路，無堅定的信仰很容易半途而廢，終至無法得到程序控制的效益。

・操作人員：最終使用者，也是程序控制的主角。

・方法工程師：對製程特性相當熟悉的人，提供製程方面的相關知識。

・程序控制工程師：整合相關資訊，設計適當的程序控制架構者。有些公司並無此類專職人員，此時將會需要外來的程控專家來提供此一功能。

下面兩種人員可視需要加入：

・儀器工程師：提供任何相關之儀器、儀錶資訊，有時必須幫忙解決儀器的各種問題。

・資訊工程師：當控制系統越往上發展，與電腦的關係會越密切，而形成資訊整合的一個要角，故資訊工程師可望提供此類協助。

這裏必須強調的是現場操作人員的配合，操作員無疑是程序控制架構裏的要角，要知道只要操作員切斷高階控制，則再強的控制器一點也產生不了任何效益。操作員對「控制」通常抱著既愛且恨的情結，管理階層必須小心處理這種情緒。最常見的反應即是操作員通常具有該廠悠久的操作經驗，他們排拒新的控制技術，甚至擔心過度自動化，將減少工作員額等，但矛盾的是，他們也有過經驗（一點控制都沒做的廠，自然體會不到），好的控制技術確實使他們的工作更得心應手。

這裏提供一些讓操作員接受新控制技術的一些建議：

- 晉升或輪調有經驗之操作員到程控部門，提供其智慧經驗。
- 在專案開始前，介紹程控專案內容給所有相關操作員認識，並儘可能告知新的程控專案，將會使他們能操作更舒服。
- 程控專案應至少含一名有經驗之盤面人員，將來以其當種子，把經驗教給其它操作員，以觀念影響其它操作員。
- 提供操作員正式的訓練，以確信其操作新控制器的能力。
- 由簡而難逐一切上新控制設計。
- 經常詢問操作員有關程序控制方面的建議。

若能確實使操作員無時無刻地想用新控制設計來執行其操作，這種專案的功能最少已有六十分以上了。

另外，文件（documentation）的製作及保管也是非常重要的部分。通常文件須包括**控制工程師文件**（control engineer document）及**操作員文件**（operator document）。

這些資料的建立，至少提供了下列數項功能：

- 提供工程師作爲日後維修及改善的參考。
- 提供操作員依循的規範，避免引起不正常之製程操作。
- 文件製作越佳，控制使用率亦會增加。
- 這也是 ISO 9000之基本要求。

控制工程師的文件至少應包括詳細之：

- 程控設計的原理（why）。

・如何設計得到（how）。
・詳細之設計資料（what）。

操作員的文件至少應包括：

・簡易程序控制設計原理及其效益（why）。
・如何操作之詳細步驟（how）。
・控制設計之詳細範圍（what）。
・緊急狀況之處理。

這些文件的製作可確保此專案之品質，不可不愼。

1.5 程序控制工程師必備技能

從程序控制四要件的角度而言，程序控制工程師至少必須精通三個領域的技能才能勝任此工作，即**程序**、**控制**及**儀錶**。因此，比起其它工種的工程師，程序控制工程師的學習曲線要長得多。加上分散式電腦控制系統的普及與新型控制器不斷問世，對這些新增設備或技術的瞭解，亦應能有紮實的實作經驗方能得心應手地從事此一工作。

除了這些專業智識之外，程序控制工程師爲完成其工作，常常需要與現場人員、儀錶人員甚或外來的顧問討論工作上的種種問題，因此他又必須樂於溝通，甚至精於溝通，才能圓滿完成任務。再者，作者從控制器調諧（tuning）的經驗中，深深體會到，有許多的控制環路經常變化莫名，需要慢慢的觀察研究才得以明瞭個中奧妙，並將問題迎刃而解，因此，培養凡事小心求證的工作態度常能發揮小兵立大功的戰果。

根據這些工作特性，**表1.2**列出了在每一個程序控制發展階段，控制工程師必須熟悉的技能。

表1.2 程序控制工程師必備技能

發展階段	技能
1.基礎控制	·對製程有深入的認識。
	·瞭解方法工程設計(process engineering)原則。
	·一般程序控制知識。
	·精通控制器調諧。
	·DCS之規劃與操作。
	·儀錶方面的認識。
2.進階控制	·精通程序控制策略之設計。
	·交互使用製法與程序控制技巧改善製程能力。
	·診斷程控問題的能力。
	·精通模式分析技巧。
3.高階控制	·熟悉線性或非線性多變數控制器(MPC)之使用。
	·熟悉數據調整軟體(data reconciliation)的使用。
	·具備人工智慧(AI)等控制器的使用能力。
4.選項	·熟悉製程資訊電腦系統之使用。
	·程序控制專案執行能力。
5.其它	·樂於溝通。
	·不能急躁。
	·能耐寂寞。

1.6 結 語

程序控制長久以來始終被工業界看成是學術界研究的對象罷了，部分人士覺得程序控制高不可攀，部分人士覺得工業界不可能套用這些「理論」而始終失之交臂，喪失一套使工廠營運如虎添翼的利器。這些現象，大約從八〇年代DCS被廣泛使用以來，藉著電腦的進步，工業界開始逐步的導入各式控制理論而有所改觀，在越來越多成功的案例刺激下，目前可說已到如火如荼的境界，在美國尤其明顯，企業爲了競爭，無不以導入最新的程序控制技術爲手段，而程序控制也確實能爲企業帶來相當大的利基而爲企業所重視。然而，就在別人已在享受這些甜果時，國內的企業界對程序控制的發展，仍未給予相當的重視[3]而無法大幅度提升企業競爭力。究其原因，乃爲不瞭解程序控制的效用，縱或瞭解亦不知道進行的方法，十分可惜。這一章中揭示了循序漸進的程序控制發展原則，只要控部就班去做， 即可達成目的，增加企業的競爭力。

參考資料

〔1〕R. P. Cline, Greg Martin & Lee Turpin, "Estimating Control Function Benefits", *Hydrocarbon Processing*, June 1991, p.68-73.

〔2〕Thomas E. Marlin, *Procecs Control*, Chap. 2, McGraw-Hill, 1996.

〔3〕余政靖，〈化工程序控制——反省與挑戰〉，《化工》，第44卷，第2期，1997。

第 I 部

基礎控制

基礎控制是控制架構中最基層的部分，也是最重要的部分。基礎控制的目標很明確：保持每一個單一控制迴路擁有滿意的效能。對於那些基本環路無法解決的部分，也應去清楚分析其問題，作爲進階控制設計之依據。

從前一章的分析，我們知道控制迴路的四要件爲：程序、量測、控制器及最終控制元件。因此要能保持優勢的基礎控制亦應從這四方面著手，而不幸的是，大多數的工程師解決此一領域的問題通常只針對控制器下手，而常感力不從心。究其原因，乃是没有找到真正的問題根源所致。舉例而言，最常聽到現場人員説「某某控制器需要 tuning（調諧），因爲走得很不穩定」。「不穩定」是表現出來的徵兆，一般人的想法就是控制器 tunning 不當所致，所以程控工程師被召喚去“tuning”。然而有經驗的控制工程師不會貿然上手去調控制器，他會從四要件去檢查是哪一個元件出了問題，確定問題後才會對症下藥。

造成這種錯覺（有 tuning 衝動的錯覺）的原因之一是：幾乎没有任何一本程序控制的書告訴您在 tuning 之前應先檢查控制迴路的四要件，而專業程控書籍重視的當然是針對「控制器」之調諧、設計（本書自亦不例外），但會不斷提醒你其它三要件亦需隨時留意。所有程控書籍所言之控制器調諧設計其前提爲量測、製程與最終控制元件良好之下所得的方法。可是在現實工廠中，量測元件可能失常，可能安裝錯誤，可能選用錯誤……；製程方法設計可能有些不當，可能導致嚴重之交互作用……；控制閥可能 sizing 不當，可能有嚴重的遲滯現象……。這些原因造成我們所看到的「不穩定」現象，若是不察，只是按照一些方法去 tuning，其結果是不但沒有解決問題，有時甚至惡化了原有的狀況，更糟糕的是讓自己懷疑是否那些書上提及之 tuning 方法有誤，最後終於觀念混淆，調不成所有的控制器。

爲了避免這種錯覺，此基礎控制部分將先介紹控制迴路的構成（第二章），並就程序特性分析做完整的介紹（第三章），接著談控制器的穩定與調諧（第四章）及簡易控制器的分類介紹（第五章），最後加入一章談如何診斷控制迴路的問題（第六章），以確實掌握基礎迴路的問題。

第2章

回饋控制環路的構成

◈研習目標◈

當您讀完這章，您可以

A. 瞭解流量、溫度、液位、壓力、分析儀及傳送器的基本工作原理及其選用與維護要項。

B. 瞭解 PID 控制器的基本特性及其原理。

C. 瞭解控制閥的結構、特性及一般常見的問題。

D. 瞭解人機介面規劃對程序控制效果的影響。

程序控制中最簡單的控制迴路就是單一回饋控制迴路（feedback control loop），許多的簡單回饋控制迴路構成最基礎的工廠程序控制系統。圖1.3所示即爲構成單一回饋控制迴路之組成。爲了達到控制效果而被控制的變數稱爲**被控變數**❶（controlled variable，簡稱爲CV），而爲了讓被控變數達到要求必須能被調整的變數謂之**作動變數**（manipulated variable，簡稱MV），通常作動變數因必須能主動調節，所以一定有控制閥。而其它對被控變數有影響的變數稱爲**干擾變數**（disturbance variable，簡稱DV）。

在控制系統中選擇被控變數、作動變數及干擾變數必須掌握一個原則：被控變數一定是與作動變數及干擾變數相依的，否則便不能被控制；作動變數及干擾變數對於該局限的製程而言一定必須是獨立的。若作動變數或干擾變數是不獨立的，則此系統將變得複雜，可能會使控制系統變得不穩定，必須小心。

對程序工業而言，最簡單的回饋控制環境如**圖2.1**之流量控制。

其中：

管線內之流量＝系統

流量計　　　＝量測元件

流量控制器　＝控制器

控制閥　　　＝最終控制元件

這四個元件構成最簡單的流量控制迴路，而流量無法穩定控制時，上述四要件中的任何一個均可能有問題，必須小心求證之。

對於DCS之迴路尙須加一只傳送器（transmitter）及一只訊號轉化器（signal converter），才能構成迴路，如**圖2.2**所示。經驗上，偶爾碰到傳送器的設定不當（如給予不適當之過濾常數等）、流量計之導壓管堵塞或安裝錯誤而造成控制的不穩定，須特加留意。

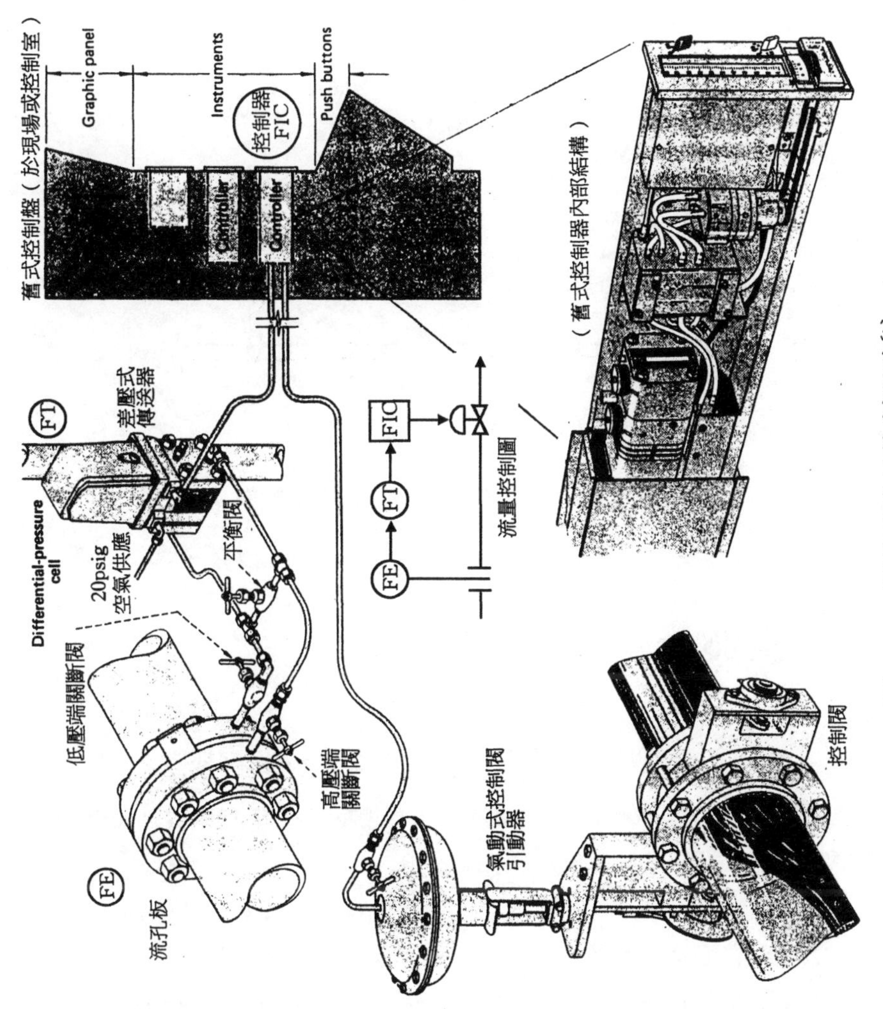

圖 2.1　氣動式流量控制迴路[1]

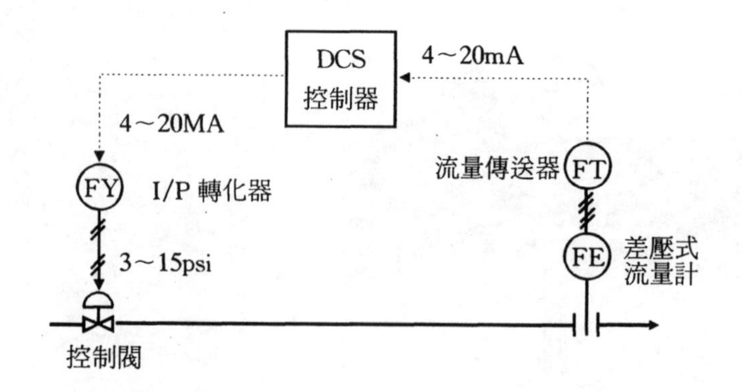

圖 2.2　典型 DCS 的基礎環路架構

2.1　量測元件及傳送器

爲求得高精度之程序控制效果，對量測元件有如下之要求：

- **精確度（ precision ）**[2]：指儀器可測得的最少量測單位，隨著控制要求之提升，精確度亦須相對提升。
- **準確度(accuracy)**：儀器本身之系統性誤差(systematic error)所造成與實際值之差異。此值越低表示儀器之量測越眞。
- **再現性度(repeatability)**：儀器量測時之隨機誤差(random error)所造成與實際值之差異。隨機誤差有正有負，故以 ± 多少來表示。

圖2.3示出以上三者之差異。

- **工作環境**：工作環境對某些線上分析儀之準度及壽命均有深遠的影響，必須仔細評估，必要時，甚至將保護設備（如一空調小屋）加上，以維護儀器之正常運轉。
- **線性化（ linearity ）**：大部分的儀錶間傳送均爲線性的，因此將量測元件的量測特性給予線性化是必要的，否則不但引起維修單位的困擾，更造成讀值之嚴重偏差。

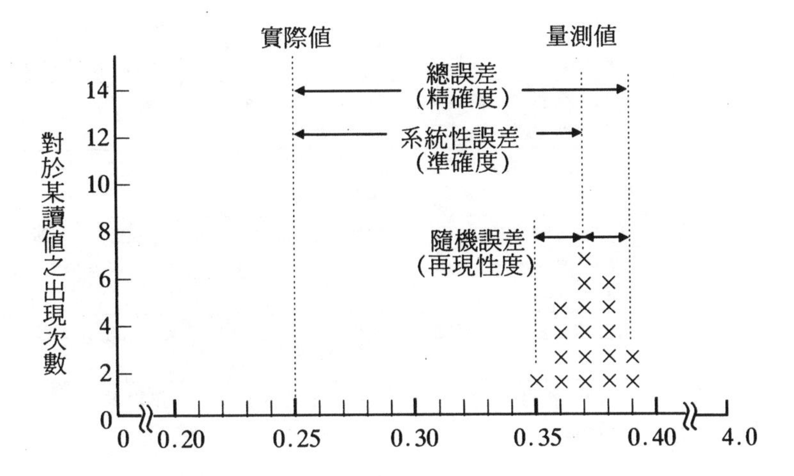

圖2.3　工作範圍 0 到 4T/ H 之流量計其精確度、準確度及再現性度關係[2]

·**範圍**（zero-span）：量測範圍的選擇，直接影響讀值之準度。

·turndown ratio：一般指流量計在其準確度仍可被接受的情況下，其最大對最少流量的比值，比值越大表示此流量計可靠的工作範圍越大。

量測元件之選用考慮到製程控制所需之精確度、維護容易度、成本等因素，方法工程師須與控制工程師討論後再決定。

量測的儀器相當多，這裏我們僅就程序工業常見的量測元件作概略的介紹，俾對控制工程師能對量測元件有最基礎的認識，並能從經驗中累積診斷量測儀器問題的能力。

2.1.1　流量

如**表2.1**中所示，流量計的種類很多，這裏僅就較常用之流孔板[4]（**圖2.4**）作一說明。

流孔板有費用低、簡單、可靠度高、適用範圍廣泛等優點，但因流量的轉換由經過流孔之壓降轉換而來，流量與壓降的關係如下：

表2.1 液體流量計選擇之參考[3]

流量計類型	適用情況	工作範圍化	壓降	精確度,%	上游管長度,直徑	黏度影響	相對成本
孔口式	乾淨或髒的液體;一些 slurries	4	中等	±2~±4的F.S.[1]	10~30	高	低
楔子式(Wedge)	slurries 及黏性液體	3	低到中等	±0.5~2的F.S.	10~30	低	高
文式管	乾淨、髒的或黏性液體及一些slurries	4	中等	±1的F.S.	5~20	高	中
皮托管	乾淨液體	3	極低	±3~±5的F.S.	20~30	低	低
變面積式(Variable area)	乾淨、髒的及黏性液體	10	中等	±1~±10的F.S.	不需要	中	低
正位移式	乾淨、黏性液體	10	高	±0.5的rate[2]	不需要	高	中
渦輪式(Turbine)	乾淨、黏性液體	20	高	±0.25的rate	5~10	高	高
旋渦式(Vortex)	乾淨、髒的液體	10	中	±1的rate	10~20	中	高
電磁式	乾淨、髒的黏性具導電性質之液體或slurries	40	沒有	±0.5的rate	5	無影響	高
超音波(Doppler)	髒的、黏性液體或slurries	10	沒有	±5的F.S.	5~30	無影響	高
計時式(Time-of-travel)	乾淨、黏性液體	20	沒有	±1~±5的F.S.	5~30	無影響	高
質量(Coriolis)	乾淨、髒的黏性液體及某些slurries	10	低	±0.4的rate	不需要	無影響	高
質量(熱感式)	乾淨、髒的黏性液體及某些slurries	10	低	±1的F.S.	不需要	無影響	高
堰式(Weir, V-notch)	乾淨、髒的液體	100	極低	±2~±5的F.S.	不需要	極低	中
槽式(Flume-Parshall)	乾淨、髒的液體	50	極低	±2~±5的F.S.	不需要	極低	中

註:1.流量計測量範圍的百分比(% of flowmeter's full range)
2.流體流量的百分比(% of liquid flow rate)

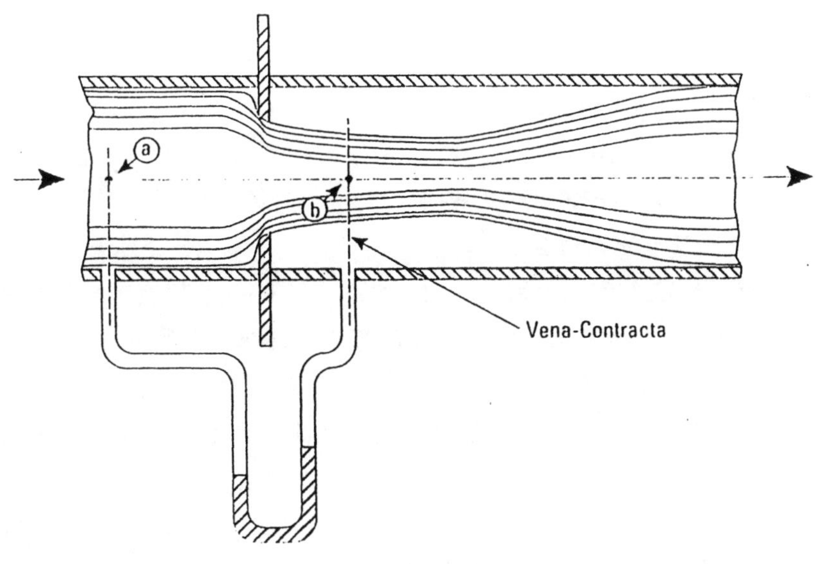

(a)典型流孔板之量測：由ⓐⓑ點之壓差換算之

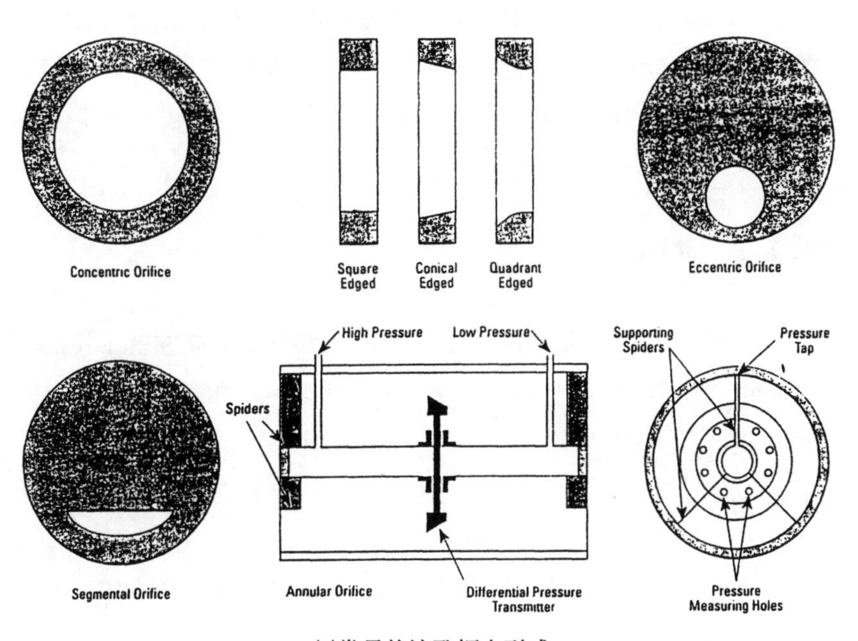

(b)常見的流孔板之形式

圖2.4[4]

$$Q = C \times \sqrt{\triangle P/\rho} \qquad (2.1)$$

其中，Q＝體積流量

C＝常數

△P＝流經孔板之壓降

ρ＝流體密度

流量經過壓差之線性化後，其 turndown ratio 約只剩下原有之三分之一，必須注意。此外，它有較高的壓降，須有較長的 meter run，精確度較低均為其缺點。

工業上常用的流量計大部分爲體積式流量計（volumetric flowmeter），其量測值以體積方式得之，但是程序工業上大部分的操作單元（如反應、混合……）卻以質量方式運作。因此從體積式流量計所得的讀值，乘以其密度，可以轉換成質量的方式，然而流體密度隨操作或環境的變化而非固定時，其準確度將出現問題，因而造成控制上的困擾，時有所見，必須注意。解決此一問題的方法，最簡單者莫如選用質量式流量計（mass flowmeter），但是質量式流量計的價格稍高，須作成本上的考慮。

2.1.2 溫度

依動作原理可分做膨脹式溫度儀器、電阻式溫度儀器（resistance temperature detector，RTD）及熱電偶式溫度儀器（thermocouple），茲分述如後。

膨脹式溫度儀器

- 水銀溫度計：水銀之膨脹隨溫度而變，指示範圍約在0℃～300℃左右。
- 雙金屬溫度計：利用不同金屬之熱膨脹係數差異，其使用範圍約在－184℃～427℃左右，通常裝於管線中作指示用。

電阻式溫度儀器

利用電導體的電阻性隨溫度變化而變動的特性，藉由惠斯登電橋電路測其感溫電阻之變化而得溫度值，根據金屬線材之種類有鉑線、鎳線與銅線之分，以鉑線之線材最佳，其量測範圍約在－200℃～650℃左右，RTD所量得的溫度精準，對於需要高精度溫度控制的地方宜選用此型溫度計，惟費用亦相對高些。

熱電偶式溫度儀器

這是一般控制上使用最廣的一型溫度儀器，事實上它是將熱能變爲電能之轉換器，利用兩條不同的金屬合金線，在末端接合，當兩條金屬線之一端連接於測定點時，即成爲一只準確靈敏之溫度測定裝置。按照美國儀器學會（Instrument Society of America，ISA）的分類，概可分爲六種型式，列於表2.2。熱電偶一般都需要套管（thermowell）之保護，否則無法使用，如圖2.5。

熱電偶之優點爲簡單、便宜、可靠、響應快、量測溫度範圍廣，其缺點則是須小心安裝，有時須放大輸出訊號，其精確度遜於RTD式溫度計。

表2.2　熱電偶溫度計種類

（摘自工業儀器學）

Thermocouple Types and Ranges				Thermocouple Extension Wire		
ISA type	Metals		Range°F	Color of Insulation		
	Positive	Negative		Overall	Positive	Negative
E	Chromel	Constantan	－300～600	Purple	Purple	Red
J	Iron	Constantan	－300～400	Black	White	Red
K	Chromel	Alumel	－300～300	Yellow	Yellow	Red
R	Platinum and 10% Rhodium	Platinum	－32～2700	Green	Green	Red
S	Platinum and 13% Rhodium	Platinum	－32～2700	Green	Green	Red
T	Copper	Constantan	－300～650	Blue	Blue	Red

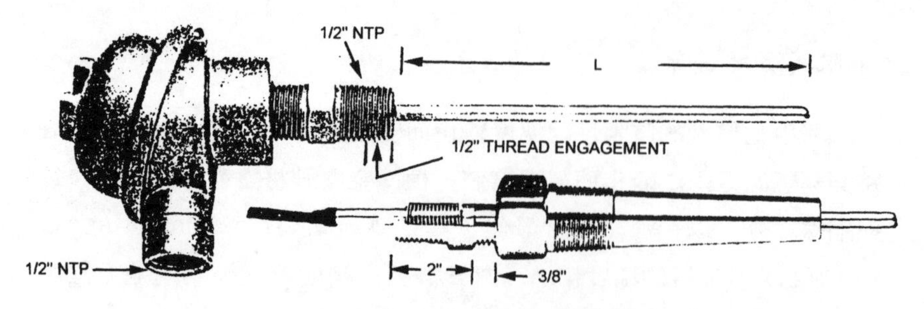

圖2.5　熱電偶溫度計及其套管
（摘自 Honeywell 公司儀器型錄總覽）

2.1.3　液位

液位計之種類很多，通常依流體或粉體特性選擇，不管是差壓式訊號、電壓式訊號或放射式訊號，均能轉成4～20mA 之標準訊號接入DCS 中。

用於流體的液位計有：

・電容式（capacitance）。
・位移式（displacer）。
・差壓式（differential pressure or hydrostatic）。
・放射線式（radiometric）。
・超音波式（ultrasonic）。
・微波（microwave or radar）。

適用於粉體的液位計型式有：

・電容式。
・放射線式。
・超音波式。
・重錘式（electromechanical）。

一般液位控制大多以流體爲主，其中又以位移式及差壓式被普遍使用，位移式液位計是藉著隨液面升降浮筒來測定液位，而浮筒與液位之位移差與浮筒截面積、彈簧彈性度（stiffness）、液體密度等因素有關，其作動原理如圖2.6，浮筒隨液面升降，作用力桿（force bar）也

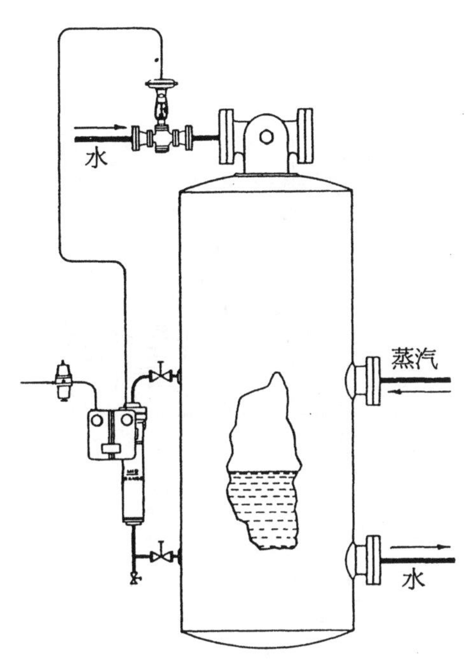

圖2.6　位移式液位計之一例
（摘自 Honeywell 公司儀器型錄總覽）

隨之升降，經過內有繼動器（relay）之液位傳送器傳出訊號。

另外差壓式液位計之作動原理乃依

$$\triangle P = \rho g h \text{ 而來} \tag{2.2}$$

其中，$\triangle p$ = 壓差

ρ = 流體密度

h = 液位

g = 重力加速度

利用一只壓力傳送器即可將訊號傳出，**圖2.7**示出常見的兩種差壓式液位計的作動方式。

2.1.4　壓力

用於做壓力控制的壓力量測元件就是一只壓力傳送器（pressure

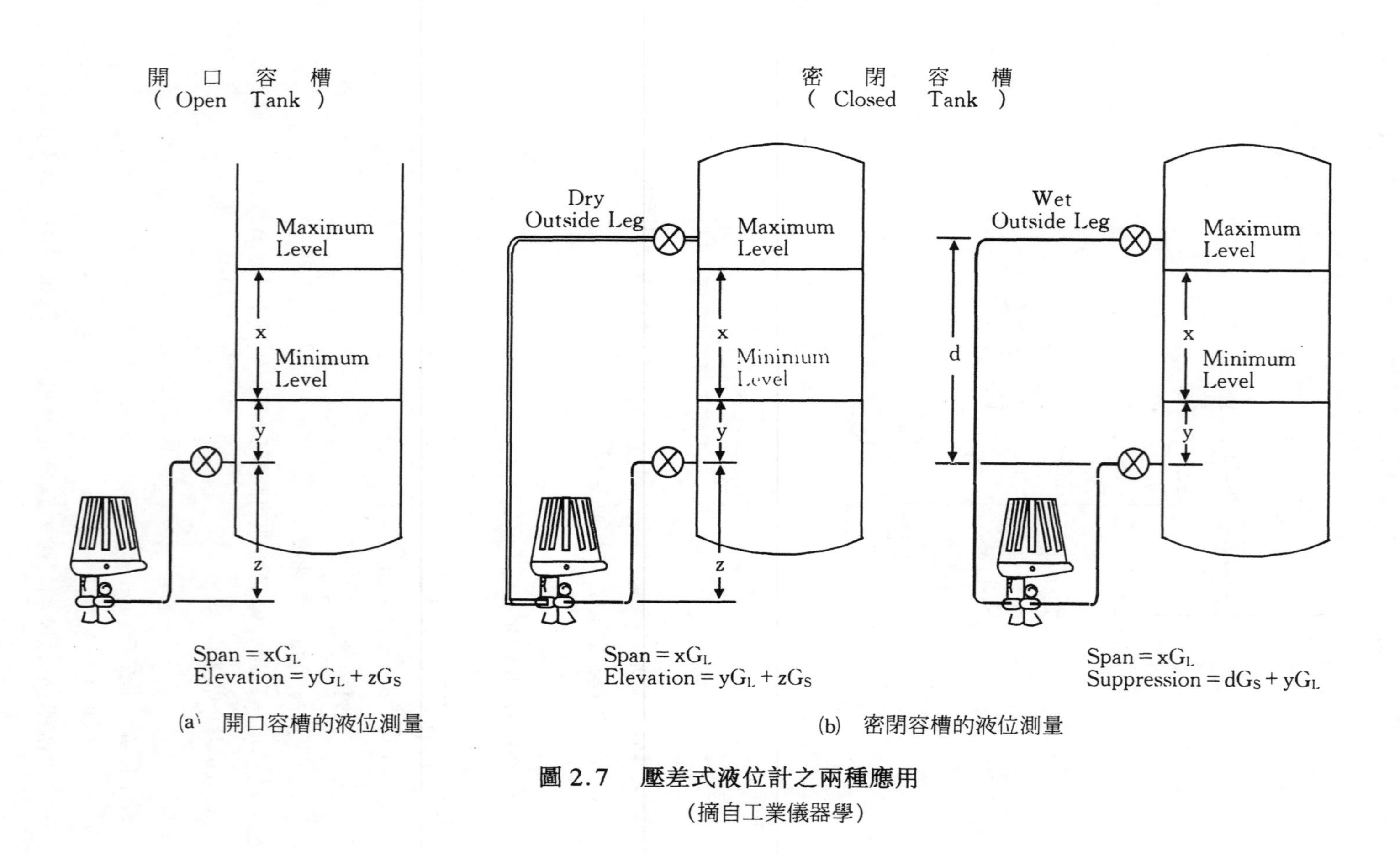

(a) 開口容槽的液位測量

(b) 密閉容槽的液位測量

圖 2.7 壓差式液位計之兩種應用

(摘自工業儀器學)

transmitter）將程序的壓力（或壓力差）轉成4～20mA 傳出。傳送器的種類繁多，大可不必加以一一舉例說明，較具代表性之傳送器有氣動式差壓傳送器及電子式差壓傳送器，如圖2.8。

2.1.5 轉譯器及傳送器

轉譯器（transducer）❷是指將程序之測量轉換成製程變數之一種量度——如壓力、溫度、液位、濃度……等等，並可將此量度轉換成訊號（signal）可傳入控制器，控制器即可依此訊號大小調整最終控制元件，達到吾人所欲之控制目標。轉譯器通常包含兩部分：量測元件加**傳送器**如圖2.9所示，虛線部分即為轉譯器。通常我們在分析程序控制問題時，喜歡使用 transducer 之範圍，原因是當我們判斷控制迴路之量測部分出問題時，經常不易判斷量測元件出問題或傳送器出問題，然而控制工程師會要求儀器技工檢查轉譯器而不只是傳送器，是希望同時檢查量測元件及傳送器。

傳送器之發展實為程序工業中儀器系統發展歷史之縮影，直到1950年代，程序工業才開始使用空氣訊號（pheumatic signals）來傳譯量測值及控制訊號，當時已訂下了3～15psig 之工業標準，延用至今。到了1960年代，電子儀器與類化訊號（analog signal）被大量使用，其中有數種標準被使用，如1～5mA（毫安培）、4～20mA、10～50mA、0～5VDC（伏特，直流）及±10VDC 等，時至今日只剩下4～20mA 及1～5VDC 被使用而已（但仍有少部分老舊工廠仍留有六〇年代之其餘標準）。1990年代的傳送器已進入數位（digital）的處理方式，每一台傳送器即是一台微電腦，並有強大之運算功能（如 lag 處理、noise 處理……等），惟限於迴路上搭配其餘電子儀器的限制，部分數位式傳送器仍須轉換成4～20mA 方式傳送，殊為可惜。然而，當今方興未艾的 Field Bus 將會徹底解決此一問題，未來所有傳輸設備均將以數位方式傳送，可望為程序控制技術帶到全新的境界。尤有甚者，甚至有人預測 Field Bus 的發展，將會是 DCS 時代的結束[5]。因為 Field Bus 設計基礎為隨插即用之（plug and play）網路架構式（network），只要將個人電腦接上網路即可溝通，又何須靠笨重又昂貴的DCS系統，就讓

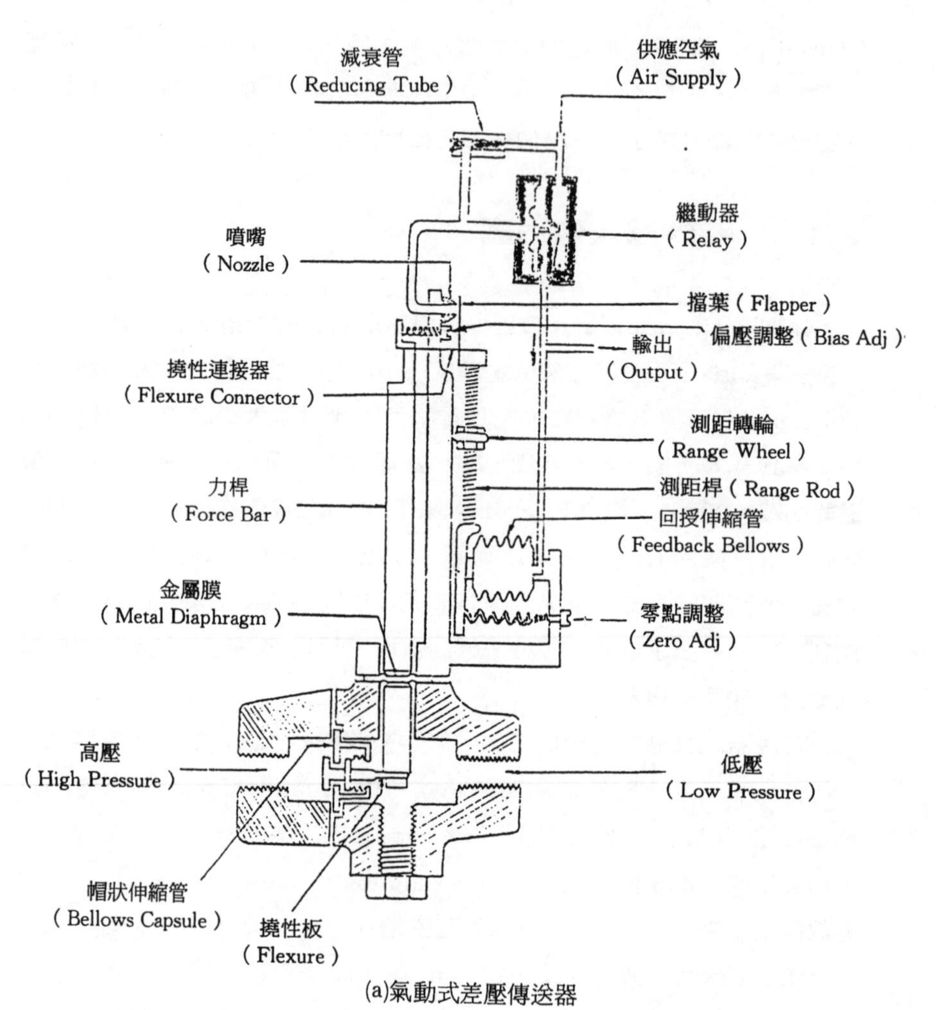

(a)氣動式差壓傳送器

(b)氣動式差壓傳送器實照　　(c)電子式差壓傳送器實照

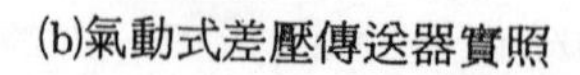

圖2.8　差壓傳送器

(摘自 Honeywell 公司儀器型錄總覽)

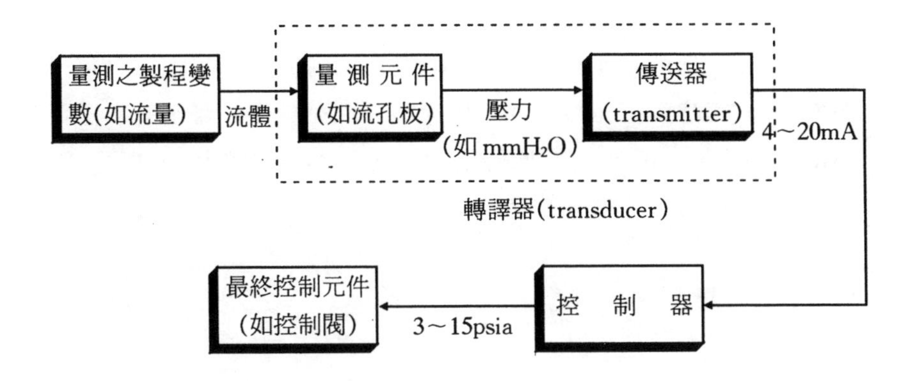

圖 2.9　以流孔板為量測元件之訊號傳輸圖

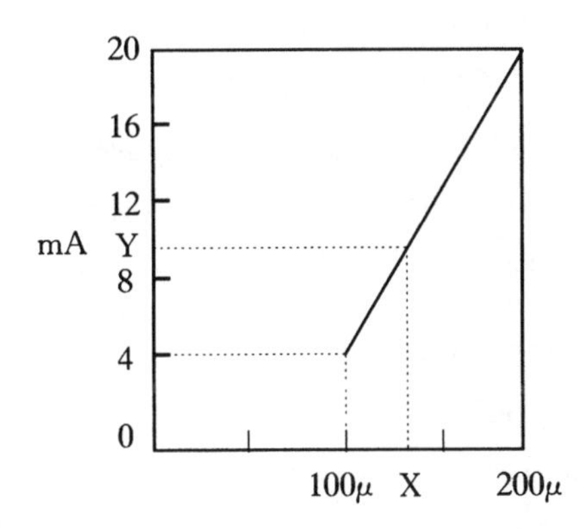

圖 2.10　線性儀器之 zero/span 相對圖

我們拭目以待吧！

通常傳送器均規劃爲線性（linear）方式，**圖2.10**之最小讀值爲100μ，zero（4mA）最大讀值爲200μ，span（20mA）的導電度計，其介於100μ及200μ者由此線內插即可，其訊號值爲：

$$Y(mA) = \left(\frac{20mA - 4mA}{200\mu - 100\mu}\right) \times (X - 100\mu) + 4mA \qquad (2.3)$$

通常量測元件對操作點之變化均有些微非線性，為求得較精準之讀值，須儘量選用較線性化之量測元件。

一般傳送器的動態都很快，若量測元件的動態響應也快，則可予以忽略之（與程序動態相較之），但大部分之分析儀本身須有取樣系統（sampling system），其動態響應有時並不快，故須予以注意，第三章將會談到轉譯器之動態考慮。

2.1.6 線上分析儀

為了得知重要的程序特性，經常必須加裝線上分析儀（on-line analyzer）來測量，甚至為了品質控制，必要時必須輔以線上控制。大部分的分析儀，都有取樣系統來抓取適當的樣品供儀器分析。然而這個取樣系統對控制而言，卻是個討厭的東西，因為它必須花上一段取樣時間，再加上分析所需的時間〔長者，可能長達數十分鐘，此即靜時（dead time），下章會提及〕造成**延遲（delay）**增加了控制的困難度。因此有分析儀的控制系統絕大多數為高階控制系統不言可喻。

程序工業之線上分析儀通常可分為下列數種：

物性測量，如：

- 沸點（boiling point）。
- 閃點（flash point）。
- 密度（density）。
- pH。
- BTU（heat reflux）。
- 黏度計（viscosity）。

成分組成，如：

- 氣體分析儀（如 O_2、CO_2、CO……）。
- 近紅外線（near infrared）。
- 氣相色層儀（GC）。
- 導電度計（conductivity）。

在石化工業中，有許多重要的性質或組成無法由任何分析儀量得，此時就必須設法找到可以用來代表該性質或組成的公式或儀器來**間接**代表，藉由控制這些間接性質或組成，即可控制眞正的性質或組成，這種控制，我們給它一個特殊的名稱叫**推理控制**（第十一章將提及）。

2.1.7 保持良好之量測系統

量測系統在控制理論中的地位並不是最重要，但是量測系統是控制系統中的「眼睛」，若無法維持高品質的量測系統，再優良的控制系統與其配合，恐怕永遠要偏向了。如何保持良好的量測系統？有下列幾項必須做到：

- 方法工程師及儀器工程師必須確實依據製程特性，選擇最適合的儀器。
- 儀器之安裝必須按照規範（如 API、ASME……等）。
- 新廠開車時，最好能針對某些重要儀錶，測知其量測誤差及動態特性。
- 排定各儀器維修及校正時間表。

2.2 PID 控制器簡介

從1940年以來，PID（proportional－integral－derivative）控制器即被廣泛使用於程序工業，至今仍是程序控制領域中控制器的主角。由於其運用簡單、**韌性**（robustness）優越，乃受廣大使用者的喜歡。有一概略性統計，在一個最現代化的石化廠裏，其控制器約90%以上是PID[6]，剩下不到10%才是特殊或高階控制器，可見其重要性。

對一個回饋環路控制而言，要達到滿意的控制效果，控制器必須做到下述各項。

零偏差（zero offset）

即設定點（setpoint，簡寫為 SP）與製程變數（process variable，簡寫爲 PV) 重合沒有誤差 (error，簡寫爲 E) ，這只有在極理想的情況下才有，現實世界是不存在的，但仍是判斷控制器優劣的一項指標。

對干擾不敏感 (insensitivity to disturbance)

控制器的設計實際上是根據程序特性而來，若有一程序其特性始終如一，則理論上可以設計控制器來「完美」地控制該程序，但世上沒有這種「完美」的程序。以動態的角度來看，因爲各種干擾的存在，程序是無時無刻地在變化的。然而只要此程序干擾仍在「合理」範圍內，設計優良的控制器仍應有不錯之控制效果。

適用範圍廣 (wide applicability)

實際工廠中，程序有時需要在某一範圍內變動，若該控制器仍可適應則最恰當，若有些微失控，藉著調整其中的幾個參數 (tuning parameter) 即可穩定程序，則表示此種控制器有較廣之適用性。

計算簡單，容易瞭解

控制器之計算原理越簡單，越容易讓使用人員接受，也越容易被使用。

基於以上這些原因，比例—積分—微分 (PID) 控制器因此成爲最佳之選擇，並歷久不衰。一般控制器的**操作方式** (operational modes) 有**手動** (manual) 、**自動** (auto) 、**串級控制** (cascade or remote set point) 及**程式控制** (program control or direct digital control，DDC) 等。手動模式 (manual mode) 是指控制閥輸出 (output，OP) 直接由操作員調整之；自動模式 (auto mode) 是指操作員在給予一個設定值後，即可按照控制器指定之控制邏輯 (control algorithm) 進行控制；串級控制指控制器之設定值由另外一只控制器或主電腦 (host computer) 來給；程式控制依各家 DCS 製造商略有不同，一般是指在某些情形下主電腦的程式直接調整控制器之輸出。

2.2.1 比例控制器

幾乎所有的回饋控制器都有**比例**控制器（proportional，PID 之 P），比例控制器主要是根據製程變數與控制器設定點產生之偏差❸，計算控制器所需要之輸出。比例控制器在舊式控制器中是調整**比例帶**（proportional band，簡稱 PB，單位為%），它的原意是說：當控制器置於自動模式時，有多少 PB%的偏差會導致控制器之 OP 為100%。所以 PB 值越少，控制器之輸出動作越大；然而，現在的 DCS，其比例控制器大多以**增益值**（K_c，無單位）表示之，它的意思是說，當控制器置於自動模式時，控制器之 OP 等於 K_c 值乘以偏差，故 K_c 越大，控制器之動作越大。由上可知，K_c 恰為 PB 之倒數乘上100。用 K_c 的好處是能更直接的瞭解控制器的作用（本書往後的解說均以 Kc 為之）。

比例控制器之基本計算式列於下：

比例控制作用 $$OP = K_c \times E(\%) = \frac{100\%}{PB,\%} \times E(\%) \quad (2.4)$$

$$K_c = \frac{100\%}{PB(\%)} \quad (2.5)$$

$$E,\% = \left(\frac{PV - SP}{SP}\right) \times 100\% \quad (2.6)$$

注意，K_c 是沒有單位的，PB 之單位為%，其簡易作用圖示於**圖2.11**。

由式（2.6）可知，當控制方向為正向時(direct control action)，輸出值符號與偏差值符號同，若控制方向為反向時（inverse control action），則 OP 之符號與 error 之符號相反。

Kc 值是控制器調諧首要考慮的調節參數。對於自調程序（self-regulated process，3.1節會說明），比例控制器容易產生一個偏置（offset，PV 與 SP 永遠存在的偏差），偏置的大小與 K_c 值成反比，**圖2.12**所示為當 SP 階段變化所產生之 offset，可明顯看出，K_c 值越大，offest 越小，但振盪幅度加劇。

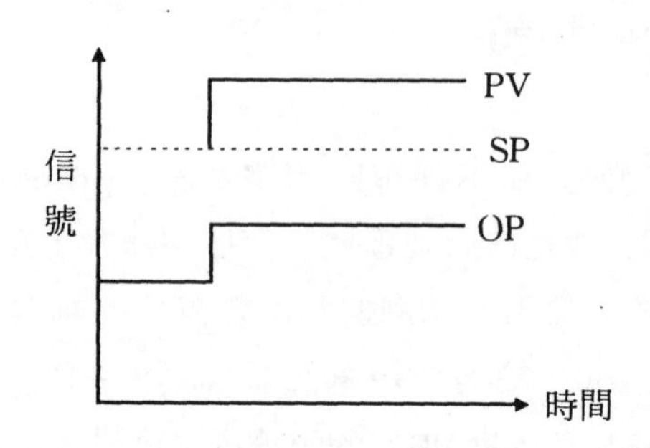

圖 2.11　比例控制作用

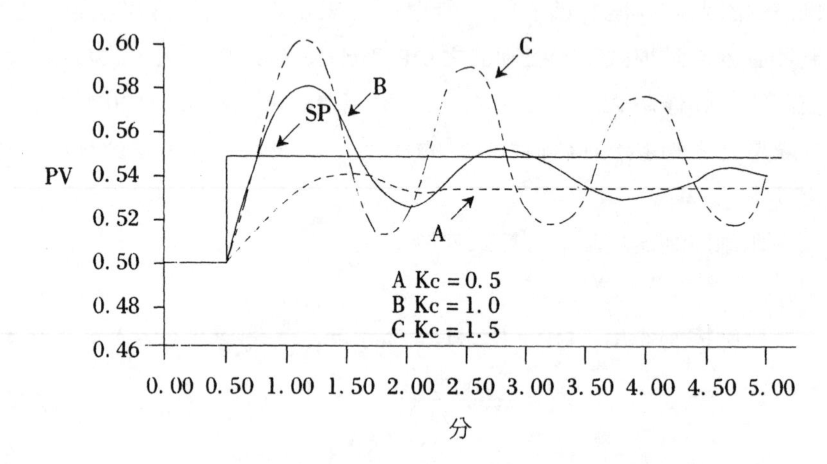

圖 2.12　只有比例控制動作之響應

2.2.2　積分控制器

積分控制器（integral）設定一個**積分時間**（integral time，簡稱 T_i）來消除 offest，其意爲控制器每重複一次動作所花費的時間（minutes per repeat），定義如下：

$$OP = Kc \times \frac{1}{T_i} \int E dt \qquad (2.7)$$

爲了解釋它的實際意義，我們假設 E 爲固定 offset 是一個常數，則（2

.7）式變成：

$$OP = K_c \times E \Big|_{每一個Ti時間內}$$

此即在每歷經一個 T_i 時間，控制器的輸出改變量爲（$K_c \times E$）%之單位，其符號與 E 同，如**圖2.13**所示，〈例2.1〉中將有一個實例說明。

根據（2.7）式，很明顯地，T_i 越少，控制器的動作會越大；而使用積分控制器時必須小心，因爲有許多的製造商，使用**重整頻率**（reset）來設定，reset 恰爲 T_i 之倒數，其單位爲 repeats per minute，是指控制器在每分鐘內所重複的次數，因此，使用 reset 的設定時，值越大，控制器的動作越大。

利用積分控制器可以用來消除 offset，如**圖2.14**所示。惟過度使用太強之積分動作也會造成振盪，因此也必須適度的使用。至此，比較前述之 K_c；T_i 使用的效果似乎是一致的，即小的 K_c 值與小的 T_i 值配對效果與大的 K_c 值與大的 T_i 值配對效果是相同的，答案卻不盡然。比較（2.4）式及（2.7）式即知，K_c 主要是應付偏差（E），而積分動作 T_i 主要是應付偏置，因此對於較無雜訊（noise）之程序，其作動變數能容許有較大變化者，可使用較大的 K_c 與較小的 T_i 得到更快的響應。

此外，通常積分控制器均須搭配比例控制來作用，但對於那些只希望用一點點控制的程序而言，光用積分控制器（I only）❹也是可行的，例如大控制閥之精細流量調整，某些敏感的pH控制或是一些不是

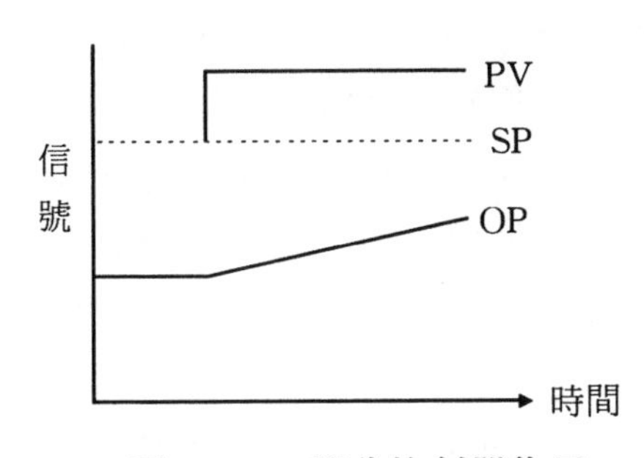

圖 2.13　積分控制器作用

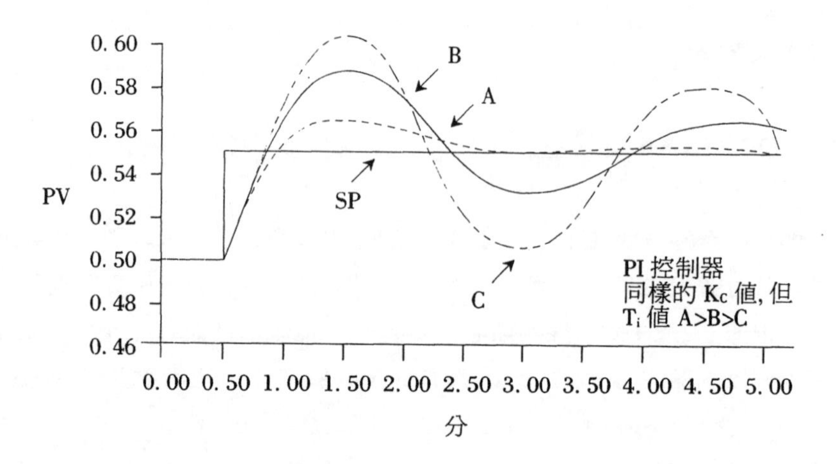

圖 2.14　同樣的 K_c，不同的 T_i 之 PI 控制器的響應

很有把握之推理計算控制……等，這些靜時及交互作用（interaction）都稍屬嚴重之程序。至於有些人喜歡在一般液位控制、批式反應器之液位控制或 pH 控制使用較強之積分控制來增強控制效能(performance)，事實上，對這類程序用太強之積分動作只有傷害而已，應選用較強之 K_c 及較弱的積分動作的設定，宜特別注意之。

積分控制器另外一個必須小心的問題即是**飽和（windup）**現象，由（2.7）式或是圖2.13可以看出，當偏差在同一方向一直存在時，控制器的輸出將會無限制的往上開或往下關，甚至超越控制輸出的極限100%或0%，此現象叫做飽和現象。對一般控制閥而言，開關極限只在100%與0%，即便是控制輸出（control output）要求控制閥開度大於100%或少於0%（DCS 大多設計 − 106.9%與 − 6.9%），實值上它已不能再有所變化。因此，控制器的積分動作必須有**去飽和現象（anti − windup）**的設計，使控制器輸出超越100%或低於0%時，能停留於100%或0%上，而不會續往上增或往下減少。這樣做的好處是，當偏差開始反向時，控制輸出可以馬上使控制閥動作，以避免控制輸出離0%或100%太遠而無法讓控制閥及時動作，影響控制效果。有些老式的積分控制器無去飽和設計，使用時必須小心。**圖2.15**顯示有 anti − windup 設計之積分控制器有較佳之控制效果。

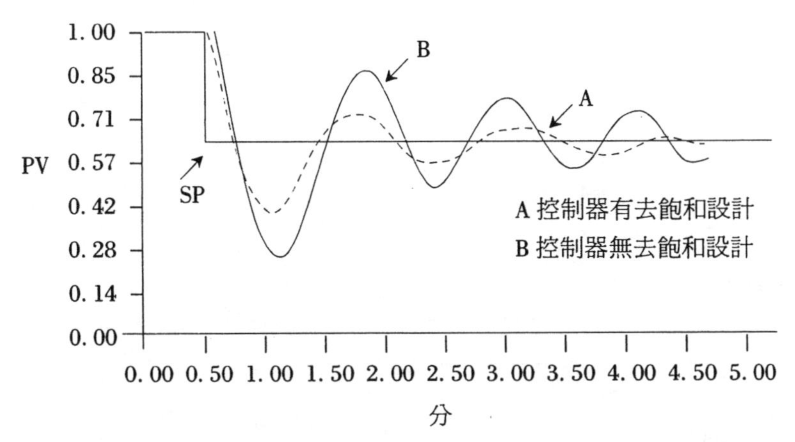

圖 2.15　同樣設定值之 PI 控制器，有無去飽合設計之響應差異

2.2.3　微分控制器

微分控制器（derivative）是設定一個微分時間（derivative time，簡稱 T_d），來提供控制器對偏差的變化率有處理的能力，其定義如下：

$$OP = Kc \times T_d \times \frac{dE}{dT} \tag{2.8}$$

其實際意義爲對偏差之修正「提前」反應之，以式（2.8）而言，當 PV 有一階段變化（step change）時，$\frac{dE}{dT}$可能爲無限大，此時控制器 OP 迅即大變之，以快速修正 PV，爲了避免如此強烈之動態響應，一般 DCS 廠家均有內建之過濾器使其產生圓丘（hump）式輸出以緩和微分作用，如**圖2.16**所示。有些 DCS 廠家爲避免微分控制作用產生突斷（bump）現象，其計算式改爲：

$$OP = K_c \times T_d \times \frac{d(PV)}{dT} \tag{2.9}$$

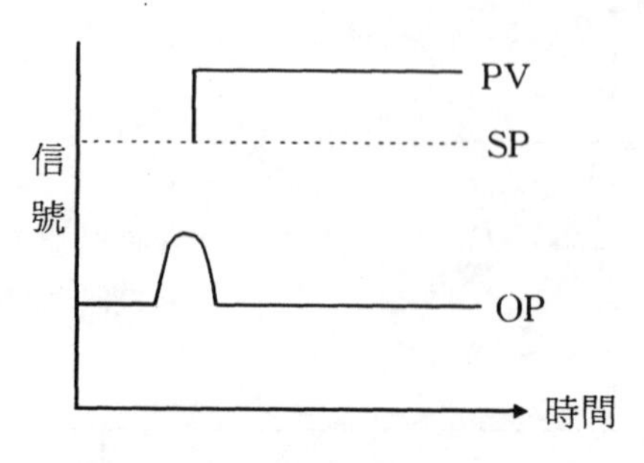

圖 2.16　微分控制器之作用

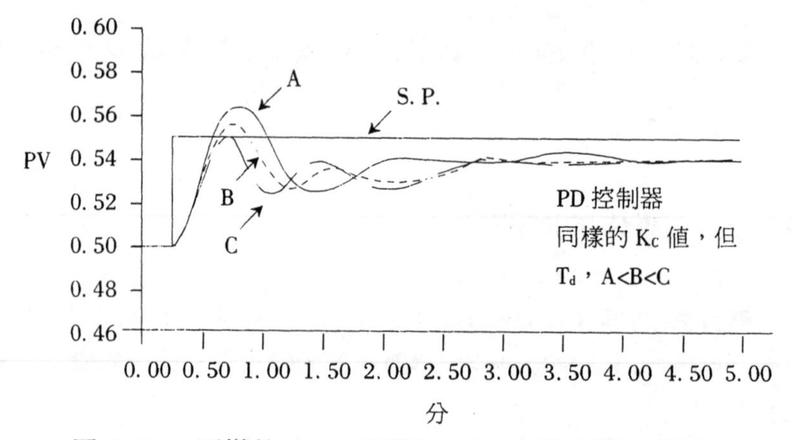

圖 2.17　同樣的 K_C，不同的 T_D 之 PD 控制器的響應

惟這種設計在 PID 調諧時，對 SP 作階段變化測試時，不易感受到 T_d 之作用須注意❺。有些微分控制器被叫做 rate（速率）其定義與 T_d 相同應不會混淆。微分控制器很少單獨使用，通常搭配比例控制器或積分控制器一起使用，它的優點是使程序應答產生的振盪較少，也較不容易有超越現象（overshoot）發生，如圖2.17之比較。

使用微分控制器的一般時機爲批式製程或程序特性製程屬於「慢式」響應者。除這些情形之外，作者建議在 DCS 上，能不要用 T_d 最好不要，兩大原因是：㈠若 PV 之雜訊消除不當，控制器之輸出變化會太快，反而變成一種困擾；㈡是加入第三個調諧參數，對一般人而言並不易具有太強烈的意識，卻增加調諧之困難度。

2.2.4　比例—積分—微分控制器（PID）

PID 迄今已被使用好幾十年了，但並沒有一套所謂之規範（standards）來定義 PID 之功能及設計準則，因爲舊的類比式設計與新的數位式設計有些微不同，不同廠牌之間又存在著一些差異，故瞭解您所使用的控制器廠牌之基本功能，爲增進程序控制效能之重要課題，不可忽視。這裏再就一般 DCS 之 PID 計算作一比較，俾使讀者更能對 PID 控制器有進一步的瞭解。

大部分 DCS 計算之 PID 是用下列三種方法的其中一種或兩種，其名稱可能有些不同，但比較公式後應可獲知您所使用之 DCS 廠牌是用哪種方式計算〔6〕。

- ideal 方式：又叫 ideal non－interacting，non－interacting ISA algorithm。
- series 方式：又叫 interacting 或 analog algorithm。
- parallel 方式：又叫 ideal paralleal 或 non－interacting。

ideal algorithm

就是一般書本上所使用的計算式（然而大部分的廠家並不用此一計算式），

$$\text{其控制器之 output} = K_c \left[E + \frac{1}{T_i}\int E dt + T_d \frac{dE}{dt} \right] \qquad (2.10)$$

它的拉氏轉換式（Laplace transform）爲：

$$\text{控制器之 output} = K_c \left[1 + \frac{1}{T_i S} + T_d S \right] \qquad (2.11)$$

series algorithm

此設計爲老式之類比式控制器設計，不過有許多 DCS 廠家仍沿有此一計算，以便讓使用者用起來「感覺」上較像類比式之 PID。

$$控制器之\ output = K_c'〔E + \frac{1}{T_i'}\int Edt〕\times〔1 + T_d'\frac{dE}{dt}〕 \quad (2.12)$$

其拉氏轉換式為：

$$控制器之\ output = K_c'〔1 + \frac{1}{T_i'S}〕〔1 + T_d'S〕 \quad (2.13)$$

parallel algorithm

此計算式類似於 ideal，

$$控制器之\ output = K_c''E + \frac{1}{T_i''}\int Edt + T_d''\frac{dE}{dt} \quad (2.14)$$

其拉氏轉換式為：

$$控制器之\ output = K'' + \frac{1}{T_i''S} + T_d''S \quad (2.15)$$

比較（2.10）式與（2.14）式得：

$$K_c'' = K_c$$
$$T_i'' = \frac{T_i}{K_c}$$
$$T_d'' = T_d \times K_c$$

雖然 ideal 方式與 paralcel 方式之計算方式是相同的，但用起來的「**感覺**」會不一樣；ideal 方式調整 K_c 時，積分與微分的動作也跟著變，而 parallel 方式卻是比例、積分與微分的動作是獨立的，這種方式的設計，在控制器調諧上，感覺應是較佳的，所以建議應儘可能使用 parallel 方式設計之 PID。Shinskey 已證明，使用 parallel 約可增加 3%之效能〔7〕。

最後，爲使讀者能對 PID 控制器之實際動作有較鮮明的體會，茲舉一簡例，作爲結束。

〈例2.1〉

設有一流量控制器其 zero－span 範圍爲0～100T/H，設流量由40 T/H 突增到60T/H 時，試繪出控制器之輸出（設控制器之參數設定爲 $K_c = 0.5$，$T_i = 0.5$，$T_d = 0$，控制器之 OP 原在60%處，控制器動作爲相反）。

〈說明〉

由（2.4）式，比例控制器作用之 output $= K_c \times E = 0.5 \times 20\% = 10\%$；由（2.7）式積分控制器作用之 output 爲：每0.5分鐘控制器輸出改變 $= K_c \times E \Big|_{每0.5min內} = 0.5 \times 20\% = 10\%$。因控制器作用爲相反，故應朝減少方向移動，如圖2.18。此例中，若加入微分動作，則 PID 控制器之輸出將如圖2.19所示。

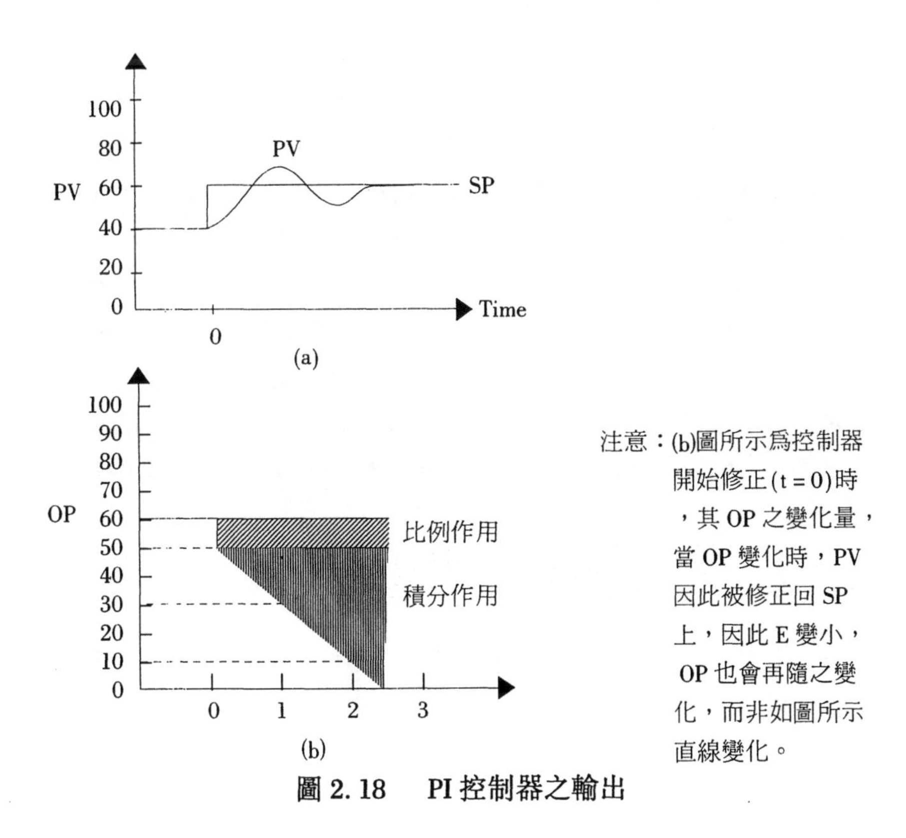

圖 2.18　PI 控制器之輸出

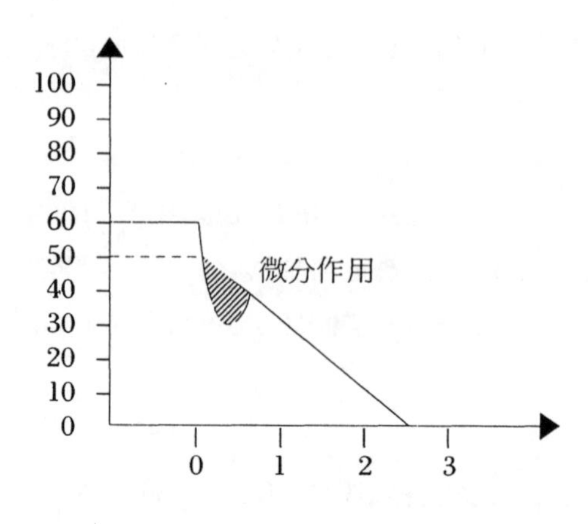

圖 2.19　PID 控制器之輸出

2.3　最終控制元件

每一控制迴路都需要有最終控制元件(final control element)[8]作爲調整手段，以迫使被控變數能不偏離我們的目標。對程序工業而言，最終控制元件通常直接調整物質之流量或間接地調整熱交換（heat transfer）或質交換（mass transfer）之速率。有許多的方法可被用作最終控制元件，如以變速馬達改變物料輸送速率、以可變電阻改變熱能加入率，或控制閥改變物料流率……等。其中當以控制閥之使用最爲廣泛，本節擬將控制閥作一概略介紹，以方便工程師解決控制迴路問題時之第一手參考資料。然而，複雜的控制閥問題必須參考專業的控制閥書籍，尤其是因特殊製程而設計控制閥更是控制工程師必須小心的對象。

2.3.1　閥的構造[8]

一般而言，我們可將閥分成驅動器（actuator）、主體（body）與閥塞（plug）三大部分及其它附屬設備，概略構造如**圖2.20**所示。

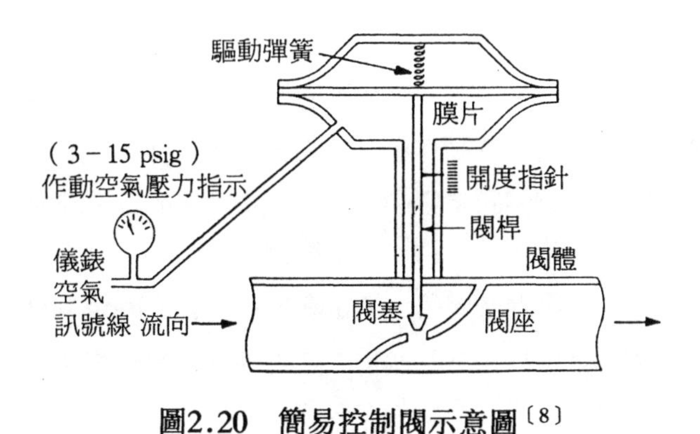

圖2.20 簡易控制閥示意圖[8]

驅動器

驅動器有氣動式、液壓式及電動馬達（ variable speed drive ）等，但最常用者仍爲氣動式驅動器。驅動器之選用，考慮因素衆多，惟與程序控制有關者有：

■作動速度

通常驅動器的速度與程序動態之響應速度相較均可忽略，但對於程序動態響應快速而且又是工廠中之重要作動變數而言，此驅動器之作動速度，則必須斤斤計較之，若不足時，一般以速動器（ booster relay ）來加速之。

■正反動作

正反動作之決定，必須從兩個層次來討論。首先，從製程安全考量的角度而言，當儀器空氣失調（ air failure ）時，該控制閥是停於全開、全關或不動的位置；再來就是從控制的角度來看，該控制閥應爲正作用（ direct acting，或稱 air failure open ）或反作用（ reverse acting，或稱 air failure close ），這個選擇次序不可顚倒，否則容易造成混亂。

- 正作用：被控制變數之 PV 增加時，控制器輸出（ 或空氣壓力 ）增加。
- 反作用：被控制變數之PV增加時，控制器輸出（ 或空氣壓力 ）

減小。

由控制迴路來看，至少有三個地方（控制器、驅動器及主體），可以搭配成八個不同的正反動作組合。**圖2.21**是當 DCS 控制器之控制作用規劃爲正向時，控制閥之驅動器及主體之動作組合，控制器之控制作用爲反向時，此四種組合之結果恰爲顚倒。

萬一發生動作錯誤的現象，通常在迴路測試（loop test）階段，可輕易檢查出來，其修正也十分簡單，惟工廠中的控制閥數量衆多時，最好能有一個規範，以保持維修之方便。

主體

主體是控制閥之主要部分，程序流體流經主體而過，主體之種類主要有（如**圖2.22**(a)～(e)）：

■**二通主體**（two－way body）

爲球形（globe）主體，分單座（single seat）及雙座（double seat），是最常用的一種。

■**三通主體**（three－way body）

用於兩種流體相混合或一種流體分爲二路之處。

■**蝶式主體**（butterfly valve body）

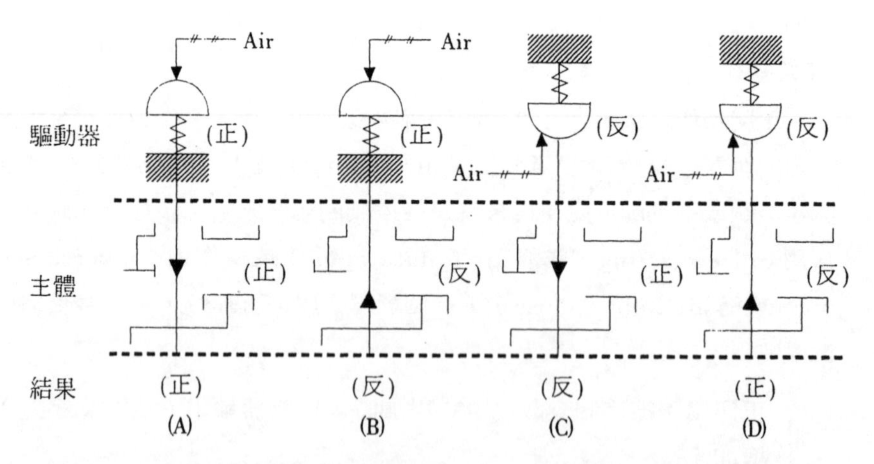

圖 2.21　控制器之控制作用爲正向時之驅動器與本體之動作組合[8]

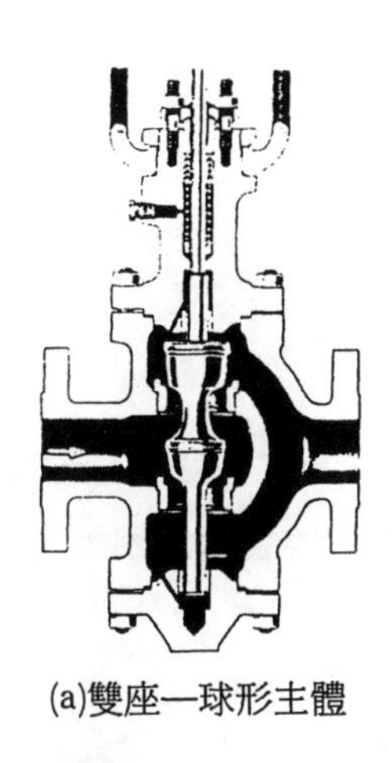

(a)雙座一球形主體

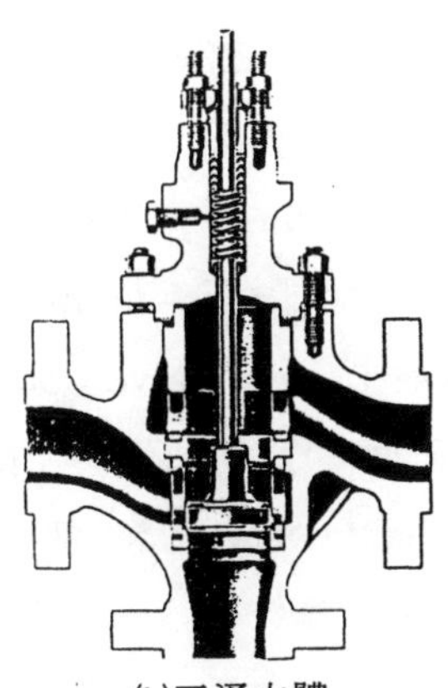

(b)三通主體

(c)蝶式主體

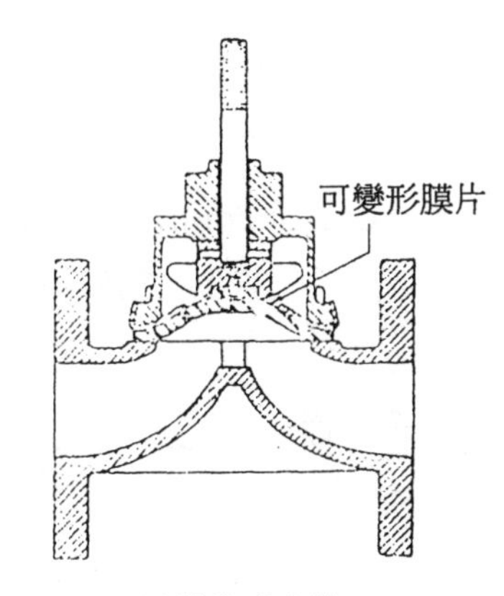

(d)膜片式主體

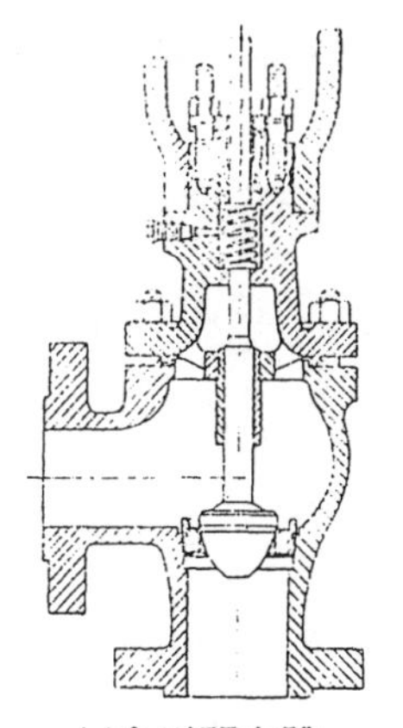

(e)角形閥主體

圖2.22　閥的主體〔8〕

用於希望壓降能儘量保持低的地方，且其流體內常帶有固體物質。

■**膜片式主體**（saunders valve body）

用於漿液（slurry）或腐蝕性甚強的流體，由特殊材料製成之膜片阻隔，使流體不能進入填料函之內。

■**角形閥主體**（angle valve body）

用於需要高壓降、驟沸（flashing）及漿液或腐蝕流體之處。

主體的部分選擇不當，偶爾也會造成控制上的困擾，對漿液的流體尤然。

閥塞

閥塞是與程序控制最密切的部分，閥塞之形狀，直接影響控制閥的流量特性，隨著製造商不同，製作略有差異，惟一般可劃分為：

■**速啓式**（quick opening valve plug）[9]

其流量百分比變化率對閥位變化率約為遞減型：

$$Kv = \frac{\triangle(\frac{m}{M})}{\triangle(\frac{x}{X})} \text{漸減}$$

此閥稍開啓，流量急速增加；閥續開，流量增加率減少，通常用於需要快速 on-off 的地方，而精確控制的地方，宜避免之。

■**線性式**（linear valve plug）

其流量百分比變化率對閥位變化率約為線性關係，

$$Kv = \frac{\triangle(\frac{m}{M})}{\triangle(\frac{x}{X})} \cong \text{常數}$$

■**等百分比式**（equal percentage valve plug）

閥開啓對流量改變的關係，對於原流量之比相等，在流量低時，控制閥開度對流量改變率較不敏感，反之，則較敏感。

$$Kv = \frac{\triangle(\frac{m}{M})}{\triangle(\frac{x}{X})} 漸增$$

或 $$Kv' = \frac{\frac{\triangle(\frac{m}{M})}{\triangle(\frac{x}{X})}}{\triangle(\frac{m}{M})} \cong 常數$$

由圖2.23可知，閥塞之型式不同，其動作範圍（rangeablility）❻也不同。一般而言，速啓式塞子之動作範圍約爲5至1，線性式及等百分比塞子之動作範圍約爲20至1。速啓式塞子之選用較爲直接，而如何適當選用線性式及等百分比閥塞以達到最佳之控制效果呢？表2.3爲建議的使用條件。

附件

控制閥之附件（accessories）很多，會影響到程序控制者有定位器（positioner）及速動器。

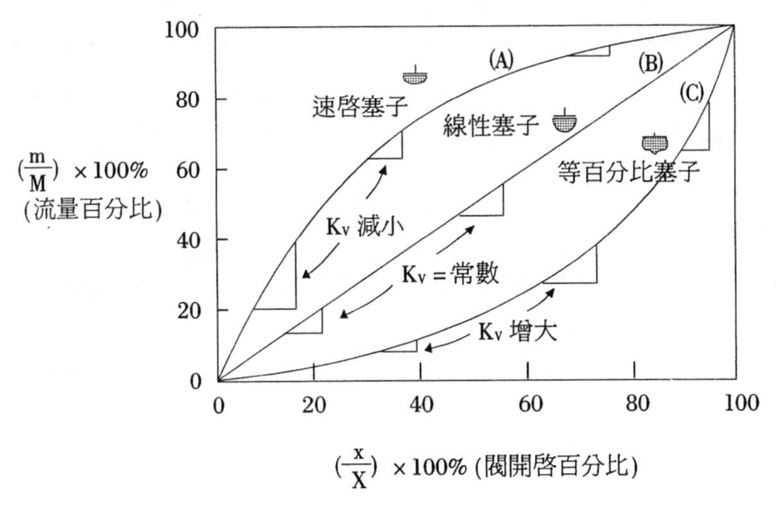

圖 2.23　三種典型閥基特性[8]

表2.3　線性閥塞與等百分比閥塞之選用[8]

情況＼閥塞	線性	等百分比
程序動態	程序動態響應較慢者	程序動態響應較快者
程序動態	負載變化引起明顯之程序變化者	系統動態較無把握者
流量控制	·流量控制範圍（flow range）較大者 ·Cv 較小者	·流量控制範圍較小者或需要較大 Rangeability 者（大部分之液體流量控制） ·Cv 較大者
壓降	控制閥壓降大於40%之系統壓降	控制閥壓降佔系統壓降比例較小者
壓力	可壓縮流體在控制閥下游超過30米處（大部分氣體之壓力控制）	液體或可壓縮流體在控制閥下游<3米處
液位	負載增加壓降減少者	壓降不變或負載增加壓降增加者

概略通則：除溫度、部分流量及液體壓力控制利用爲等百分比外，其餘大多用線性塞子。

■定位器

定位器之功能即爲一個比例控制器，其目的主要在克服閥桿（stem）移動時之阻力，經放大器產生較快的應答以減少控制閥之遲滯現象（hysteresis），提升控制之效能，如圖2.24所示。

定位器之使用情況請參閱一般控制閥專書，此處不擬介紹，惟有學者提及液體流量控制及壓力控制不宜使用定位器[10]，因程序響應已夠快，用了定位器比沒有用更糟，值得注意。另外，作者曾經碰過定位器調整桿鬆動而造成如圖2.25的 PV 規則式晃動，不察者很容易誤以爲積分控制器太強所致。

■速動器[11]

爲使驅動器速度加快或對於大型控制閥之驅動，經常加裝速動器於儀器空氣供應線上以加速控制閥的動作，如圖2.26所示。

速動器這個小東西，常爲人所忽略，然從作者經驗中，此物對於改善控制閥之遲滯現象有明顯效果，尤以大型控制閥且須應答快速之程序控制上。

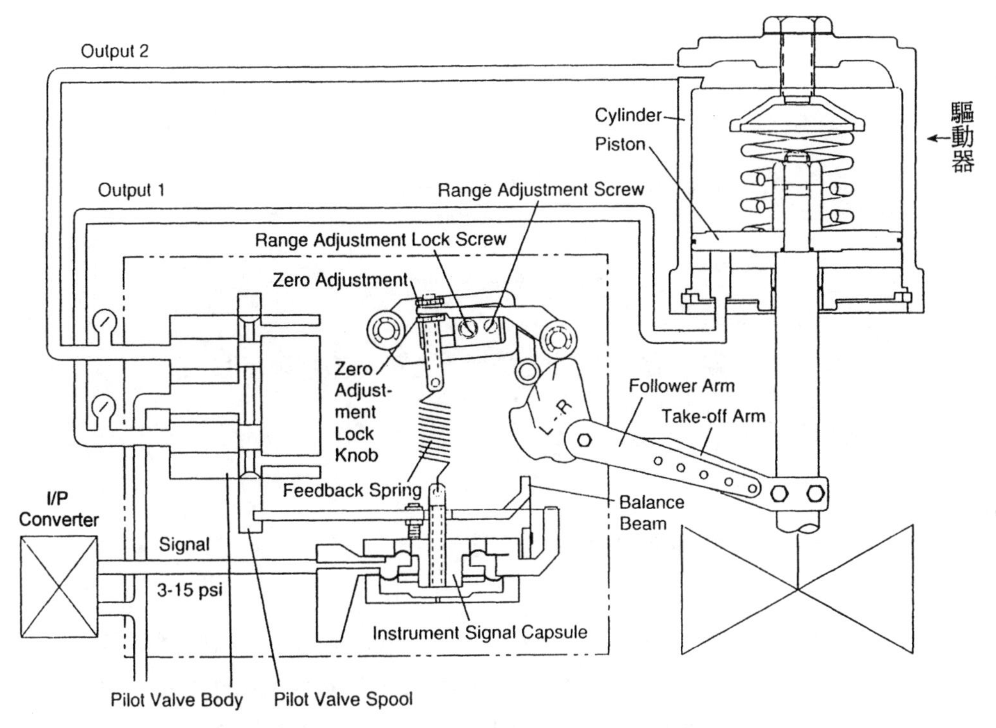

圖2.24　定位器（虛線部分）與驅動器〔3〕

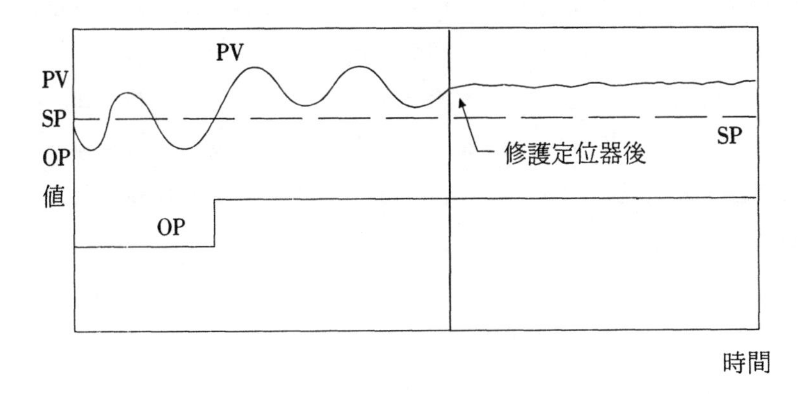

圖 2.25　定位器調整桿鬆動造成 PV 規則晃動現象〔8〕

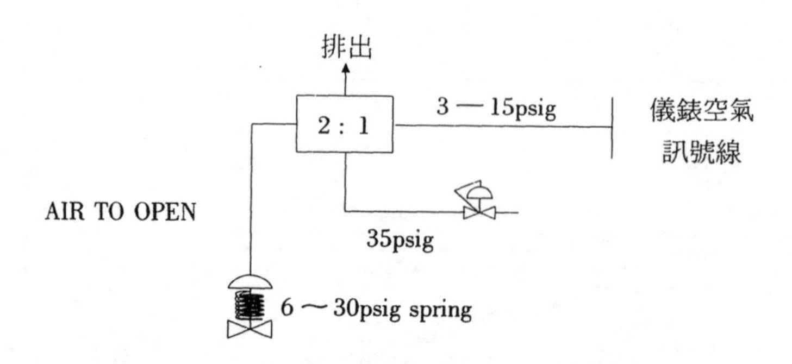

圖 2.26　架於控制閥上之壓力型速動器[8]

2.3.2　控制閥之尺寸選擇

控制閥之尺寸選擇（sizing）不當，輕者雖可以靠控制器調諧予以克服，但當程序變化時由於控制器此時之調諧較緊，韌性不足，很容易因程序變化造成失控；重者，根本無法控制或控制效果奇差無比，不可不愼。控制閥之尺寸選擇是否恰當，很容易被檢查出來；在正常煉量下，閥的開度大於90%或小於10%已經明顯太小或太大了，可先試控制器調諧之，若效果仍不理想，則應予更換尺寸。

控制閥之尺寸選擇必須先算出 Cv 值，詳細之 Cv 值計算依各廠家流體、壓降之不同而有所差異。尺寸之選擇須考慮的事項頗多，有興趣的讀者請參閱更專門的書籍，在此僅列出非高黏度不可壓縮流體之一般公式作爲參考。

$$Cv,cal = \frac{q}{\sqrt{\frac{\triangle p}{G}}} \text{（無單位）}$$

其中，q = 流量

$\triangle P$ = 流經控制閥之壓降

G = 流體比重

最後選擇的 Cv 值爲 Cv,cal 之兩倍。

2.4 人機介面

爲什麼會在程序控制的領域裏，談到人機介面（man – machine interfaces）呢？這是因爲 DCS 實已極爲普及，雖有越來越多的新控制器被規劃上去，但是由於人機介面規劃不當，操作員無法方便及正確的使用，使得這些新型控制器的功能無法徹底發揮，實爲可惜。今日電腦之精進絕非只是運算功能強大而已，事實上它能提供圖形(graphics)、警報（alarming）及報表（report）等能力也絕非傳統控制器可以比擬，爲了讓操作員能夠舒服及正確地使用 DCS，人機介面之最佳規劃亦當視爲基礎控制不可或缺的一環。

一般而言，各工廠均有各自人機介面規劃的規範，其處理的方式亦都不同，這裏作者所提出的是概略的項目，爲配合越高階的控制器，其人機介面之規劃，也要相對「聰慧」（smart），否則操作員在不明就理的情況下，隨意關掉高階控制，所有努力豈不付諸東流。

2.4.1 警報

通常在 DCS 裏，很容易地可以訂下如下幾種警報：

- 高限或高高限（high limit or high high limit）警報。
- 低限或低低限（low limit or low low limit）警報。
- 緊急（emergency）警報。
- 警告（warning）警報。
- 單位時間改變率（rate of change）警報。
- 單位時間偏移率（deviation）警報。

這麼多的警報，是否這些警報訊號只是「響了」或是有其更深層的意義，不同警報之間之巧妙搭配組合是否可提供更深一層之操作意義，實爲值得工程師與現場人員好好深思的一個課題。目前已有專家系統（expert system）提供警報管理（alarm management）的功能，惟自己的「專家」在各自工廠內，自己好好下功夫做好 DCS 之警報規劃也可得到一定程度的專家功能。

2.4.2 圖形

幾乎所有 DCS 之圖形功能都很強，但是仍少見到有做得「賞心悅目」的。掌握清爽、簡單、美觀、有實質意義的圖形介面，可以提供操作員更好的視覺介面，一定可以把工作做得更好。一般配合高階控制的實施，圖形介面也必須跟著提升，以達到更好的效果。

目前較大的遺憾是，沒有一家 DCS 有中文能力❼，這方面確實減少了許多操作員的親和度，DCS 若能提供更好的中文環境，有很多的操作說明可以鍵入，對操作能力之提升將大有助益，值得 DCS 廠家注意。

2.4.3 報表

工廠每日的管理工作，離開不了用製程數據運算得到的各式表格供管理階層參考，因此利用 DCS 直接製備各式表格是最方便的方法了。DCS 可以輕易地製出班、日、週、月報表，端看工程師如何規劃罷了。

近來由於製程資訊系統（process information system）的發達，使用者可以輕易地製出各式各樣的報表，因此 DCS 的報表功能已多移到此一系統上來。對於尚未有製程資訊系統的企業而言，利用 DCS 的製表能力亦可大幅提升管理能力。人機介面的規劃越用心，越能幫助控制系統發揮功能，值得重視。

2.5 結　語

此章概略說明了常見的控制迴路四要件中的三者；量測元件、控制器及控制閥的基本功能及特性，在往後的各章中將討論四要件中最重要的「程序」部分，並搭配各種適當的控制設計。

受限於篇幅，無法再針對量測元件及控制閥作更深入的介紹，但從經驗上來說，大概有一半左右的程序控制問題是出在此二者身上，絕對不容忽視，盼望讀者自己充實儀錶部分的知識及經驗，以便於用更廣寬的視野來克服程序控制問題。

註　釋

❶不叫控制變數的原因是：控制變數的中文語意與作動變數很容易混淆，因此乃根據英文的原義叫做被控變數（controlled variable）。

❷有些工業儀錶廠家所指的 transducer 是指訊號轉化器，如氣動式轉電子式的 P/I 轉化器或電子式轉氣動式的 I/P 轉化器。

❸一般之 DCS，其比例控制器之偏差，有兩種可以選擇：

(a)error on S.P.：即 PV 與 SP 之偏差；

(b)error on P.V.：即目前之 PV 與上一個 PV 之偏差。

❹這種 I only 控制器根據 DCS 廠家不同而略有差異，有些是根據式（2.7）直接將 Kc 設為1，有些廠家並無另外之 I only 控制器可供選擇，但當 Kc 輸入0後，即為 I only，此時 DCS 自動將內部改設為 Kc＝1。

❺由於 DCS 中的 PID 控制器設計略有差異，使用時務必熟悉其控制機制（control algorithm）才能發揮應有功能。

❻$\text{rangeability} = \dfrac{\text{Max.Controllable flow}}{\text{Min.Controllable flow}} = \dfrac{\text{Max.Useable } C_v}{\text{Min.Useable } C_v}$。

❼最新資料，必須以各 DCS 廠家之更新系統為準。

參考資料

〔1〕R. Kern, "Instrument Arrangements for Ease of Maintenance and Convenient Operation", *Chemical Engineering*, Apr. 1978.

〔2〕D. E. Seborg, T. F. Edgar & P. A. Mellichamp, *Process Dynamics and Control*, John Wiley & Sons, Chap.9.

〔3〕T. F. Meinhold, "Liquid Flowmeters", *Plant Engineering*, Nov. 1984.

〔4〕P. K. Khandelwal & V. Gupta, "Make the Most of Orifice Meters", *Chemical Engineering Progress*, May 1993, pp.32-37.

〔5〕B. Tinhaw, "Going Very Open—But Keeping Very Safe", *Control Engineering*, June, 1996.

〔6〕G. K. McMillan, *Tuning and Control Loop Performance*. ISA,1994.

〔7〕F. G. Shinskey, *Process Control Systems*, 3rd ed, McGraw-Hill, 1988.

〔8〕王一虹，〈從程序控制的觀點看控制閥〉，《化工技術》，1997年2月號，pp.146-151。

〔9〕趙榮澄&黃孝平，《程序控制學》（修訂版），第4章，pp.203-240。

〔10〕C. A. Smith & A. B. Corripio, *Principles and Practice of Automatic Process Control*, John Wiley & Sons, 1985, pp.578-579.

〔11〕API Recommended Practice 550, 3rd ed, 1976, "Part Ⅰ-Process Instrumant and Control, Section 6-Control Valves and Accessories".

第3章

動態特性分析

◈研習目標◈

當您讀完這章，您可以

A. 瞭解自調程序、積分程序的基本動態特性。

B. 瞭解拉氏轉換的性質及其運用。

C. 瞭解一階及二階自調程序與積分程序的詳細動態響應特性。

D. 瞭解超越及逆向應答程序之特性。

E. 瞭解從動態響應模式的觀點看迴路四要件在控制設計上的要求。

F. 瞭解如何利用反應曲線法尋求動態響應模式。

在前一章中，我們概就控制迴路四要件之量測元件、控制器及最終控制元件作一簡介，唯獨遺漏程序部分，主要的目的是程序部分為程序控制的主體，必須瞭解其特性，才能控制好它。程序控制注重的是程序動態的變化，正如易經上所言：「天行健，君子以自強不息」，萬事萬物均處在「動」的狀態，在控制迴路中亦然，不只程序部分處在「動」的狀態而已，其它三要件：量測元件、控制器及最終控制元件甚至干擾因子（disturbance factor）無一不處在「動」的狀態，所有這些「動」的組合，構成我們所看到的迴路動態響應，在本章中我們亦將概略提及這些動態特性，俾能對整個控制迴路能有所瞭解。

動態特性分析是瞭解及解決程序控制最根本的辦法，學院派特別注重此一動態的分析，才能衍生越來越多的控制器，工業界的工程師們也須能掌握基本的動態特性分析方法，配合一些實務的技巧，才能有效解決他們的問題。特殊繁雜的例子及數學推導非為本書之重點，清晰、簡單、實用的手法乃為本章之精神所在，望諸讀者能各取所需。

3.1 模式分析

3.1.1 兩種典型的程序

模式分析（modeling analysis）普通用於製程分析與控制上，其目的至少有：

- 增加對製程的瞭解並進而將製程最適化。
- 訓練操作人員。
- 新控制器之設計及最佳控制參數之設定。

對方法工程師而言，他們比較關心的是靜態（與時間無關）的分析，就程序控制的角度而言，程序控制工程師注重的是動態的分析。換言之，就是在意對時間的變化。通常由質量、能量守恆（mass & energy conservation）即可推導出動態模式（衝量平衡很少被使用在程控分析上）。我們將藉著下面兩個簡單的程序，導出兩個最具代表性的程序，一個叫**自調程序**，另一個叫**積分程序**（integrated process 或稱 integrator）。這兩個典型的程序其差別顯明而對立，幾乎所有分析程序控制的課題，一開始必須決定的就是：此程序是自調程序或積分程序？若答錯，那就整個錯到底了，故區分程序為自調程序或積分程序可說是控制工程師的第一課，非常重要。至於自調程序之間的差別只是階數（order）之差別罷了。

〈**例3.1**〉

如**圖3.1**之程序，在一個攪拌良好的加熱槽，比熱 C 的物質流入率為 W_i，其溫度為 T_i，該物在槽內的體積為 V，加熱器輸入到槽內的能量流率為 Q，該物之出料流率為 W，出料溫度為 T，試導出出料溫度 T 的模式？

〈**說明**〉

由質量平衡：〈質量累積率〉＝〈質量流入率〉－〈質量流出率〉

$$\frac{d(V\rho)}{dt} = W_i - W \tag{3.1}$$

由能量平衡：〈能量累積率〉＝〈能量流入率〉－〈能量流出率〉

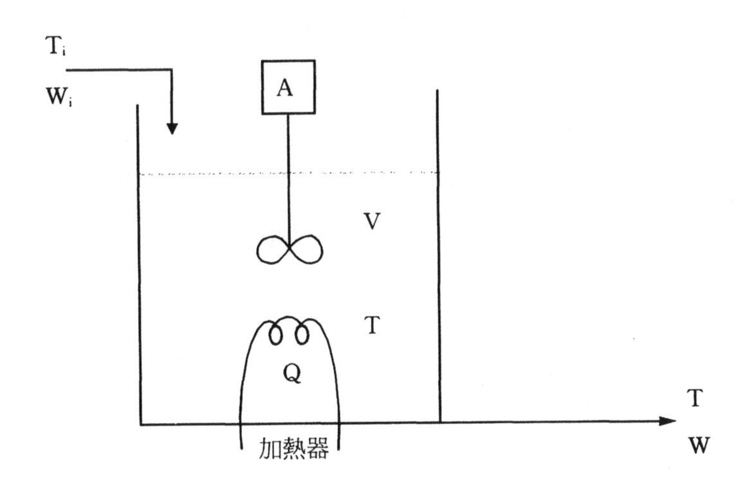

圖 3.1　攪拌槽加熱系統

$$C\frac{d[V\rho(T-T_{ref})]}{dt}=W_iC(T_i-T_{ref})+Q-WC(T-T_{ref})-UA(T-T_s) \quad (3.2)$$

其中，T_{ref}＝計算焓所需之參考溫度

T_s＝爲外界溫度

A＝槽外表面積

U＝熱傳係數

（3.1）式及（3.2）式即構成此一系統之模式。若密度 ρ 及比熱 C 均爲常數，則（3.1）式變成：

$$\frac{d(V\rho)}{dt}=\rho\frac{dV}{dt}=W_i-W \quad (3.3)$$

若設此槽保溫良好，散熱可忽略，則 $UA(T-T_S)$ 項可不計，因此將（3.2）式等號左邊展開，並將（3.3）式代入得：

$$C\frac{d[V\rho(T-T_{ref})]}{dt}=C(T-T_{ref})(W_i-W)+V\rho C\frac{dT}{dt} \quad (3.4)$$

（3.2）＝（3.4），展開化簡得：

$$\frac{dT}{dt}=\frac{W_i}{V\rho}(T_i-T)+\frac{Q}{V\rho C} \quad (3.5)$$

此一系統在假設物質之密度及比熱爲常數的情況下，其模式爲：

$$\frac{dV}{dt}=\frac{1}{\rho}(W_i-W) \quad (3.6)$$

$$\frac{dT}{dt}=\frac{W_i}{V\rho}(T_i-T)+\frac{Q}{V\rho C} \quad (3.7)$$

如果，我們再假設進料量 W_i 等於出料量 W，則體積 V 爲常數。（3.7）式成爲一個一階常微分方程式（1st order differential equation），其導出式如下：

$$T = T_i + \frac{Q}{CW_i}\left(1 - e^{\frac{-Wt}{V\rho}}\right) \tag{3.8}$$

它的應答如圖3.2所示，擁有這類的應答程序者，我們就稱此程序爲自調程序。以通俗的口吻來說，自調程序是指該程序在改變作動變數時，被控變數將由目前的穩定狀態變化到新的穩定狀態。以此例而言，在所有條件均不變的情況下，加熱器輸入量由 Q 變化到 Q´，經一段時間後，出料之溫度必由原較低值升到一個較高穩定値。

談到這裏，我們不得不對模式分析再次的說明：此例中，爲了求得簡易之溫度動態響應式，我們做了很多的假設，包括熱量沒有散失……等等。然而即使保溫在好的加熱桶，也有微量的熱散失……。以實際應用來說，我們雖可以輕易地列出如（3.1）（3.2）的式子，但若用最嚴謹的（rigorous）分析，沒有一個變數爲常數且熱量損失不可忽略，要解出此二式可不簡單。通常做了太多的假設會讓我們懷疑是否太簡化了此一系統，而使得結果沒有太大價值，因此如何拿捏，的確是一項藝術。

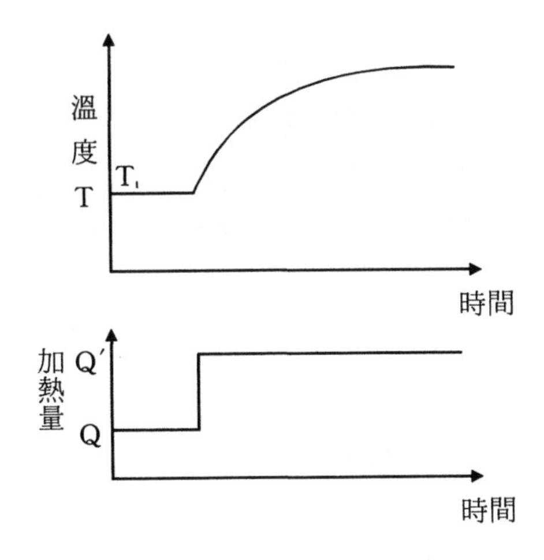

圖 3.2　自調程序響應圖

爲了能夠讓模式分析確能發揮效果，工業中通常使用另一種技巧來求得模式，此即直接測試現場，在假設的模式中求得參數（但往往模式過於簡化），將在3.6節提及現場測試的方法。這兩種方法所得的結果各有利弊，惟仍須使用者加以小心的判別，哪種結果較爲正確。

接著我們來看看另外一個程序特性。

〈例3.2〉

如圖3.3的橢圓直立緩衝槽，進料體積流量爲 W_i，出口有一泵，以流量 W 的流速打出，求該緩衝槽之液位動態模式？（設密度不變）

〈說明〉

由質量平衡：〈質量累積率〉＝〈質量流入率〉－〈質量流出率〉

$$A\frac{dh(t)}{dt}=W_i(t)-W(t) \tag{3.9}$$

A＝該槽截面積

若 $W_i(t)$ 與 $W(t)$ 均爲固定量，且

$$W_i(t)-W(t)=W_o\text{，爲一固定差值} \tag{3.10}$$

（3.9）式變成：

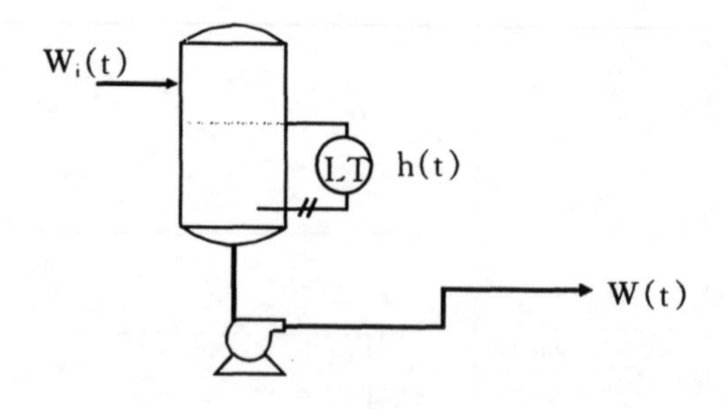

圖 3.3　含泵之液位程序

$$A\frac{dh(t)}{dt}=W_o \text{，解出得：} \quad (3.11)$$

$$h(t)=\frac{W_o}{A}t+h_o \quad (3.12)$$

h_o 為當時間 $t=0$ 時之液位高，其動態響應圖如**圖3.4**。

當 W_o 由0提升到 W_o 時，液位將以 $\frac{W_o}{A}$ 的速度爬升，若進料與出料之差值一直保持 W_o，則液位經一段時間後必溢出，若 W_o 值為負值（出料值大於進料值），則液位經一段時間必空掉。這種程序我們叫它**積分程序**，它的特色是當作動變數改變時，其被控變數會一直往某一方向一直變化到其極限值，而不像自調程序一樣會停留於新的穩定值，故積分程序有時我們稱它為**開環不穩定程序**（open loop unstable process）。此類程序，如含泵之液位及一般之氣體壓力均為積分程序，在一般控制問題的處理上，積分程序通常是較為棘手的，必須稍加留意。

另外，下面將說明另一不含泵之液位程序，此不含泵之液位為自調程序而非積分程序，須予區分。

〈例3.3〉

如圖3.5之液位，進料量為 W_i，出料為 W，截面積為 A 的緩衝槽，求液位之動態響應？

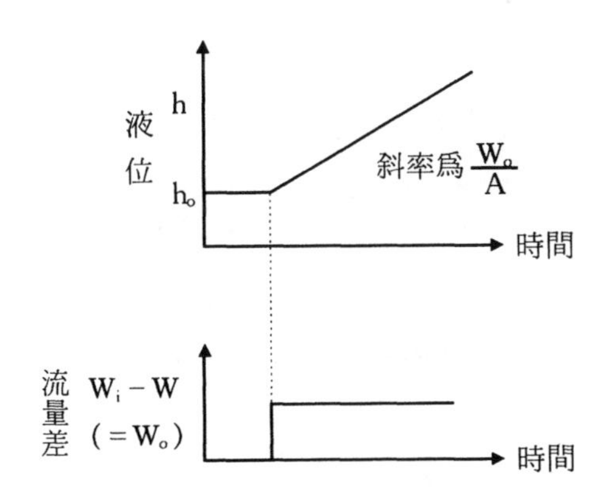

圖 3.4　積分程序響應圖

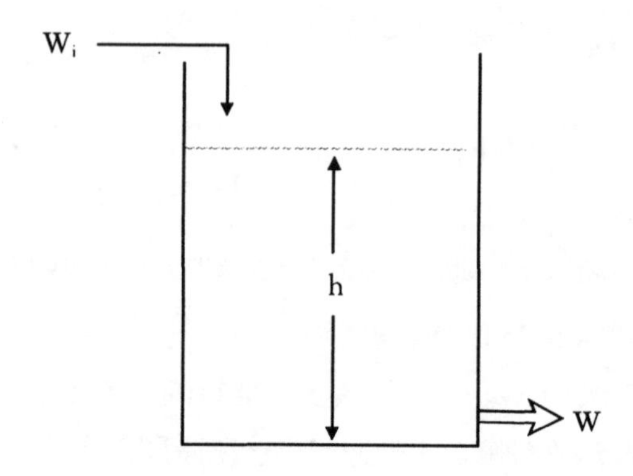

圖 3.5　不含泵之液位程序

〈說明〉

由質量平衡，如（3.9）式我們可得：

$$A\frac{dh(t)}{dt}=W_i(t)-W(t) \tag{3.9}$$

但是液位 h 與外流管線因摩擦阻力存在著一個關係，設為：

$$W(t)=\frac{1}{R}h(t) \tag{3.13}$$

R 為外流管之摩擦阻力，將（3.13）代入（3.9）得：

$$A\frac{dh(t)}{dt}=W_i(t)-\frac{1}{R}h(t) \tag{3.14}$$

（3.14）式與〈例3.1〉之（3.7）式完全一樣，為一階常微分方程式，所以不含泵之液位程序為自調程序而非積分程序，其動態響應和圖3.2一樣。

至此，我們已經列出了最典型的兩種程序。另外一個更難處理的程序為**脫離程序**（runaway process，或稱為 positive feed back），如**圖3.6**[1]所示。通常是一般有失控情況的反應器，這種程序的狀況複

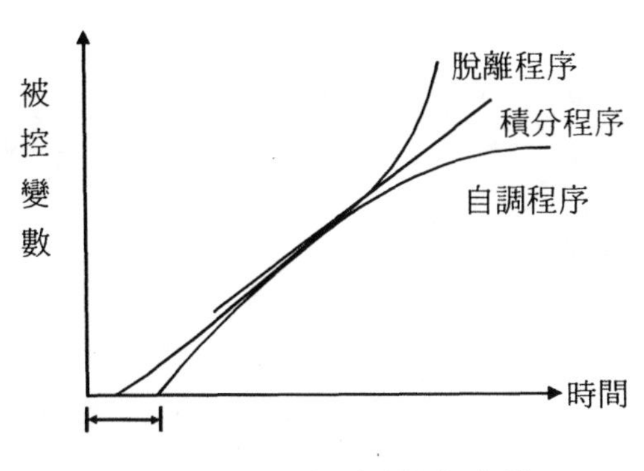

圖 3.6　三種不同程序比較

雜，一旦發生即朝失控方向前進，很難光用程序控制的方法來處理，對於此類特性的程序，一般仍是用類似積分程序加「預防」的方法來處理。即平常以積分程序控制方式在安全的範圍內操作，一但超越安全值，則外加連鎖系統（interlock system）來跳脫（trip）此一程序，以避免其失控產生災難。

3.1.2　三個重要的參數

在談過了兩個典型的程序後，接著要瞭解的是組成此模式的三個要因：**程序增益**（process gain，K_P）、**時間常數**（time constant，τ）及**靜時**（τ_d）。

（3.7）式及（3.14）式均為典型之一階常微分方程式，其標準式如下：

$$y + \tau \frac{dy}{dt} = K_P . m \tag{3.15}$$

其中，K_P = 程序增益

τ = 時間常數

（3.7）式變成：

$$(T - T_i) + \frac{V\rho d(T - T_i)}{W_i \quad dt} = \frac{Q}{CW_i} \tag{3.16}$$

此程序之增益即爲$\frac{1}{CW_i}$，時間常數爲$\frac{V\rho}{W_i}$（設當時間0時，$T = T_i$）

$$T = T_i + \frac{Q}{CW_i}(1 - \rho^{\frac{-W_t}{V\rho}}) \tag{3.8}$$

$$\triangle T = \frac{1}{CW_i}(\triangle Q)(1 - e^{-t/\tau}) \tag{3.17}$$

（3.14）式變成：

$$h + RA\frac{dh}{dt} = W_i R$$

此程序之增益爲 R，時間常數爲 RA，設時間0時，液位爲 h_o 得：

$$h = h_o e^{-t/RA} + W_i R(1 - e^{-t/RA}) \tag{3.18}$$

$$\triangle h = R(\triangle W_i) \times (1 - e^{-t/RA}) \tag{3.19}$$

由（3.17）式及（3.19）式可以看出，製程增益越大時，單位作動變數的改變量產生之被控變數的改變越大，而時間常數越大，被控變數的變化越和緩。注意積分程序，並無時間常數，而由（3.12）得：

$$\triangle h(t) = \frac{W_o}{A} \times \triangle t \tag{3.20}$$

知積分程序之增益即爲：

$$\frac{\triangle PV}{\triangle OP \times \triangle t} = \frac{\triangle h(t)}{W_0 \times \triangle t} = \frac{1}{A}$$

在加熱程序中，加熱器輸入的熱量有變化時，槽內的溫度必須等到一段時間後才開始變化，這一段等待的時間就稱爲靜時。靜時是三個參數中最重要的一個，它的長短直接影響控制器的效能，在下一章中將討論靜時與時間常數的比值對控制環路穩定度的影響。

至此，模式分析的技巧已大致分析說明，兩個典型的動態響應型態務必銘記於心，則已略具程序控制的基礎了（讀者若欲瞭解更詳細的模式分析技巧及範例，請參閱 Luyben[2][3] 等參考書籍）。而以嚴謹模式（rigorous model）的範疇而言，分析控制環路的模式，必須對環路四要素：量測元件、控制器、最終控制元件及製程一起做動態模式分析，不光是對製程分析就足夠，可以想見其困難度，爲了更容易解讀模式，先賢們用了拉氏轉換（Laplace trasformation）將繁雜的時間領域（time domain）轉成簡易的拉氏領域（Laplace domain 或 S domain），以將模式的運算簡化。

3.2 拉氏轉換

拉氏轉換的定義如下：

$$\mathscr{L}(f(t)) = f(s) = \int_0^\infty f(t)e^{-st}dt,\ \text{for } t \geq 0 \tag{3.21}$$

其與時間函數的轉換如下：

$$\mathscr{L}^{-1}(f(s)) = f(t) \tag{3.22}$$

以下介紹幾個常用的時間函數轉換成 Laplace 的計算，而表3.1列出更多的轉換式。

常數（step input）

當 $f(t) = \begin{cases} 0, t<0 \\ c, t\geq 0 \end{cases}$，此即變量爲 c 之階段變化，如圖3.7(a)所示，

表3.1 幾種常見的 Laplace 轉換式[3]

No.	$f(t)$	$f(s)$
1	δ, unit impulse	1
2	$U(t)$, unit step or constant	$1/s$
3	$\dfrac{t^{n-1}}{(n-1)!}$	$1/s^n$
4	$\dfrac{1}{\tau}e^{-t/\tau}$	$\dfrac{1}{\tau s+1}$
5	$1+\dfrac{(a-\tau)}{\tau}e^{-t/\tau}$	$\dfrac{as+1}{s(\tau s+1)}$
6	$\dfrac{1}{\tau^n}\dfrac{t^{n-1}e^{-t/\tau}}{(n-1)!}$	$\dfrac{1}{(\tau s+1)^n}$
7	$\left(\dfrac{a}{\tau^2}+\dfrac{\tau-a}{\tau^3}t\right)e^{-t/\tau}$	$\dfrac{as+1}{(\tau s+1)^2}$
8	$1+\left(\dfrac{a-\tau}{\tau^2}t-1\right)e^{-t/\tau}$	$\dfrac{as+1}{s(\tau s+1)^2}$
9	$\dfrac{\tau_1-a}{\tau_1(\tau_1-\tau_2)}e^{-t/\tau_1}-\dfrac{\tau_2-a}{\tau_2(\tau_1-\tau_2)}e^{-t/\tau_2}$	$\dfrac{as+1}{(\tau_1+1)(\tau_2 s+1)}$
10	$1+\dfrac{\tau_1-a}{\tau_2-\tau_1}e^{-t/\tau_1}-\dfrac{\tau_2-a}{\tau_2-\tau_1}e^{-t/\tau_2}$	$\dfrac{as+1}{s(\tau_1 s+1)(\tau_2 s+1)}$
11	$\sin(\omega t)$	$\omega/(s^2+\omega^2)$
12	$\cos(\omega t)$	$s/(s^2+\omega^2)$
13	$e^{-at}\cos(\omega t)$	$\dfrac{s+a}{(s+a)^2+\omega^2}$
14	$e^{-at}\sin(\omega t)$	$\dfrac{\omega}{(s+a)^2+\omega^2}$
15	$\dfrac{C}{\tau}e^{-\xi t/\tau}\sin\left(\dfrac{\sqrt{1-\xi^2}}{\tau}t+\phi\right)$	$\dfrac{as+1}{\tau^2s^2+2\xi\tau s+1}$
	$C=\sqrt{\dfrac{\frac{a^2}{\tau^2}-\frac{2\xi a}{\tau}+1}{1-\xi^2}}\quad \phi=\tan^{-1}\left(\dfrac{\frac{a}{\tau}\sqrt{1-\xi^2}}{1-\frac{a\xi}{\tau}}\right)$	
16	$\dfrac{-1}{\tau^2\sqrt{1-\xi^2}}e^{-\xi t/\tau}\sin\left(\dfrac{\sqrt{1-\xi^2}}{\tau}t+\phi\right)$	$\dfrac{s}{\tau^2s^2+2\xi\tau s+1}$
	$\phi=\tan^{-1}\left(\dfrac{\sqrt{1-\xi^2}}{\xi}\right)$	
17	$1-\dfrac{1}{\sqrt{1-\xi^2}}e^{-\xi t/\tau}\sin\left(\dfrac{\sqrt{1-\xi^2}}{\tau}t+\phi\right)$	$\dfrac{1}{s(\tau^2s^2+2\xi\tau s+1)}$
	$\phi=\tan^{-1}\left(\dfrac{\sqrt{1-\xi^2}}{\xi}\right)$	
18	$f(t)=\begin{cases} f(t-a) & t\geq a \\ 0 & t<a\end{cases}$	$e^{-as}f(s)$

a,ω 及 τ_i 爲實數，$0<\xi\leq 1$，n 爲整數

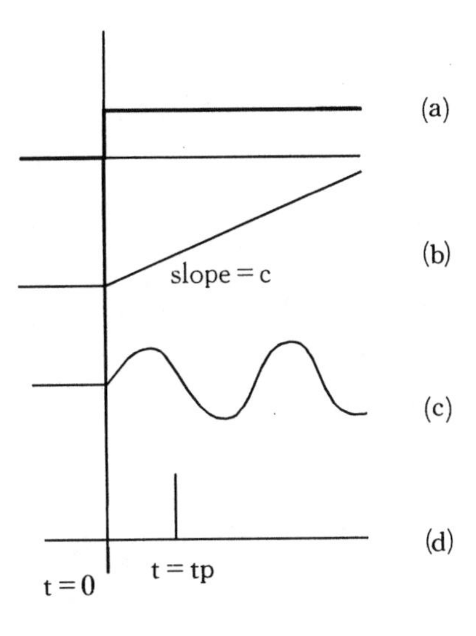

圖 3.7　四種常見的輸入

$$\mathcal{L}(c) = \int_0^{\infty} ce^{-st}dt = -\frac{c}{s}e^{-st}\Big|_0^{\infty} = \frac{c}{s} \qquad (3.23)$$

斜坡（ramp input）

當 $f(t) = \begin{cases} 0 & , t<0 \\ ct & , t\geq 0 \end{cases}$，如圖3.7(b)所示，

$$\mathcal{L}(ct) = \frac{c}{s^2} \qquad (3.24)$$

正弦（sinusoidal input）

當 $f(t) = \begin{cases} 0 & , t<0 \\ A\sin\omega t & , t\geq 0 \end{cases}$，如圖3.7(C)所示，

$$\mathcal{L}(\sin(\omega t)) = \int_0^{\infty} \sin(\omega t)e^{-st}dt = \int_0^{\infty} \left(\frac{e^{j\omega t} - e^{-j\omega t}}{2j}\right)e^{-st}dt$$

$$= \int_0^\infty \left(\frac{e^{(s-j\omega)t} - e^{-(s+j\omega)t}}{2j} dt \right.$$

$$= \frac{1}{2j}\left[-\frac{e^{-(s-j\omega)t}}{(s-j\omega)} + \frac{e^{-(s+j\omega)t}}{(s+j\omega)} \right]_0^\infty = \frac{\omega}{s^2+w^2} \quad (3.25)$$

脈衝（impulse input）

如圖3.7(d)所示，

$$\mathscr{L}(\delta) = 1, \text{ at } t = t_p \quad (3.26)$$

微分式

$$\mathscr{L}(f'(t)) = \int_0^\infty \frac{df(t)}{dt} e^{-st} dt$$

$$= -\int_0^\infty f(t)(-s)e^{-st}dt + f(t)e^{-st}\Big|_0^\infty$$

$$= sf(s) - f(t)\Big|_{t=0} \quad (3.27)$$

積分式

$$\mathscr{L}\left(\int_0^t f(t')dt'\right) = \int_0^\infty \left(\int_0^t f(t')dt'\right)e^{-st}dt$$

$$= \int_0^\infty \frac{e^{-st}}{s} f(t)dt + \left[\left(\int_0^t f(t)dt\right)\frac{e^{-st}}{s}\right]_{t=0}^\infty$$

$$= \frac{1}{s} f(s) \quad (3.28)$$

靜時之轉換

$$\mathscr{L}[f(t-\theta)] = \int_0^\infty f(t-\theta)e^{-st}dt$$

$$= e^{-\theta s}\int_0^{\infty} f(t-\theta)\, e^{-s(t-\theta)}\, d(t-\theta)$$

$$= e^{-\theta s}\int_0^{\infty} f(t')\, e^{-st'} dt' = e^{-\theta s} f(s) \qquad (3.29)$$

這些是最基礎的拉氏運算，下節將用此推導常用的一階、二階自調程序及積分程序，至於詳細的拉氏轉換運算應參考一般工程數學書籍。

接著，我們將介紹 Laplace 的加法及乘法特質。將（3.16）式重寫為：

$$\tau\frac{dT}{dt} = T_i - T + K_P Q\text{，初值條件為 } t=0\text{時，}T=0 \qquad (3.30)$$

作上式之拉氏轉換，運用（3.27）並代入初值條件得：

$$\tau sT(s) = T_i(s) - T(s) + K_P Q(s) \qquad (3.31)$$

整理之，得

$$(\tau s+1)T(s) = K_P Q(s) + T_i(s) \qquad (3.32)$$

$$T(s) = \left(\frac{K_P}{\tau s+1}\right)Q(s) + \left(\frac{1}{\tau s+1}\right)T_i(s) \qquad (3.33)$$

$$T(s) = G_1(s)Q(s) + G_2(s)T_i(s) \qquad (3.34)$$

其中之 G_1, G_2即稱為**轉換函數（transfer function）**。此例中，加熱器所輸入之加熱量 Q 及進料溫度 T_i 均對出口溫度有個別獨立之動態關係且是相加成的，此即拉氏轉換之**加法特質（additive property）**。而拉氏轉換之乘法特質（multiplicative property）指的是，對於連續串聯式的製程（sequential process）而言，其轉換函數可以相乘，如：

$$X_2(s) = G_1(s)X_1(s) \qquad (3.35a)$$

$$X_3(s) = G_2(s)X_2(s) = G_2(s)G_1(s)X_1(s) \quad (3.35b)$$

爲了更一步簡化控制環路的結構，**塊解圖**（block diagram）是經常利用的工具，根據拉氏轉換之加法及乘法特質，**圖3.8**示出最基礎之塊解圖。

3.3 典型程序之拉氏轉換分析

這節，我們將利用拉氏轉換來說明典型的三種程序特性。

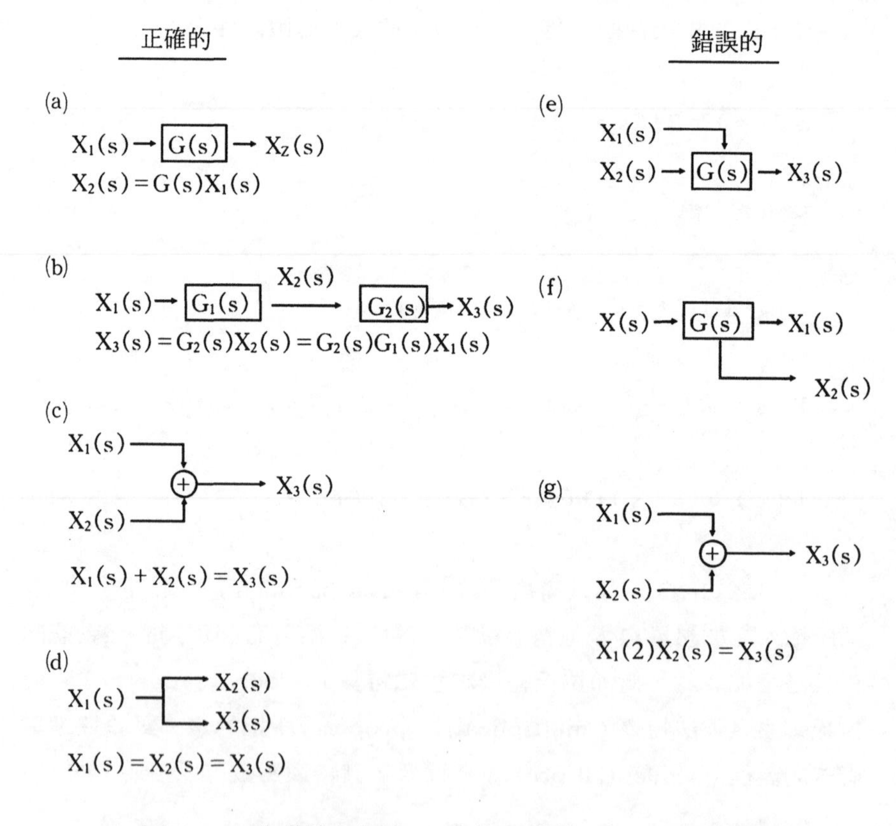

圖 3.8 基礎塊解圖(a～d)是正確的，(e～g)是錯誤的

3.3.1 有静時之一階自調程序

前兩節中已對攪拌槽加熱系統加以分析，其動態特性方程式如（3.33）式所示。爲方便說明，假設桶槽起始溫度等於進料溫度 T_i，則（3.33）式變成：

$$T(s)=\frac{K_P}{\tau s+1}Q(s) \tag{3.36}$$

若此程序存在著靜時 τ_d，則利用拉氏轉換之乘法特質及（3.29）式，上式變成：

$$T(s)=\frac{K_P}{\tau s+1}Q(S)\times e^{-\tau_d S} \tag{3.37}$$

$$\frac{T(s)}{Q(s)}=\frac{K_P}{\tau s+1}\times e^{-\tau_d S} \tag{3.38}$$

（3.38）式即爲標準的**具静時之一階自調程序**（first order self-regulated process with dead time）轉換函數。若作動變數——加熱器輸入量做一個幅度爲 M 之階段變化，由（3.23）式，（3.38）式變成：

$$T(s)=\frac{K_P M}{s(\tau s+1)}e^{-\tau_d S} \tag{3.39}$$

由表3.1之 time domain 響應爲：

$$T(t)=\begin{cases}0 & ,t<\tau_d\\ K_P M(1-e^{-t/\tau}) & ,t\geq\tau_d\end{cases} \tag{3.40}$$

繪出如**圖3.9**的響應圖。

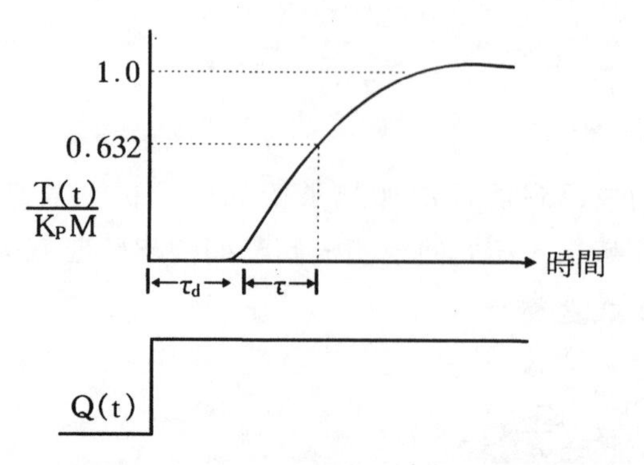

圖 3.9　具靜時之一階自調程序之階段變化響應圖

表3.2　一階自調程序之階段響應穩態值

t	$T(t)/K_pM = 1 - e^{-t/\tau}$
0	0
τ	0.6321
2τ	0.8647
3τ	0.9502
4τ	0.9817
5τ	0.9933

$$\text{當 } t=\tau \text{ 時，} T(t) = 0.632K_PM \tag{3.41}$$

利用這個特性，我們很容易地由現場測試中獲得此類模式。表3.2列出時間歷經某個時間常數時，其響應到達穩態的程度，從此表中我們可以看出對於**具靜時的一階自調程序而言，約須歷經四個時間常數的時間，才能到達新的穩態**。

3.3.2　有靜時之積分程序

前兩節我們已導出積分程序的一些特性，現在再來看看**有靜時之積**

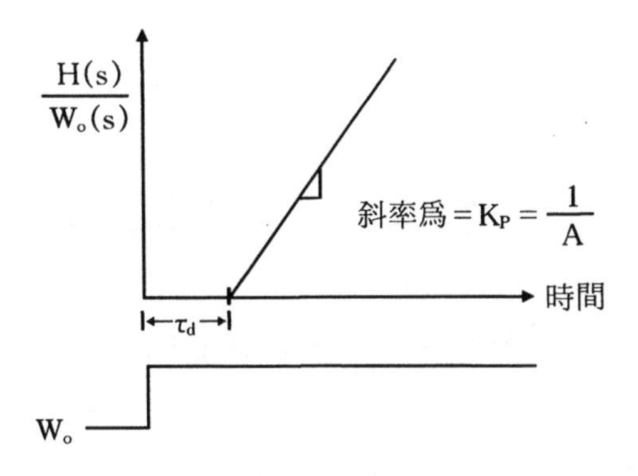

圖 3.10　積分程序之動態特性

分程序（intergal procers with dead time）之 S-domain 轉換函數。在〈例3.2〉中，液位之變化 h（t）由（3.9）式中取拉氏轉換，得：

$$SAH(s) = W_i(s) - W(s) = W_o(s) \quad (3.42)$$

該例中假設進料流率 W_i 與出料流率 W 維持一個固定差值 W_o，且假設經一段靜時 τ_d 後❶才開始變化，則利用拉氏轉換之乘法特質，（3.42）式變成：

$$SAH(s) = W_o(S) \times e^{-\tau_d S} \quad (3.43)$$

$$\frac{H(s)}{W_o(s)} = \frac{e^{-\tau_d S}}{As} = \frac{K_P e^{-\tau_d S}}{s} \quad (3.44)$$

此即典型之具靜時之積分程序，如**圖3.10**所示。

3.3.3　二階自調程序之應答

兩個如〈例3.3〉之混合槽串聯即為一個二階程序（second-order self-regulated process）。換言之，兩個一階程序串聯而成的程序即為二階程序，如**圖3.11**所示。

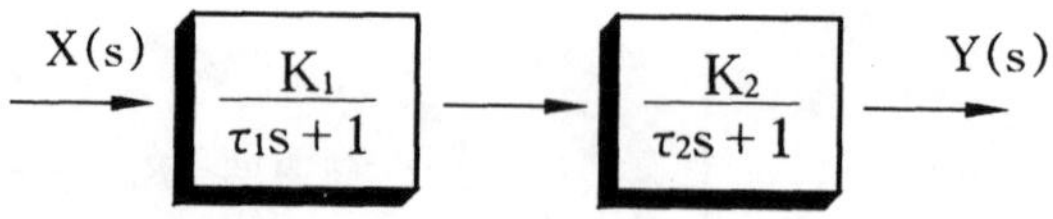

$$X(s) \rightarrow \boxed{\frac{K_1}{\tau_1 s+1}} \rightarrow \boxed{\frac{K_2}{\tau_2 s+1}} \rightarrow Y(s)$$

圖 3.11　兩個串聯的一階自調程序合成為一個二階之自調程序

$$G(s)=\frac{Y(s)}{X(s)}=\frac{K_1 \cdot K_2}{(\tau_1 s+1)(\tau_2 s+1)}=\frac{K}{(\tau_1 s+1)(\tau_2 s+1)} \tag{3.45}$$

其中，$K=K_1K_2$

接著列出標準的二階自調程序轉換函數如下：

$$G(s)=\frac{K}{\tau^2 s^2+2\zeta\tau s+1} \tag{3.46}$$

與一階自調程序一樣，K 爲增益，τ 爲時間常數，而 ζ (zeta) 爲**振盪係數** (damping coefficient) 爲無單位值，它的大小表示該程序之振盪情況。

$$\tau^2 s^2+2\zeta\tau s+1=(\tau_1 s+1)(\tau_2 s+1) \tag{3.47}$$

$\tau^2=\tau_1\tau_2$

$2\zeta\tau=\tau_1+\tau_2$

得到：

$$\tau=\sqrt{\tau_1\tau_2} \tag{3.48}$$

$$\zeta=\frac{\tau_1+\tau_2}{2\sqrt{\tau_1\tau_2}} \tag{3.49}$$

表3.3　二階自調程序之三種型式

振盪係數的範圍	響應特性	判別式產生的根特性
$\zeta>1$	非振盪(Overdamped)	兩個不相等的實根
$\zeta=1$	臨界振盪(Critically damped)	兩個相等的實根
$0<\zeta<1$	振盪(Underdamped)	共軛複數根

若將(3.47)左邊因式分解，可得：

$$\tau^2s^2+2\zeta\tau s+1=\left(\frac{\tau s}{\zeta-\sqrt{\zeta^2-1}}+1\right)\left(\frac{\tau s}{\zeta+\sqrt{\zeta^2-1}}+1\right) \tag{3.50}$$

判別式爲 ζ^2-1，所以 s 有如**表 3.3** 的三種根。

通常控制系統的設計，爲考慮到響應速度，都選擇 underdamped 的情況，即 $0<\zeta<1$ 的情況，稍後將針對此一情況稍加說明。現在，就如同探討一階自調程序與積分程序一樣，再來看看二階自調程序的被控變數對作動變數階段變化的響應❷。

將 X(s)用(3.23)式代入(3.45)式即爲被控變數 Y 對作動變數 X 之階段變化動態響應：

$$Y(s)=\frac{KM}{s(\tau^2s^2+2\zeta\tau s+1)} \tag{3.51}$$

將上式轉換成 time domain，可得下列三種情況之動態響應❸：

1.當 $\zeta>1$

$$y(t)=KM\left\{1-e^{-\zeta t/\tau}\left[\cosh\left(\frac{\sqrt{\zeta^2-1}}{\tau}t\right)+\frac{\zeta}{\sqrt{\zeta^2-1}}\sinh\left(\frac{\sqrt{\zeta^2-1}}{\tau}t\right)\right]\right\} \tag{3.52}$$

2.當 $\zeta=1$

$$y(t)=KM\left[1-\left(1+\frac{t}{\tau}\right)e^{-t/\tau}\right] \tag{3.53}$$

3.當$0 \leq \zeta < 1$

$$y(t) = KM\left\{1 - e^{-\zeta t/\tau}\left[\cos\left(\frac{\sqrt{1-\zeta^2}}{\tau}t\right) + \frac{\zeta}{\sqrt{1-\zeta^2}}\sin\left(\frac{\sqrt{1-\zeta^2}}{\tau}t\right)\right]\right\} \tag{3.54}$$

將此三式繪圖可得**圖3.12**及**圖3.13**的結果，從這兩張圖可得下列幾個重要的結論：

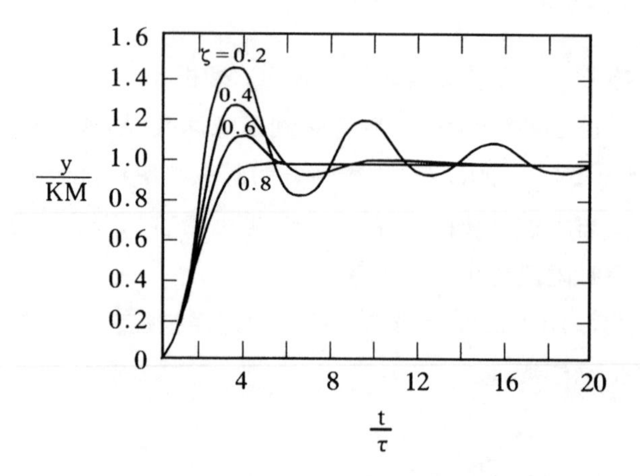

圖 3.12　振盪二次程序之階段響應[3]

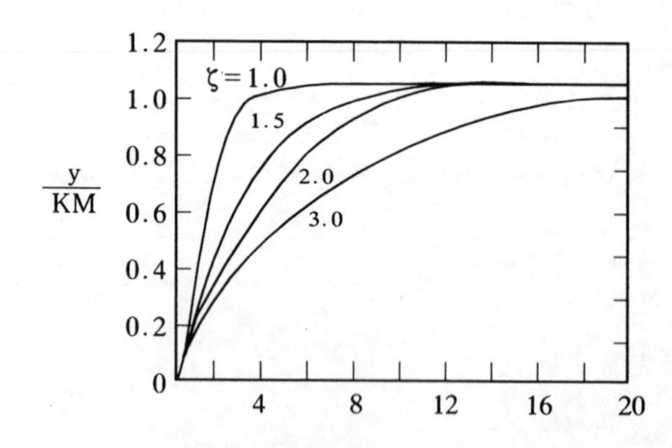

圖 3.13　非震盪及臨界震盪之二次程序的階段響應[3]

・當 $\zeta<1$時，被控變數 y（t）響應出現振盪情況（oscillation）並有超越現象（overshoot，$\frac{y}{KM}>1$）。

・ζ 越大，被控變數 y（t）的響應越慢。

・沒有超越的最快速響應時爲 $\zeta=1$時。

控制系統設計者通常以 y（t）之設定點作階段變化來測試二階自調程序。考慮到應答速度及振盪情況，ζ 的範圍在0.4～0.8通常是較佳的選擇❹，正因爲 $\zeta<1$的特性較爲特殊，故須稍加討論。請看**圖3.14**的二階動態響應曲線，可得下列六種特性：

・起升時間（rise time）：當 PV 值首次碰到新設定值的時間，如圖之 t_r。

・第一尖峰時間（time to first peak）：當 PV 值達到第一個尖峰所需的時間，如圖之 t_p。

・安置時間（settling time）：當 PV 值的振盪幅度進入小於5%❺的設定值範圍時的起算時間，如圖之 t_s。

・超越：OS＝a/b（若寫爲百分比，則爲100a/b）。

・衰退比（decay ratio）：DR＝c/a

・振盪週期（period of oscillation）：p 是兩個連續週期尖峰之時間差。

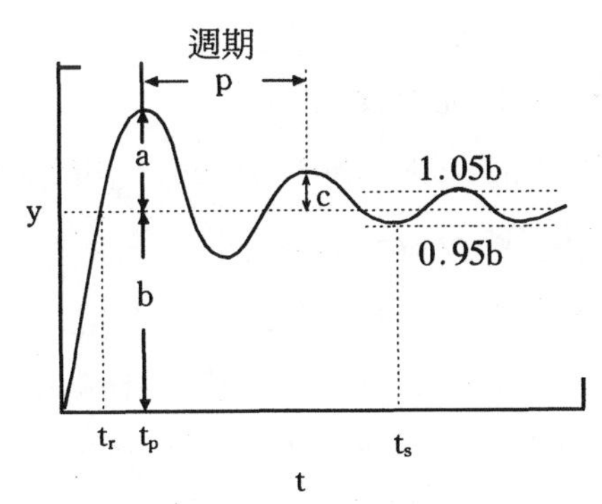

圖 3.14　階段響應之二階振盪（under damped）自調程序的特性曲線[3]

根據這六種特性，即知此一振盪（under damped）的二階自調程序的特性。事實上，由（3.54）式可以導得：

超越：$OS=\exp(-\pi\zeta/\sqrt{1-\zeta^2})$ （3.55）

衰退比：$DR=(OS)^2=\exp(-2\pi\zeta/\sqrt{1-\zeta^2})$ （3.56）

此二特性皆只為 ζ 的函數，而

振盪週期：$p=\dfrac{2\pi\tau}{\sqrt{1-\zeta^2}}$ （3.57）

3.4 較複雜程序之動態分析

除了3.3節中所提三種典型的動態應答模式，實際工廠中尚有下列各種較複雜程序會碰到，而且碰到的機會頗高，為求完整，必須將這些動態響應模式加以介紹。

- **超越**或**逆向**（inverse）程序。
- **高階**（higer order）程序。
- **交互作用**（interacting）程序。
- **多入多出**（multiple-input，multiple-output，MIMO）程序。

本節只對超越或逆向程序加以介紹。高階程序從理論觀點來看，因為環路中尚有量測元件、控制器及最終控制元件之動態響應模式，結合這些要件的模式，幾乎所有的模式均為高階模式。任何的系統用更高階次的模式求解模式均可以得到更佳之吻合效果，但實作中，對大部分的環路模式識別只用一階，少部分用二階模式，即已足夠，依此設計出的控制器均能有效的控制該程序。為確認這個經驗，筆者曾與多位國外程控實作專家交換心得。結果顯示：大家的看法一致，甚至有極端者認為模式超過三階時，工程師應回過頭來檢查是否控制環路四要素之何者是

否處於不正常（malfunction）的情況下，來解決問題。而不是一味地fit model準確。所以在工廠中應儘量避免使用太過複雜的模式，故高階次模式的探討被捨棄之。交互作用與多入多出的程序則是極常見的程序，須小心處理，將在本書第十二及第十三章詳述。

下式爲含**前導一滯後**（lead-lag）之標準轉換函數：

$$G(s)=\frac{K(\tau_a s+1)}{\tau_1 s+1} \tag{3.58}$$

K及τ_1的定義如前所述，分母$\tau_1 s+1$爲**滯後項**（lag term），分子爲**前導項**（lead term），τ_a爲前導時間常數（lead time constant）。考慮如上的轉換函數，並給予作動變數，幅度M的階段變化，則（3.58）式成爲：

$$Y(s)=\frac{KM(\tau_a s+1)}{s(\tau_1 s+1)} \tag{3.59}$$

$$Y(s)=KM\left(\frac{1}{s}+\frac{\tau_a-\tau_1}{\tau_1 s+1}\right)$$

解出得：

$$y(t)=KM\left[1-\left(1-\frac{\tau_a}{\tau_1}\right)e^{-t/\tau_1}\right] \tag{3.60}$$

有三種情況可以探討：

Case a：$0<\tau_1<\tau_a$

Case b：$0<\tau_a<\tau_1$

Case c：$\tau_a<0<\tau_1$

圖3.15示出，當$\tau_1=4$時，$\tau_a=$(a)8；(b)2,1；(c)-1，-4的情形。

由圖3.15可以看出：

- Case a：$\tau_a>\tau_1$，爲超越程序（overshoot process），τ_a越大，超越情況越嚴重。
- Caseb：$0<\tau_a\leq\tau_1$，看來有點像一階自調程序，但在時間爲零處

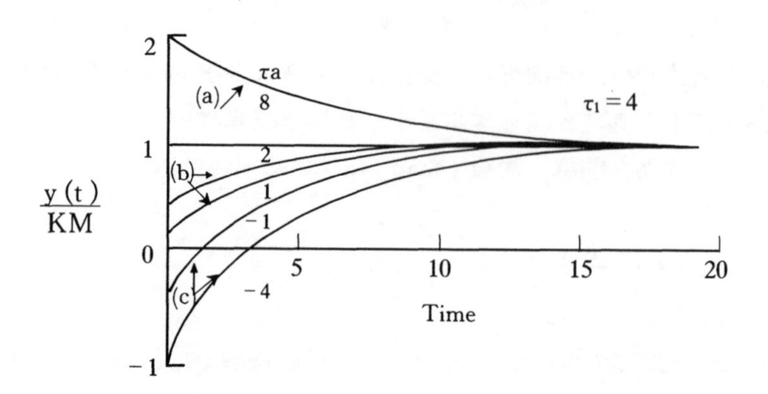

圖 3.15　不同前導時間常數之動態響應

有不很劇烈的突跳現象。

・Case c：$\tau_a<0$，爲逆向程序（inverse process）。

工業上常見的逆向程序如鍋爐汽鼓（steam drum）的液位控制。汽鼓中的水在爐管中因被蒸發成蒸汽而往上循環而出，因此液體水被從爐管中上升的氣泡所托住。當用汽量增加時，液位下降，液位控制器則補水到汽鼓內，但由於新補入的水溫較低，導致內部冷凝現象，汽鼓中的液位因「托」力下降，卻反而使液位下降。另外一個常見的逆向程序爲蒸餾塔中，常見的熱虹吸式再沸器（thermo syphone reboiler）的液位上，當再沸器的加熱蒸汽壓升高時，有更多的氣體被蒸發出，使得液位下降，但很快地，突增的蒸汽流往塔頂上衝，將靠近再沸器塔板的液體**濺回**塔底，使得再沸器的液位看來是往上升的。

這種逆向或超越的程序實可看做兩個一階自調程序**相争**的結果。以再沸器液位爲例，所看到的逆向響應現象，其實是當蒸汽壓提升所得到較多的上升氣體導致再沸器上的塔板液體濺回塔底的**快速**效應，與再沸器因熱量增加，使上升氣體增加、液位降低的**慢速**效應互爭的結果。此類程序可以用如**圖3.16**的塊解圖分析。

逆向或超越程序在大部分的程序工業中並不多見，但是尋找模式時，常因其它的干擾或訊號本身的雜訊而出現此類響應結果，這時必須藉由化工原理判斷該程序是否可能爲逆向或超越程序。

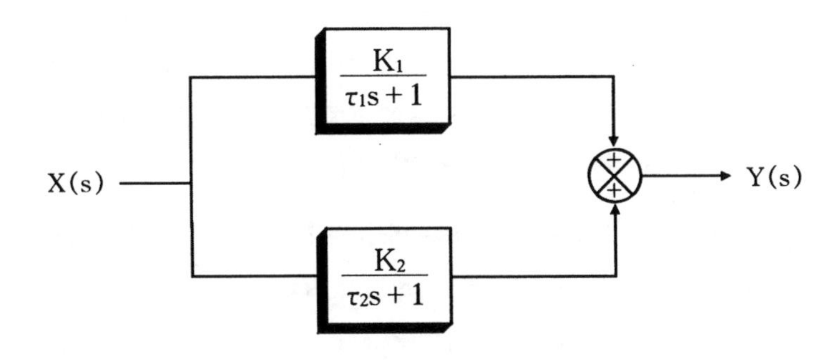

圖 3.16　逆向或超越程序塊解圖

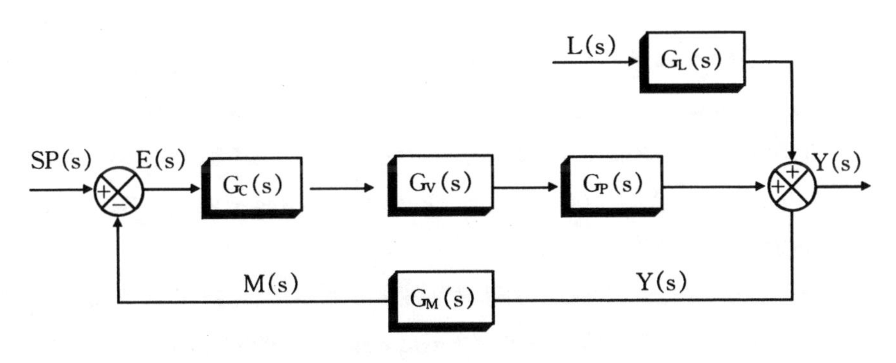

圖 3.17　回饋控制系統塊解圖

3.5　控制環路元件之動態分析

在瞭解了製程動態模式後，其它回饋控制迴路的要件，均可以如製程動態特性分析一樣，給予模式化。如**圖3.17**的回饋控制環路塊解圖，我們只詳細討論了 $G_P(s)$ 而已。第一章已說過，爲了能有效控制迴路，必須對所有製程要素徹底瞭解，才有可能做到。因此，在此節中，特別對量測元件、控制器、最終控制元件及干擾變數之動態特性，加以解釋，以讓讀者能對整個回饋迴路有完整的認識。而在這些要件的模式中，從實用觀點而言，以一階具靜時模式來近似，已經足夠。

在做現場測試迴路時，必須把 G_C (s) 開環（即將控制器置於手動位置），變化控制閥的開度來尋求整個迴路的動態響應模式，所得的全迴路動態模式與各要素動態模式關係如下：

- 各要素之靜時相加即得整個迴路之粗估靜時，較準確之估計靜時須用 McMillan[1] 所整理的方法求之。
- 各要素之時間常數，可按 McMillan[1] 所整理的方法求之。
- 各要素之增益相乘即得整個迴路之增益（K）。

在一階動態響應模式的三個關鍵參數中，以靜時對控制迴路產生的影響最大，也是最難處理的部分，McMillan[1] 曾經說過，「**一個不具靜時且沒有雜訊的迴路，幾可達完美控制的境界；但是沒有了靜時，我可能會失業**。」這句話充分道出控制工程師對靜時的「情感」。還好，時間常數給了控制工程師揮灑的空間；較久的製程時間常數，給控制器一個可以「趕上」（catch up）的機會。表3.4整理出動態模式的三個關鍵參數的特性。

因此從程序控制三個關鍵參數的角度來說，為了達到優良控制效果，在製程設計的基礎設計（basic design）及隨後的細部設計（detail design）階段，對控制迴路四要素應做到如表3.5所列需求，才能確保一開始就奠下良好的程序控制根基。

3.6 對現場測試尋求模式

為了求得模式（model），必須給予工廠特定的擾動，藉著擾動的結果予以分析可以得到被研究對象的模式。一般而言，工程師希望輸入的擾動訊號變化越激烈，得到的輸出訊號越強，將更能增加模式的清晰度。但操作中的工廠有其生產品質、環保、工安等任務，現場人員當然希望擾動越少越好。這中間如何取捨，可參考下述方法。另外，執行現場測試一個必須掌握的原則是務必於測試期間取到所有有用的資料，一

表3.4 動態模式的三個關鍵參數特性

靜時
- 三個參數中最重要的一個
- 在靜時 τ_d 的時間內，製程特性發生任何變化，均不得而知，控制器因此無法做任何修正
- 靜時越長，非線性（nonlinearity）變得越重要

時間常數
- 較長的製程時間常數，越能得到好的控制效果
- 較長的量測（measurement）時間常數（通常指儀錶的時間常數），卻蒙蔽了實際變化，因而較難得到好的控制效果

靜態增益（steady state gain）
- 越大的製程增益增加了控制上的敏感度
- 控制閥及製程靜態增益通常都存在或多或少的非線性

表3.5 製程設計階段對控制迴路四要素的基本要求

對製程*
- 儘量避免有太大或太小的靜態增益
- 儘量避免有太多的干擾，因此較重要的程序應儘可能地排在前頭
- 儘量避免有太多相互作用的設計

對量測元件
- 選擇靜時最短的儀器
- 嚴格要求量測儀器的精準度及可工作範圍（rangeability）
- 量測元件的位置須有極佳的代表性

對控制器
- 從最簡單的控制器設計著手，好讓操作員易於接受
- 穩定度與效能的考慮

對控制閥
- 選擇死譜帶（dead band）較小的控制閥
- 閥塞的特性應能確保其功能，避免偏離（installed）太大
- 控制閥的位置

* 從程序控制的角度來說，對製程的這些要求是對的，但程序控制並非製程設計者唯一考慮的因素，必須綜合諸多因素（如環保、能源、成本、工業安全……）等做整體的最佳抉擇。也正因爲設計者容易忽略程序控制，使得控制工程師經常不得不提出對製程的修改方案，以達最佳控制。

次做完。記住，測試是要花代價的，應儘量一次完成，避免對製程一再的測試而干擾生產。

這種由現場實驗所得的模式稱爲經驗模式（empirical model），不同於由理論推導的嚴謹模式，經驗模式用於程序控制，製程改善已足夠，若用於程序設計，則模式越嚴謹越佳，而經驗模式所用的資料有限，範圍較窄，不能拿來取代嚴謹模式。另外，程序控制所用之經驗模式之誤差應少於20%，才能得到較佳的效果，當工作範圍變大時，經驗模式有時無法勝任乃模式誤差過大也，必須另謀解決之道。

3.6.1 輸入訊號（input signal）

將回饋控制的閉環路從作動變數之控制器打開（例如將控制器置於手動）改變控制器的輸出，記錄被控變數之應答❻。輸出訊號的種類有好幾種，一般適合工業界用的訊號有兩種，即階段測試（step test）及PRBS測試（pseudo random binary sequence test）❼。階段測試之做法最簡單，廣被使用，而有少數人喜歡用PRBS法（其輸入訊號如圖3.18），乃著眼能降低對現場的干擾，但對於初次被研究的製程動態而言，仍以階段測試爲佳，因爲在模式分析階段，較容易偵出測試時操作條件是否改變、干擾（disturbance）是否進入等優點，故這裏所提之方法乃針對階段測試而言。

3.6.2 測試前準備

爲了確保測試資料確實有用，在測試前須注意下列事項：

- 儘可能消除受測訊號之雜訊。
- 所有被測迴路之儀器（錶）、控制閥等是否正常。
- 相關的控制器調諧參數設定是否恰當。
- 準備好測試文件（包括受測對象、變動幅度、變動期間及其它注意事項）以方便現場人員配合。
- 必要時先給予預先測試（pretest，通常只有MIMO的測試時才要），其目的在測得概略的變化幅度及停留時間，以便眞正測試時能得到較佳之動態參數。
- 注意是否有無法測量的干擾(unmeasurable disturbance)出現。

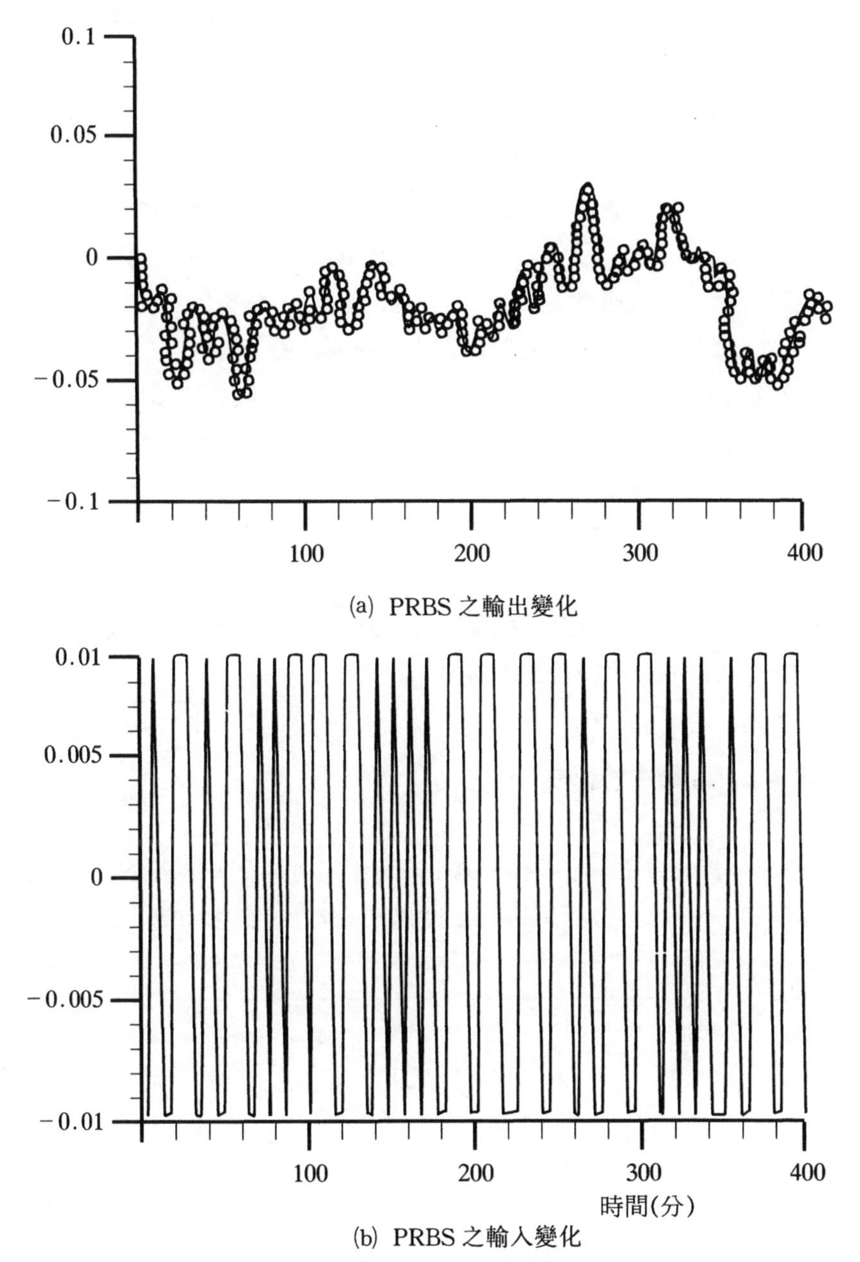

圖 3.18　PRBS 之輸入變化(MV)及其輸出變化(CV)
(摘自 Honeywell 公司 APC 訓練講義)

3.6.3 階段測試的方法(step test method)及態度

- 每次變化的幅度應至少在雜訊強度的五倍，即 S/N 比（ratio of signal to noise）至少應在5以上。
- 階段變化時，最好一次即達定位，其時間應小於製程靜時（process dead time）之0.1，即階段動作時間少於$0.1\tau_d$。
- 對於用手繪反應曲線法（reaction curve）分析模式者，每次停留時間至少應有4τ 的時間以確定製程達穩態。
- 對於用電腦軟體以統計方式求最少平方誤差（least square error）者，並不須等到穩態。但最好能上下測試數次以確保所取的資料有足夠的代表性。
- 多變數測試時，其每一階段所停留之時間選擇，以響應最慢者爲準。
- 檢查所有相關控制器之模位（mode）是否正確。
- 記錄測試過程中所發生的事項。

3.6.4 反應曲線法

模式分析的方法有許多種，第十三章中將再提及，這裏介紹的是最適合現場第一線人員分析用的反應曲線法。其動態響應如**圖3.19**，而三

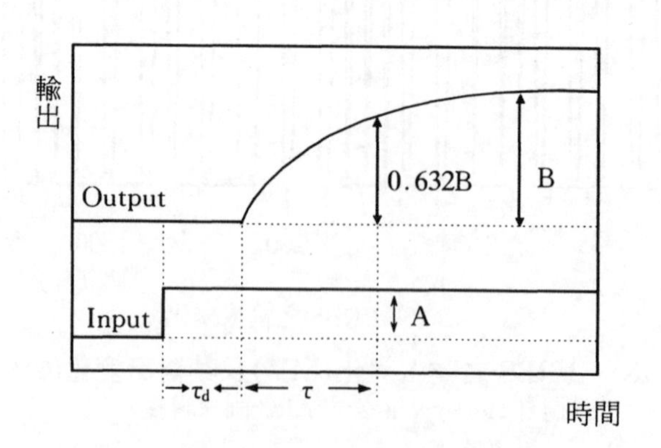

圖 3.19　一階具靜時之動態特性

個動態參數之估計如下：

‧靜態增益，$Kp=\frac{B}{A}$（單位爲輸出訊號單位/輸入訊號單位）。

‧時間常數，τ＝輸出響應達0.632B 之時間。

‧靜時，τ_d＝輸入訊號改變後，到開始有輸出變化之期間。

〈例3.4〉

在蒸餾塔底部對溫度控制器往上移動一個變化，得到塔底輕成分如**圖3.20**的響應，試以反應曲線法，求解此一程序之動態響應模式。

〈說明〉

程序增益爲＝$\frac{（輕成分組成變化量）}{（溫度變化量）}=\frac{-0.5\%}{1℃}=-0.5\%/℃$

靜時＝3分鐘

時間常數＝4分鐘，（即達1%－0.632×0.5%＝0.684%的時間）

$\Rightarrow G(s)=\frac{(-0.5)e^{-3S}}{4s+1}$

驗證此模式是否可靠，可將 K_p、τ 及 τ_d 鍵入 DCS，比較實際值與預測值的誤差是否滿意而知。因爲實驗的目的不在求得完全準確沒有誤差的模式，而在求得一個可靠的模式用之於程序控制來改善控制效果。所以對大部分的自調程序而言，此一階具靜時模式均可得到良好的近似。

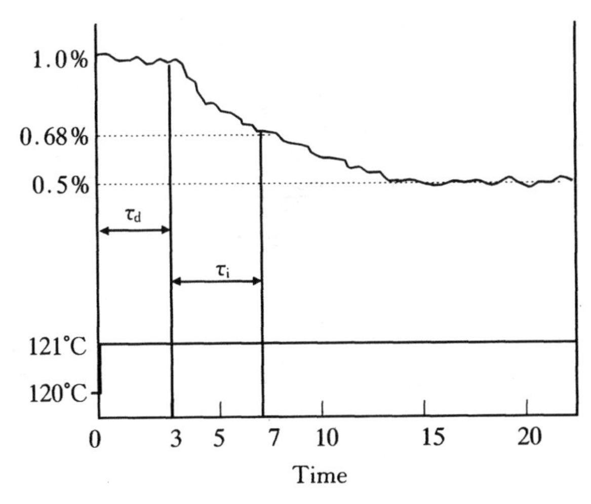

圖 3.20　蒸餾塔底部的動態響應(溫度對輕成分組成)

反應曲線法在實際工廠之測試雖然好用，但因實際訊號存在著製程雜訊及反應曲線弧度很難如圖3.19所示這般如此理想，因此對於動態參數中最重要的參數——靜時，可這樣估計[4]：在如**圖3.21**的階段測試響應圖上，從變化段中劃一個斜率最陡的直線交於水平線段之 B 點，則靜時即爲線段 AB 長之時間。

3.6.5 非線性製程模式之檢查

在我們往上往下移動輸入訊號時，經常可以發現如**圖3.22**的情形，這是由於系統存在非線性或測試期間有未被量測的干擾進入，乃至於控制閥的黏滯現象……等，均有可能。碰到這種情形，一般必須回頭檢查是否有什麼問題（從控制迴路的每一要素查起），若實在檢查不出，則必須判斷此非線性的情況是否嚴重，若尚可接受，且每次測試均有同樣響應，則不妨使用其平均值，若該程序確屬高度非線性者，則應選用非線性控制器來解決。

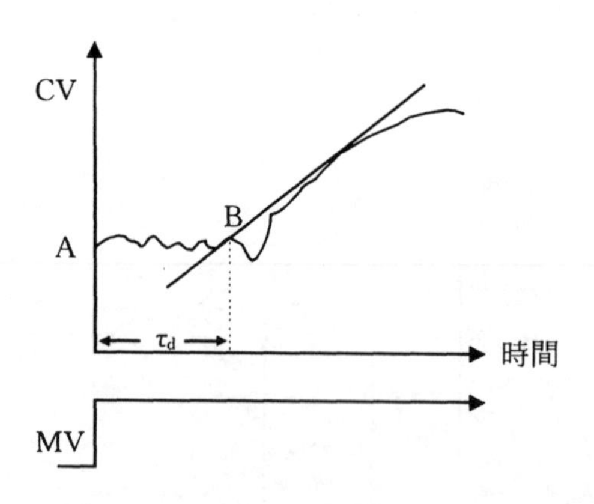

圖 3.21　有雜訊時的靜時長度判斷

3.7 結　語

這一章中提到了程序控制動態特性的分析方法，其中介紹了以時間及拉氏轉換式來表示程序控制動態特性的方式，都是爲了要以不同的角度來更清楚地看出程序控制的問題，進而可以求解之。事實上，除了用這兩種來描述程序控制動態特性之外，尙有用頻率（frequency domain，第四章提及）、狀態空間變量（state space variables，第十三章提及）及 z 因子（z domain）等方式來描述程序控制的動態特性。不管用哪一種方式描述，它的問題本質仍然不變，但是透過不同領域（domain）的描述，可以更有效率的看清問題進而解決問題。

控制工程師是否需要對這五種不同的描述方法均熟悉呢？答案是肯定的。因爲當從現場採回的數據作模式分析時，經常必須搭配不同領域的模式分析方法才有辦法得到更明確的答案，而使用各種不同領域去

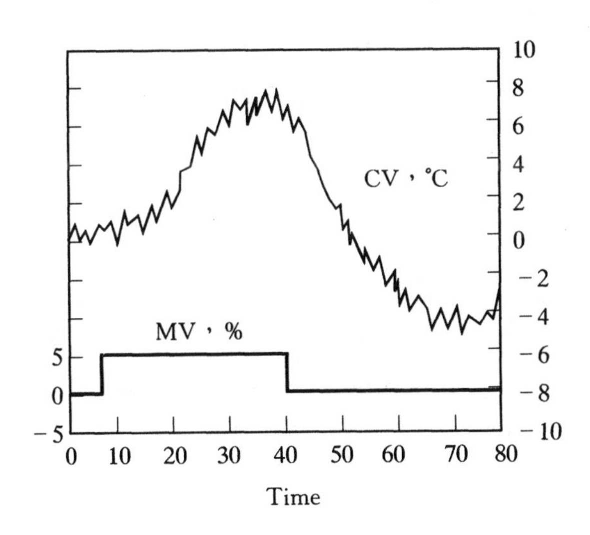

圖 3.22　非線性度之簡易檢查(改變同樣幅度之 MV，其 CV 並沒有回到原位)[5]

做模式分析的軟體均能在市場上取得。

模式分析技巧是現代程控工程師必備的重要技能之一，本書在前三部分都有搭配某些章節作一介紹，但無法深入，諸位讀者務必再加強這方面的基本智識才能勝任模式分析的工作。

註 釋

❶一般而言，液位之靜時甚短，幾乎可忽略，爲了說明方便故有此一假設，此處只是提醒讀者注意，勿要以爲液泣之靜時頗長。

❷在3.2節談 Laplace transform 時，一開始列出有四項之訊號輸入，如果我們的目的只在針對求得程序之動態響應，事實上只須用最簡單的階段變化訊號來測試已足夠。在工廠中通常有下兩種訊號來求動態響應模式；即階段變化（step change）及 PRBS（pueudo random binary sequence）法。

❸解出過程，請查閱一般之程控教科書，此處不擬做此數學運算。

❹這種方法特別適用於工廠控制工程師作爲初步判斷控制器設計是否恰當之用（請結合效能分析）。

❺有些人定義爲少於1%。

❻這裏所得的動態關係，實包含量測元件及控制閥之動態特性。除非此二者之動態特性存在一些問題，否則將它們視之爲固定是可以的。

❼PRBS 是一種迅速任意改變作動變數的方法，通常其改變幅度較小，每次停留時間極短，因爲具有任意變動的特性，故爲一常態分布。整體而言，可以得到較完整的測試訊息。

參考資料

〔1〕G. K. McMillan, *Tuning and Control Loop Performance*, ISA, 3rd ed, 1994, chap. 4.

〔2〕W. L. Luyben, *Process Modeling, Simiulation and Control for Chemical Engineers*, McGraw-Hill, 2nd ed. 1990.

〔3〕D. E. Seborg, T. F. Edgar & D. A. Mellichamp, *Process Dynamics and Control*, John Wiley & Sons, 1989, Part Ⅱ.

〔4〕J. G. Ziegler & J. R. Connell, "Detecting the Reverse Reaction", *Chemical Engineering*, Sep. '97, pp.179-184.

〔5〕T. E. Marlin, *Process Control – Designing Process and Control System for Dynamic Performance*, McGraw – Hill, 1996.

第4章

環路穩定狀態分析與控制器調諧

◈研習目標◈

當您讀完這章，您可以

A. 從時域觀點，瞭解一階無靜時程序以比例控制器及比例積分控制器的應答穩定狀態分析。

B. 從頻域觀點，以波氏穩定法則瞭解一階無靜時程序以比例控制器在儀錶有落後及無落後之應答穩定狀態分析。

C. 瞭解從轉換函數之特性方程式求得的根軌跡分布情況，去分析該控制系統之響應穩定狀態情況。

D. 瞭解八種不同形式的 PID 控制器調諧法則。

控制器設計之目的是爲了要能穩定有效地掌握面對的程序。因此如果能瞭解程序特性，理論上就可以導出一個控制器來控制它。而檢查控制器設計是否恰當最簡易的方法即是分析環路的穩定狀態，經由此一分析可以得知控制器設計是否確能穩定地控制該程序。

穩定狀態分析在程序控制理論領域中占有重要的分量，幾乎每一本程序控制的書本都會提到。此章第一節到第三節亦將簡單介紹幾種常見的穩定狀態分析方法，使讀者瞭解控制器設計的原理。然而這些方法用於實際的工業程序卻不多見，原因是正確的工業程序模式很難得到，加上儀錶及控制閥之動態特性變化不易掌握，使得穩定狀態分析充滿太多的「猜想」而不切實際；此外實際工廠之穩定與否並不難觀察，只要對相關之程序做適當的保護，實際上可以線上做各式的穩定狀態測試，效果直接而且明顯，廣爲多數控制工程師所使用。因此，居於實用的觀點，對於穩定狀態之分析之純理論探討並不著墨太多，對於現場工程師應已夠用，學生則尚須研讀參考資料〔1〕～〔6〕，才能使根基更紮實。

這章最後將針對使用最廣之 PID 控制器其參數調諧方法作一介紹，期使工程師能勝任 PID 調諧之任務。

4.1 動態應答穩定狀態分析 I —時域

何謂「穩定」？採較寬的定義爲：**一動態系統，對於有限之輸入將維持有限之應答**（即 bounded input bounded output；b.i.b.o.），因此任何應答，只要不是無限的增大，都可視爲穩定；而較嚴的定義爲：一動態系統，其**應答須漸近似的收斂爲一定之數值**（即 exponentially asymptotically stable），因此任何持續不衰的振動式應答，均將被視爲不穩定。一般在穩定狀態分析上採較寬之定義即可。

由圖3.17之回饋控制系統塊解圖可知，測試動態迴路之穩定與否，至少應從兩種外來之狀態變化情況分析之。第一，改變控制器之設定點 SP（s），測試應答跟追的情形；第二，不同之程序負荷 L（s）下，其應答情況。以 PID 控制器爲例，在不同的調諧參數下（K_c，T_i，T_d）

對不同之設定點變化或程序負荷變化將產生不同的應答，從這些不同的應答，可以看出調諧參數在何值下可以達到最佳之效能而完成調諧。對於特殊的程序，若使用特殊的控制器（如史密斯預測器、IMC❶……）則可作爲檢查控制器設計是否恰當的檢查工具之一。

從圖3.17，可以導出：

$$Y(s)=E(s)\cdot G_C(s)\cdot G_V(s)\cdot G_P(s)+L(s)\cdot G_L(s) \qquad (4.1)$$

及

$$E(s)=SP(s)-M(s)=SP(s)-G_M(s)\cdot Y(s) \qquad (4.2)$$

解此聯立方程式，並省略「（s）」符號，則可得：

$$Y(s)=\frac{G_C G_V G_P}{1+G_C G_V G_P G_M}SP(s)+\frac{G_L}{1+G_C G_V G_P G_M}L(s) \qquad (4.3)$$

此式即爲回饋環路之轉換函數，若令

$$G_{Y(s)/SP(s)}=\frac{G_C G_V G_P}{1+G_C G_V G_P G_M} \qquad (4.4)$$

$$G_{Y(s)/L(s)}=\frac{G_L}{1+G_C G_V G_P G_M} \qquad (4.5)$$

（4.3）式變成：

$$Y(s)=G_{Y(s)/SP(s)}\times SP(s)+G_{Y(s)/L(s)}\times L(s) \qquad (4.6)$$

此相當於如**圖4.1**之塊解圖。因此，研究設定點改變或程序負荷改變時系統之應答情況，可從（4.3）式至（4.6）式著手。舉例而言，對於**圖4.2**的一次程序而言，若控制器使用 PID 控制器（其轉換函數在（2.11）式），則設定點改變及程序負荷之應答轉換函數列於**表4.1**，

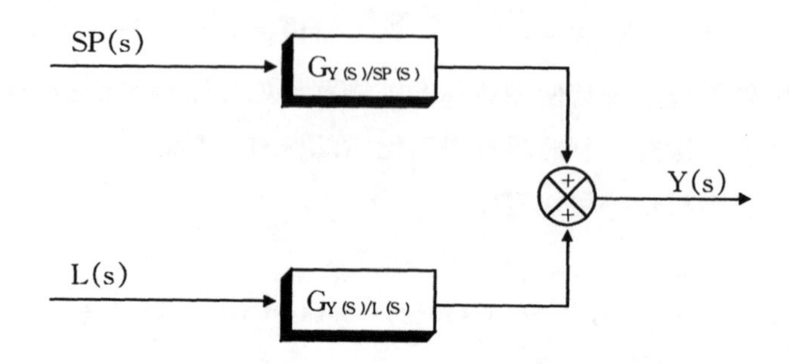

圖 4.1　相當於圖 3.17 之開環控制系統塊解圖

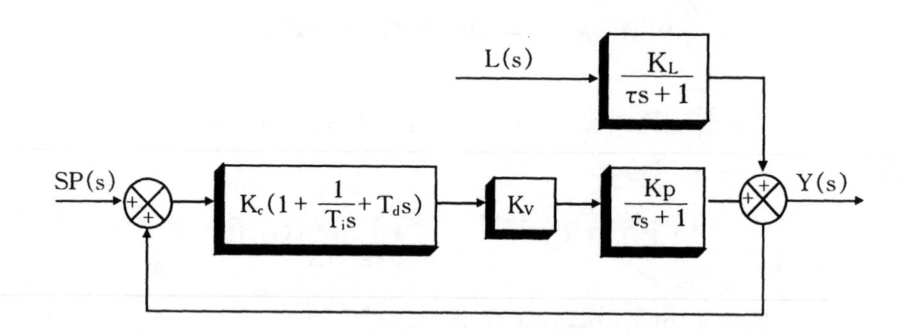

圖 4.2　一次程序之塊解圖(忽略量測函數及控制閥之落後)

表4.1　PID 控制器與一次程序搭配之迴路轉換函數[1]

控制器選擇	$G_C(s)$	$G_{Y(s)/SP(s)}$	$G_{Y(s)/L(s)}$
比例控制器:P	K_c	$(\frac{K}{1+K})\cdot\frac{1}{\tau' s+1}$	$(\frac{K_L}{1+K})\cdot\frac{1}{\tau' s+1}$
比例積分控制器:PI	$K_c(1+\frac{1}{T_i s})$	$\frac{T_i s+1}{(\frac{T_i\tau}{K})s^2+T_i(\frac{1+K}{K})s+1}$	$\frac{(K_L T_i/K)s}{(\frac{T_i\tau}{K})s^2+T_i(\frac{1+K}{K})s+1}$
比例微分控制器:PD	$K_c(1+T_d s)$	$\frac{K(T_d s+1)/(1+K)}{(\frac{\tau+KT_d}{1+K})s+1}$	$\frac{K_L/(1+K)}{(\frac{\tau+KT_d}{1+K})s+1}$
比例積分微分控制器:PID	$K_c(1+\frac{1}{T_i s}+T_d s)$	$\frac{T_d T_i s^2+T_i s+1}{T_i(\frac{T+KT_d}{K})s+T_i(\frac{1+K}{K})s+1}$	$\frac{K_L T_i s/K}{T_i(\frac{\tau+KT_d}{K})s^2+T_i(\frac{1+K}{K})s+1}$

註:$K=K_cK_VK_P$; $\tau'=\tau/1+K$

其中假設量測儀器及控制閥之動態落後可以忽略❷，且負荷轉換函數之時間常數與程序轉換函數之時間常數相等。

根據表4.1的結果，可以對一次程序之設定點變化及程序負荷改變之動態應答作進一步的探討。

4.1.1 比例控制動態應答分析

由表4.1之比例控制器那一欄，假設設定點變化及程序負荷之改變不同時發生，且 SP（s）及 L（s）均爲階段變化，則對於設定點變化及程序負荷改變之動態應答分別爲：

對設定點變化之應答：$Y(t)=\frac{K}{1+K}(1-e^{-t/\tau'})$ （4.7）

對程序負荷變化之應答：$Y(t)=\frac{K_L}{1+K}(1-e^{-t/\tau'})$ （4.8）

對不同的 K 值，（4.7）及（4.8）式可以繪成圖4.3之動態響應。當時間趨近於無窮大時，其響應值 $Y(t_\infty)$ 爲：

$$Y(t_\infty)=\begin{cases}\frac{K}{1+K}\text{，當輸入爲 SP(s) 時} & (4.9)\\ \frac{K_L}{1+K}\text{，當輸入爲 L(s) 時} & (4.10)\end{cases}$$

此值即爲其收斂值，此系統將穩定於此值。而「偏差」定義爲設定值與響應值之絕對差值：

$$\text{偏差}=\left|SP-Y(t_\infty)\right| \quad (4.11)$$

因此，比例控制器對一次程序之控制偏差即爲：

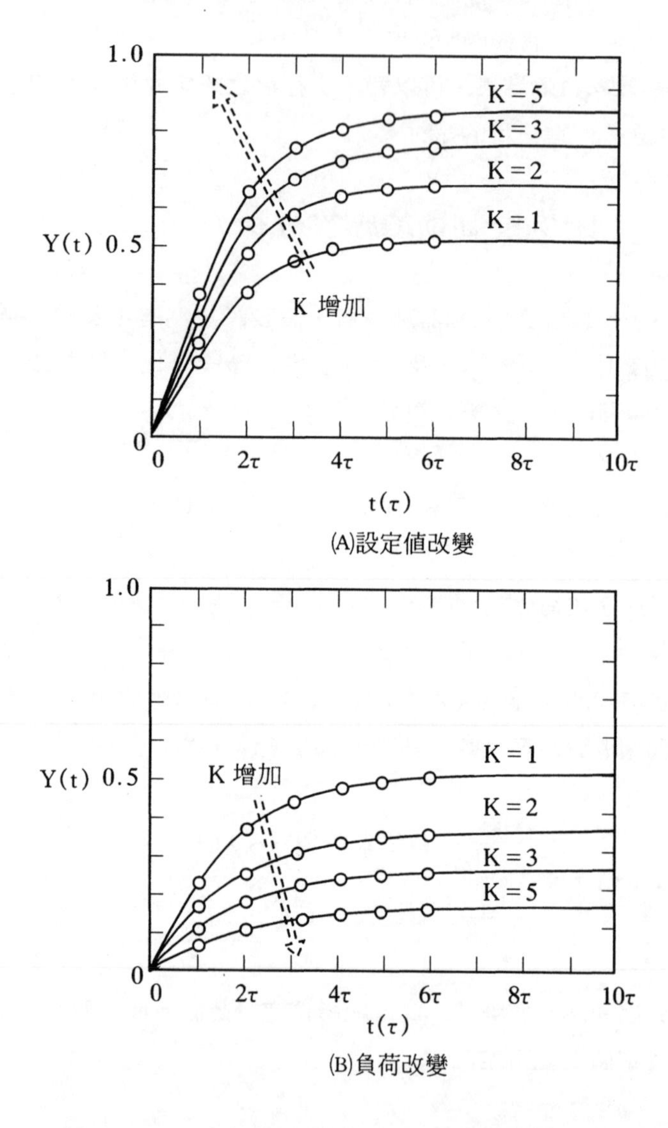

(A)設定值改變

(B)負荷改變

圖 4.3　一次無靜時程序之比例控制器應答情形[1]

$$\left| SP - Y(t_\infty) \right| = \begin{cases} \left| 1 - \dfrac{K}{1+K} \right| = \dfrac{1}{1+K}，當輸入爲\ SP(s)時 & (4.12) \\ \left| 0 - \dfrac{K_L}{1+K} \right| = \dfrac{K_L}{1+K}，當輸入爲\ L(s)時 & (4.13) \end{cases}$$

所以只要加大 K 值到∞，其偏差即爲0，此即加大控制器之 K_c 值，理論上可以將一次具靜時之程序偏差逼近到零，然而實際的控制迴路中訊號的偵測及傳遞乃至控制閥的動作均存有微少的程序落後或靜時。因此，一直加大 K_c 值，將導致控制系統發生不穩定的情況，下節中將以頻域的方法證實之。

4.1.2 比例一積分控制動態應答分析

由表4.1之第二欄可知比例積分控制器之應答之轉換函數爲二次程序，其自然頻率 ω_N 及阻尼係數 ζ 各爲：

$$\omega_N = \sqrt{\frac{K}{T_i T}} = \frac{1}{\tau} \quad (4.14)$$

$$\zeta = \frac{1+K}{2}\sqrt{\frac{T_i}{KT}} \quad (4.15)$$

PI 控制器對一次程序之動態響應即爲：

$$Y(s) = \frac{T_i s + 1}{\frac{s^2}{\omega_N{}^2} + \frac{2\zeta}{\omega_N}s + 1} SP(s) + \frac{\left(\frac{K_L + T_i}{K}\right)s}{\frac{s^2}{\omega_N{}^2} + \frac{2\zeta}{\omega_N}s + 1} L(s) \quad (4.16)$$

對於 SP(s) 及 L(s) 爲階段變化時，可得

$$Y(t_\infty) = \lim_{s \to 0} s \cdot \frac{1}{s} \cdot \frac{T_i s + 1}{\frac{s^2}{\omega_N{}^2} + \frac{2\zeta}{\omega_N}s + 1} = 1，對設定點變化時 \quad (4.17)$$

$$Y(t_\infty)=\lim_{s\to 0} s\cdot\frac{1}{s}\cdot\frac{(K_L T_i/K)\cdot s}{\frac{s^2}{\omega_N}+\frac{2\zeta}{\omega_N}s+1}=0$$ ，對程度負荷變化時　（4.18）

因此，不論是設定值或程度負荷變化之輸入，在 **PI** 控制器下，其偏差均將爲零。此外，**PI** 控制器將使應答產生震盪，如**圖4.4**所示，且理論上來說，**PI** 控制器並不會使一階無靜時程序之迴路應答產生不穩定的現象。

按照同樣的分析方式，讀者可以自行推導比例微分（ **PD** ）控制器及 **PID** 控制器之穩定度分析。

值得一提的是微分（ **D** ）控制器的使用，常因測量信號存有雜訊，而使微分器做過度的修正，產生不穩定的結果。因此，除批次程序外，作者從實作中累積的經驗法則爲：大部分的控制迴路以 **PI** 控制器即已足夠，固然微分控制器對沒有雜訊的量測及動態響應較慢的程序有所幫助，但增加第三個調諧參數所帶來的調諧困難度更勝於其優點，因此微分控制器幾可備而不用。

對於二次程序、高階程序之應答穩定狀態分析，均可類似此種一次程序時域法分析之，只是轉換函數更爲複雜罷了，對各種情況的分析變得越不容易，爲了便於對這些較複雜的系統作穩定狀態分析，乃有後述的方法應運而生。

4.2　動態應答穩定狀態分析 II —頻域

檢視如**圖4.5**(a)之開環程序，設此系統爲線性系統，則當設定點給予正弦波（ sine wave ）之變化時，其應答應仍爲振幅產生變化之正弦波，而且時間稍有落後（與輸入時間比較）。因爲環路是中斷的，所以正弦波的信號在此中斷而無法繼續留下傳播。若將此開環路關閉之，同時停止設定點之正弦波輸入，則正弦波將在此閉環路中，持續不停地傳播，如**圖4.5**(b)所示。

當正弦波之振幅越來越小時，表示此一系統終將趨於穩定，當正弦波之振幅一回比一回大時，表示此一系統會變成不穩定。利用這一現

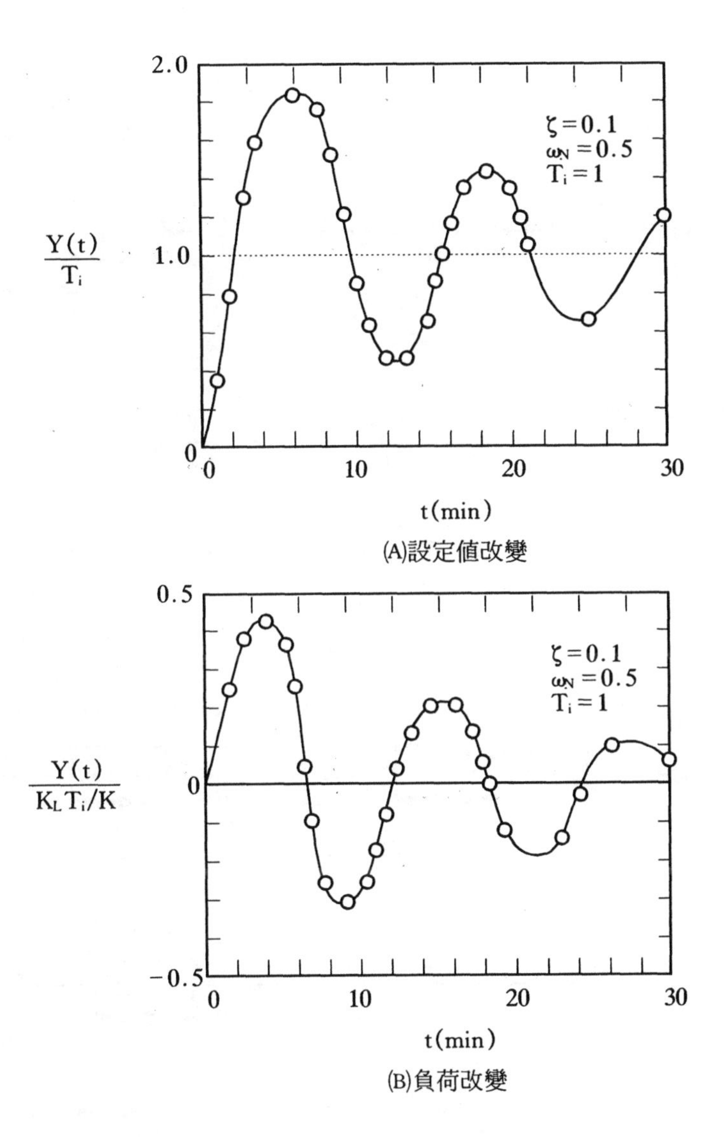

圖 4.4　PI 控制器對一次程序之控制應答[1]

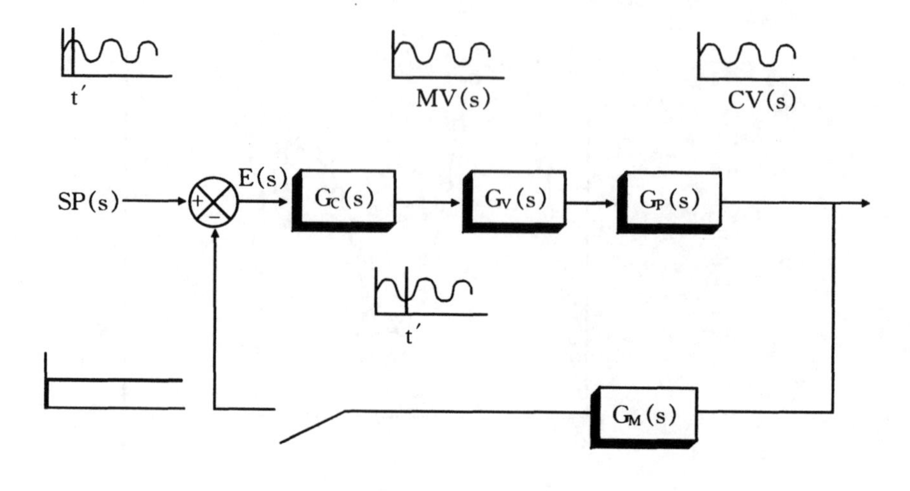

(a)以正弦波輸入之開環應答行為

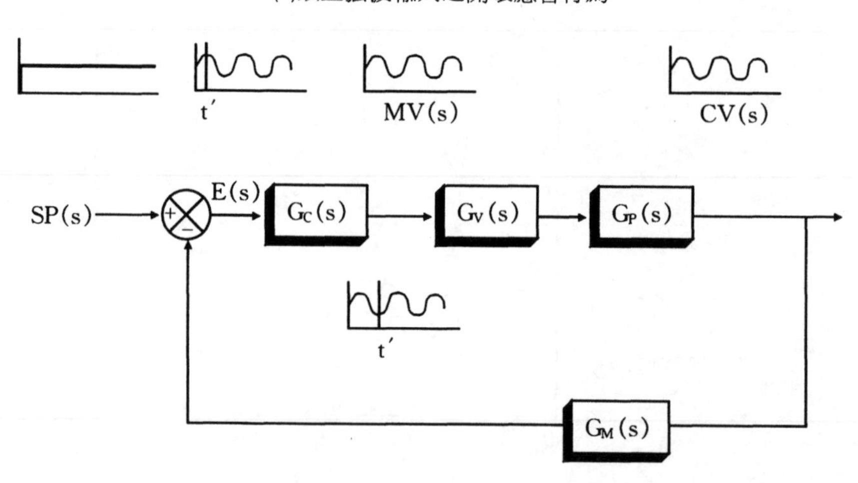

(b)當停止正弦波之輸入且閉環路時，其正弦波之傳遞情形

圖 4.5　波氏穩定性分析[3]

象，可以很容易地測試系統是否能爲穩定。其準則爲：當應答訊號落後輸入訊號頻率爲180°時之頻率爲**臨界頻率**（critical frequency）。在此一頻率時，若**振幅比**（amplitude ratio，AR）小於1，則爲穩定程序，大於1則爲不穩定程序，此即著名的**波氏穩定法則**（Bode stability criterion）。

這種簡易的頻率應答分析，有相當多的優點：

- 不需要求解相當繁雜的特性方程式，即能作控制系統的分析。
- 只需由開環系統之頻率應答資料，即可獲得閉環系統之頻率應答。
- 經由簡便之圖解方式（如波氏圖，Bode diagram 等）可以對應答結果一目了然之。

惟這種方法不適用於開環不穩定程序。

頻率應答分析雖然簡而美，無奈不能用於拿來測試實際工廠，因爲其所需之頻率變化範圍寬廣，很難全面測得，且長時間測試對程序造成干擾，難爲操作人員所接受。因此頻率應答分析仍須仰賴開環模式先獲得，才得以進行。開環模式可以用下式表示之：

$$G_{OL}(s) = G_C(s)\,G_V(s)\,G_P(s)\,G_M(s) \qquad (4.19)$$

線性系統之頻率應答可以用 $G(j\omega)$ 來代替 $G(s)$ 分析之：

$$\text{振幅比，} AR = \left|G(j\omega)\right| = \sqrt{(R_e[G(j\omega)])^2 + (I_m[G(j\omega)])^2} \qquad (4.20)$$

$$\text{相角（phase angle），} \phi = \angle G(j\omega) = \tan^{-1}\left(\frac{I_m[G(j\omega)]}{R_e[G(j\omega)]}\right) \qquad (4.21)$$

對於一串之轉換函數相乘時，其綜合之振幅比可以相乘，相角可以相加：

$$AR = \prod_{i=1}^{n} \left| G_i(j\omega) \right| \qquad \phi = \sum_{i=1}^{n} \phi_i \tag{4.22}$$

〈例4.1〉

在圖4.5的環路中，若假設控制閥、程序及量測儀器的轉換函數分別為 $G_V(s) = \dfrac{1}{0.033s+1}$，$G_M(s) = \dfrac{1}{0.25s+1}$，$G_P(s) = \dfrac{0.039}{5s+1}$，試問：

(a)在此一系統下，比較使用 $K_c = 1.0$，500及6000的比例控制器時，系統的穩定狀態情況。

(b)忽略控制閥及量測儀錶之訊號落後時，系統的穩定狀態情況。

〈說明〉

(a)根據（4.20）式至（4.22）式之計算，此系統之

$$\begin{aligned} G_{OL}(s) &= G_C(s) \cdot G_V(s) \cdot G_P(s) \cdot G_M(s) \\ &= K_c \times \frac{1}{0.33s+1} \times \frac{0.039}{5s+1} \times \frac{1}{0.25s+1} \end{aligned} \tag{4.23}$$

$$\left| G_{OL}(j\omega) \right| = K_c \times \frac{1}{\sqrt{1+0.0011\omega^2}} \times \frac{0.039}{\sqrt{1+25\omega^2}} \times \frac{1}{\sqrt{1+0.0625\omega^2}} \tag{4.23a}$$

$$\begin{aligned} G_{OL}(j\omega) = {} & \tan^{-1}(-0.033\omega) + \tan^{-1}(-5\omega) + \\ & \tan^{-1}(-0.25\omega) \end{aligned} \tag{4.23b}$$

按照波氏穩定準則：在臨界相角為 $-180°$ 時，檢查振幅比 AR 是否大於1，由（4.23b）式解得臨界頻率 $\omega = 11.6\text{rad/min}$，將此值代入（3.23a）式得：

$K_c = 1.0$，振幅比 $AR = 0.002 < 1.0$　　穩定

$K_c = 500$，振幅比 $AR = 0.10 < 1.0$　　穩定

$K_c = 6000$，振幅比 $AR = 1.2 > 1.0$　　不穩定

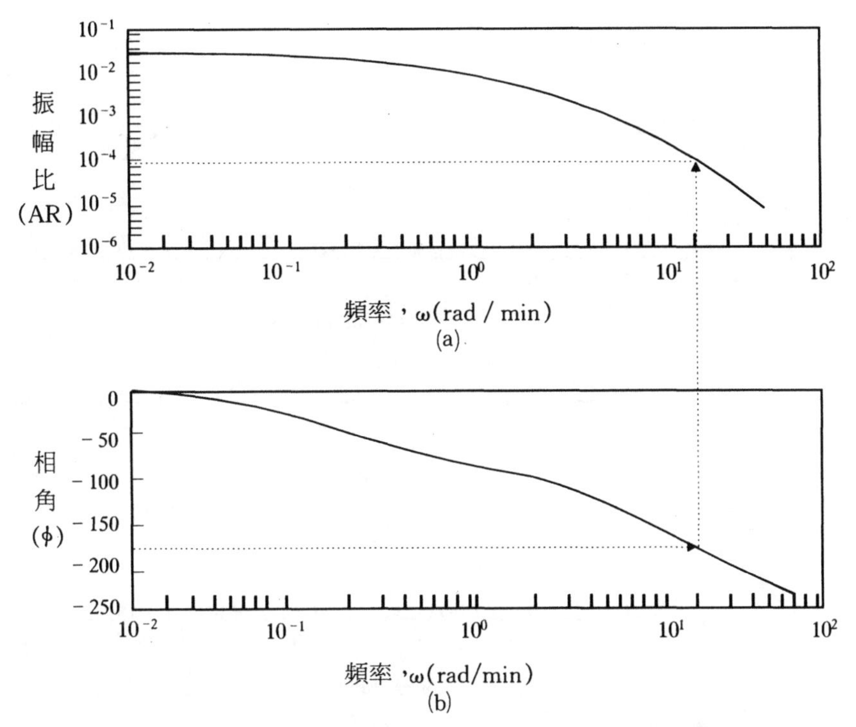

圖 4.6　例 4.1(a)當 $K_c=1.0$ 時之波氏圖(Bode plot)[3]

以 $K_c=1.0$為例，其波氏圖繪於**圖4.6**（由（4.23）式改變 ω 得其AR與 ø 響應圖）。

(b)因為假設 $G_V(s)=G_M(s)=1$，所以：

$$G_{OL}(s)=\frac{0.039K_c}{5s+1}$$

$$AR=\left|G_{OL}(j\omega)\right|=\left|(0.039K_c)\left(\frac{1}{1+5j\omega}\right)\left(\frac{1-5j\omega}{1-5j\omega}\right)\right|$$

$$=\frac{(0.039K_c)}{\sqrt{1+25\omega^2}}$$

$$\phi=\angle G_{OL}(j\omega)=\tan^{-1}(-5\omega)$$

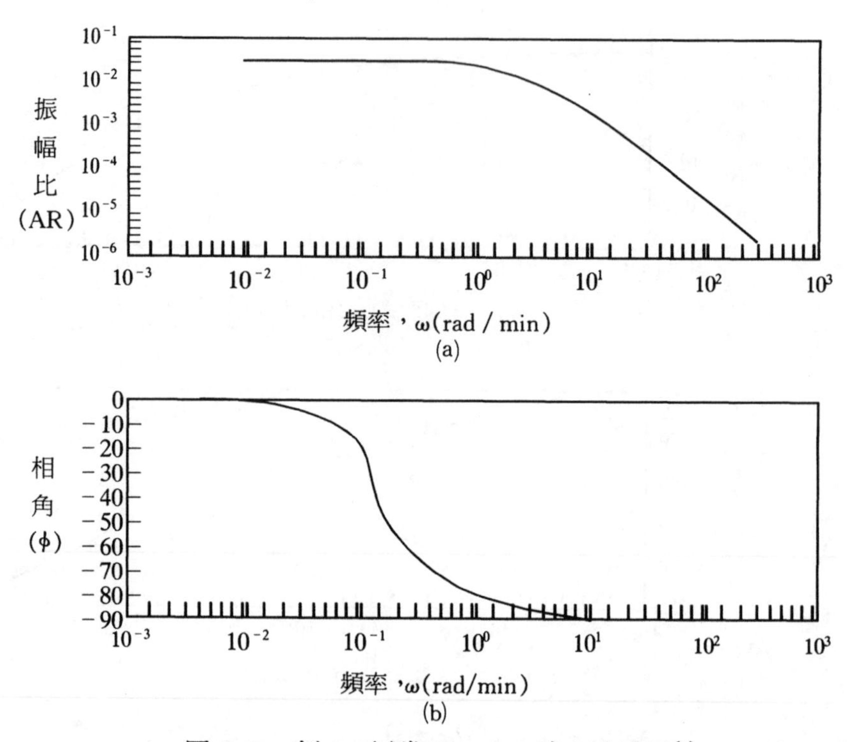

圖 4.7　例 4.1(b)當 $K_c = 1.0$ 時之波氏圖[3]

ω 從0到∞，均不會產生相角 − 180°的落後，故此一系統不論 K_c 值爲何永遠穩定，**圖4.7**示出當 $K_c = 1.0$時之波氏圖。

〈例4.1〉印證了4.2節中以 time domain 驗證系統穩定與否的方法：一次無靜時程序若忽略儀錶及控制閥的動態落後，則任何大小的 K_c 比例控制器可以穩定控制該程序，但考慮儀錶及控制閥的動態特性後，太大之 K_c 值將導致系統之不穩定。

表4.2列出常見程序及 PID 控制器之振幅比及相角的情況，其波氏圖均可依此劃出。而使用 PID 控制器來控制某些程序，只是這些特定程序之組合罷了，可以很容易地據此作穩定狀態之分析。

表4.2　典型程序之振幅比及相角整理

種類	轉換函數	振幅比	相角
一次程序	$\frac{K}{\tau s+1}$	$\frac{K}{\sqrt{\tau^2\omega^2+1}}$	$\tan^{-1}(-\omega\tau)$
二次程序	$\frac{K}{\tau^2 s^2+2\tau\zeta s+1}$	$\frac{K}{\sqrt{(1-\tau^2\omega^2)^2+(2\tau\omega\zeta)^2}}$	$\tan^{-1}(\frac{-2\tau\omega\zeta}{1-\tau^2\omega^2})$
n 次程序	$\frac{K}{(\tau s+1)^n}$	$K(\frac{1}{\sqrt{\tau^2\omega^2+1}})^n$	$-n\tan^{-1}(-\omega\tau)$
靜時	$e^{-\tau_d S}$	1	$-\tau_d(\frac{360}{2\pi})\omega$
階段變化	$\frac{1}{As}$	$\frac{1}{A\omega}$	-90°
比例控制器	K_c	K_c	0
PI 控制器	$K_c(1+\frac{1}{T_i s})$	$K_c\sqrt{1+\frac{1}{\omega^2 T_i^2}}$	$\tan^{-1}(\frac{-1}{\omega T_i})$
PD 控制器	$K_c(1+T_d s)$	$K_c\sqrt{1+(T_d\omega)^2}$	$\tan^{-1}(T_d\omega)$
PID 控制器	$K_c(1+\frac{1}{T_i s}+T_d s)$	$K_c\sqrt{1+(T_d\omega-\frac{1}{T_i\omega})^2}$	$\tan^{-1}(T_d\omega-\frac{1}{T_i\omega})$

4.3　動態應答穩定狀態分析Ⅲ—根軌跡

若負荷變化之特性方程式（4.5）爲如下形式：

$$G_{Y(s)/L(s)}=\frac{q(s)}{(s-s_1)(s-s_2)} \tag{4.24}$$

其中 q（s）爲一個一次式或零次式，當 L（s）爲階段輸入時，其應答爲：

$$Y(t)=a_0+a_1e^{+S_1 t}+a_2e^{+S_2 t} \tag{4.25}$$

因此從根 S_1 及 S_2 的分布，就可瞭解應答是否穩定。如（4.25）式中，當 S_1 與 S_2 爲正時，Y（t）將會發散，爲負時，則可以收斂。所以將特性方程式的根分布情形繪於複數平面上，將有助於判斷系統是否能穩定。從（4.25）式中，可以很清楚地看出，根在虛軸之右時（即右半平面），將使系統趨於不穩定，而在左半平面的根則可使系統穩定。此種技巧謂之根軌跡分析（S domain）。

典型閉環路特性方程式爲如（4.4）、（4.5）式所示，若將此式分解之（爲求其根），則爲：

$$G(s)=\frac{(s-b_1)(s-b_2)(s-b_3)\cdots(s-b_m)}{(s-a_1)(s-a_2)(s-a_3)\cdots(s-a_n)} \qquad (4.26)$$

其中，a_1、a_2……a_n 將使轉換函數變成 ∞，故稱這些根爲**極位**（pole），而 b_1、b_2……b_m 將使轉換函數變成零，故稱這些根爲**零位**（zero）。

因此，對於已知轉換函數的程序而言，可以利用根軌跡的方法檢查所設計的控制器能否穩定該程序。根軌跡的作圖方法可以參考台大化工系趙榮澄教授及黃孝平教授所著《程序控制學》第七章[1]，不在此贅述。

這裏僅就根軌跡分析法所得一些結論，整理如下：

- 極位之加入，使軌跡易傾向右半平面，而使系統變得更不穩定。
- 加入之極位越小，軌跡越易傾向右半面。
- 零位之加入，使軌跡易傾向左半平面，而使系統變得更穩定。
- 零位越近原點，則射出實軸的軌跡越向後移，顯示其穩定性的提高。
- PI 控制器 $G_C=K_c\left(1+\frac{1}{T_i s}\right)=K_c\times\frac{T_i s+1}{T_i s}$，故相當於加入 $-\frac{1}{T_i}$ 之零位及0的極位。故 T_i 值越少，更易使軌跡扭向右半平面而不穩定。
- PD 控制器 $G_C=K_c(1+T_d s)$，相當於多了一個零位，會使系統更趨於穩定。

·PID 控制器之根軌跡，介於 PI，PD 之間，其特性端視 T_i 及 T_d 值而定。

4.4 PID 控制器調諧技術

PID 控制器因其優異之韌性，適合應付各種程序的控制，因此半世紀以來，雖然新控制器持續問世，PID 控制器始終歷久不衰，未來料仍將扮演基礎控制中吃重的角色。

雖然 PID 控制器只須調整三個調諧參數，看似簡單，然針對各式各樣的程序，應付各種狀況，要將這三個調諧參數值設定在一最佳值，並非易事。因此，相當多的專家、學者提出各式各樣的調諧原則實不足爲奇。這裏亦將介紹幾種較常被使用的調諧法則，供讀者參考，這些法則只適用於控制問題出在控制器上時，千萬不要用這些法則作爲解決控制問題的唯一途徑，否則將使結果更糟糕。因此，第六章之「控制環路之偵錯與改善」所提的方法，應優先於控制器之調諧，避免徒勞無功。

學術上的探討，大多從假設程序模式可知的前提下，來尋求調諧目標函數（通常爲 IAE，ISE 或 ITAE）❸最少的情況下，其最恰當的調諧參數。但是在實際工廠調諧時，這種假設太過狹隘，而且無法充分運用 PID 控制器的特性。可以這樣說，由於完全準確模式無法獲得，且設備任務特性亦不同，究竟最佳之調諧參數爲何，實無一標準答案。**調諧參數是否恰當，不應只看單一 PID 控制器之調諧效果，至少須以某一單元操作區域所有 PID 控制總合之整體表現是否達操作目的而定。**

理論上對 PID 控制器調諧的探討仍相當有用，尤其當調諧困難時，更應回到此點，思考究竟問題何在？PID 控制器能否勝任此一任務？因此，筆者仍將由此出發，整理常用之 PID 調諧法。

4.4.1 由一階模式導出之 PID 調諧法

一階具靜時模式的標準式爲：

$$G_P = K_P \frac{e^{-\tau_d s}}{\tau_i s + 1} \quad (4.27)$$

大部分的程序可以用此一模式來近似之，當獲得模式後，可根據調諧所欲之目標函數，進行搜尋，得到最佳之調諧參數。對於不允許以試誤法調諧的程序，由此出發作初步調整是極爲合適的。以下將介紹幾種常被引用的調諧方法。

(a)Shinskey[6]法

Shinskey 用頻率分析的技巧，以 IAE 最少爲原則，針對不同的$\frac{\tau_d}{\tau_i}$比例，找到最佳之 PI 及 PID 參數設定，如表4.3。

(b)McMillan 法

以第三章所述之現場測試（plant test）求得之反應曲線，找尋一階模式，此模式包含程序、控制元件、量測元件等總和動態特性，McMillan 氏整理出最佳調諧參數之設定：

1.當 $\tau_d << \tau_i$ 時

$$PB = (100\%/A) \times (\tau_d/\tau_t)^B \times K_0 \quad (4.28a)$$

$$T_i = C \times (\tau_d/\tau_1)^E \times \tau_i \quad (4.28b)$$

$$T_d = F(\tau_d/\tau_1)^G \times \tau_i \quad (4.28c)$$

表4.3　Shinskey 氏之最佳調諧參數設定

條件	PI 控制器		PID 控制器(Interacting)			PID 控制器(Noninteracting)		
τ_d/τ_i	T_i/τ_d	P/K_P, %	T_i/τ_d	T_d/τ_d	P/K_P, %	T_i/τ_d	T_d/τ_d	P/K_P, %
∞*	0.5	235						
2.0	1.0	$72\tau_d/\tau_i$	0.77	0.35	$72\tau_d/\tau_i$	0.92	0.32	$55\tau_d/\tau_i$
1.0	1.45	$90\tau_d/\tau_i$	1.03	0.40	$88\tau_d/\tau_i$	1.17	0.37	$67\tau_d/\tau_i$
0.5	2.25	$96\tau_d/\tau_i$	1.17	0.48	$105\tau_d/\tau_i$	1.43	0.41	$74\tau_d/\tau_i$
0.2	3.0	$100\tau_d/\tau_i$	1.43	0.52	$105\tau_d/\tau_i$	1.77	0.41	$76\tau_d/\tau_i$
0.0	4.0	$105\tau_d/\tau_i$	1.57	0.58	$108\tau_d/\tau_i$	1.90	0.48	$78\tau_d/\tau_i$
NSR**	4.0	$105\tau_d/\tau_i$	1.57	0.58	$108\tau_d/\tau_i$	1.90	0.48	$78\tau_d/\tau_i$

*Dead time alone

**NSR：Non-self Regulating process(即積分程序)

2.當 $\tau_d >> \tau_i$ 時（即靜時明顯系統）

$$PB = 300 \times K_0 \quad (4.28d)$$

$$T_i = \tau_i \quad (4.28e)$$

$$T_d = 0 \quad (4.28f)$$

其中 K_0為開環增益（open loop gain），而各係數如表**4.4**所示。

(c)Ciancone & Marlin 法

以（4.27）式之一階模式為基礎，其目標函數為：

- 使 IAE 為最少。
- 容忍模式約±25%左右之誤差，仍保有絕佳效能。
- 儘量使作動變數不要有太激烈的變化。

他們以靜時比例值（fraction dead time，$\frac{\tau_d}{\tau_i + \tau_d}$）為橫軸，分別求出對負載變化（load change）及設定點變化（set point change）時之最佳調階參數（縱軸），示於**圖4.8**。

表4.4　McMillan 氏所整理之一階具靜時之最佳調諧參數設定

方法	Mode	A	B	C	E	F	G
ZN	P	1.000	1.000				
IAE	P	0.902	0.985				
ISE	P	1.411	0.917				
ZN	PI	0.900	1.000	3.333	1.000		
IAE	PI	0.984	0.986	1.644	0.707		
ISE	PI	1.305	0.959	2.033	0.739		
ZN	PID	1.200	1.000	2.000	1.000	0.500	1.000
IAE	PID	1.435	0.921	1.139	0.749	0.482	1.137
ISE	PID	1.495	0.945	0.917	0.771	0.560	1.006

Note：ZN：Ziegler－Nichols 氏之調諧法
IAE：Integrated absolute error 最少法
ISE：Integrated squared error 最少法，

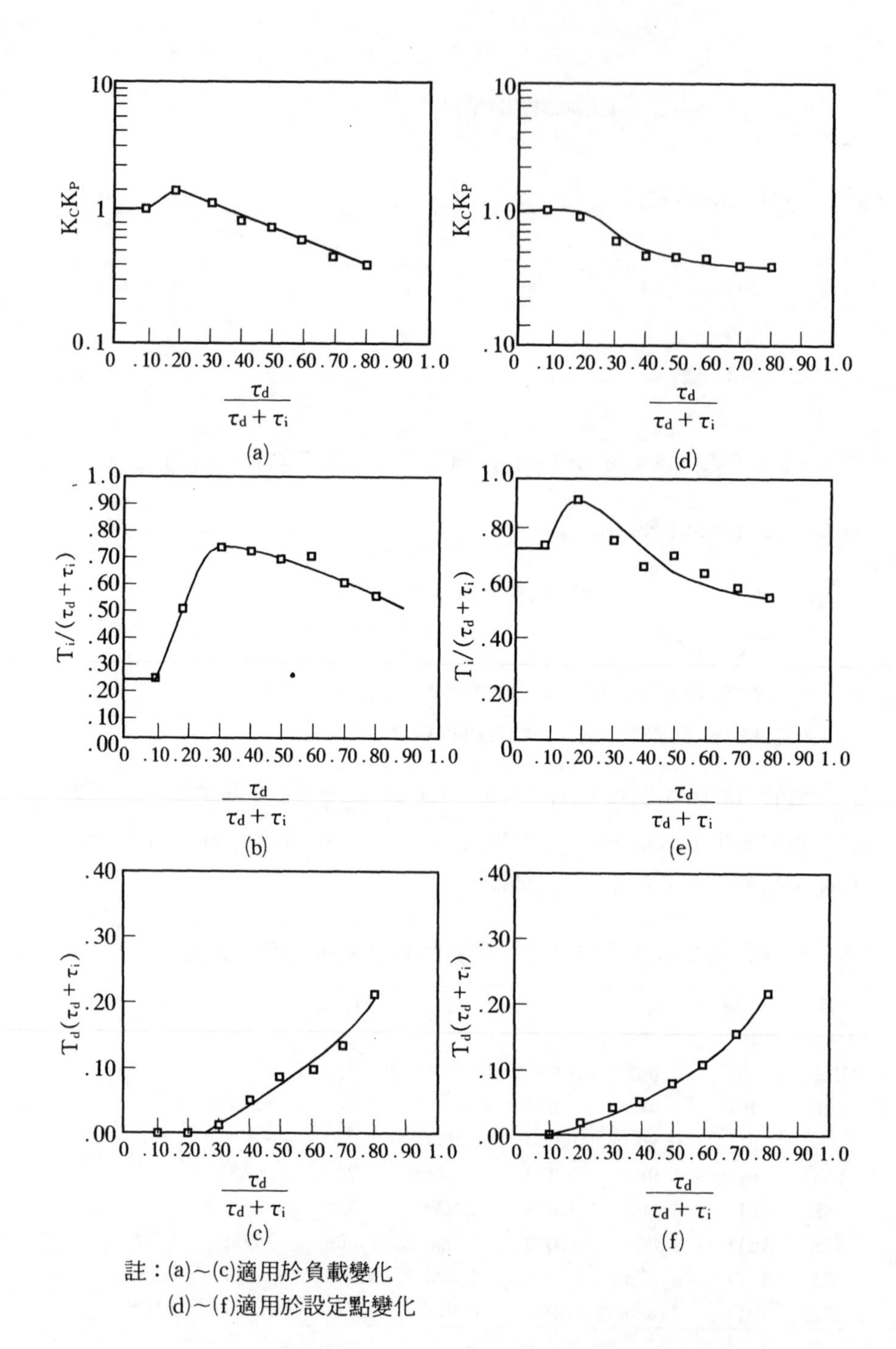

註：(a)～(c)適用於負載變化

(d)～(f)適用於設定點變化

圖 4.8　Ciancone－Marlin 法之最佳調諧參數設定[3]

(已蒙 McGraw－Hill Book Co. 授權同意轉印)

(d)IMC 法

第11.2節中將提到 Morari 等人所提 IMC 控制器設計原理，名噪一時，其後因 IMC 架構（如圖11.5）可以轉換成**圖4.9**的架構，此架構實即一般 PID 控制器之架構，因此 Rivera 與 Morari 又發展出一個以 IMC 法為基礎的 PID 控制器調整參數設定法。此法主要在求得最佳之韌性，因此將不會有超越的現象發生（即 minimize ISE），故特別適用於靜時長的程序，簡易之調諧原則列於**表4.5**，有興趣的讀者可續參考台灣科技大學化工系錢義隆敎授[8]針對各種程序所導出的 IMC 基礎之 PID 參數設定。

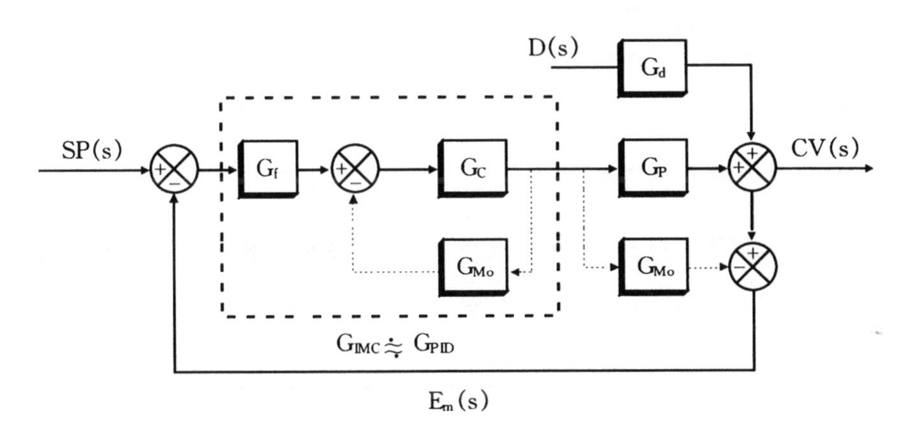

圖 4.9　IMC 之架構轉換成一般 PID 控制器之架構

表4.5　IMC 法設定之最佳 PID 參數

控制器	K_c	T_i	T_d	適用情況
PI	$\frac{1}{K_P}\times\frac{2\tau_i+\tau_d}{2\lambda}$	$\tau_i+\frac{\tau_d}{2}$		$\lambda^*\geq\max(1.7\tau_D,0.2\tau_i)$
PID	$\frac{1}{K_P}\times\frac{2\tau_i+\tau_d}{2\lambda+\tau_d}$	$\tau_i+\frac{\tau_d}{2}$	$\frac{\tau_i\tau_d}{2\tau_i+\tau_d}$	$\lambda\geq\max(0.25\tau d,0.2\tau_i)$

*λ 即（11.9）式之過濾，常數 τ_f

(e)Ziegle－Nichols 閉環調諧法（或稱連續圈環法，continuous －cycling method）

Z/N 二氏所用之開環調諧法，即反應曲線法，已列於表4.4中。這裏要講的是開環模式無法獲知時，如何利用閉環調諧出較佳之 PID 參數。Z/N 二氏於1942年發表此篇調諧法，其調諧法為：

- 將積分作用與微分作用先拿掉，並將控制器置於"Auto"位置。
- 設定某一比例參數 K_c，並給予設定點變化。
- 參考**圖4.10**，將 K_c 調到產生連續圈環（即介於穩定與不穩定之間）。

此時之 K_c，稱為**最終增益**（ultimate gain，以 K_u 表示），而圈環的週期稱為**終端週期**（ultimate period，以 P_u 表示），Z/N 二氏稱，以表4.6的設定將使應答呈現**1/4衰退比**（decay ratio）**的現象**，使程序獲得最佳控制。

(f)增益極限及相角極限法

從波氏穩定性分析，可以知道，振幅比在臨界相角－180°時若大於1，將出現不穩定的現象。據此定義：

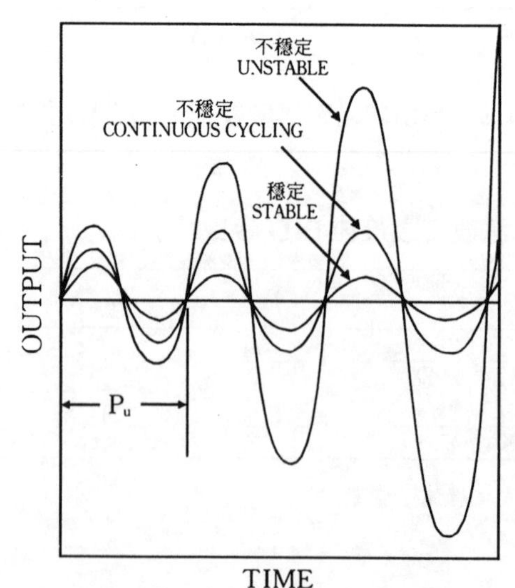

圖 4.10　連續圈環之響應情形

（摘自 Honeywell 公司 APC 訓練講義）

表4.6　Ziegler－Nichols 閉環調諧法

控制器	K_c	T_i	T_d
P	$K_u/2$		
PI	$K_u/2.2$	$P_u/1.2$	
PID	$K_u/1.7$	$P_u/2.0$	$P_u/8$

表4.7　最佳之增益極限與相角極限之配對

PM	GM	韌性
67.5°	4	大
60°	3	中
45°	2	小

・**增益極限**（Gain Margin，GM）：為在臨界頻率振幅比的倒數，此值大於1才可能穩定。

・**相角極限**（Phase Margin，PM）：為開環轉換函數 G_{OL}之振幅比為1時，其落後－180°的情形（即－180°＋PM），PM 為正值。

根據經驗，表4.7之增益極限及相角極限之配對將可使迴路產生最佳之應答。為使整個閉環路產生表4.7之增益及相角，其比例及積分控制之參數設定如下：

1.對於 $\tau_d/\tau_i>0.3$之程序

$$K_c=\frac{\pi\tau_i}{2(GM)K_P\tau_d} \tag{4.29a}$$

$$T_i=\tau_i \tag{4.29b}$$

2.對於 $\tau_d/\tau_i<0.3$之程序

$$K_c=\frac{1}{(GM)K_P}\cdot\omega_P\cdot\tau_i \tag{4.29c}$$

$$T_i=\frac{1}{2\omega_P-\frac{4\omega_P^2\cdot\tau_d}{\pi}+\frac{1}{\tau_i}} \tag{4.29d}$$

$$\text{其中，}\omega_P = \frac{(GM)(PM) + \frac{\pi}{2}(GM)(GM-1)}{(GM^2-1)\tau_d} \quad (4.29e)$$

$$\tau_i = \frac{P_u}{2\pi}\sqrt{(K_uK_p)^2-1} \quad (4.29f)$$

$$\tau_d = \frac{P_u}{2\pi}(\pi - \tan^{-1}\frac{2\pi\tau_i}{P_u}) \quad (4.29g)$$

4.4.2 典型的參數設定

根據一般的程序設計的結果，所計算出的 **PID** 參數設定概略值，**McMillan** 整理出各種迴路控制時，其概略的參數設定，如表**4.8**所示。這個表最大的優點，在於新工廠開爐時，得以快速地調諧大量的控制器，根據作者經驗，對於方法設計恰當的工廠而言，此表可以得到超過九成的初步滿意程度，在新廠開爐那樣急迫的時間裏，控制工程師能留下較多的時間精調較重要操作單元的控制器，而不必疲於奔命地調諧各控制器。對於方法設計不當的控制迴路而言，表4.8的選用值，則須保守，如何知道方法設計不當？當 K_c 離本表建議值甚遠時，即可略知。

根據此表所設的調諧參數雖可以得到初步滿意的結果，惟大多數仍須予以精調才能得到最佳之效能。

4.4.3 應答型態調諧法

根據4.4.1(a)～(f)或表4.8所設參數的應答情形，再加上 **PI** 控制器的特性（微分控制器由於量測雜訊及速調作動變數的關係，暫不給予），作者發展出一套實用的快速調諧法，列於**圖4.11**，最後調到何處停止，視操作目的及控制迴路本身的效能而定。

此法完全根據線型來調諧，但有時仍不免出現難以判斷的局面，因此必先培養現場訊號判別（signal identification）實務經驗之後即容易上手。

表4.8 典型的控制器參數設定及偵測時間[1]

(已蒙 ISA 授權同意自原著轉印)

迴路種類	掃描時間(秒)	控制品 K_C	積分強度 (repeats/分, $1/T_i$)	微分強度 (分, T_d)
管線流量及壓力 (過濾時間 0.02 分)	1.0(0.2→2.0)	0.3(0.2→0.8)	10(5→50)	0.0(0.0→0.02)
氣體及蒸汽壓力	0.2(0.02→1.0)	1.0(0.5→5.0)	1(0.5→10)	0.05(0.0→0.5)
空壓機之抽動	0.1(0.02→0.2)	0.5(0.2→2.0)	5(2→10)	0.0(0.0→0.02)
管線 pH (陡峭曲線時) (過濾時間 0.20)	1.0(0.2→2.0)	0.2(0.1→0.3)	2(1→4)	0.0(0.0→0.05)
管線 pH (平緩曲線時) (過濾時間 0.05)	1.0(0.2→2.0)	1.0(0.5→5.0)	2(1→4)	0.0(0.0→0.05)
桶槽 pH (陡峭曲線時) (過濾時間 0.05)	2.0(1.0→5.0)	0.1(0.001→1)	0.2(0.1→1.0)	1.2(0.1→2.0)
桶槽 pH (平緩曲線時) (過濾時間 0.05)	2.0(1.0→5.0)	1.0(0.5→100)	0.5(0.1→1.0)	0.5(0.1→1.0)
液位(鬆)	5.0(2.0→15)	1.0(0.5→5.0)	0.0	0.0(0.0→0.02)
液位(普通)	2.0(1.0→10)	2.0(0.2→20)	0.0	0.0(0.0→1.0)
液位(緊)	1.0(0.5→2.0)	5.0(0.5→100)	0.0	0.0(0.0→1.0)
管線溫度	2.0(1.0→5.0)	0.5(0.2→2.0)	10(0.5→5.0)	0.2(0.1→1.0)
熱交換器溫度	2.0(1.0→5.0)	1.0(0.5→5.0)	0.5(0.2→2.0)	0.5(0.2→2.0)
桶槽溫度 (大體積)	2.0(1.0→10)	5.0(1.0→50)	0.2(0.05→0.5)	1.2(0.5→5.0)
塔槽溫度	2.0(1.0→10)	0.5(0.1→10)	0.2(0.05→0.5)	1.2(0.5→10)

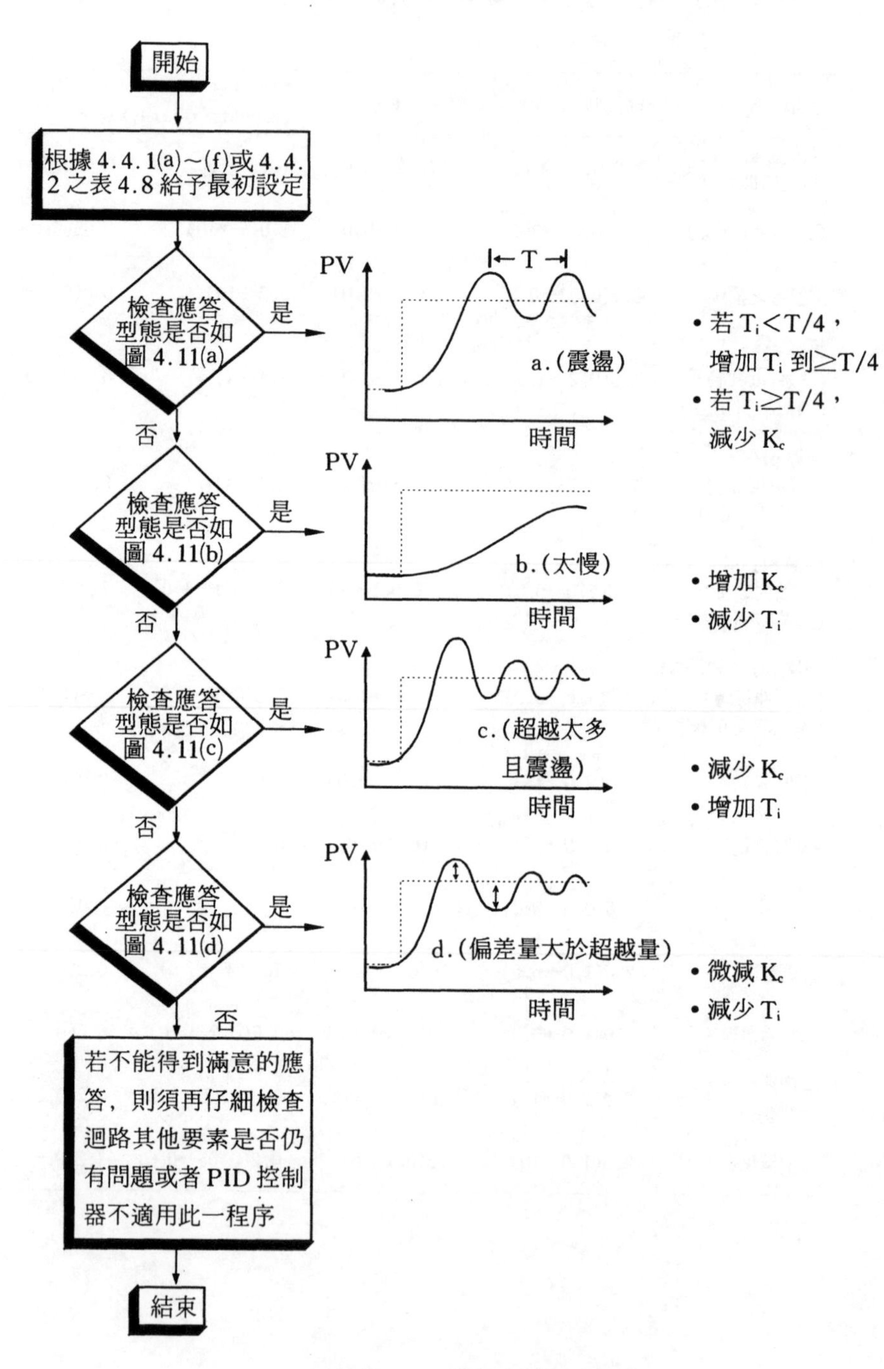

圖 4.11　應答型態調諧法

這節中概略介紹了幾種 PID 控制器調諧的方法，對於現場工程師而言，4.4.1之(b)及4.4.2及4.4.3較適合於現場習性，可以多加參考。

4.5 結　語

本章概略介紹了控制環路穩定性的分析方法，這是學術界用以設計控制器的基本探討，對學生而言，甚為重要，因此必須再研讀參考資料〔1〕～〔6〕的相關部分以增強觀念。

PID 調諧法必須由整體製程目標做標的，不可一味地調緊某一個控制器，且環路效能的改善須考慮到所有環路要素，切不可以 PID 調諧做唯一的手段，因此第五章的環路偵錯須與 PID 調諧同步考慮才能發揮效果。

註　釋

❶見本章第Ⅲ部分各章

❷在大部分的情況下，通常含有一次或兩次之程序落後，而影響控制系統之應答。在此，為方便說明，暫予忽略之。

❸$IAE = \int_0^\infty |e(t)| dt$ (Integral of the absolute error)

$ISE = \int_0^\infty e(t)^2 dt$ (Integral of the square error)

$ITAE = \int_0^\infty t|e(t)| dt$ (Integral of time multiplied by the absolute error)

其特性為：ISE 有最小之超越，ITAE 有最小之振盪，IAE 介於此二者之間。

參考資料

〔1〕趙榮澄、黃孝平：《程序控制學》（修訂版），鹽巴出版社。

〔2〕D.R.Coughanowr & L.B Koppal, *Process Systems Analysis and Control*, 2en ed, 1991. McGraw-Hill, Inc.

〔3〕T. E. Marlin, *Process Control*, McGraw-Hill, 1996.

〔4〕D. E. Seborg, T. F. Edgar & D. A. Mellichamp, *Process Dynamics and*

Control, John Wiley & Sons, 1989.

〔5〕W. L. Ludyben, *Procss Modeling, Simulation and Control for Chemical Engineers*, McGraw-Hill, 2nd ed. 1990.

〔6〕Shinskey, *Process Control Systems*, 3rd ed. McGraw-Hill, 1988.

〔7〕C. C. Hang, T. H. Lee & W. K. Ho, *Adaptive Control*, ISA., 1993.

〔8〕錢義隆 & P. S. Fruehauf, "Consider IMC Tuning to Improve Controler Performance", *Chemical Engineerning Progress*, Oct.,1990, pp.33-41.

〔9〕M. J. Pakianathan, "P only or P + I in One controller", *Hydrocarbon Processing*, Dec. 1993. pp.93-95.

〔10〕M. Morari, "A General Framework for the Assessment of Dynamic Resilience", *Chemical Enginening Science*, Vol.38, No.11, 1983, pp.1881-1891.

〔11〕G. K. McMillan, *Tuning and Control Loop Performance*, ISA, 3rd ed, 1 994, chap.2.

第5章

基礎控制器分類介紹

◈研習目標◈

當您讀完這章，您可以

A. 瞭解流量、溫度、壓力及容積等基礎單迴路特性及其一般設計與調諧方法。

B. 瞭解分叉式控制、選擇控制、多變數間運算控制及閥位控制等多迴路控制系統之特性、設計及調諧方法。

基礎控制器是構成複雜控制架構的根基，在瞭解了一些基礎控制器的特性及一些基本的控制器後才能進行控制迴路之偵錯分析或根據目標設計出五花八門的控制策略。

爲便於研習，作者再將基礎控制器分爲單迴路系統與多迴路系統來說明，單迴路控制系統指的是常見的流量、溫度、壓力及容積控制器；多迴路控制系統是指兩個以上的單迴路控制器經比較、計算、串聯（cascade），或一個控制器分爲兩個以上的輸出等特性者謂之。多迴路控制系統包括**選擇性**（selective）控制器、**比例控制器**（ratio controller）、**串級控制**（cascade control）、**分叉式控制器**（split range controller）及**閥位控制器**（valve positional controller）等。其中比例控制器爲前饋控制器之特例，串級控制又爲了與前饋控制一起說明比較，故此二者均放於第七章中。

這些基礎控制迴路是控制工程師的工具，有了這些工具，才能運用自如地解決各式程序控制問題，可以說是基礎控制與進階控制的重要根基，必須熟習之。

5.1 單迴路控制系統

5.1.1 流量控制

單一流量控制可以說是程序控制系統中最基礎的控制單元，除其它單迴路控制系統外，幾乎所有的多迴路控制系統其最基層的架構均爲流量控制，蓋程序單元所需的質量平衡控制或能量平衡控制均以流量控制爲基礎之故也。

無論是**不可壓縮流體**（incompressible fluid）或是**可壓縮流體**（compressible fluid），質量的控制是我們使用流量控制的主要目的。但是絕大多數的流量計均爲體積流量式，爲了得到質量流率，對於不可壓縮流體（如液體）我們常常假設其比重不變，而直接將此體積流率乘以密度而得質量流率，對於可壓縮流體（如氣體），則經由適當的狀態方程式（state equation）可以求得質量流率。大部分的情況，這樣做可以得到滿意的近似，但在某些情形下，這種計算質量流量的方法有可能出現問題，而使程序產生紊亂，例如，兩股或數股不同比重的液體摻合後的流量控制，因進料股間進料量之不同使得混合液之比重變化不定，並非原假設的比重不變。解決這種情形的最佳方法，是使用質量流量計直接測其質量流率，以避免錯誤的計算導致問題。

一般而言，流量控制迴路可說是最簡單且最容易調諧的迴路，但若以精確控制流量的角度而言，則幾乎所有的流量控制均將留下一定程度的偏差（比如說1%上下）而無法再將此偏差減少，如圖5.1所示。這是因為下列這些因素所共同造成的。（以調諧的功能而言，這已經是 PI 控制器所能做的最大極限，除非下列因素得以改善，否則調諧至此已算圓滿，不須也無法再調諧下去。）

- **輸送設備所引起的不穩定**：流體在經泵（pump）或壓縮機（compressor）輸送後，因輸送設備高速轉動，設備在輸送過程中產生許多高頻的程序雜訊（process noise），無法由控制閥來消除而留下來的。
- **不當的使用控制閥之定位器**：液體流量及液體壓力均為響應變化極快的迴路，控制閥定位器之加入非但無法快於此一程序，反而形成後追的現象，使得定位器產生連續不當的小修正，因而引起很難消除的偏差存在（第2.3節已提）。因此對於重要流量的控制，控制閥附件搭配可考慮使用速動器而不用定位器，這在第6.4節亦將再提起。

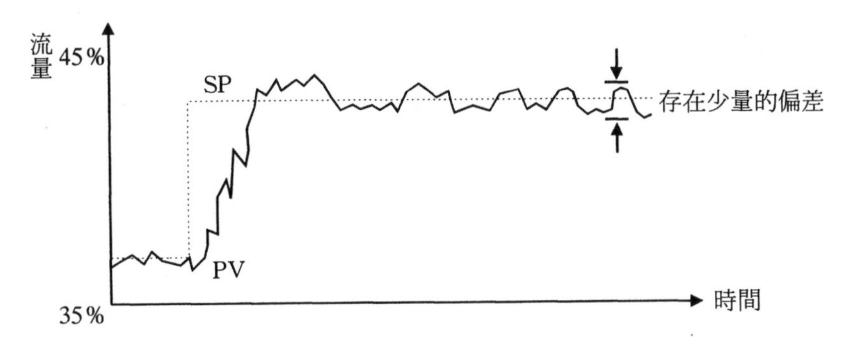

圖 5.1　典型的流量控制響應圖

- **流量計量測及傳送本身的雜訊**：大部分的體積式流量計均存有一些小小的雜訊產生，這些**儀器雜訊**（instrument noise）若經適當的**濾除**（filtering）並不致產生偏差的現象，但若無法適當的濾除，此一雜訊可能為造成偏差的原因之一。

流量控制系統的最終控制元件有控制閥與變速泵（variable-speed pump）等，Shinskey[2]曾研究過以變速泵來調節流量將可以得到較快而且較精準的響應，但是在低流量時，控制閥則有較佳的控制。站在節約能源的觀點，變速泵也顯然優於控制閥，為了使控制閥得到較佳的控制效果，在程序設計上，均留下30%到60%左右之壓降給控制閥吃掉，這無疑是一種浪費。因此變頻器加上高效馬達的組合可以作為日後流量控制之優先考慮[1]，惟信賴度（reliability）亦是一評估重點，不可忽視。

5.1.2 壓力控制

大部分的壓力控制是指對氣體而言，液體壓力控制雖偶爾見到，但絕大多數只要以液體流量控制，即可達到液體壓力控制的目的，意義不大。

就控制效能而言，氣體壓力控制環路可能是最容易調諧的環路，少有看到不易調諧的壓力控制器，其偏差通常亦能隨需要調到一個極少的範圍。

氣體壓力環路的程序增益幾乎為常數，所以控制閥的選擇應為線性式，而液體壓力環路的程序增益與液體流量成反比，因此理論上，液體壓力環路的控制閥應選等百分比較佳，但實際上對大多數的液壓控制程序來說，因流量變化所造成的壓降變化，對整體的壓力變化而言並不大，因此，液壓環路的程序增益亦幾乎為常數，故選用線性閥塞亦可。

5.1.3 溫度控制

溫度控制的主要目的是為了能量平衡控制用，常見於熱傳輸上的控制 或反應速率的控制上，如**圖5.2**的溫水流量及溫度控制（典型的家用

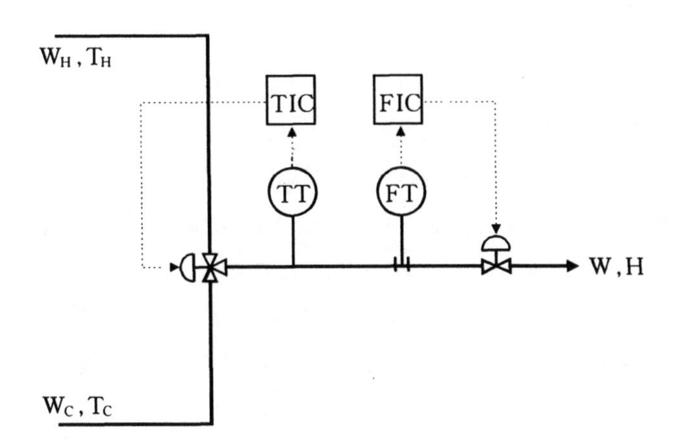

圖 5.2　典型的溫控型蓮蓬頭流量控制，以一只三通閥控制出口溫度

溫控型蓮蓬頭設計），假設絕緣良好，熱量沒有損失，則：

$$W_H + W_C = W \tag{5.1}$$

$$W_H H_H + W_C H_C = WH \tag{5.2}$$

其中，W = 水量

H = 熱焓量（enthalpy）

適當整理上式，可得：

$$H = H_C + \frac{W_H}{W_H + W_C}(H_H - H_C) \tag{5.3}$$

若沒有相變化，且冷熱液體的比熱均相同，（5.3）式可變成

$$T - T_C = (T_H - T_C) \times \left(\frac{1}{\frac{W_C}{W_H} + 1}\right) \tag{5.4}$$

當 T_H 及 T_C 固定時，$\frac{T - T_C}{T_H - T_C}$對$\frac{W_H}{W_C}$的變化爲非線性，也就是說溫

度程序的增益與流量變化為**非線性**的關係，這是典型的溫度控制環路的特徵。為了儘量消除此一非線性的缺陷，選擇等百分比特性的閥塞有助於得到更佳的控制（第14.1節中有更詳細的解說）。

造成溫度控制難度偏高的原因，主要還是來自於程序及量測之較長的靜時，因此為有效掌控有意義的溫度控制，溫度量測位置必須仔細選擇，例如反應器之溫度點之選擇或蒸餾塔之最佳塔板溫度之決定。而典型的溫度量測使用熱電偶（TC）或電阻式溫度計，通常其全徑（span）甚大（0～400℃與0～800℃為常用之全徑）。這麼大的範圍，當類比訊號轉成數位訊號時，也容易將誤差訊號放大，因此，對於溫度控制需要較精密的程序而言，應儘量使用全徑較少的量測儀器。以下將介紹幾種常見的溫度控制：

熱傳控制（heat transfer control）

最簡單的熱交換器出流溫度控制如圖14.2所示，冷流出口溫度直接由改變蒸汽流量來調控之。這種控制方式，無法將溫度控制逼近到很小的偏差；根據前面的討論，程序增益與靜時將隨流量變化而不同，例如溫度下降時，將使蒸汽流量增加，因此靜時減少而給予較快的修正（假設在溫度變化很小的區間，程序增益亦不變），而溫度上升時，蒸汽流量減少，靜時增加造成緩慢的修正，這種變化的程序特性，很難使溫度控制效果得到很少的偏差。

另一個較佳的溫度控制是用一個三通閥，將部分製程流體旁路（bypass），如圖5.3所示，這樣的安排至少有下列優點：

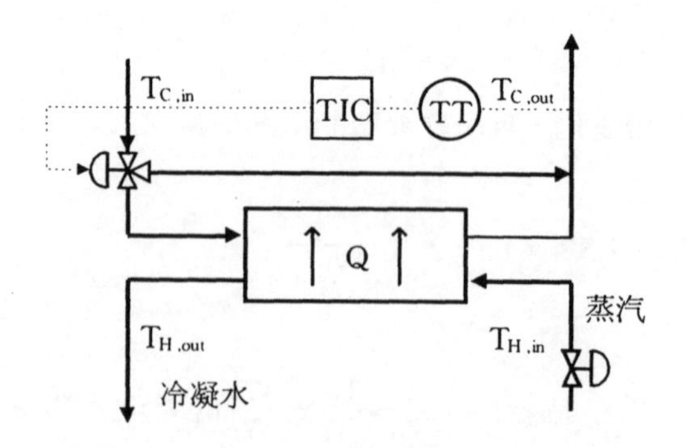

圖 5.3　將製程流體旁路，以加速響應

- **改善了動態響應**：有進行熱交換的冷熱流體，幾乎保持不變，可使這部分的程序增益與靜時幾乎保持不變，而溫控調整，靠未經熱交換的流體快速響應之，如此將使調諧更加容易，溫控效能可更趨理想。
- **可進行最適化**：此系統變成兩個 MV 與一個 CV 的架構，多餘的一個 MV 將可留做最適控制之用，例如給予一個能源成本最低化的目標函數，則根據此一目標函數，適當的調配製程旁路股與蒸汽股的流量可得一最低能源成本之操作。這種使用所有輸入變數來同時達到效能與最低成本的方法在程序控制上特將其命名爲**習慣性控制策略**[3]（habitutating control strategy）有一些學者及研究者，利用直接合成方法（direct synthesis approach）及模式預測方法（model predictive control approach）來求出較佳之 MV1，MV2被調方式，也可達到相同功效，有興趣的讀者可研讀參考資料〔3〕。

有些不適合旁路的流體，如待冷卻的氣體，若直接旁路，則熱氣體與冷液體直接接觸怕引起**水鎚現象**（water hammer），則溫度的控制以蒸汽壓力來代表作爲控制可得最佳效果，如**圖5.4**所示。此法利用壓力來調整浸泡水位（flooding level）以調整熱交換面積，達到溫度控制的目的；例如，當壓力變高時，表示未冷凝氣體增加，則壓力控制器

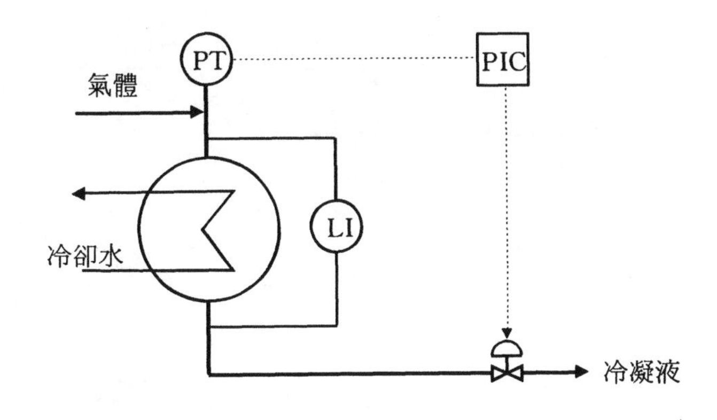

圖 5.4　調整冷凝液的出量，以改變熱交換器之換熱面積

PIC將排出更多的冷凝液，以減少浸泡水位，增加熱交換面積，來冷凝更多的氣體，使氣體壓力下降。選擇壓力的原因是，壓力量測的響應最快，可得到最好的控制效果，選擇溫度或流量控制其原理相同，但效果較遜。不論選擇何者控制，由於本質上均在調整液位，因此控制器的調諧應以積分程序視之。

最後一種頗為常用的熱交換器為空氣冷卻式熱交換器（air cooled heat exchanger），因為很容易受到空氣條件的改變（如下雨），其溫度控制的有效方法為調整風扇之變速馬達與多段可變式葉片角度為之。

反應速率控制（reaction control）

所有化學反應離開不了溫度控制，反應溫度決定反應速率及平衡條件，而產品品質的好壞直接在反應器中決定，因此溫度控制對所有反應控制而言是最基礎也是最重要的。

吸熱反應的溫度控制，靠外來熱量的加入，放熱反應的溫度控制則有賴於熱移除機構，其典型的控制方式[4]，示於**圖5.5**及**圖5.6**。

多進料、多控制目標的反應溫度控制並不簡單，根據反應特性所設計的溫度控制可能與圖5.5、圖5.6之控制方式有頗大的差異，並不足為奇。

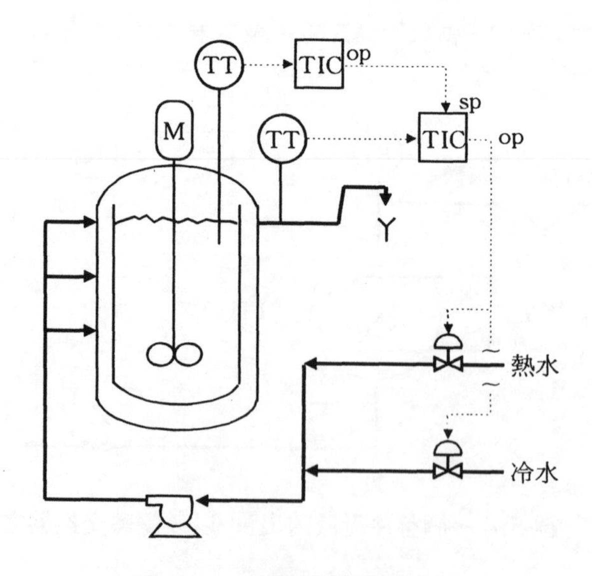

圖 5.5　吸熱反應溫度控制

5.1.4 容積控制

容積控制（inventory control）指的是對程序中某種物質的存量控制。對氣體而言，因為氣體將充滿在容器中，因此氣體的容積控制，即以壓力控制來代表；對液體而言，容積控制指的是液位控制。製程中需要容積控制，因為質量必須平衡，穩定操作的程序，必須維持質量的平衡，若出料少於入料的情況發生，則其壓力（對氣體而言）或液位（對液體而言）必定上升至警報值；另一個原因是反應**滯留時間**（residence time，RT）的決定，對於連續式製程的反應控制之一即為滯留時間的長短，亦將影響反應品質。以下將針對液體之液位控制論述之。

與流向同向或逆向的液位控制

通常程序中桶槽液位控制的安排有兩種選擇，一種為與流向相反

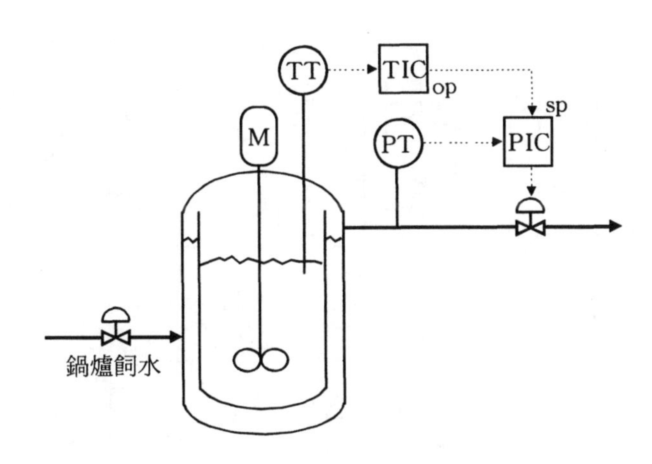

圖 5.6　放熱反應溫度控制

（即控制閥在進料股），如**圖5.7**(a)；一種爲與流向同向（即控制閥在出料股），如**圖5.7**(b)。兩種方法均可因提貨的多寡而自動升降煉量，其差異只在動態上的不同，對產品儲槽液位的保護將以(a)法較佳。

經常碰到的一個錯誤設計是，方法工程師隨心所欲的連結桶槽的液位控制，造成整個程序的容積控制失當，引起許多令人不明所以的反應結果。正確的作法是，先決定程序中桶槽之液位**控制串**將採取與流向反向或同向的控制策略，接著評估哪一個桶槽可以允許液位的變化而不致影響製程，然後將最後的干擾推向此一桶槽，最後亦有可能變成同時存在反向與同向之液位控制串。這樣做的目的是可以確實掌控有用的程序容積控制。值得一提的是，許多製程因必須將大量的溶劑迴流使用，將使原本應離開系統的干擾再度迴流，造成總容積控制的擺盪不定，須針對總容積與製程特性來選擇適當的控制股以使總容積控制得以穩定，是使反應能趨於穩定的重要因素。如**圖5.8**的程序中，若溶劑槽的液位不加控制，將使程序中的觸媒濃度忽高忽低，而影響反應結果，不可不愼。

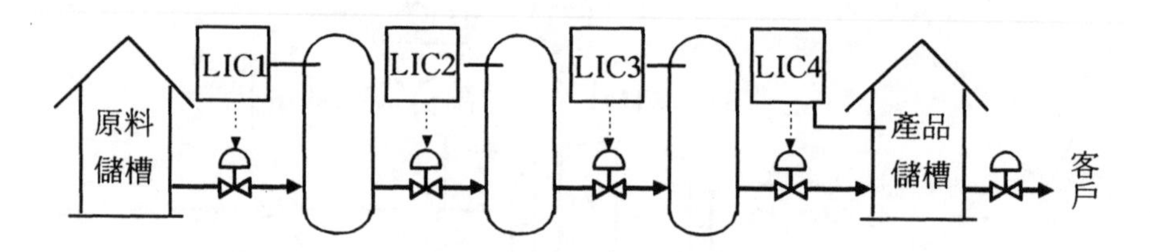

(a)與流向反向之液位控制串

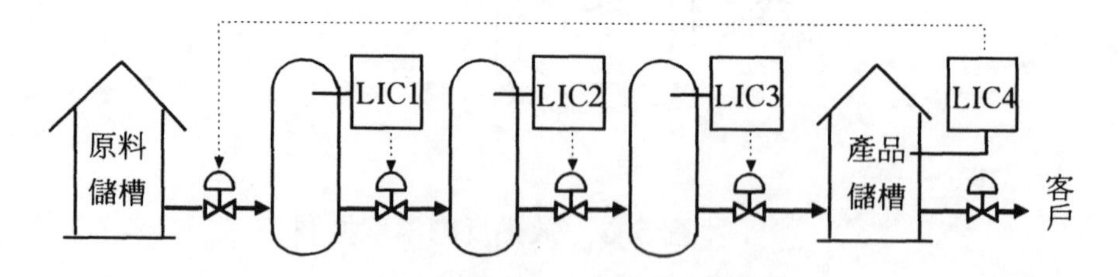

(b)與流向同向之液位控制串

圖 5.7　桶槽液位控制串的安排

鬆的液位控制與緊的液位控制

每個桶槽在程序中所扮演的角色不同，造成液位控制的鬆緊程度不一。緩衝槽（surge drum）的主要目的是在吸收外來的干擾，而提供穩定的出料，因此其液位控制必須為**鬆**的控制（loose level control）；反應器的液位控制直接影響反應滯留時間，或與物質組成有關的桶槽，其液位改變也將使槽中組成發生變化，這些桶槽的液位控制須採用**緊**的液位控制（tight level control）。為了使出料能平穩控制（配合程序設計），緊的液控制通常是與流向相反的控制方式，其響應如**圖5.9**所示。鬆的液位控制則可使用與流向同向或逆向的控制策略。

鬆緊液位控制的設計非常簡單，只須適當的調諧 PID 控制器之 K_c 值即可，通常鬆的液位控制只須給較少的 K_c 值即可，若有需要做高低液位保護的設計，第14.1節中所介紹之**間斷式增益** PID（PID Gap）或**線性增益變化** PID（non linear PID）❶也頗為合適。

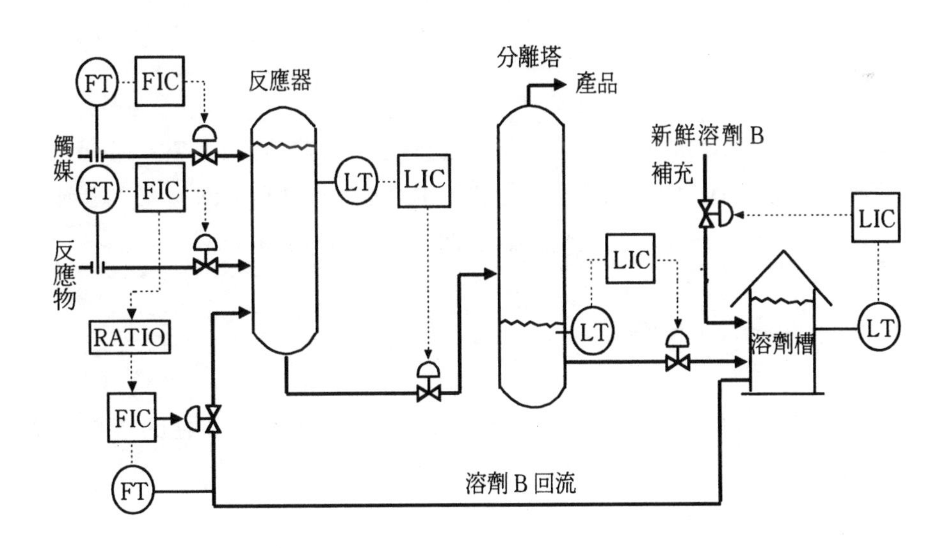

圖 5.8　含有大量迴流的製程容積控制之優劣將影響反應結果

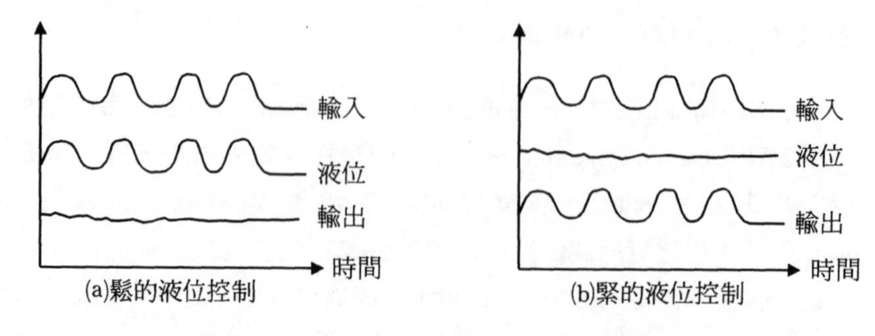

圖 5.9　鬆緊液位控制之輸入輸出變化

緊的液位控制，其調諧對某些程序而言並不簡單，作者特整理出下列幾種說法供讀者參考，至於何者較佳，讀者不妨從實作中去領會了。

- Seoborg[5]及 McMillan[6]：只要用 K_c 即可，不要用 T_i。
- Ludbyen[7]：給予 K_c 及一點點的 T_i，以避免偏差。
- Shinskey[3]：給予 K_c 及適當的 T_i，以消除偏差，如表4.3之建議。

滯留時間的決定

液位的高低表示反應滯留時間之長短，若滯留時間必須控制，可以考慮如圖5.10的控制策略，液位將因 RT 控制器之增減而增減，達到改變滯留時間的效果，而流量控制器則保持進出料之平衡。

5.1.5　pH 控制

pH 控制雖爲單迴路控制，但因其特殊之非線性，將在第八章中專章討論。

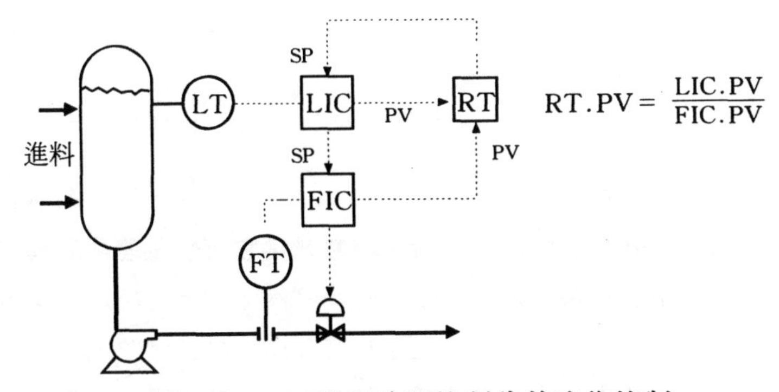

圖 5.10　以滯留時間控制代替液位控制

表5.1　單迴路四要件之靜時相對大小

（已蒙 ISA 授權同意，自原著轉印）

（相對大小，1＝最大　4＝最小）

應用	DCS	控制閥	程序	量測
液體流量	2	1	4	3
液體液位	2	1	4	3
氣體壓力	2	1	4	3
反應器 PH	4	2	3	1
中和用 PH	4	3	1	2
管線上之 PH	2	3	4	1
反應器溫度	4	3	1	2
管線上溫度	3	2	4	1
塔溫度	4	3	1	2

5.1.6　小結

單迴路控制是整個程序控制的基礎，必須對每一個單迴路特性有清楚的瞭解才能將程序控制的基礎紮穩。**McMillian**[6]整理出**表5.1**的單迴路四要件之靜時相對大小，極具參考價值。

5.2 多迴路控制系統

所謂多迴路控制系統（multi-loop control system）是指兩個以上的單迴路系統經**分解**、**組合**、**比較**、**運算**或**其它衍生之運用**所構成之控制系統。多迴路控制系統較單迴路系統稍顯複雜，但是仍爲一個重要的基礎設計工具（第十二章所提的是存在交互作用之多迴路系統，亦可參照之），惟有對此設計能透徹瞭解，才能在第十章中設計出五花八門的控制策略。這裏將討論幾種典型的多迴路設計方式。

5.2.1 分叉式控制

分叉式控制（split range control）之設計常見於一個被控變數須同時調節兩個以上之作動變數的程序。最簡單的例子，如**圖5.11**之容積控制（若爲液體則爲液位分叉控制，若爲氣體則爲壓力分叉控制），當容積高時，則先關 A 閥再開 B 閥。（或爲(b)之先開 A 閥再開 B 閥）。

分叉式控制很容易在 DCS 上設計出，且有很大的彈性，有些工程師常因此經常設計複雜的分叉式控制，並不值得鼓勵。因爲一般的操作員對於超過兩個作動變數的設計，常有難以適應的現象。

在分叉式控制中，作動變數間常爲相依關係，因此除非有其它特殊的考慮，否則同時作動被調變數（如圖5.11(c)）對被控變數而言，並無助益。

分叉式控制最大的缺點就是控制閥的調節精度變差，例如在圖5.11的控制閥中，控制閥精度只爲原來的一半。因此，對於需要高精度控制的程序而言，最好不要使用直接的分叉式控制。爲了保有原有控制閥的精度，且能同時達到分叉式控制的目的，可以考慮使用**設定點比例偏差**（set-point ratio-bias）控制方式來連接兩只相關的單一控制器達到分叉式控制的目的。設定點比例偏差控制方式在 DCS 中也相當容易規劃，簡言之，即第二個控制器的設定點隨第一個控制器的設定點以某一比例及偏差而變，其彼此關係如下：

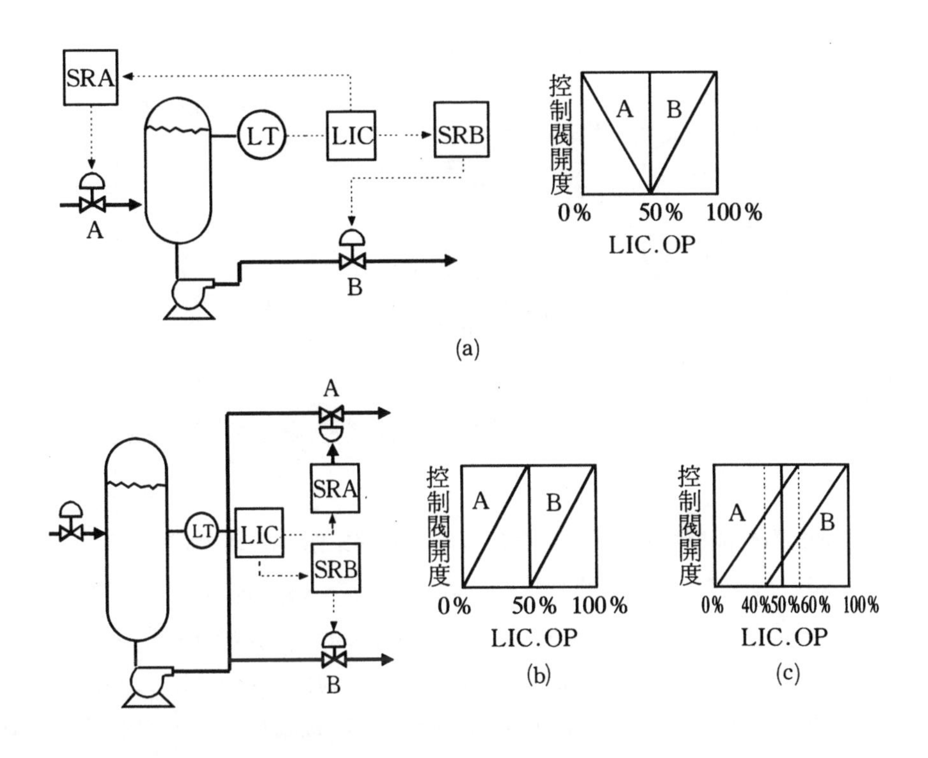

圖 5.11　容積分叉式控制

SPB = a × SPA + b　　　　　　　　　　　　　　　　　(5.5)

其中，SPB = B 控制器的設定點

　　SPA = A 控制器的設定點

　　a = 比例（ratio）

　　b = 偏差（bias）

因此圖5.11(a)的控制方式可以改成如**圖5.12**所示之方式，以 LICA 爲主的控制器將帶動 LICB 一起變化達到分叉控制的效果，且因一個控制閥只對應一個控制器將可保有其精度，惟 A、B 閥同時作動，不像圖5.11之設計只有一個閥在作動。因此是否適合該程序特性須仔細評估。

設定點比例偏差控制的另一優點是具有更高的控制器設計彈性，舉例而言，當兩個被調變數的動態響應快慢不一且經濟價值不等時，則對

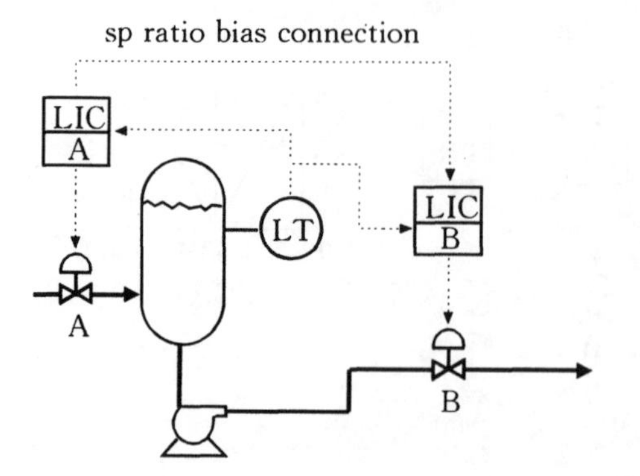

LICB.SP = a * LICA.SP + b
(a, b 由操作員設定之，此例可設成 a = 1, b = 0)

圖 5.12　以設定點比例偏差控制代替分叉式控制

同樣的被控變數而言，應以不同的控制器來調節此兩個特性不同的被調變數以達到最經濟的控制效果，此種控制方式較常見於能源的控制上。

通常以比例—積分控制器（PI controller）來調整動態響應較慢且成本較低的被調變數，而以比例—微分控制器（PD controller）來調整動態響應較快且成本較高的被調變數。而以圖5.12的程序而言，若 B 閥下游為一個較重要的程序，則為避免 B 閥變動太大影響到下游之穩定，則可以將 LICB 調慢，LICA 調快即可達到控制液位且穩定下游程序的目的。

5.2.2　選擇控制或限制控制

選擇控制（selective control）主要是比較數個訊號之大小，為了某種控制上的目的，選擇其中之一的信號作為輸出，以達到目的。選擇訊號是指選大或選小，看似簡單，但其運用極為多樣，常使人不易瞭解如此設計之原因。這裏，將實作中經常以選擇控制來完成程序控制設計的運用做一整理供讀者參考，當可得進一步的認識。

設備之保護

常常有許多設備因操作時之忽略而超過其設計能耐，輕者造成設備

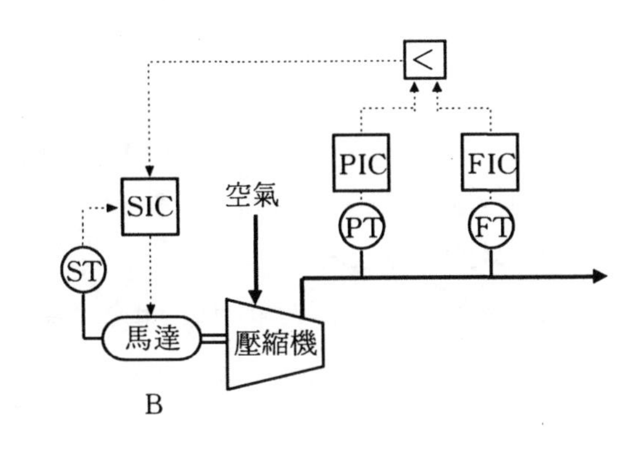

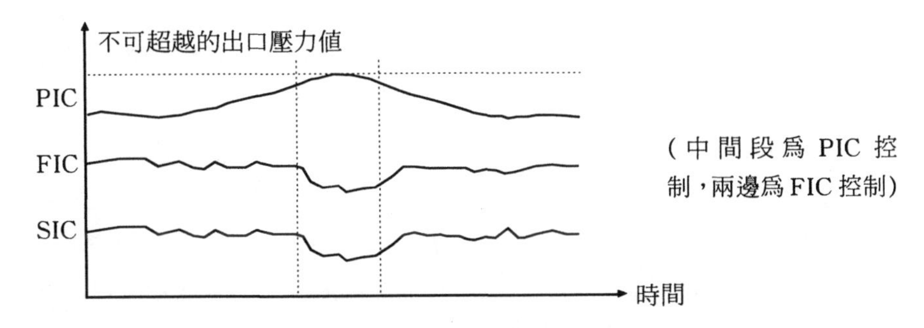

（中間段為 PIC 控制，兩邊為 FIC 控制）

圖 5.13　壓縮機之保護

之損壞，重者甚至釀成災害。為了避免此一情況發生，通常用兩道關卡防堵；第一道關卡是當設備負載條件逼近其能力**界限（constraint）**時，先脫離正常控制，暫時轉為設備保護之控制，此時之控制效果較正常情況之控制效果為差，但仍在自動控制範疇。當情況好轉時，又自動換回正常控制狀況；第二道關卡是，情況繼續惡化，甚至將造成危害時，控制已不再重要，更重要的是安全，因此用連鎖系統快速作用，將程序迅速帶往安全的地方。這裏所說的設備之保護的設計是指第一道關卡的設計。

最常見的設備保護即為一些轉動設備，在正常操作條件下其輸出量大小由流量控制來擔綱，但當程序狀況有異，致轉動設備之出口壓力升高或某些明顯表示異常的警訊出現時，則可切換到這些保護變數的控制上。**圖5.13**是一典型的空氣壓縮機之設備保護；在正常操作條件下，空氣出口壓力均低於保護設備之壓力控制器的設定值，故此 PIC 之 OP

爲全開(100%),而空氣流量控制器 FIC 之 OP 小於100,而被選小控制器選上來調節馬達轉速控制器 SIC;若當程序出現異常時,出口壓力漸增,甚至超越壓力控制器之設定值(即設計時所認定之逼近操作設備之能力負荷),這時 PIC 之 OP 將漸關,甚至低於 FIC 之 OP,而 SIC 將受 PIC 所串控,而減少其負載量,以保護此一設備(或其下游之製程),此期間流量控制之效能自然較差。

重要的泵最小流量保護也與此類似,示於**圖5.14**,惟選擇器可以省略。

操作之要求

操作上爲了某些目的或避免一些不當的操作,也常使用選擇性控制設計,以下將舉數例說明之。

圖5.15是一典型的蒸餾塔控制,當塔之差壓到達設定點時,表示此塔有**氾濫**(flooding)之虞,塔底之蒸汽控制將暫時改由塔差壓控制,以降低塔負荷。正常情況下,蒸汽輸入量由塔底成分控制器調節之。

選擇性控制設計最有名的例子莫過於燃燒控制之空氣與燃料之進料控制,爲了使燃料能夠完全燃燒,不管在什麼情況之下,空氣總是要比燃料多一點,以避免燃料在爐內累積,產生爆炸的危險。**圖5.16**是一個以燃料爲主軸的燃燒控制[8],正常情況下,總熱量需求所需的燃料量與實際燃料進入量相等,而空氣以所設定之空燃比(air-fuel ratio)保持在該燃料量下所需的空氣量。當總熱量需求增加(例如爲了產生更多

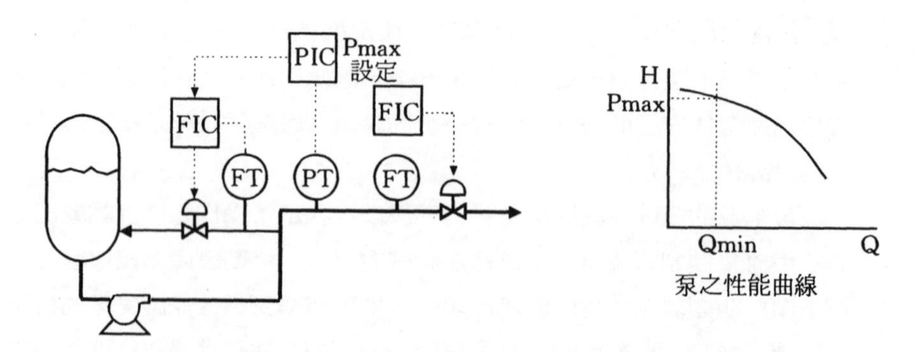

圖 5.14　重要泵之保護(以最小迴流量來做)

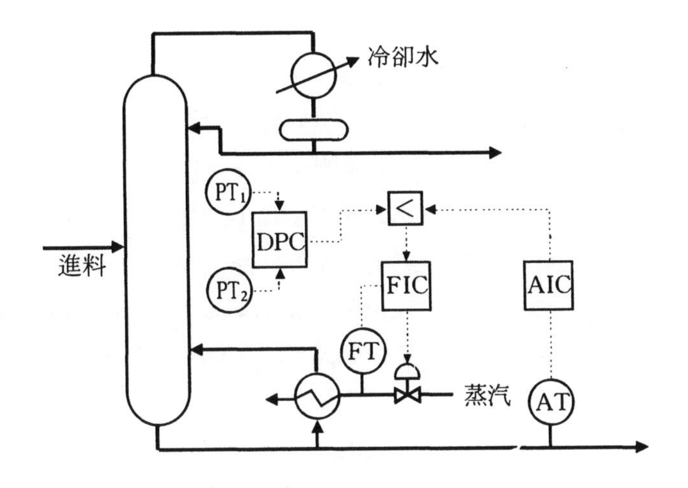

圖 5.15　避免塔氾濫之控制

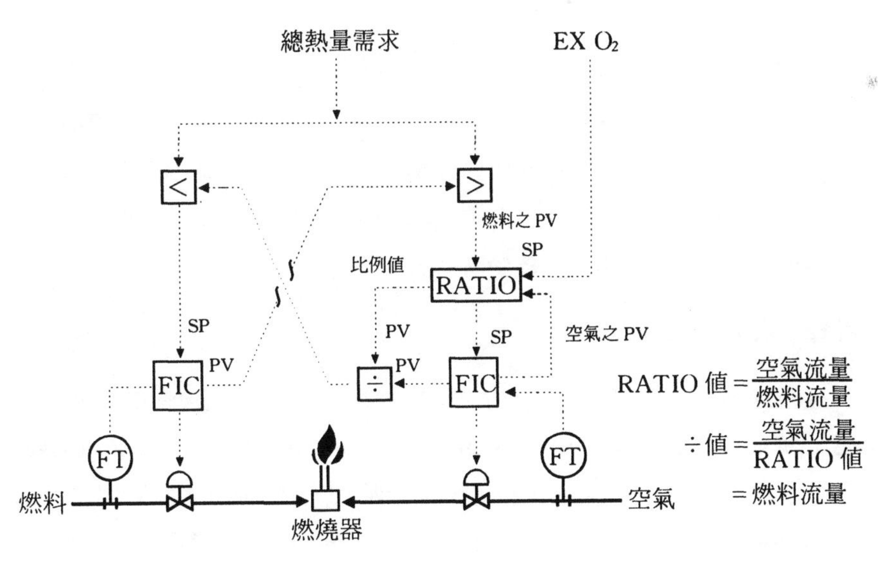

圖 5.16　完全燃燒之控制

的蒸汽）或燃料量因其它因素增加時，則「大」訊號選擇器將選擇有較大訊號之燃料值，而空燃比之 PV 值將會下降，爲了維持空燃比設定值，比例控制器將使空氣進料量增加，在此同時，「小」訊號選擇器因選擇總熱量需求訊號及空氣轉換成燃料訊號之較小者，因此在空氣未增加時，燃料量均未增加，等到空氣量漸漸增加時，燃料量才漸漸增加，最後空氣與燃料量到達另一個新的穩態值（空燃比仍保持不變）。此一設計，確保了在任何**動**的狀態下，空氣永遠比燃料多一點，以使燃料可以完全燃燒掉，圖5.16中的煙道氣過量氧氣控制（excess O_2 control）直接串控空燃比控制器。爲了達到高效率的燃燒，當燃料爲天然氣時，過量氧氣約控制在0.9%（或5%之過量空氣）；若燃料爲6號油時，過量氧氣約控制在1.1%（或6%之過量空氣）；而燃煤則須使用1.9%之過量氧氣（或10%之過量空氣），有些鍋爐廠家更提供較精確的燃燒效率計算式，可據此發展能源最適化之推理控制。

不論是爲了保護設備或達到某一操作之要求，選擇控制實際上是爲了避免超過某一界限，因此，此類設計又被泛稱爲限制控制（constraint control）。

多組儀錶信號之選擇

有些重要的操作單元，因爲品質上或安全之考量，同時裝有兩組以上之量測，而這些訊號之差異代表一種意義，根據此意義，我們得以設計其控制策略，最簡單者如**圖5.17**之選大器或**圖5.18**之選中間值之設計，都可以利用選擇性控制輕易達成。

用於去飽和之設計

所謂**飽和**是指控制器已到達其修正極限，而不能再繼續修正的意思。例如一般的控制器當其輸出達106.9%或－6.9%時，再往上或往下已無修正能力，此即爲其飽和值。所有的控制器均應有去飽和的設計，以避免控制器輸出在達其修正極限值時仍繼續增大或減少，而降低控制效能。現在的 DCS 輕易地以**圖5.19**的方式達到了去飽和的設計，舊式的儀錶控制因計算及邏輯比較能力甚低，對於去飽和的設計以切斷積分控制爲手段，較爲麻煩。

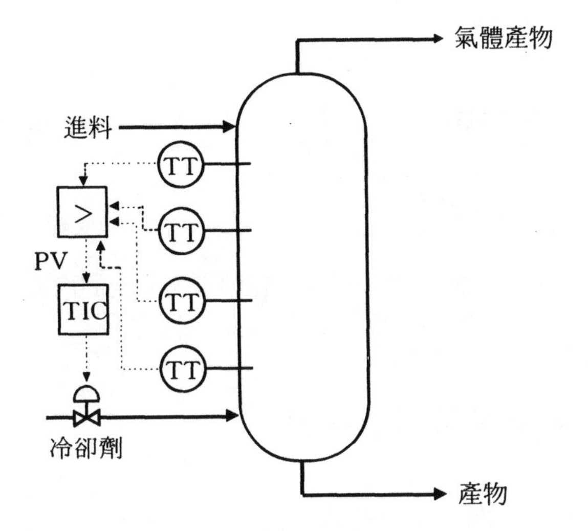

圖 5.17　選大器，著重在對尖峰溫度之控制

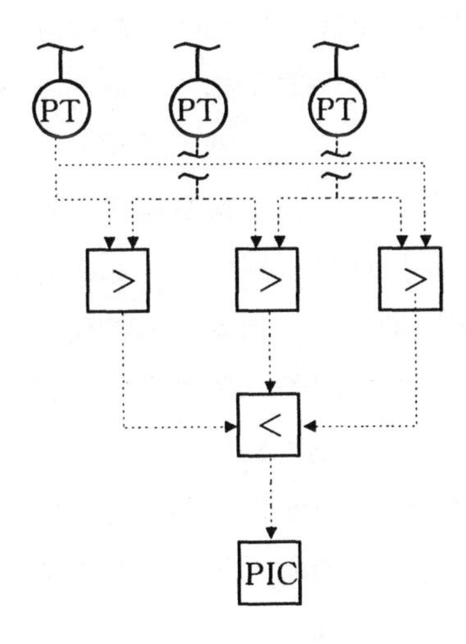

圖 5.18　選擇中間值之信號

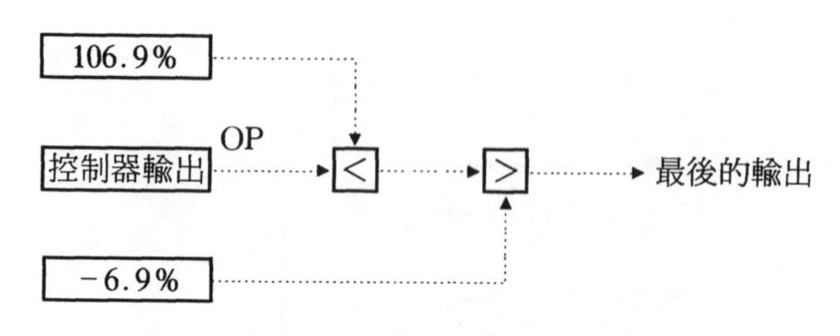

圖 5.19　DCS 控制器之去飽和設計

5.2.3　多個變數間之運算

利用變數間之關係加以計算來完成控制設計，也是極爲常見的方式。這其中以比例控制器（第七章中有仔細的說明）爲這一類型的代表，而推理控制（第十一章）也都是利用變數間存在的物理意義經由計算而獲得明確的控制目標而設計的。這裏將介紹不同於比例控制及推理控制（inferential control）之變數間透過計算之控制設計。

圖5.20爲蒸餾塔頂部壓力控制的一種設計方式（尚有其它多種壓力設計方式），正常情況下，蓄積槽（accumulator）的液位均甚高，故其 LIC 之輸出均爲100%，低訊號選擇器選到較少之 PIC 輸出去調整迴流閥，而加法計算器之計算結果恰爲零，因此氣體排放閥始終關閉。但當不可冷凝氣體累積在冷凝器太多或氣相負載突增太大時，壓力將會上升，因此迴流閥快速加大，此時蓄積槽液位迅速下降，LIC 之輸出逐漸變小，最後終於被低訊號選擇器選到，迴流閥改由液位控制器調節之。這時加法器之輸出等於（PIC.OP－LIC.OP），氣體排放閥將打開以排出爲保護蓄積槽液位而累積的壓力。此一加法器巧妙地延伸了壓力控制器的調節能力，這種變數間之運算方式所得的控制設計，常能收到奇效，尤值得控制工程師大力開發之。

另外一個變數運算的運用是使用同一個變數之計算。例如在鍋爐液位的控制中，我們知道當飼水補入時，液位初期有不升反降之逆向響應（inverse response），此爲造成液位控制不穩定的主要原因。利用**圖5**

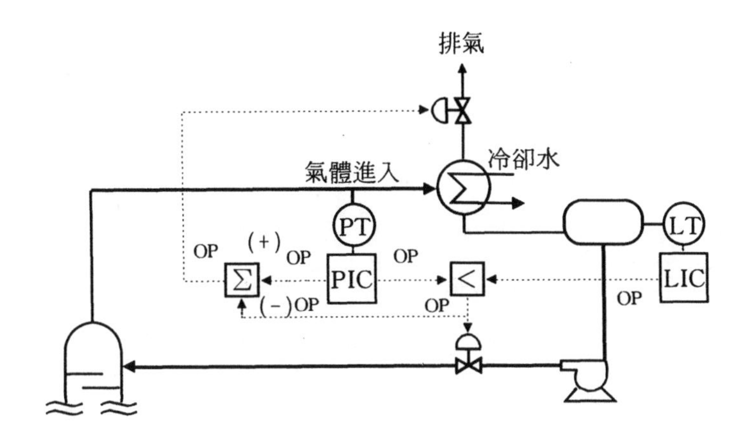

圖 5.20　蒸餾塔頂部排氣控制設計方式之一

.21(b)之液位量測動態補償處理方式，可以降低甚至消除液位逆向響應之干擾，當蒸汽需求量增加時，動態補償器（實為一加法器）將計算出較實測液位低的虛擬液位值丟給液位控制器（LIC）當做實測值，此時LIC之輸出，將因虛擬之低液位值而加大，鍋爐飼水隨即加大，若時間延遲（lag）參數抓得準，則多補入的飼水恰能彌補逆向應答所降低的液位量，使得液位控制可以走得更平穩。此一控制設計的成敗在於時間延遲參數之調諧，Shinskey 建議此一時間常數約在15秒左右[2]。

5.2.4　閥位控制

閥位控制（valve position control）是一個頗為常見的控制方式，它可以拿來用做簡單的限制控制，或是作為煉量最大化或最小化之控制方式，值得加以熟悉。

圖5.22是一個簡易的煉量最大化控制方式，反應物 A 與 B，以一固定比例進入反應器，現在為使煉量能夠儘可能的提高，一個初步的觀察即為選擇較靠近極限（通常為100%）的控制閥作為參考，並將閥位控制器的設定值定為95%左右，則煉量將一直提升到較大之閥開度在95%左右時之煉量，VPC 控制閥以 PID 控制時，應只用很小的動作調

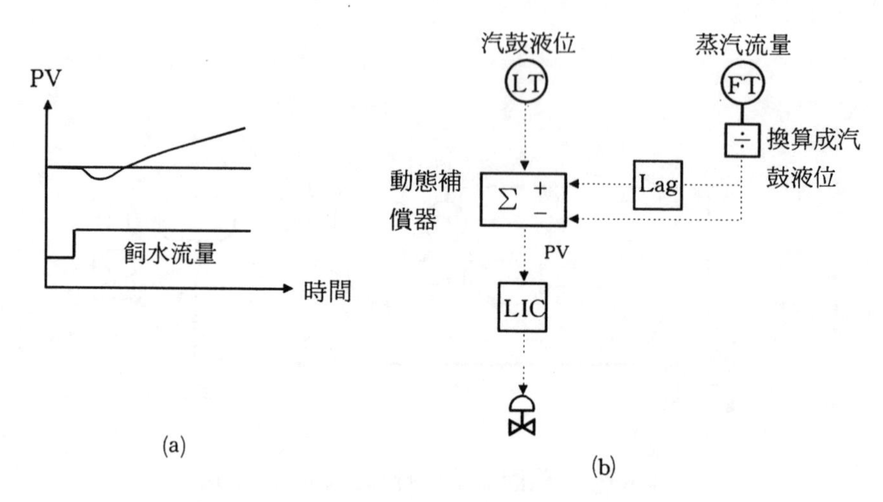

圖 5.21　鍋爐液位逆向應答之控制設計

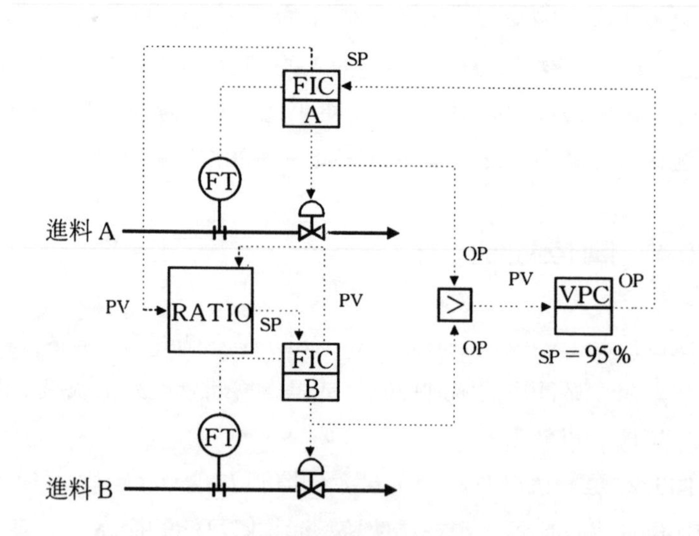

圖 5.22　善用閥位控制器來提升煉量到最大

整進料 A 的流量即可，以避免發生不穩定的現象。

5.3 結　語

這一章詳細介紹了程序控制工程師的工具箱「物品」，配合第十章的「說明書」再多加一些練習，就可以開始您的工作了。

這些基礎環路的維護設計是控制工程師每日必面對的課題，其特性動態與製程的關係都有必要弄得很清楚，才能勝任愉快。累積實際經驗最快的方法就是抱著懷疑的態度，努力掌握現場諸多的問題，動作筆記多查閱書籍再嘗試解決之，以驗證方法的正確性。這裏，談的只是一些入門的技巧，程序控制的經驗貴在自己的親身體驗，希望讀者均能從經驗中獲益。

註　釋

❶在許多 DCS 的此類控制器，均稱此爲 nonlinear PID，然其 K_c 的變化實爲可改變斜率的直線。爲免於混淆，此一英文字串當爲此類控制器的專有名詞，其眞正特性仍爲線性（linear）。

參考資料

〔1〕陳陵授、吳英秦，〈變頻技術和化學工廠的能源節約〉，《化工技術》，1997年4月。

〔2〕F. G. Shinskey, *Process Control Systems*, 3rd ed. McGraw-Hill.

〔3〕M. A. Henson, B. A. Ogunnaike and J. S. Schwaber, *Habituating Control Strategies for Process Control*, AICHE, Mar, 1995, pp.604、618.

〔4〕F. G. Shinskey, *Controlling Multivariable Processes*, ISA, 1981, Chap. 4.

〔5〕D. E.Seborg, T. F. Edgar & D. A. Mellichamp, *Process Dynamics and Control*, John Wiley & Sons, 1989.

〔6〕G. K. McMillan, *Tuning and Control Loop Performance*, ISA, 3rd ed. 1994.

〔7〕W. L. Luyben, *Process Modeling, Simulation and Control for Chemical Engineers*, McGraw-Hill, 2nd ed, 1990.
〔8〕T. C. Kurth, "How to Use Feedbock Loops to Meet Process Conditions", *Chemical Engineering*, Apr., 1984, pp.22、83.

第6章

控制環路之偵錯與改善

◈研習目標◈

當您讀完這章，您可以

A. 瞭解導致控制環路效能不彰的前因後果。

B. 瞭解從製程操作方式、操作特性及其動態屬性來偵察控制環路效能不彰的原因。

C. 瞭解從儀錶之雜訊及動態特性產生的一些控制環路效能不彰的現象。

D. 瞭解控制閥的黏滯現象、閥體阻塞現象及閥之破損所造成的控制環路效能不彰的現象。

E. 瞭解控制器調諧前的檢查項目及整體考慮的目標。

在結束第 I 部分之前，本章擬就基礎控制所可能碰到的問題做一整理，以使讀者能對基礎控制之實作具有更廣的認識。基礎控制是建立完整控制系統的根基，許多的基礎控制問題必須釐清，才能據此改善，並確保日後之高階控制系統實施得以成功。

要完整的列出控制環路所有可能的問題，牽涉到製程、儀器控制等諸多問題，相信沒有一個人，沒有一本書可以做到，本書亦不例外。然而正因為釐清這些問題所屬的重要，筆者依據過去執行程序控制專案的經驗加上一些其它作者的經驗，嘗試做一整理，以縮短讀者學習的時間，希望可以快速累積讀者的經驗，並進而對工作有所幫助。

以下將概就全迴路、製程、量測元件、控制器及控制閥等領域，分別予以探討，而干擾部分（load disturbance）由於也是製程的一部分，將併入製程部分不再細分出來。

6.1 從整個迴路的觀點

沒有一個工廠其控制環路從建廠完成後，即能從不須維修之正常工作。筆者曾問過某經驗豐富的控制室操作員，「請問貴廠在控制問題上是否曾有過什麼樣的問題？」這位熱心的操作員直爽的答道「在記憶中好像從沒有過什麼問題，操作一直都很穩定啊！」為了讓我相信，他立刻領我到控制盤面指出最重要的反應區的歷史趨勢紀錄表給我看。果然都是很長的直線或者是有小鋸齒波出現的直線。其實，該廠的控制效果尚可以有一倍以上的改善空間；這位認真的盤面人員的講法是對的，但實際的情況恐非如此（他被儀器所蒙蔽），該公司使用的是傳統式空氣控制盤，記錄針打出的記錄線的寬度至少為1%左右，小鋸齒波的出現估計上下振幅約為5%附近。這對某些重要的被控變數而言，可能是太大了。如果有 DCS 的話，放大趨勢線的結果，可能會讓這位操作員大吃一驚，原來他所以為很滿意的操作，結果是振盪如此激烈。這個小故事旨在說明，每一個廠都有其存在的程序控制問題，看不出來並不表示沒有，管理者必須思索這個問題，才能打好「程序控制牌」進而與競爭者一較長短，否則，恐將遭淘汰的命運。

研究控制問題，第一個碰到的問題就是迴路的變異程度（loop variability），簡言之，即被控變數之值偏離設定點的程度。產生偏離的過程通常是這樣的：

一開始

- 外界條件改變（如下雨，或日夜溫差……）。
- 改變生產煉量（如市場因素或設備問題……）。
- 進料組成變異（如不同地區的原油組成……）。
- 手動或開關式控制（如部分連鎖系統作動……）。
- 設備或儀器失常（部分設備故障調整操作方式……）。
- 量測訊號之雜訊（如接地不良……）。
- 原副料之改變（如換批操作、價格因素……）。

⋮

接著

- 產生相變化及 flush。
- 製程或設備操作受限。
- 控制閥有黏滯（stick）現象。
- 一個迴路接著一個迴路產生振盪現象（或**共舞**現象）❶。
- 有上下尊卑關係的迴路產生振盪現象（如串控、最適化……等迴路）。
- 某些連鎖系統作動。
- 存在交互作用的環路出現「打架」（fighting）現象。

⋮

下面的情況會使之更惡化

- 程序特性爲逆向響應（inverse response）時。
- 太強的製程敏感度（如方法設計不當，設備或儀器選用不當……等）。

・程序特性為非線性時。

・不當的調諧。

・不當的前饋補償。

・錯誤的補正操作。

・錯誤的控制策略設計。

・產生嚴重的靜時。

⋮

最後造成迴路的偏移，使得被控變數無法經常處在最佳的操作條件。這種情況久而久之，會造成下列不利的情形：

・降低設備性能及其壽命。

・設備經常需要維修。

・增加工廠停俥（shut down）次數。

・增加操作人員工作負擔。

・延長開車時間（start up）。

・無法操作在較佳的條件，無法達到較佳的設備使用率。

・品質控制不良。

・產量無法提升。

・較高的製造成本。

⋮

為了避免這些情況，好讓控制迴路無論在何種狀態，都能儘量處於穩定的狀態是很重要的。因此應從兩個方向來維持高效能的控制迴路：

・水平方向：訂定固定時間的控制迴路維修計劃（經常檢視）。

・垂直方向：掌握確切的問題，從控制迴路四要素的每個層面去改善，並伺機往高階層控制持續發展。

果能如此，則程控之根已紮穩，成效之滿意與否，只是時間的問題罷了。

6.2 從製程的觀點

如第三章所言，製程是程序控制的主角，越瞭解製程，也就越有機會控制好它。通常我們按下述順序予以區分：(1)批次（batch）或連續式（continuous）；(2)製程動態屬性；(3)製程操作特性。

6.2.1 批次或連續式

一般而言批次製程的控制較連續式製程困難，因爲批次製程經常碰到換批操作之爬升與下降之操作方式，在這些過渡時期(transient)，所有的變數均處在變動的狀態，而且它的變化範圍甚廣，出現非線性的機會甚高，當它爬到預訂條件時，又容易衝過頭（overshoot），因此總的說來，批次控制具有稍高的困難度，將在第九章介紹。而對連續式製程而言，首要掌握的是控制對象的基本特性，如：

- 物性：例如黏性較強的流體其靜時及時間常數均可能較長。
- 反應性：反應器通常是最重要的區域，控制系統的設計與反應性是否貼切，如系統爲放熱反應，則熱移除系統的穩定與否對反應溫度之控制穩定與否會有直接的關係……等。
- 動態特性：控制系統是否爲非線性、交互作用或逆向反應等。以純理論分析而言，在較大範圍的操作存在的非線性機率是相當高的，幾乎沒有一個控制系統是完全線性的，但是絕大多數連續式製程的操作範圍均在很窄的區域，我們可將其視之爲線性區域並可得到不錯的效果。但是，對某些製程而言，因爲具有頗高的非線性特性，這時使用一般之線性控制器，效果不大。最簡單的例子如**圖6.1**之液位控制，即爲非線性特性，如果液位必須施以緊密控制（tight control），可能必須以非線性控制器增益（nonlinear gain）應付之。另外一個常見的非線性例子，如第七章前饋控制的〈例7.1〉，當進料增加時，出口溫度上升，使得必須有更多的冷卻水進來，才能將出口溫度下降到控制目標，這種因某程

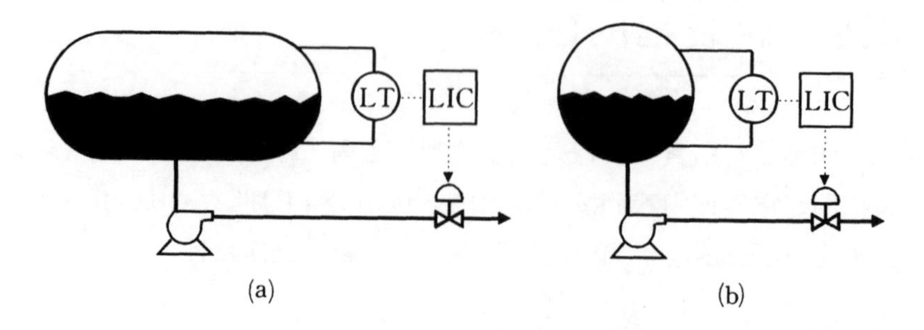

圖 6.1　非線性液位

序變數而產生的干擾行爲，用單純的控制器，當然是效果不彰，而最著名的非線性程序，則莫過於第八章提到的 pH，想想製程中的滴定曲線及所要控制 pH 的落點，大概可斷定出該 pH 控制的困難度。

這裏不厭其煩的提醒讀者，製程的非線性一直存在，端視此問題是否嚴重到必須予以「正視」的地步，因此工程師解析控制問題時，應時常檢查系統非線性的程度。

交互作用現象來自於製程本身特性（如蒸餾塔）、不良的程序設計或不當的控制策略設計，將在第十二章詳論。這種現象實亦可視之爲非線性之一種，必須以特殊的方法來處理。逆向響應特性的製程在3.4節中已有提及，輕者尙能以較佳韌性之線性控制器來處理，重者則須以高階控制方法來解決，工程師應考慮是否必須視該製程之重要程度，決定用什麼控制手段來應付之。

6.2.2　製程動態屬性

在第三章中已提及製程動態屬性有：

- ·自調程序。
- ·積分程序。
- ·失控程序或類積分程序（run-away process or pueudo-integrat-

ed process）。

相信讀者均能清楚區分之，這裏有些情況尚須交待，即：

- 動態屬性不同，所須給予之控制器參數設定也有很大的不同。例如通常積分程序的積分控制，只須給很少的積分動作即可（或甚至不給），而自調程序則須給予一定程度之積分動作，否則會產生偏差。
- 積分程序及類積分程序之控制器不能隨意將控制器置於手動而長久不予改變，否則被控變數將朝某一方向行進而不回頭。
- 接續式（series）製程中若存在有許多較小的時間常數與一個較久的時間常數時，則這些較小的時間常數將組合成製程之靜時。
- 靜時越長者，其 K_c 值應越小。
- 自調程序之時間常數給了控制器調節的時間機會，而使得控制得以達成目標，但若積分程序之下有串控自調程序者，該自調程序的時間常數越長反而將增加積分程序控制之困難，這情形類似第七章提到的串級控制中，慢速的次級控制響應會降低主控制器之控制效能[1]。
- 自調程序若其靜時短且時間常數長，則可將其視之爲積分程序，而若自調程序之靜態增益甚高，實可視之爲失控程序之一種，如 pH 之陡升般。
- 有些傳統氣動式控制器之比例帶無法調到小到足以控制積分程序的情況[1]。

6.2.3 製程操作特性

最後一項要檢查的製程項目是操作特性，有下列情況可以參考：

檢查有無「共舞」現象

圖6.2是最簡單之共舞現象，因爲上游之流量控制不穩，導致下游的液位控制不穩。這種一個接著一個干擾的現象有時嚴重到大半個工廠控制均呈現共舞情況，有些共舞的範圍雖然不廣，但卻不易判斷何者爲

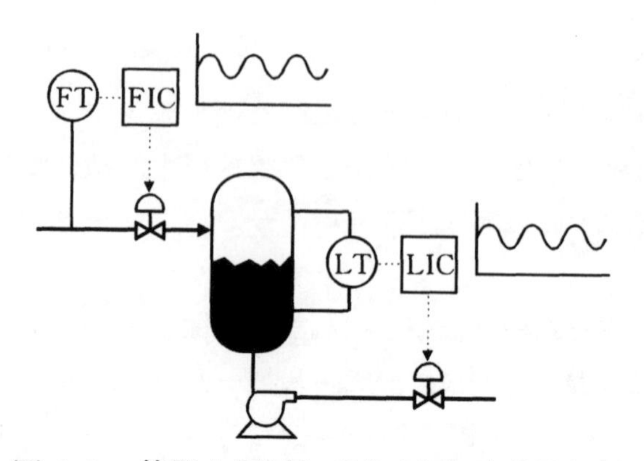

圖 6.2　簡單之「共舞」現象(液位隨流量起舞)

源頭，這類的問題，只有耐心的找出「舞動」源，才能順利解決問題。

進料品質是否可靠穩定

一般石化工業之原料均購自上游之煉油等，大部分之原料之品質均有一定規範，不至於變化太大而影響控制，但是更好的原料品質直接影響產品品質是毋庸置疑的，其取捨惟有靠自己拿捏。然而煉油業之原油常取自不同的油源，不同油源的組分差異頗大，對產品品質產生相當大的干擾，如何有效解決此一問題，各廠均有其各自的方法，非本書所能陳述，但只要控制策略設計得當，緩衝時間過長，亦可解決此一問題。

設備與製程問題

製程因素對控制效果之干擾，以這個項目較為難查，常須親赴現場探查實際設施及調閱相關文件以確實掌握設備之問題才能瞭解實況，方法設計經驗越多的控制工程師，對此項問題的掌握越能透澈。設備的問題繁多，無人能一一列舉之，在此僅列出一些較常見的檢查項目供讀者參考：

■觸媒老化

固定床式（fixed bed）的觸媒均有老化（aging）的現象，應該對每一床使用的年限有清楚的記錄，當控制效果變差時，可參考該資料以

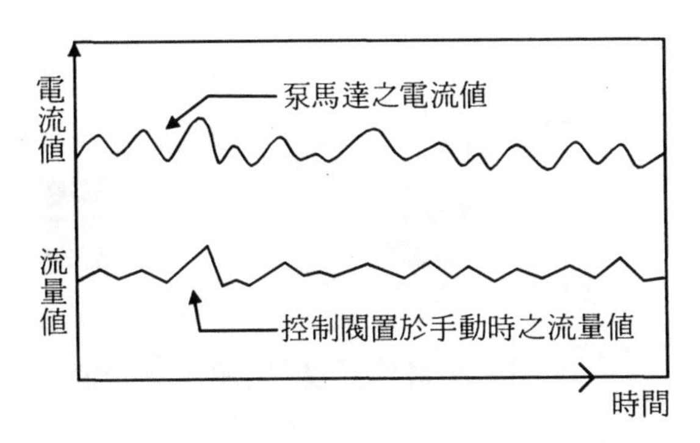

圖 6.3　負載至極限的泵其流量變化情形

核驗觸媒老化的問題是否嚴重；補充式加入的觸媒，因加入與排出的老觸媒會達一個平衡（除非製程內的觸媒不予控制）❷，其觸媒的活性可以保持一定的活性較無問題。

■熱交換器結垢（fouling）

依熱交換器之設計，冷熱流體特性，或多或少有結垢現象，熱交換器若結垢表示該製程增益已生變化，自然控制效果亦會變差，結垢是否嚴重，由操作經驗可判斷之。

■泵的問題

泵是工業中最常見的液體輸送設備，泵與控制閥的搭配是典型的流量控制，一般並無太大問題，但有些泵，由於去瓶頸（debottleneck）的關係，葉片（impeller）已換到最大，又操作在最大量，很容易出現快速抖動的現象（如**圖6.3**），通常其上下抖動幅度似乎不大，但對需要精密流量控制的操作單元仍算是一個頭痛的問題，由於負載過大且變動快速，控制閥很難克服之。

■管線的問題

不當的管線配置還是造成問題，尤其是分支管線設計不當，較為常見，如**圖6.4**可知(a)的分配效果優於(b)，對於希望平均流量分配控制的歧管而言，(a)的平均控制效果會比(b)容易達到。

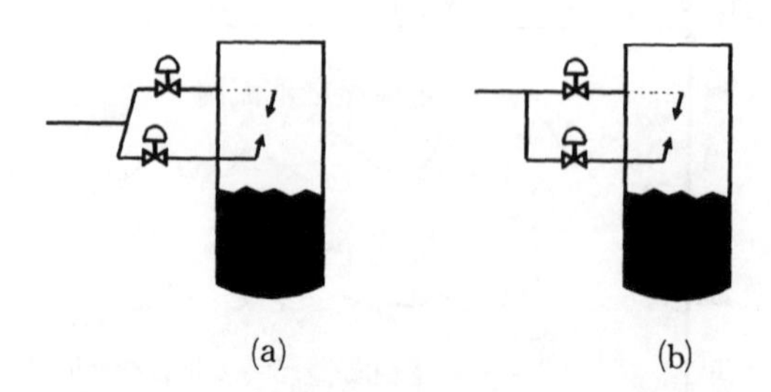

圖 6.4　歧管配置之比較：(a)優於(b)

■其它

還有許多不勝枚舉的例子，實已非屬單純控制問題的範疇了。這裏只是再次提醒讀者，製程乃為程序控制之母，對製程設備、操作及方法設計，瞭解越多，越能做好程序控制。而從程序控制的觀點而言，我們也常常發現不當的方法設計，甚至錯誤的操作，可提出作為製程改善的依據。

6.3　從量測元件的觀點

量測元件之選用、精度、再現性與可靠度等基本要求已在2.1節陳述過，這節要談的是如何判斷常見的一些量測元件的錯誤所引起的控制問題。

6.3.1　雜訊與過濾

典型的訊號傳送方式如圖6.5，當量測元件偵測到訊號後，即透過傳送器到現場的儀器接線盒（junction box），一區一區的接線盒再匯集到集線管(conduit)，再至控制室之錯線箱(marshalling rack)，在此錯線後接入 DCS 之控制器箱（controller box），信號經過許多轉接而到人機介面上，在這個傳送過程中，難免產生雜訊。雜訊指的是產生在基礎訊號上的無用訊號，典型的雜訊如圖6.6。

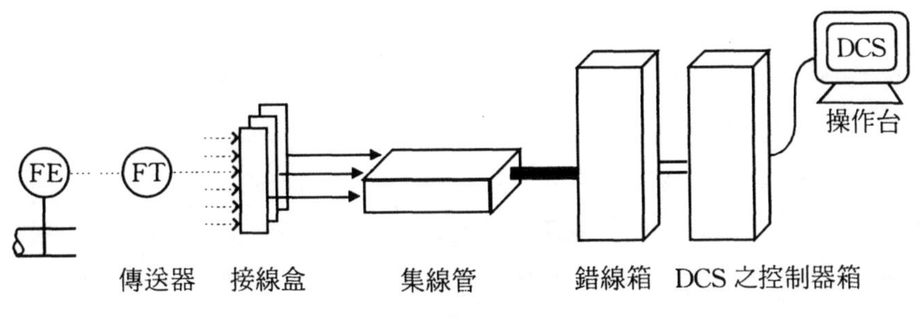

圖 6.5　訊號傳送方式

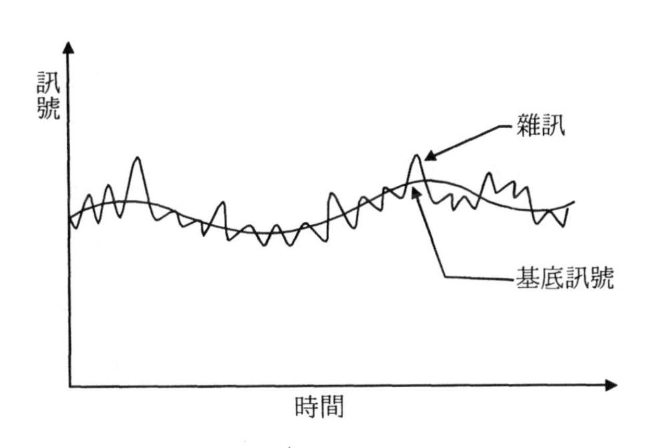

圖 6.6　典型的雜訊[1]

雜訊的成因頗爲複雜，但通常可概分爲**製程**雜訊與**量測**雜訊。

■**製程雜訊**

- 流體流動產生之微小壓力變動。
- 製程壓力之變動，使得以壓力差偵測的量測元件誤判（如流孔板、差壓式液位計……）。
- 骯髒流體結垢於設備表面，使量測元件讀值失真。
- 不同成分混合的流體其電導度或密度的變化，使量測體積流率的儀器無法判別，當其換算爲質量流率時，產生誤報。

■量測雜訊

·供應之儀器空氣壓力不穩。

·儀器傳送線上之電場、磁場之干擾。

·接地不良。

雜訊使得最後爲控制器所「見」的值失眞，而做出錯誤的修正，影響控制效果，故必須給予**過濾**之，讓眞正的測量值現身。但是到底應該如何過濾得恰到好處，則並不是一件簡單的事情。常常看見一些儀器人員處理雜訊的方式是給予相當大的過濾時間常數（filter time constant），讓曲線看來極爲平緩，這是極爲危險的事情，因爲現場實際的訊號可能震盪到驚人的地步，甚至可能使製程跳脫，如**圖6.7**所示。大部分時候，想利用加大過濾時間常數使控制迴路的 PV 值趨於平緩的技倆往往不能得逞。因爲控制器誤判更嚴重，其輸出錯誤的修正更大，使得實際測量值變化更劇烈，即使加大過濾時間常數後，曲線之震盪幅度如前，然而實際的變化比先前來得激烈的多，不可不愼。

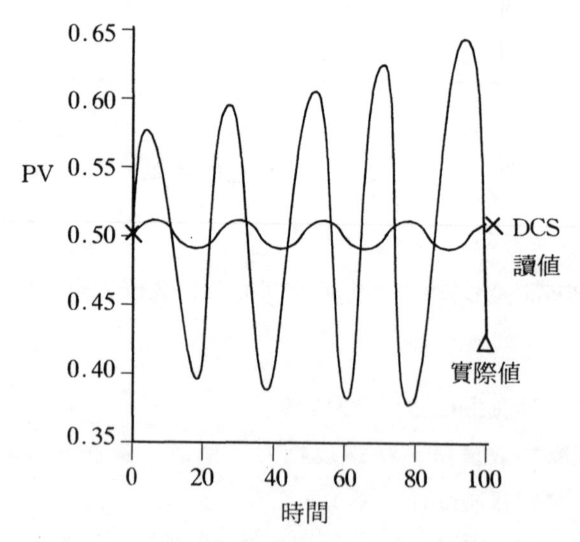

（註：太大的過濾時間常數造成實際值之失眞）

圖 6.7　實際製程值震盪幅度遠高於 DCS 所見值[1]

到底雜訊應該濾到何種程度，應依製程特性、儀器特性仔細判斷，一般而言應先判斷是製程雜訊或量測雜訊，若是製程雜訊應儘可能從製程上去消除此雜訊。若爲量測雜訊則仍以保守爲佳，即儘量不給予太強的過濾以免量測失眞。總的來說，過濾時間常數亦爲控制環路成員之一，其值不可給太大到影響整個控制效果。過濾形式頗多，較常用的爲一階 exponential filter 及平均過濾（average filter）法，而不同的 DCS 廠家，其過濾器可能不同，以 Honeywell TDC3000 DCS 爲例，**表6.1**所列過濾時間常數可作爲過濾量測雜訊的參考。

6.3.2 量測元件之靜時及時間常數

由圖3.17知控制迴路上的量測部分之靜時及時間常數（measurement time constant）亦爲構成整個迴路之靜時及時間常數的一部分，然而在第三章曾提及較長的時間常數對控制有利，那是對製程而言（我們要控制的標的），而量測元件（控制手段之一）有較長的時間常數對控制效果是有害的，因爲它無法即時反應現況（喪失控制時機），由**圖6.8**可知量測元件之時間常數太長時，使量測值失眞。所以對所選用的量測元件其靜時及時間常數應有所瞭解，才不致混亂了焦點。

表6.2、**表6.3**、**表6.4**、**表6.5**[1] 所列爲較常碰到的量測靜時及量測時間常數供讀者參考：

表6.1　不同訊號之過濾時間常數

訊號種類	過濾時間常數，分鐘
壓力	<0.1
流量	<0.1
液位	<0.1
溫度	通常爲0
其它分析儀值	通常爲0

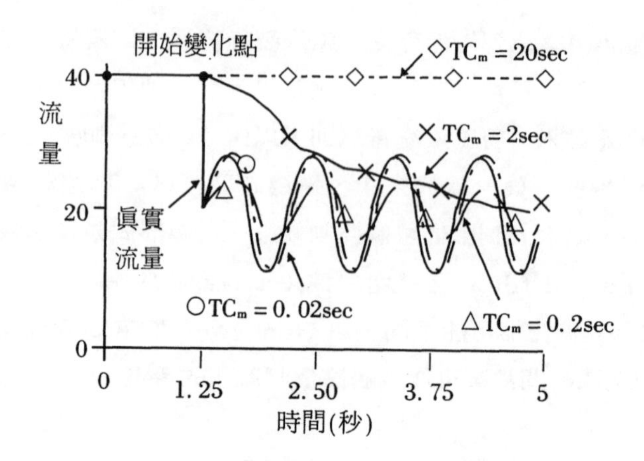

圖 6.8 不同的量測時間常數其讀值比較[1]

表6.2 Thermowell and Thermocouple Assembly Time Constants [1]

（已蒙 ISA 授權同意，自原著轉印）

Fluid Type*	Fluid Velocity, fps	Annular Clearance, inch	Annular Fill	Time Constants, seconds
Gas	5	0.04	Air	107 and 49
Gas	50	0.04	Air	92 and 14
Gas	152	0.04	Air	92 and 8
Gas	300	0.04	Air	92 and 5
Gas	152	0.04	Oil	22 and 7
Gas	152	0.04	Mercury	17 and 8
Gas	152	0.02	Air	52 and 9
Gas	152	0.005	Air	17 and 8
Liquid	0.01	0.01	Air	62 and 17
Liquid	0.1	0.01	Air	32 and 10
Liquid	1	0.01	Air	26 and 4
Liquid	10	0.01	Air	25 and 2
Liquid	10	0.01	Oil	7 and 2
Liquid	10	0.01	Mercury	2 and 0.2
Liquid	10	0.055	Air	228 and 1
Liquid	10	0.005	Air	4 and 1

* The gas is saturated steam and the liquid is organic.

表6.3 Bare Temperature Element Time Constants [1]

（已蒙 ISA 授權同意，自原著轉印）

Bare Element Type	Time Constant. seconds
Thermocouples：	
$\frac{1}{8}$ inch sheathed and grounded	0.3
$\frac{1}{4}$ inch sheathed and insulated	4.5
$\frac{1}{4}$ inch sheathed and grounded	1.7
$\frac{1}{4}$ inch sheathed and exposed loop	0.1
Resistance temperature detectors（RTD）：	
$\frac{1}{16}$ inch	0.8
$\frac{1}{8}$ inch	1.2
$\frac{1}{4}$ inch	5.5
$\frac{1}{4}$ inch dual element	8.0
Mercury-filled bulb：	
$\frac{1}{4}$ inch	1.6
$\frac{3}{8}$ inch	2.5
$\frac{3}{4}$ inch	6.5

表6.4 Miscellaneous Electronic Transmitter Time Constants [1]

（已蒙 ISA 授權同意，自原著轉印）

Transmitter Type	Manufacturer and Model	Time Constant, seconds
Differential pressure	Rosemount 1151DP	0.2－1.7*
Gage pressure	Rosemount 1151GP	0.2－1.7*
Absolute pressure	Rosemount 1151AP	0.2－1.7*
Flange-mounted level	Rosemount 1151LL	0.2－1.7*
Differential pressure	Foxboro 823DP	0.2－1.6+
Gage pressure	Foxboro 823GM	0.2－1.6+
Absolute pressure	Foxboro 823AM	0.2－1.6+
Flange-mounted level	Foxboro E17	0.3
Diaphragm seal d/p	Foxboro E13DMP	1.6(M capsul)
Diaphragm seal d/p	Foxboro E13DMP	0.5(H capsul)
Turbine flowmeter	Foxboro 81A	0.03 maximum
Transmitting rotameter	Wallace & Tierman	0.2
Speed (magnetic pickup)	Dynalco SS	0.04(～2,000 Hz)
Speed (magnetic pickup)	Dynalco SS	0.2(～400 Hz)
Speed (magnetic pickup)	Dynalco SS	0.8(～80 Hz)
Speed (magnetic pickup)	Dynalco SS	3.5(～15Hz)
Vortex flowmeter	Fischer & Porter 10LV2	2.5
Nuclear density gage	Texas Nuclear SGH	15－300*
Nuclear density gage	Kay-Ray	2.2－26*
Nuclear level gage	Kay-Ray	0.4－13*

* Time constant is adjustable.

+Time constant is selected by three-position jumper.

表6.5 Pneumatic Tubing Dead Times and Time Constants [1]

（已蒙 ISA 授權同意，自原著轉印）

Tubing ID, inch	Tubing Length, feet	Dead Time, seconds	Time Constant, seconds
0.188	50	0.06	0.24
0.188	100	0.12	0.48
0.188	200	0.36	1.44
0.188	300	0.58	2.32
0.188	400	0.84	4.20
0.188	500	1.20	4.80
0.188	1000	3.80	15.20
0.188	2000	12.0	48.00
0.305	50	0.04	0.14
0.305	100	0.06	0.26
0.305	200	0.16	0.64
0.305	300	0.28	1.12
0.305	400	0.44	1.76
0.305	500	0.64	2.56
0.305	1000	2.00	8.00
0.305	2000	6.00	24.0

6.3.3 常見的一些量測元件部分之錯誤

除了上述的問題外，偶爾也會發生如下的錯誤：

■安裝不當

圖6.9所示爲一個圓形棒流量器（annular bar flow meter）因安裝不當造成的現象，即使將控制器置於手動後，改變控制閥的開度達10%，流量值仍上下劇烈振盪，檢查製程流量不可能如此晃動到這種程度。經小心檢查結果，原來是 annular bar 流量計安裝相反，經按標準步驟安裝後，即恢復正常。這是一個較嚴重的例子，尙容易發現，經常碰到的問題是流量計之前的逕流長度（meter run）不夠，造成不穩定的流量，應予注意。

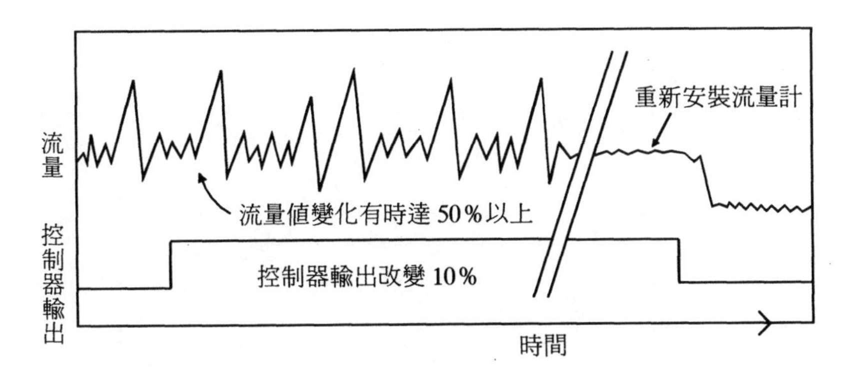

圖 6.9　流量計安裝不當造成的現象(控制器置於手動)

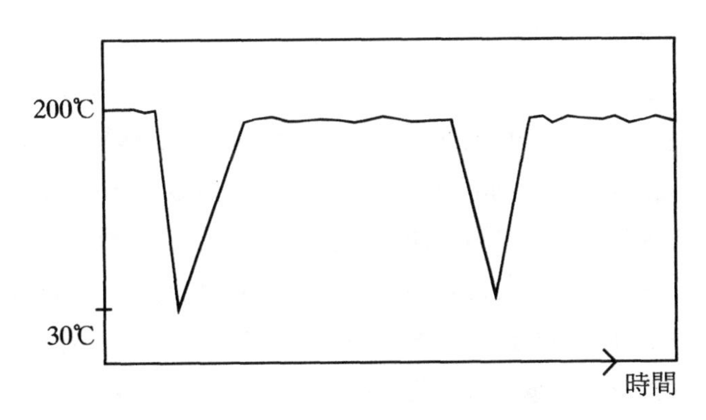

圖 6.10　溫度計因外在環境之影響而劇烈改變

■**外在環境的影響**

圖6.10是筆者曾經碰到的一個熱電偶溫度計的讀值，其工作溫度約在200℃，突然間沒頭沒腦的掉到30℃左右，一段時間又恢復到200℃（此期間檢查製程應仍爲200℃）。過了幾個禮拜，同樣的情況又重來一次。此後同樣的情況，重複發生好多次，然而實在查不出原因，只好將之換新後，即不再發生上述情形。爲了避免此一現象再次發生造成控制器誤判而釀成問題乃展開訪查，原來是操作員清洗該區時，清水滲入熱電偶與 thermo well 間之空隙使得溫度驟降。這種情形可說是極爲少見，然亦說明了外在環境亦可能影響量測儀器的情形。

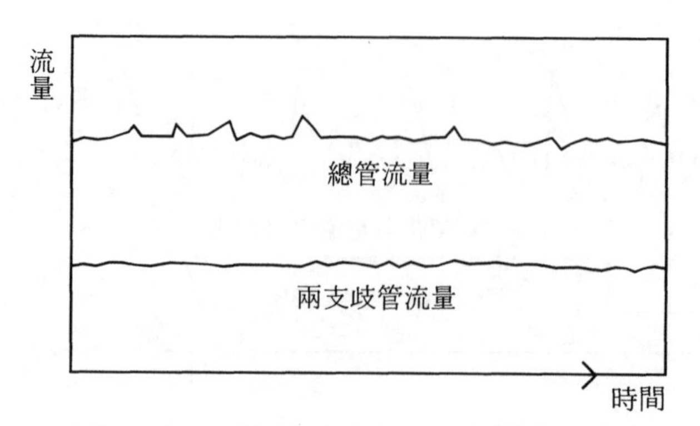

圖 6.11　量測雜訊之一例（由製程判斷之）

■**接地或電磁場的影響**

也常影響量測儀器之讀值，這類怪異的訊號通常由製程關係判斷，可間接斷定可能為此種影響。例如，如圖6.4(a)，總管分出兩個支管的情形，其響應情形在圖6.11；兩個支管的走勢極為平穩，而總管的流量約為兩支管的和，但偶爾出現較大幅度的雜訊，研判總管流量計受干擾的成分居多，經調查量測雜訊從何而來，發現總管流量變化較大的時間與附近一個加藥泵啓動時間頗為一致，結果判定此電磁流量計之訊號因接地不良受此泵影響所致。量測所造成的可能誤差為工程師必先認知的項目，若量測誤差遠大於控制誤差，則花錢去做高階控制，可說極為不智了。

6.4　從最終元件的觀點

6.4.1　一般控制閥所引起的控制問題

控制閥所引起的問題約可分成下列幾項，由於控制迴路中其它要素的影響，要判斷控制閥是否造成控制上的問題，的確需要一些經驗才

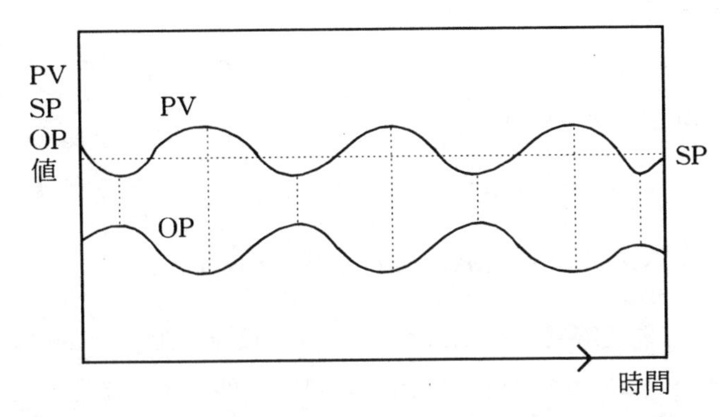

圖 6.12　由控制器觀察控制閥之黏滯(控制器置於 Auto)

容易判斷到底控制閥出了什麼問題，雖然有學者嘗試用許多方法來診斷控制閥的諸多問題，惟至目前爲止仍未達大量商業化的階段，這裏筆者提供一些如何判斷控制閥是否異常的經驗。

黏滯現象或遲滯現象

黏滯現象（ valve stiction ）從 DCS 之趨示線所看到的控制器之 OP 變化時，PV 沒有什麼大變化，等到 OP 之修正大到一個程度時，PV 突然產生大變化，此種現象叫做黏滯現象，因爲控制器之 OP 沒有變化到一個程度，控制閥均「 黏著 」不動，一旦 OP 到達一定程度後（ 此一 OP%之差距叫做死譜帶 ），控制閥迅即開啓，而此 OP 已遭過度修正，因此 PV 也跟著過度變化，如此周而復始，永無穩定之時，如圖6.12所示。

黏滯現象可概略分成三部分：

- 死譜帶太長：其原因可能爲填充物（ packing ）太緊，驅動器太小，閥桿腐蝕及無定位器等。死譜帶大小很容易由現場實測而知，此一問題最好應在開俥時，即已對各閥測試，以免造成控制上的問題。

·輕滑黏滯（slip stick）：大部分均爲閥腐蝕，閥桿移動不暢引起不易精調而存有小誤差的現象。

·閥座黏滯（seat stick）：對於需要關閉時緊密的閥，特別容易引起閥座黏滯現象。

當碰到閥有黏滯現象時，可建議儀器人員從此三方向著手維修。

閥體部分阻塞現象（valve partially plugged）

這種現象通常發生於漿液或較髒的流體控制上，從 DCS 上的趨示線不難看出。最明顯的現象是在同樣製程條件上，控制器的 OP 越開越大，因爲閥的開度越變越小，如**圖6.13**所示。此現象輕者，造成控制器不穩定現象，常須予以重新調諧（retune），但重新調諧亦非長治之道，因爲當堵塞有時疏通時，又須調諧回原先狀態，堵塞的過程是一種緩慢的變量，即使用適應性控制器（adaptive controller）也很難控制，而重者，則根本連操作都不可能。解決這類的問題，應從製程及控制閥下手，不應單從控制器下手。最好能在製程上加裝去堵塞的設備，或操作上研究是否可能予以避免；而控制閥的選取，則必須選用最適合該流體特性的控制閥，必要時得要求控制閥廠家製造適應此一情況的控制閥，以降低或避免閥體阻塞現象。

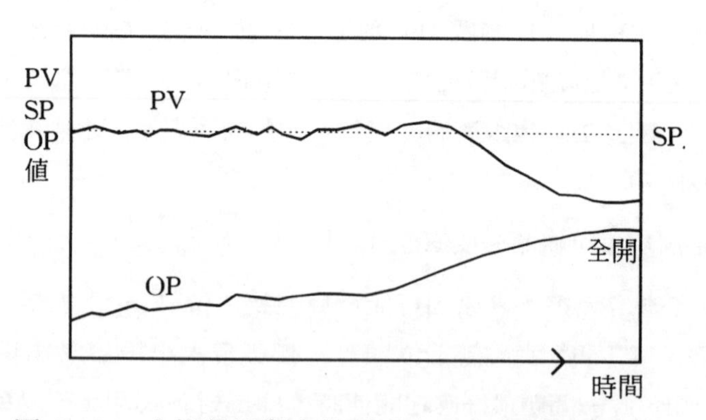

圖 6.13　由控制器觀察控制閥之阻塞(控制器置於 Auto)

閥之破損（worn valve）

控制閥之材質選擇不當或年久失修造成閥體或閥座之磨損，這種情形猶如閥體部分阻塞現象之相反，惟其過程更緩和，一般並不會瞬間造成控制上的大問題，惟每經一段時間即須予以重新調諧，最好能排定停俥時間予以換修即可。判斷是否有閥之破損，通常從製程及控制器長期趨勢可看出端倪，即比較同樣煉量下，控制器輸出長期而言呈緩慢下降者，可能是此情形，若能將此控制器改為手動，用 OP = 0去檢查流量是否為零去判斷，更可確定。

6.5 從控制器的觀點

作者刻意將控制器留到本章最後的原因為，控制器離我們最近，也是最能被掌握的要素，經由技巧地改變控制器的各種設定，可以觀察到前述許多的現象，在確定這些現象後，再嘗試做控制器的調諧，才能逐步解決問題。

對控制器而言，其功能主要還是透過適當的參數調諧，使得程序應答獲致穩定的控制。參數調諧基本的原理與方法已在第四章言明，不再重述，這裏要談的是控制器參數調諧的基本動作及參數調諧的整體目標。

6.5.1 控制器參數調諧的基本動作

有經驗的控制工程師，絕不貿然上手調諧，他會先朝程序、最終控制元件及量測等作一觀察，確定這些均沒有問題（或問題可經由參數調諧克服）後，才開始調諧。這樣做的目的，是要對該環路的環境做一概略瞭解後，才知道往何處走？怎麼走？否則迷惘於參數調諧中卻仍無法解決問題，則一點也不令人意外了。

調諧是一件嚴肅而不簡單的工作，常見工廠主管人員要求操作員作調諧的工作，作者認為並不十分恰當，因為操作員雖然能體會程序動態特性，但是整體的環路效能究竟應該爲何才恰當，並非操作員的職責及能力所能辦到的。這是一項極專業的工作，對於重要操作單元，應由控制工程師作適當的評估及調諧，才能使程序與控制相得益彰，達到最好的效果。但是操作員或現場工程師具有初步的調諧基礎，將可以對重要環路作第一級保修或對次要環路給予粗調，對操作的順暢也是有幫助的。

6.5.2 參數調諧的整體目標

參數調諧須同時考慮到下列三項基本目標，才能達到整體滿意的結果。

被控變數的效能

這個目標是調諧的基本要求，已在4.4節中言明，通常目標函數爲IAE、ISE或ITAE等之最小化，穩態的零偏差是最後必須觀察到的現象（實際量測值與設定值間存在著微小的偏差，比如說小於1%，可視爲零偏差）。

控制器的韌性

因爲實際設備的結構、控制閥的黏滯特性，或量測儀器特性，甚至外界的因素，使得準確的開環模式無從獲得，這時如果一味地要求被控變數的效能，則當模式產生大變化時，將使應答出現不穩定甚至發散的現象。因此，工程師必須研判，模式存在的誤差大概有多大，則調諧參數的設定可保守一點，犧牲一點效能，卻可免除模式偏差所引起的問題，也就是說留下一些韌性以應付突發狀況。

作動變數的行爲

程序是緊密相連的，當CV值因調得更緊的PID設定而產生更大的效能是否也相對付出了些什麼？答案是變化更劇烈的控制閥，結果使得其下游的程序發生更大的干擾；整體而言仍是得不償失。這也是作者一直不喜歡用微分控制器的原因。另外一個常見的有趣調諧結果爲，將緩衝罐的液位調得很緊，使得緩衝的功能盡失，所有外界的干擾，無法經由桶槽吸收，而完全地往下傳播下去，幾乎喪失了原來方法設計所期待的功能。

當操作單元的控制目標增加時，會使得此一問題趨向複雜，必須用第十章及本書第Ⅲ部分所述之各章方法來求得整體滿意的結果。

6.6 結　語

基礎控制系統是整個控制系統中最重要的部分，卻常爲一般工程師所忽略，許多高階控制系統效能不彰的根本原因即爲基礎控制不良，無法勝任工作，而使得高階控制計畫功敗垂成。

由許多迴路組成的基礎控制系統通常已經存在廠內，其維護工作主要是對控制環路之偵錯與改善，其範圍約略如本章所述，其細節則常須結合方法、儀錶及控制工程師等專業人員才能合力解決。

註　釋

❶偶爾看到有一串的數個看似不相干的控制迴路，其波動的形狀，都完全一樣，好像在「共舞」一樣。只要解決源頭的那個，整串的迴路均將趨於穩定。

❷連續補充式加入的觸媒量不予控制或控制不當，將產生反應不均的現象，是影響反應品質重要的原因。

參考資料

〔1〕G. K. McMillan, *Tuning and Control Loop Performance*, 3rd ed, ISA, 1994.

〔2〕D. M. Considine, *Process/Industrial Instruments & Controls Handbook*, ISA, 1992.

第 II 部

進階控制

這部分乃延伸第Ⅰ部分的基礎控制設計而來，當一個程序工廠的基礎環路效能達到一個程度之後，才有能力繼續推上更高層次的控制。一般籠統的歸納亦可將進階控制（advanced regulatory control）併入基礎控制，但是作者刻意將基礎控制與進階控制分開，並作爲基礎控制與高階控制區分及銜接的階段，其原因爲：(1)清楚的定義每個階段的任務及範疇，可以讓工廠在提升程序控制能力的過程明標目確，容易達成；(2)進階控制最後的控制策略設計有效的發揮時，將結合製程知識與控制的優點，提供一種非黑盒子式的控制設計，不但操作人員可以瞭解控制的目的及方法，並可能達成高階控制階段所欲達成的目標，在此之後評估高階控制的方法及目標，顯然較有實質意義。

此一部分將由串級及前饋控制談起，最後以程序控制策略設計作爲結束。當中的 pH 雖爲單迴路控制，然因其 S 型非線性特性，欲得良好的 pH 控制非得從迴路四要素下手並輔以較特殊的控制器不可，故單章討論。而批次控制由於其過渡狀態長且頻繁，其控制的重點在於序列式控制（sequential control）與穩定度並重，技巧上稍不同於一般的程序控制，故亦分章討論之。

第7章

串級控制與前饋控制

◈研習目標◈

當您讀完這章，您可以

A. 瞭解串級及前饋控制之設計準則，尤其對前饋控制設計而言，充分瞭解程序及干擾變數之模式是必要的。

B. 瞭解如何調諧多迴路系統，其原則爲儘可能加快次迴路的響應速度。

C. 瞭解如何針對程序特性，選擇串級控制設計或前饋控制設計。

毫無疑問地，單迴路的控制方式是控制系統設計中最佳的選擇，但是往往它只能提供到某一程度的效果，這時工程師必須由足夠的工程知識來判斷，並從迴路四要素逐項選取較佳的改善方案。在這一章我們將在製程、量測元件及最終控制元件已無較佳的改善方案之下，工程師如何藉著變數間的關係來改進回饋動態關係，進而增強控制效能。

運用變數間的關係所設計的串級控制（cascade control）及前饋控制（feedforward control）已有悠久的歷史，可說是控制工程師必備的技巧了。這兩種控制設計架構相似，惟使用時機不同，常令初學者迷惘，故將此兩種設計方式及其調諧方法一併介紹，以方便讀者對照選用。

7.1 串級控制與前饋控制的設計準則

在圖7.1之熱流受冷卻的簡單程序中，熱流之出料流量及溫度是吾人之控制目標，熱流量因操作需要，可以任意變更，使得溫度控制因而受到干擾。如何才能使得溫度得到好的控制效果呢？

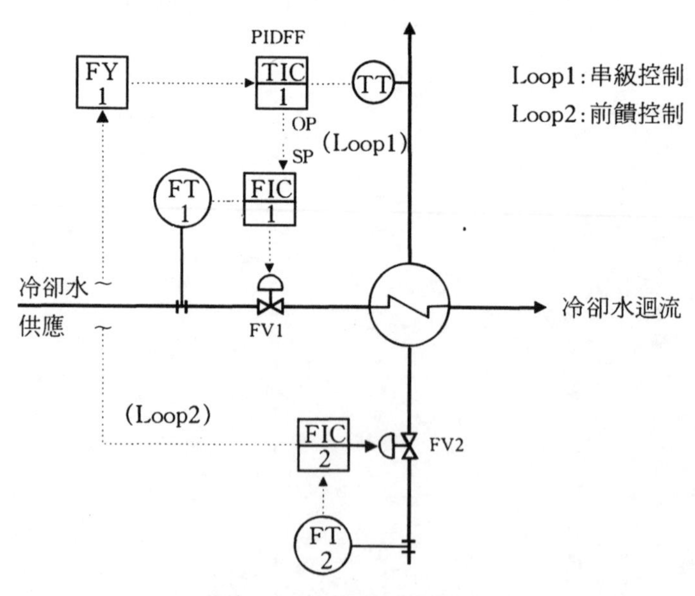

圖 7.1　熱流冷却程序

首先，檢查此一系統：有兩個被控變數 TIC1及 FIC2，因此兩個控制閥 FV1及 FV2分別爲 TIC1及 FIC2所控制。然而與 TIC1有直接關係者爲冷卻水的流量而非控制閥 FV1的開度，除非冷卻水供應端之壓力甚爲穩定，否則 TIC1將可能不斷地因冷卻水端之不穩定遭受某一程度之擾動，爲消除此一干擾，在冷卻水端加一只流量控制器 FIC1，由 TIC1來**串級控制**之，是一個典型的設計。再來，因爲操作員偶爾會變化 FIC2的設定值，因此對 TIC1形成另一種干擾，這種干擾可以藉由 TIC1及 FIC2的動態特性關係，給動態補償器 FY1運算後，讓 TIC1「預知」FIC2已有所變化，TIC1將在「適當」時間對此變化作一**適當**的修正，此即迴路2所示之**前饋控制**設計，而 TIC1將改爲前饋 PID 控制器（PIDFF），而非單純的 PID 控制器。

這類簡易的程序，我們可以很快的決定串級及前饋控制的變數而完成設計。但是，在變數較多的程序中，則必須具備一些分析技巧，才能決定較佳之串級控制迴路及前饋控制迴路。

7.1.1 串級控制之設計準則

串級控制的配對關係名稱，有下列三種常見的稱呼，以圖7.1爲例：

TIC1	FIC1
主迴路（primary）	次迴路（secondary）
外迴路（outer）	內迴路（inner）
主人（master）	奴隸（slave）

串級迴路的設計準則如表7.1所示，通常當單迴路之控制效果不彰時的第一考慮，即檢查是否可使用串級控制予以改善。按照表7.1的順序篩選，可以確立變數間之尊卑順序。三、四個左右之串級控制仍頗爲常見，只要其變數間關係符合表7.1的要求，仍可得到不錯的控制效果，毋須驚訝。

以圖7.1之冷卻程序而言，FIC1及 FIC2均可當成 TIC1之次迴路，然而 FIC2爲被控制目標之一，違反表7.1之2.b 項，故選擇 FIC1爲 TIC1之次迴路。

表7.1　串級控制設計準則

串級控制之使用時機
1.單迴路控制效能不彰時。
2.有可量測之第二變數可用，此變數須滿足下列條件：
a.此變數為一重要的干擾。
b.此變數可以作為一個作動變數。
c.此一次迴路之動態響應必須快於主迴路之動態響應。

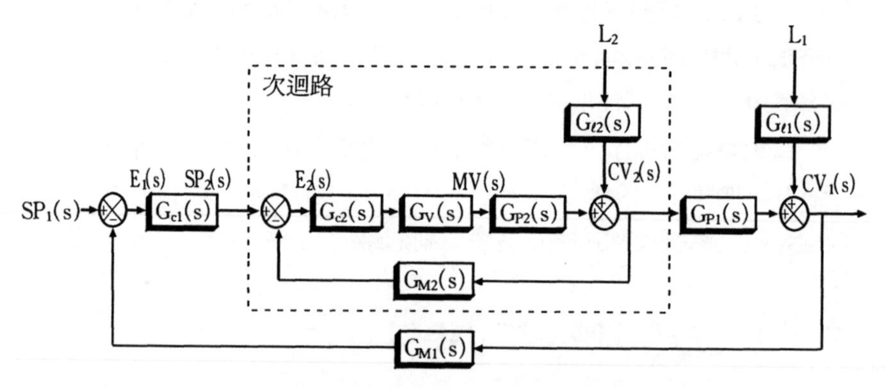

圖 7.2　串級控制之方塊圖解[1]

表7.1中，必須注意的是2.c 項：一個概略的法則是次迴路之動態響應至少須快上主迴路三倍以上，此一串級控制設計才可看出效果，也就是說，比較主次迴路之開環階段測試，次迴路到達穩態的時間必須小於主迴路到達穩態時間的三分之一以上才可。筆者經常看到工廠中困惑於串級控制效果不佳，此為一重要因素。但是在一般蒸餾塔之成分控制中，經常使用之成分控制串控某一板層之溫度之控制策略，雖然溫度控制上之動態響應未必甚快於成分控制之動態響應，但為消除一些干擾（表7.1之2a），仍須使用串級控制，而此一設計違反表7.1之2c 使得其效果不彰，必須使用11.2節所述之 IMC 方法來克服之。

串級控制在 DCS 之規劃非常簡單，只須將主次迴路尊卑順序相連即可，亦即主迴路之輸出作為次迴路之設定點，其方塊圖示於**圖7.2**。

7.1.2 前饋控制之設計準則

圖7.1之出料流量變化對出料溫度之影響，可以圖7.3之簡易方塊圖示之。其中 $G_\ell(s)$ 爲負載，$G_p(s)$ 爲製程之轉換函數。根據圖7.3可得：

$$CV(s) = [G_\ell(s) + G_{ff}(s)G_p(s)]L(s) \tag{7.1}$$

因爲希望出料溫度之偏差爲零，即 $CV(s) = 0$，可得前饋控制器之設定爲：

$$G_{ff}(s) = -\frac{G_\ell(s)}{G_p(s)} \tag{7.2}$$

若 $CV(s)$ 對 $MV(s)$ 及 $L(s)$ 之動態函數可以一階函數表示：

$$G_p(s) = \frac{CV_2(s)}{MV(s)} = \frac{K_p e^{-\tau_{dp}s}}{\tau_p s + 1}\;;\;G_\ell(s) = \frac{CV_1(s)}{L(s)} = \frac{K_\ell e^{-\tau_{d\ell}s}}{\tau_\ell s + 1} \tag{7.3}$$

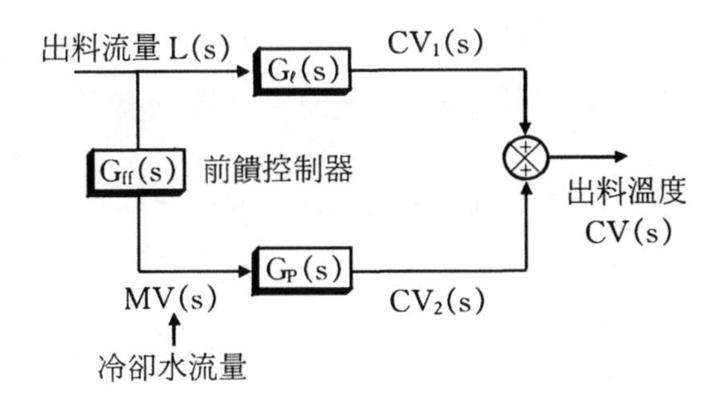

圖 7.3　圖 7.1 迴路 2 之前饋控制簡圖

由（7.2）式

$$G_{ff}(s)=\frac{-G_{\ell}(s)}{G_p(s)}=\frac{MV(s)}{L(s)}=K_{ff}\left(\frac{\tau_{f\ell}s+1}{\tau_{fg}s+1}\right)e^{-\tau_{df}s} \quad (7.4)$$

其中，

前饋控制器之增益 $=K_{ff}=-K_{\ell}/K_p$ （7.5）

前饋控制器之靜時 $=\tau_{df}=\tau_{d\ell}-\tau_{dp}$

前饋控制器之前導時間（Lead time）$=\tau_{f\ell}=\tau_p$

前饋控制器之滯後時間（Lag time）$=\tau_{fg}=\tau_{\ell}$

比較（7.4）式及（3.58）式實完全一致，因此前導時間 $\tau_{f\ell}$ 對滯後時間 τ_{fg} 比例不同時之開環響應，亦如圖3.15之三個情況一樣，不再重述。惟必須一提的是前饋控制器之靜時 τ_{df} 須大於等於零，故前饋控制設計可以使用的先決條件是負載變數之靜時 $\tau_{d\ell}$ 須長於主迴路之靜時 τ_{dp}，以圖7.1之冷卻程序而言，即 FIC2對 TIC1之靜時必須長於 FIC1對 TIC1之靜時，讓 TIC1有足夠時間去調整因 FIC2變化所須改變之 FIC1變化量。

〈例7.1〉

在如圖7.1的冷卻程序，若主迴路（TIC1及 FIC1，冷卻水供應線）及負載干擾迴路（TIC1及 FIC2，出料之流量變化）之動態響應模式如下：

	增益 K	時間常數 τ	靜時 τ_d
主迴路	−1.5	0.3	0.5
干擾迴路	0.8	0.5	1.0

試繪出當出料流量（FIC2）有一階段變化時，在下列三種情況下，出料溫度（TIC1）及冷卻水流量（FIC1）之動態響應曲線圖。

(a)當 TIC1只使用調諧極佳的 PID 控制器而無前饋控制。

(b)TIC1使用前饋控制器並按（7.5）式之設定；$K_{ff}=0.533$，$\tau_{df}=0.5$，$\tau_{f\ell}=0.3$，$\tau_{fg}=0.5$。

(c)TIC1使用前饋控制器，但只給其增益值 $K_{ff}=0.533$，其餘動態參數均不給（即給零）。

〈說明〉

(a)沒有使用前饋動態補償時，干擾變數之擾動會反應於被控變數上，但因回饋控制器控制得宜，此一擾動不久即被克服而回到設定點，如**圖7.4**(a)。

(b)TIC1使用完美的前饋控制器，提前了半分鐘（1.0－0.5）調整冷卻水流量，恰好將出料流量引起之擾動彌平之，如**圖7.4**(b)。

(c)只補償靜態增益，而不理會動態參數之設定，是一種常見的錯誤，這種錯誤造成前饋控制虛有其表，如圖**圖7.4**(c)。

〈例7.2〉

在上例中，若負載干擾迴路之靜時爲5分鐘，且同樣使用上例(c)之前饋控制，其響應又如何？

〈說明〉

其響應如**圖7.5**所示。

在這兩個例子中，可以淸楚地看出，當前饋控制器使用不當時，與只用單一 PID 控制器之效果差不多（如〈例7.1〉之情況(c)），有時甚至更差（如〈例7.2〉）。因爲吾人不可能得到完美無缺之動態響應模式，勢必使得前饋控制器永遠無法完美，是否我們該放棄此類設計而另尋它路呢？答案當然是「不」。因爲前饋控制之穩定性極佳，縱使存在著模式誤差，一般而言前饋控制的結果仍大多優於單迴路之 PID 控制器。

對於在有干擾程序之情況下，以 IAE 比較單迴路回饋控制與在有誤差存在下的情況下之前饋控制器約有如**表7.2**之三種概略關係。根據此一結果，作者建議在可以使用前饋控制的情形下，應勇於使用之，若能求得更準確的模式，將使效果更佳。一般 DCS 之前饋控制器之規劃雖只限於一階模式，仍可得到不錯之控制效果，原因如模式識別一節所述一樣，當模式無法被正確獲知時，使用高階模式並不能改善控制效能。

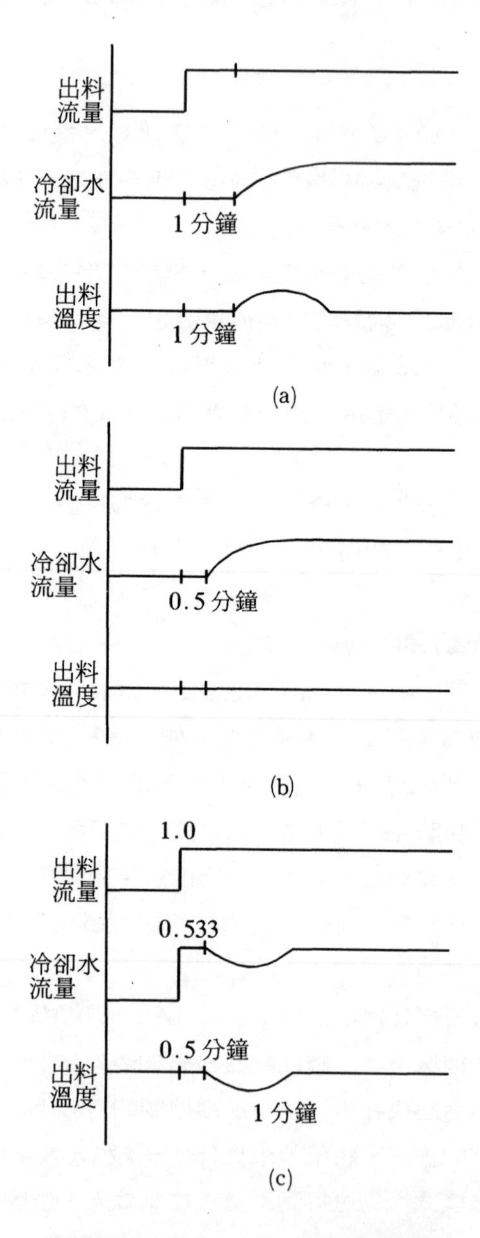

圖 7.4　〈例 7.1〉之動態響應圖

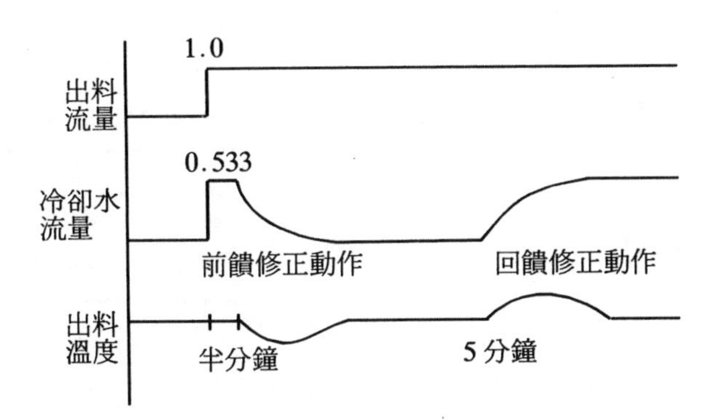

圖 7.5　〈例 7.2〉干擾迴路之靜時為〈例 7.1〉的 5 倍，而仍使用相同控制參數的動態響應

表7.2　完美回饋控制與有誤差之前饋控制之效能比較〔1〕

前饋控制器之誤差狀況	與完美回饋控制器之比較
a.前饋控制器增益之誤差加倍，靜時及時間常數誤差甚少時	相當於回饋控制
b.前饋控制器靜時之誤差加倍，增益及時間常數誤差甚少時	仍優於回饋控制約15%
c.前饋控制器之前導時間之誤差加倍，增益及靜時之誤差甚少時	仍優於回饋控制約30%

表7.3　前饋控制設計準則

前饋控制之使用時機
1.回饋控制設計效能不彰時。
2.有可量測之前饋變數，此變數並滿足下列條件：
a.此變數爲一重要的干擾。
b.此變數無法作爲主迴路之作動變數。
c.此變數之動態響應不能快於主迴路之動態響應。

究竟何種情況下，應使用前饋控制而非串級控制呢？表7.3列出前饋控制之設計準則：跟表7.1的情況一樣，此一設計準則必須注意的是動 態響應項（2.c項），當前饋干擾變數之動態響應快於主迴路之回饋

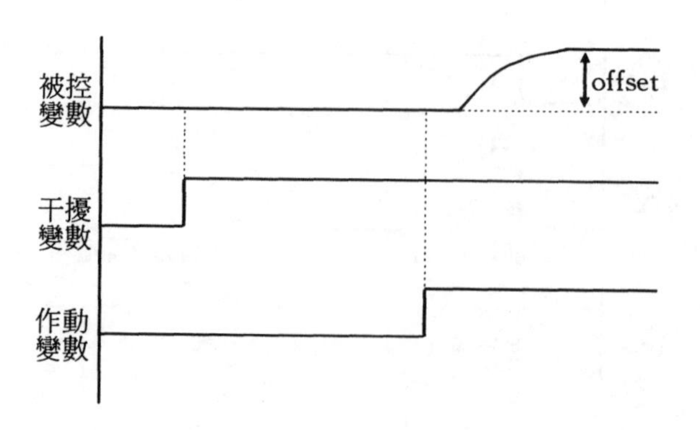

圖 7.6 只使用前饋控制器在模式有誤差時造成被控變數之偏差

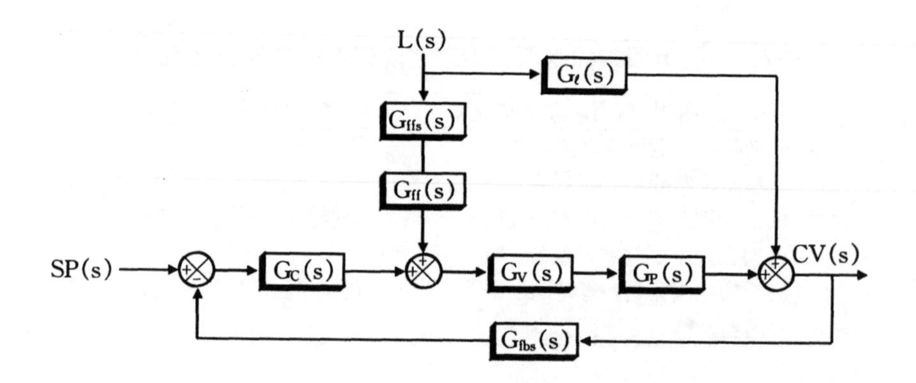

圖 7.7 前饋加回饋控制之方塊圖解[1]

控制時，絕對不要使用前饋控制器。而某些特殊狀況，回饋控制器無法使用，爲消除干擾，只使用前饋控制，其結果只能消除干擾，而被控變數將因無回饋機制在模式誤差存在時產生偏差，典型的響應如**圖7.6**，因此除非不得已，否則不要單獨使用前饋控制器。

前饋控制之方塊圖解示於**圖7.7**。

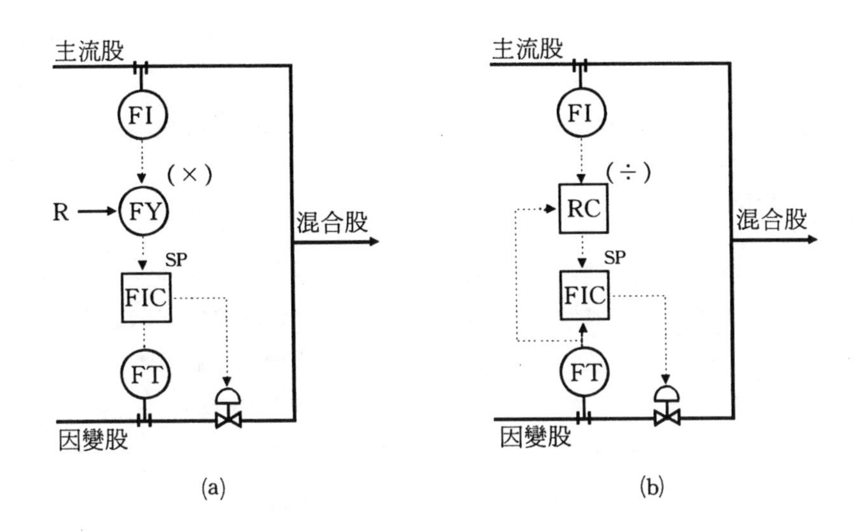

圖 7.8　比例控制器之設計方式

7.1.3　前饋控制設計之變形

比例控制

前饋控制或許不一定碰過，但比例控制（ratio control）的設計則應該不陌生。工廠中到處存在兩股需要依一定比例混合或反應的操作單元。比例控制器的設計實際上是動態甚快的前饋控制器，因此前饋控制之靜時及時間常數均爲零，而比例控制器之比例設定值即爲前饋控制器之增益值；主流股之流量可以變化，因變股之流量依比例設定值隨主流股而變。比例控制的兩種最簡單的設計，示於**圖7.8**。(a)是直接用一只乘法器，將操作員給之比例設定值 R 乘以主流股流量值作爲因變股流量控制器之設定值，(b)是用一只除法器，將因變股除以主流股再串控因變股。一般 DCS 之比例控制器之設計採用(b)，它的優點是可以同時知道比例控制器 RC 之控制效能，且有時此一比例控制器可能是其它變數之次迴路（其設定值須經常改變），用(b)的設計方式較容易擴充。

比例控制器的使用，應特別注意主流股之雜訊，此一雜訊很容易藉由比例控制器傳於因變股，產生**雜訊傳遞**的現象，頗爲討厭。一般避免雜訊傳遞的方法有兩種：在主流股訊號傳給比例控制之前，加一只過濾器（filter），適當地將雜訊濾掉；若主流股也是一只控制器，則比例控制器之計算值用主流股之設定值而非其量測值也是一個不錯的方法。

多組前饋補償

若主迴路的被控變數存在有多個不相依的干擾變數存在，則針對各個干擾變數做前饋補償後，予以加總後輸出給作動變數，也是可以的。例如在圖7.1的冷卻程序中，若供應的冷水溫度會隨日夜溫度而變，對出料流亦形成另一個干擾，則經對此干擾做前饋補償後，與原來之補償加總後再作爲作動變數之設定點亦爲極佳的控制設計，如**圖7.9**所示。然而若相加之前饋補償訊號間未能完全獨立，則此一控制設計將造成不穩定現象必須留意。

以回饋迴路串控前饋迴路[2]

因爲前饋迴路之引進乃在消除負載的變化所引起之控制偏差，而每單位作動變數變動所引起之控制偏差與負載量成反比：

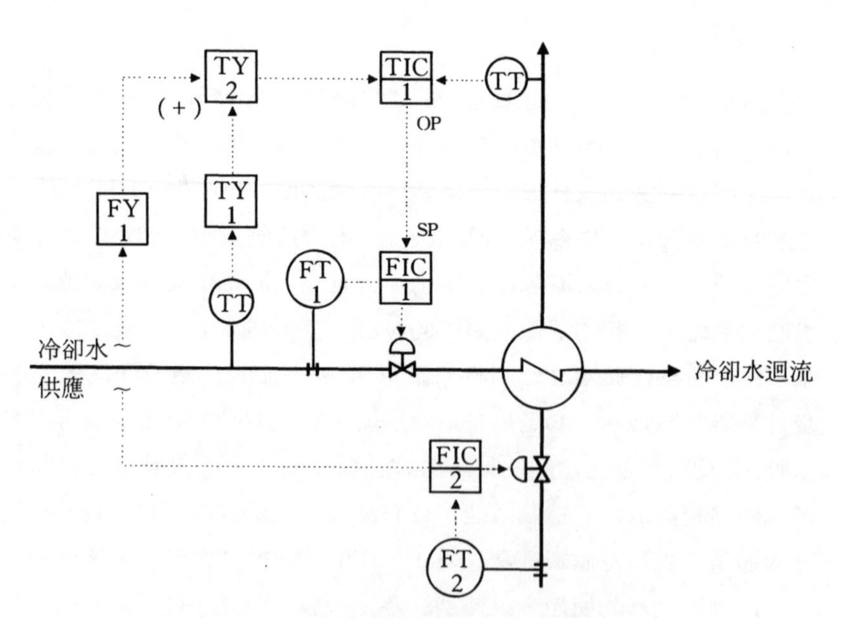

圖 7.9　兩個前饋補償加一個回饋控制

$$\frac{\triangle e}{\triangle u}=\frac{K_p}{K_\ell} \qquad (7.6)$$

其中，$\triangle e$ = 被控變數偏差量

$\triangle u$ = 作動變數變化量

K_ℓ = 負載

K_p = 製程增益

所以前饋控制器之增益 K_{ff} 有隨負載變化而調整的必要，最簡單的作法就是以回饋控制器來校正前饋控制之模式，其簡圖示於**圖7.10**，此圖顯示出以回饋控制器來串控前饋控制器的方法。

實作而言，通常是校正前饋迴路之增益即可，以圖7.1之熱流冷卻程序而言，此一控制架構即如**圖7.11**所示，其中除法器（÷）= $\frac{FIC1.PV}{FIC2.PV}$，而乘法器（×）用以修正不同負載變化之 k_{ff}，即隱喻前饋迴路之增益其值受調於回饋控制器 TIC1。

但是，此一設計對於經常需要變換回饋控制器設定點的系統必須予以改良，否則前饋迴路模式將因回饋控制之動態變化而擺盪不已。Shinsky 提出一個可行的方法，示於**圖7.12**，此法利用一個滯後時間（lag）將回饋控制器之設定點「適當的」延後，使回饋控制器之輸出變化變緩，另一方面，回饋控制器的設定點直接丟給前饋控制器，如此可以大大消除因回饋控制器之設定點變化所帶來之動態干擾，惟 lag 時間常數必須給予調諧。

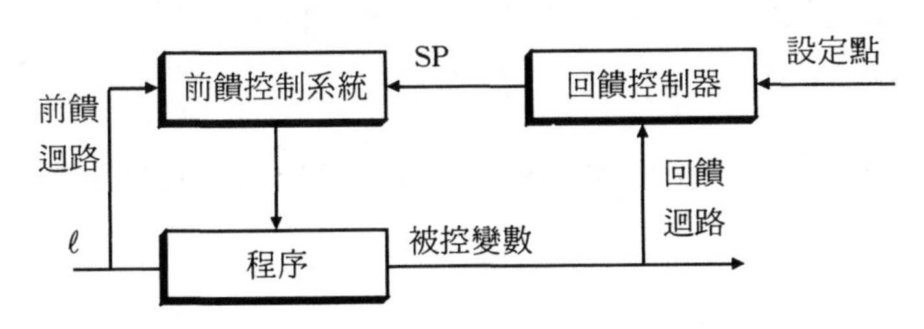

圖 7.10　回饋控制器串控前饋控制系統

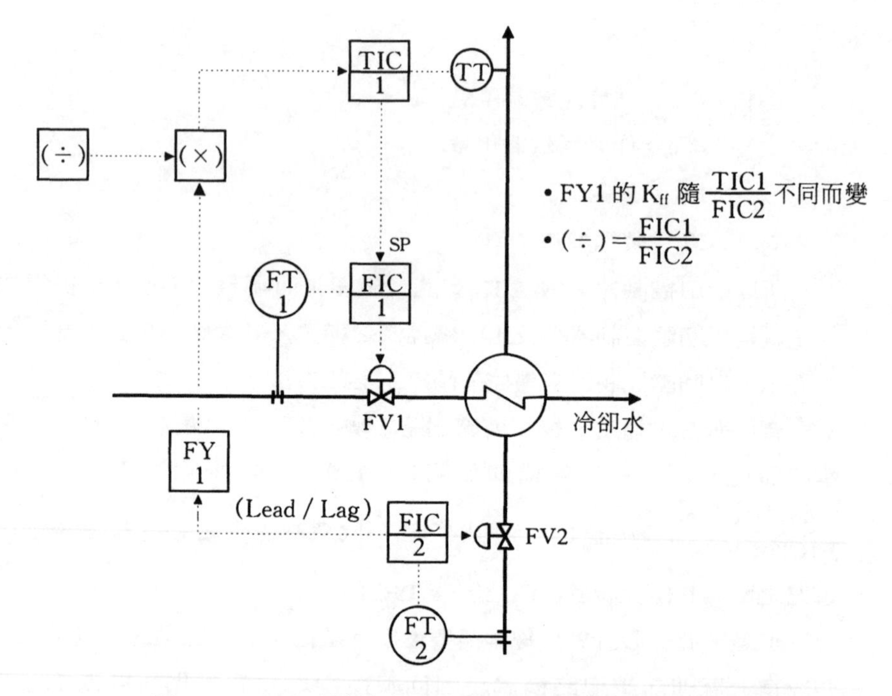

圖 7.11　以回饋控制器來校正前饋控制迴路之模式

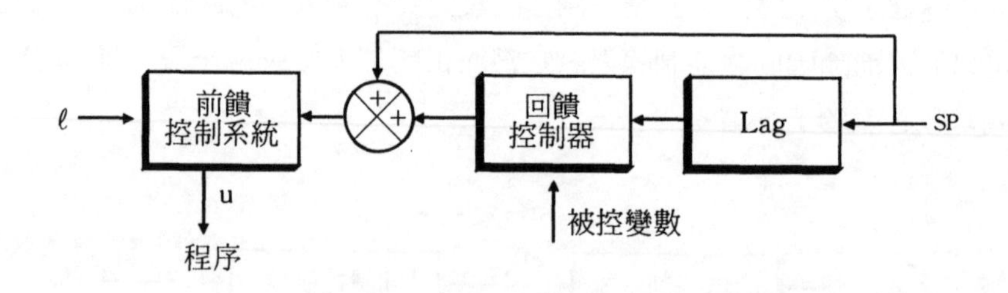

圖 7.12　若回饋控制器之設定點經常變化，亦須將此設定點前饋之

7.2 串級控制與前饋控制的調諧方法

7.2.1 串級控制的調諧方法

兩個以上的控制器串級後形成的控制方式，其調諧方法雖與單迴路回饋控制一致，然其困難度則高於單迴路控制方式，有下列幾種概略法則及現象需要注意。

調諧方法

調諧順序通常都由次迴路開始，當次迴路在「自動」方式下，調到滿意後再切到「串級」方式繼續調諧主迴路。一般而言，爲了求得更佳之主迴路效能，均將串級後之次迴路 K_c 值加大（儘可能加大），讓次迴路動態響應加快。在調諧結束之前，最好再將次迴路切到自動模式，檢查新增快後之調諧動作是否過強，以免操作員因操作上之需要而將次迴路切到自動模式操作時，引起次迴路不穩定的現象。

如果可能的話，次迴路只用比例動作，而不用積分動作，如此可達到最大的主迴路控制效能，因爲對主迴路而言，次迴路主要的目的在快速響應，而非消除次迴路之偏差。一般次迴路仍有積分動作乃因操作上有時必須切斷串級控制而將次迴路改爲「自動」控制之需要，此時當然就要兼顧次迴路之效能了。

若整個串級控制的系統產生週期振盪且其週期小到可判斷非爲主迴路所引起，可將次迴路之動作減緩即可（如降低其 K_c）。

若次迴路比主迴路含有較長之靜時，則產生之週期性振盪現象，容易擴展到整個系統而不易分別何者所引起，此時也可以試著將次迴路之動作減緩（如降低其 K_c）。

串級流量迴路時

差壓式流量計其輸出訊號，必須加上一個開根號器，轉換成流量。

若直接以差壓訊號作爲次級迴路，將使此一串級環路因非線性化而變成不穩定，因爲流孔孔徑 C_v，流量 q 與壓差（△P）之關係約略如下：

$$C_v = \frac{q}{\sqrt{\triangle P/\rho}} \tag{7.7}$$

$$\frac{d_q}{d(\triangle p)} = \frac{C_v^2 \cdot \rho}{2q} \tag{7.8}$$

C_v 爲固定值，所以流量對壓差之訊號迴路其增益值隨流量 q 大小成反比變化，當 q 約爲0時，此增益變成無限大，問題很嚴重。

雖然流量控制經常作爲次級迴路，但是當主迴路爲流量、氣體壓力或液體壓力控制時，則不要以此串控另一個流量次級迴路，因爲兩個週期太相近的迴路串控容易造成不穩定；若實在無法避免此一設計，則只好將次迴路調慢一點。

7.2.2 前饋控制的調諧法

因爲完整的前饋控制器實際上是由消除干擾的前饋控制部分加上消除偏差的回饋控制部分組合而成，故調諧前饋控制器時可個別針對前饋控制部分及回饋控制部分分開調諧之，哪一個先調皆可。當調諧前饋控制部分時，則將回饋部分予以開環之（或置於「手動」位置），調諧回饋部分時，則將前饋控制部分開環之，讓干擾不要進來，可是這有時頗爲困難，因爲干擾大多無法隨意調整的，故回饋控制部分的調諧除參照第三章之單迴路調諧方法外，最重要的是掌握沒有干擾的有限時間內，快速完成回饋環路之調諧。

7.2.3 小結

通常，內迴路可給予較強的調諧動作，因此其振盪可不予理會，重要的是外迴路是否可因此而更穩定。爲提供外迴路所需的快速響應，內迴路控制器經常使用比例及微分動作，積分動作反而增加了一個 lag，並不適合使用在內迴路。值得一提的是，流量控制大多被使用在內迴路，且因其雜訊的關係，不能使用微分控制器，所以作爲內迴路的流量控制器應加重其比例動作的分量，降低積分動作的分量，以達到更佳的串級控制。而前饋迴路的調諧，根據（7.4）式，一共有四個調諧參數需要調整，即 K_{ff}，$\tau_{f\ell}$，τ_{fg}及 τ_{df}，而事實上，這四個參數是必須經對製程及負載作測試所得之一階模式而來（由（6.3）式來），故除非模式在測試與使用時有極大的出入，否則此四個參數可不予調諧。若覺得需要的話，可將回饋迴路開環之，得如圖7.6之響應由偏差來調整 K_{ff}。

前饋迴路的訊號雜訊必須注意，若雜訊太大，很容易經由前饋控制器擴大之，使作動變數作過度的修正，通常當前導時間 $\tau_{f\ell}$ 超過滯後時間 τ_{fg} 一倍時，需要特別小心雜訊的影響。

雖然，前面說過干擾變數之靜時，$\tau_{d\ell}$ 必須長於主迴路之靜時 τ_{dp}，才可用前饋控制，但 Shinskey 提到，在此情況下，雖無法對靜時予以補償，但若能對前導時間 $\tau_{f\ell}$ 及滯後時間 τ_{fg} 作一調整，仍可得到不錯的改善，其方法列於表7.4，特列出供讀者參考。

7.3 串級控制與前饋控制的抉擇—實例

當單迴路控制系統不能滿足吾人之需求時，串級控制之設計方式是第一個被考慮選用之設計方式，原因是其設計簡單且效果明顯，故廣泛見於一般之設計中，其例子實不勝枚舉，可以說除流量控制、壓力控制外，其餘的變數爲主要被控變數時，均頗適合用串級控制。而前饋控制

表7.4 當干擾變數靜時 $\tau_{d\ell}$ 小於主迴路靜時 τ_{dp} 之時間常數補償方法[2]

情況	補償後之前導時間常數；τ_1	補償後之滯後時間常數，τ_2
$\tau_{fg}<\tau_{fl}$	$\tau_{fg}+\tau_{dp}$	$\tau_{fl}+\tau_{dl}$
$\tau_{fg}=\tau_{fl}$	$1.1(\tau_{dp}-\tau_{dl})$	$\tau 1/10$
$\tau_{fg}>\tau_{fl}$	$0.8\tau_{fg}+0.4(\tau_{dp}-\tau_{dl})$	$\tau_{fl}-0.2\tau_{fg}-0.6(\tau_{dp}-\tau_{dl})$

大多用於控制效果需求較嚴格的地方，因此像某些平均液位控制的設計，即不需要前饋控制。

在一個較為複雜的操作單元，其控制目標已能確定的情況下，如何決定其它變數究竟是為串級控制的次級迴路或為前饋控制之干擾變數呢？這通常需要提起筆來按表7.1及表7.3的設計法則分析在某些操作條件下各變數之適合情況才可知。串級迴路之次迴路及前饋變數主要之差異在於：串級迴路之次迴路可作為作動變數而前饋變數不能；串級迴路之次迴路其動態響應甚快於主迴路，而前饋變數之動態響應不能快於主迴路（即具有較長的靜時）。

例如，在圖7.1的冷卻程序中，若此冷流為氣體並含有大量之可回收物質，因此被送入吸收塔將這些有用物質予以回收，如**圖7.13**所示。因為吸收塔之操作性能與氣體之亨利常數（Henry constant）有關，當氣體之溫度越低其亨利常數越大，吸收效果亦加大，所以氣體在進入吸收塔前被冷卻到最可能的低溫。

在此一操作單元中，除主被控變數A1外，尚有六個量測變數，兩個控制閥，其中F1及T2為冷卻水之流量與溫度，F2，T1，A2為氣體

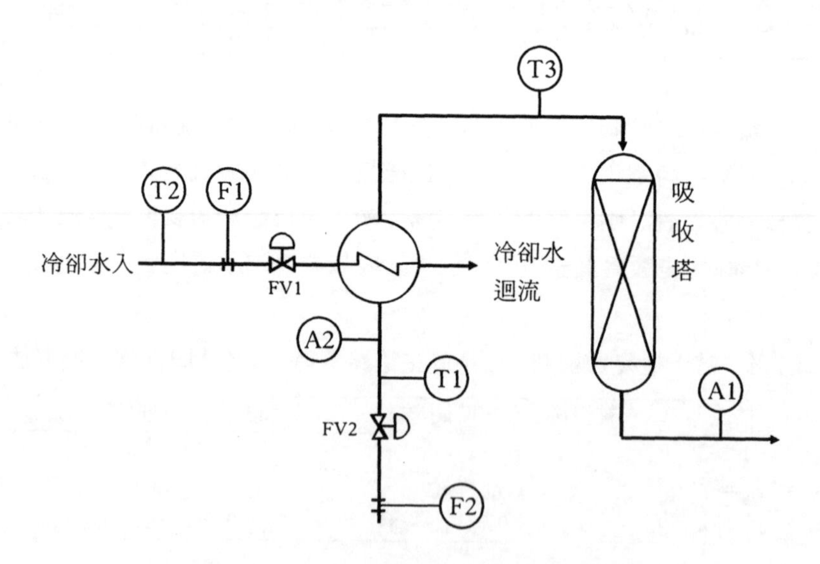

圖 7.13　吸收塔及冷却器之操作單元

流之流量、溫度組成、T3爲氣體進入吸收塔時之溫度。究竟如何在這六個變數間，選取適當的串級控制次級迴路及前饋變數呢？**表7.5**及**表7.6**（根據表7.1及表7.3而來）分別對這六個變數進行分析。結果顯示F1與T3均爲最佳之串級控制之次級迴路，但T3較F1作爲串級次迴路更有消除某些干擾的實質意義，最後選擇T3，而F1再作爲T3之次迴路；而A2爲最佳之前饋變數，最後之結果繪於**圖7.14**。

類似這種簡易分析的技巧，對工程師而言相當基本且重要，應善加磨練，然而此例中只示出控制架構的定性選擇方法，不免過於粗糙，正確的分析方法應以整廠性控制架構[3]分析法爲之。

7.4 結　語

串級控制已有悠久的使用歷史，大部分的程序工業也有相當大量的使用，其成效非常顯著，其目前尚有改善空間的，只是串級迴路中相關變數的選擇是否恰當。此一部分需要控制工程師再投入心力去調查改善，以增進控制迴路的效能。

表7.5　最佳串級迴路之次迴路篩選表

檢查項目	A2	F1	F2	T1	T2	T3
1.單迴路控制效果不彰	是	是	是	是	是	是
2.a.爲重要之干擾變數	是	是	是	是	否	是
2.b.此變數可以作爲作動變數	否	是	否	否	否	是
2.c.動態響應慢於A1對F1的動態響應	不知	是	是	是	不知	是

表7.6　最佳前饋變數篩選表

檢查項目	A2	F1	F2	T1	T2	T3
1.單迴路控制效果不彰	是	是	是	是	是	是
2.a.爲重要之干擾變數	是	否	否	是	否	是
2.b.此變數不能作爲作動變數	是	否	否	否	是	是
2.c.動態響應慢於A1對F1的動態響應	是	不知	不知	否	不知	不知

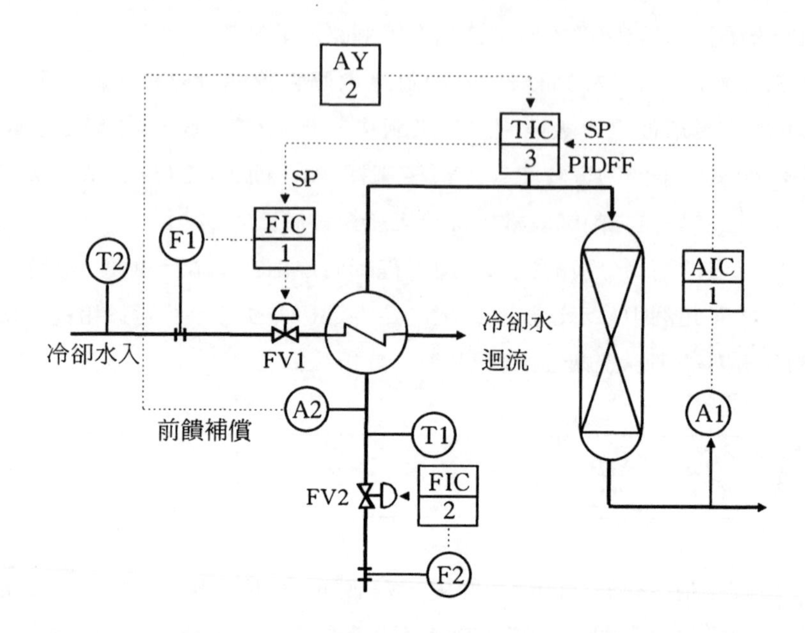

圖 7.14　吸收塔操作單元之控制策略設計

前饋控制因須有程序及負荷模式做後盾，雖然不難，但仍不多見於工業上的使用，即便有使用，其前饋控制的參數設定大多亦明顯錯誤，而無法真正發揮前饋控制器的功能。所幸，前饋控制大多均有極高的穩定性，即使控制器參數設定稍錯，亦均能維持單有回饋控制環路以上的效能。利用3.6節對現場測試以求得簡易程序模式再加上 DCS 既有的前饋控制器設計，幾乎都可以得到甚優於只有回饋控制環路的效能，實應大膽且大量使用。

參考資料

〔1〕T. E. Marlin, *Process Control—Designing Processes and Control Systems for Dynamic Performances*, McGraw-Hill, 1996.

〔2〕F. G. Shinskey, *Proess Control Systems*, 3rd ed. McGraw-Hill, 1988.

〔3〕W. L. Luyben, B. D. Tyréus, and Michael Luyben, *Plantwide Process Control*, McGraw - Hill, 1998.

第8章

pH 控制

◈研習目標◈

當您讀完這章，您可以

A. 瞭解 pH 的特性。

B. 瞭解 pH 量測計的基本架構。

C. 瞭解製程中混合的程度、中和試劑的選擇及管線位置對 pH 的影響。

D. 瞭解如何利用一大一小的控制閥組合成工作範圍及精確度均可滿意的 pH 控制設計。

E. 瞭解推理控制、前饋控制、三段式非線性控制及人工智慧型控制在 pH 控制上的運用。

pH 在許多程序如廢水處理、食品、染料及各式特用化學製程中均爲極重要的控制目標。但由於其特殊的性質，極少看到有出色的 pH 控制。

pH 的定義：

$$pH = -\log [H^+] \tag{8.1}$$

其中，$[H^+]$爲氫離子濃度

pH 控制的困難度至少有下列四點：

■以量測而言

pH 量測計由電極及電動勢量測線路組成，一般的工作環境均頗爲嚴苛，導致許多的故障情況仍不爲使用人員所察覺，更進而產生錯誤的控制。

■以製程特性而言

pH 的滴定反應曲線如圖8.1所示，爲一有規律的非線性型態（S型），大部分的控制點均位於中間陡峭的直線，此意味著作動變數微小的變化將產生 pH 很大的變化。另外，製程中 pH 完全混合的程度也干擾著 pH 控制的效能。

■以控制閥的角度而言

如果說 pH 的變化範圍可能從0變化到7，意味著控制閥的控制能力範圍應有10,000,000：1的精密度，這的確是個問題。

■以控制器的設計而言

因爲 pH 極端的非線性特質，因此根據 pH 的設定點及其控制範圍爲何，如何適當的選用簡易 PID 控制、前饋控制方式、推理控制甚至適應性控制，來完成最佳的控制效能，須予謹慎評估。

所幸，大部分 pH 控制只須在一個範圍之內，因此縱使有以上這些問題存在，只要經由小心的設計，良好的 pH 控制仍可期待。本章將從這幾個方面來說明 pH 控制系統的設計應注意的問題。

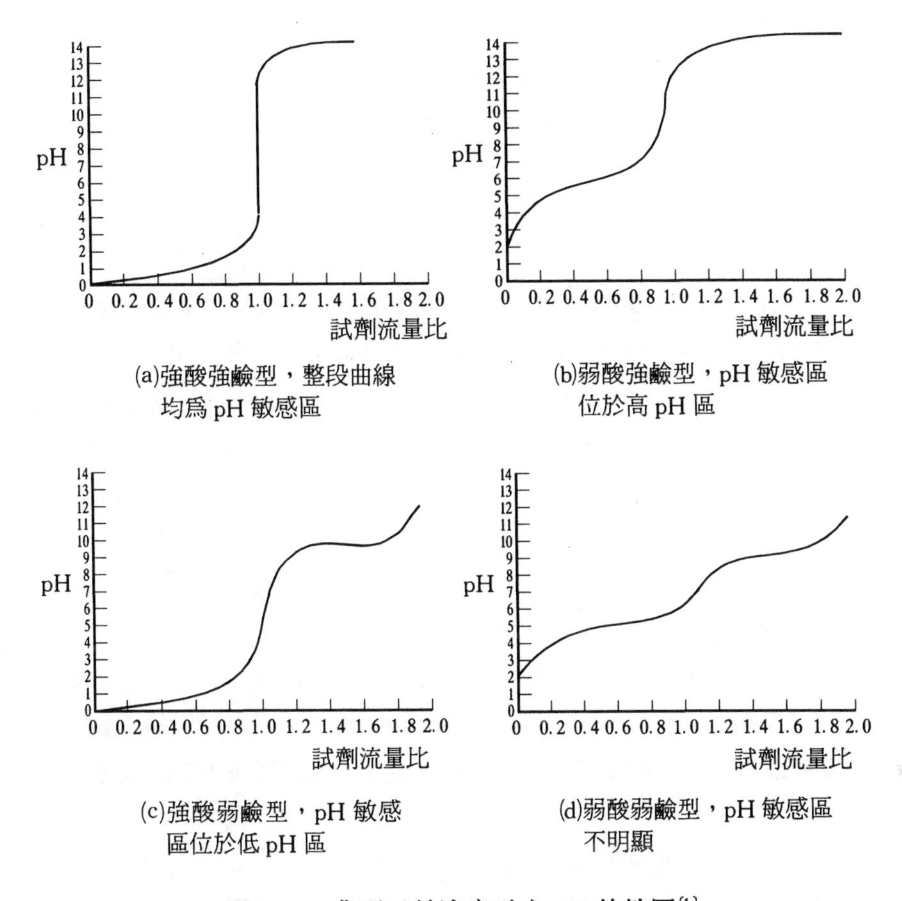

圖 8.1　典型以鹼滴定酸之 pH 特性圖[1]

8.1　pH 之特性

在酸鹼中和的過程中依下式反應進行：

$HA \rightleftharpoons H^{+} + A^{-}$，HA 為單質子酸　　　　（8.2a）

$BOH \rightleftharpoons B^{+} + OH^{-}$，BOH 為帶一個 OH^{-} 基的鹼　　　　（8.2b）

$$H_2O \rightleftharpoons H^+ + OH^- \quad (8.2c)$$

最後平衡的氫離子濃度即決定其 pH 值，如（8.1）式，但正確而言，pH 值取決於氫離子的**活度**（activity）。

$$pH = -\log a_H \quad (8.3)$$

a_H 爲氫離子的活度，只有當溶液被相當稀釋後，氫離子濃度才會與其活度相當，但大部分的工業中，很少碰到此一情況。

根據（8.2）式的平衡方程式，欲能有效控制 pH，必須先對製程的 pH 反應曲線有所瞭解。對於不同溶液的酸鹼中和，因各酸鹼的解離常數（K_a 及 K_b）不同，其 pH 反應曲線亦各不相同。典型的鹼滴定酸曲線如圖8.1所示。pH 滴定曲線猶如 pH 控制的地圖，沒有此一特性圖做參考，無法知道我們所在的位置，同時在往目標移動時，也喪失了方向感。

特性曲線可從製程中取出一些樣本到化驗室滴定完成，或於製程中直接做滴定試驗。在控制得當的情況下，線上滴定試驗可得到較精準的反應曲線，惟中和點附近之 pH 變化較大，是否對製程造成傷害須事先評估後再進行。

弱酸及其弱酸鹽的溶液或弱鹼及其弱鹼鹽所形成的溶液謂之**緩衝溶液**（buffer solution）。其 pH 的變化甚少，約在解離常數的 − log 值附近變化。在 pH 的控制中，應妥爲運用此一特性，以減少 pH 之變化，程序設計階段應朝此一方向思考。

8.2 pH 之量測

pH 的量測是藉由內裝 pH = 7之參考電極（通常配成 pH = 7之緩衝溶液）與接觸電極產生之電動勢差，依 Nernst 方程式藉由量測得到的電動勢差而得出。典型的工作方程式如下：

$$\triangle E = 0.1984 \times (T + 273) \times (7 - pH) \qquad (8.4)$$

其中，T＝待測溶液的溫度（單位爲℃）

　　△E＝兩半電池之電動勢差（單位爲 mini volts）

因此溶液溫度的變化必須補償，以求得更準確的 pH。

pH 量測儀因由兩個半電池及線圈組合而成（如圖8.2），當零件故障時，有些可以很明顯看出 pH 故障，有些並不易察覺，甚至誤爲 pH 被很穩定的控制，因此重要的 pH 必須經常檢視並累積經驗或尋求專業人士之協助。

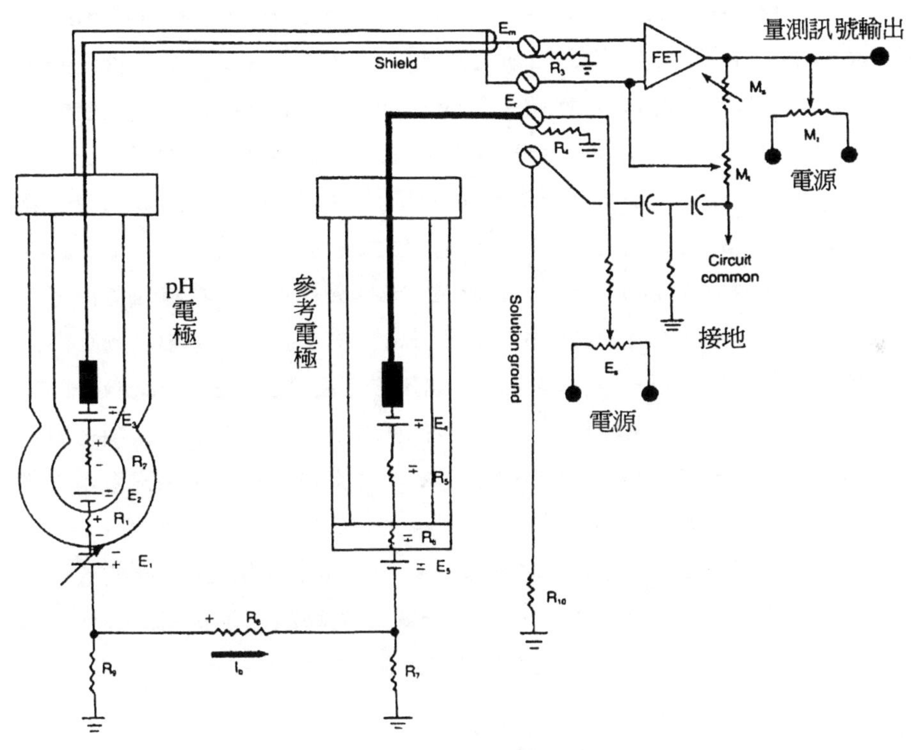

圖8.2　典型之 pH 量測計[1]

（已蒙 ISA 授權同意，自原著轉印）

8.3 製程上應注意之事項

8.3.1 混合程度

由於 pH 控制常在於中和點位置，在此點附近的 pH 常因中和試劑流量稍大或稍少而引起 pH 之劇變。因此，製程上首要的考慮即爲混合程度的完全性。若混合不當，則 pH 將產生局部的不同差異分布情形。

根據經驗，對於直立槽（桶徑與液位高相當者）應選擇軸向流（axial flow）之攪拌機，而非徑向流（radial flow）之攪拌機，如圖8.3。此乃因徑向流之攪拌機，對於上層溶液的混合度較差。並造成中和試劑之加入途徑抉擇的困難。同時，側插式攪拌機也應儘量避免。

至於水平槽（長桶徑＞＞液位高者），如圖圖8.4所示，將產生靜置區（stagnant area）及試劑之捷徑現象（short circuiting），此種現象將使得 pH 控制不易，應宜避免。若因製程考慮實在無法避免，則 pH 控制架構應改爲如圖8.5所示之控制方式：進料與中和試劑直接在管線混合，經離心式泵再混合後，進入靜態混合器（static mixer）做進一步的混合，其 pH 經線上 pH 量測儀分析後，調整中和試劑之加入量，同時進料流的變化用前饋控制來補償；此外，桶槽也將提供類似訊號過濾器的功能，槽中的 pH 將可被極穩定的控制。

如果需要更高精度的 pH 控制，則可考慮類似如圖8.6連續多槽之控制方式，這樣可以更有效的消除 pH 之尖峰誤差（peak error）。G. K. McMillan[1] 提供使用槽數之簡易判斷法則，如圖8.7所示

8.3.2 中和試劑的選擇

當中和試劑之濃度太高時，須予稀釋，惟稀釋時須考慮材質是否耐得住加劇的腐蝕程度，例如硫酸越稀釋時，其腐蝕力越強。

中和試劑爲液體時，其溶解速度甚快，但若其爲固態或氣態時，必

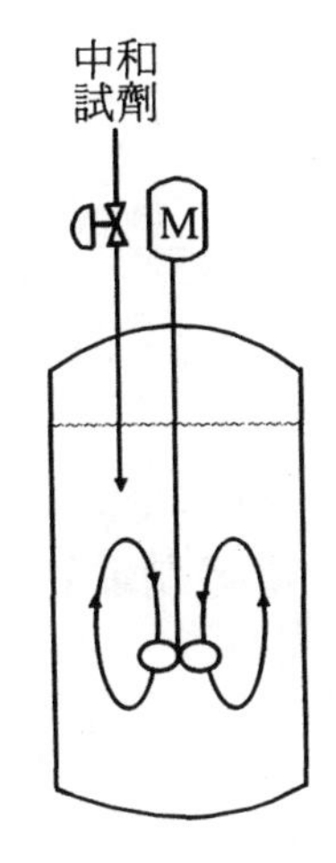

(a)軸向流攪拌機混合情形

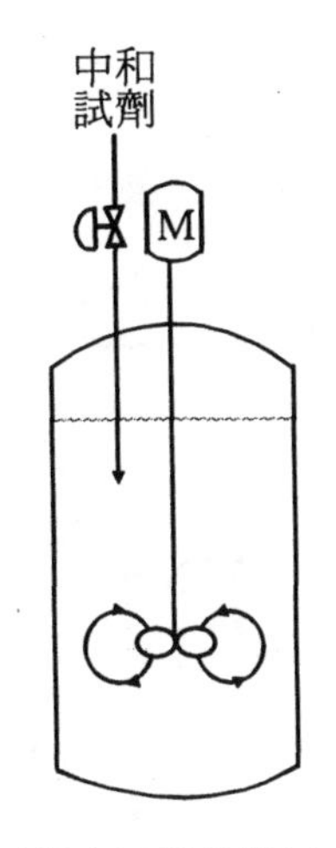

(b)徑向流攪拌機混合情形

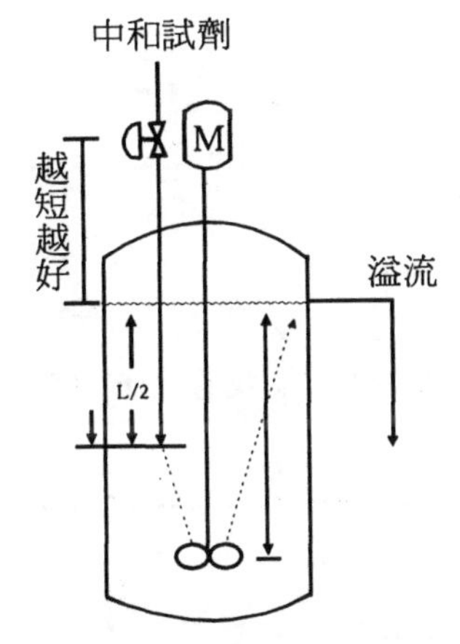

(c)中和試劑的開口位於攪拌器軸長
的一半處將有最佳的混合效果

圖 8. 3　軸向流攪拌機(a)對於 pH 控制之效果優於徑向流攪拌機(b)

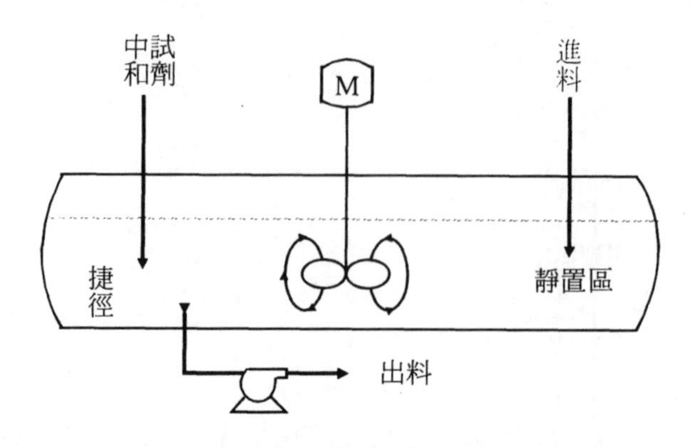

圖 8.4　水平槽產生之 pH 不易控制現象

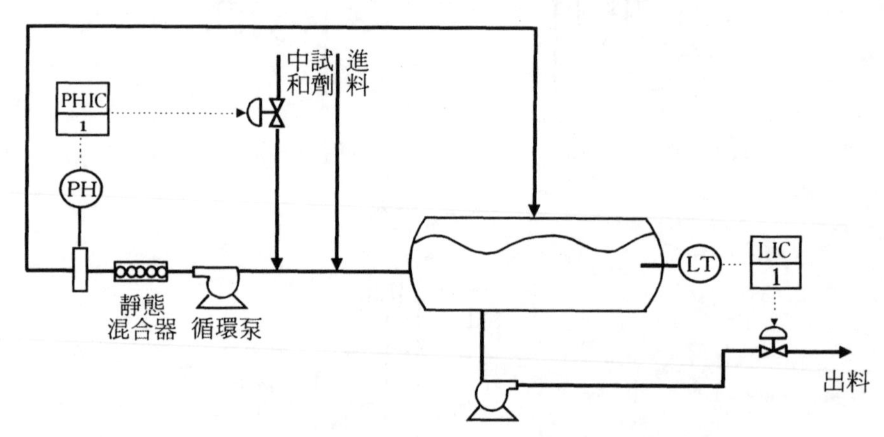

圖 8.5　桶槽加循環泵及線上 pH 控制系統可以精確的控制 pH

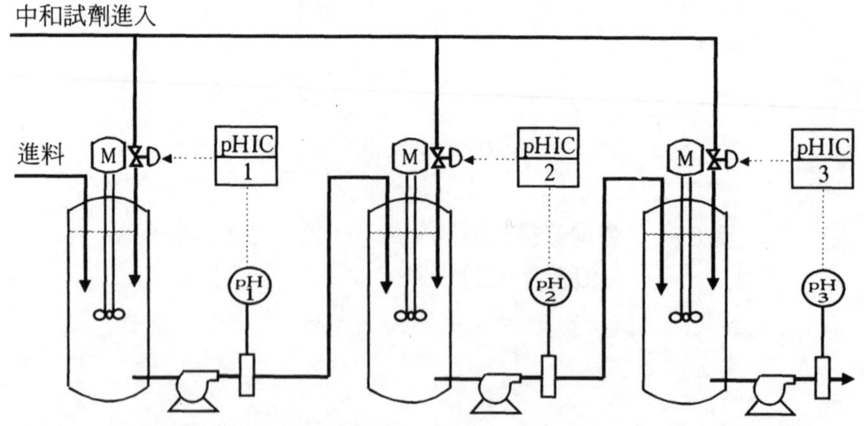

圖 8.6　串聯的三個具有個別的 pH 控制迴路而大小不同的混合槽對於最後 pH 的控制大有幫助

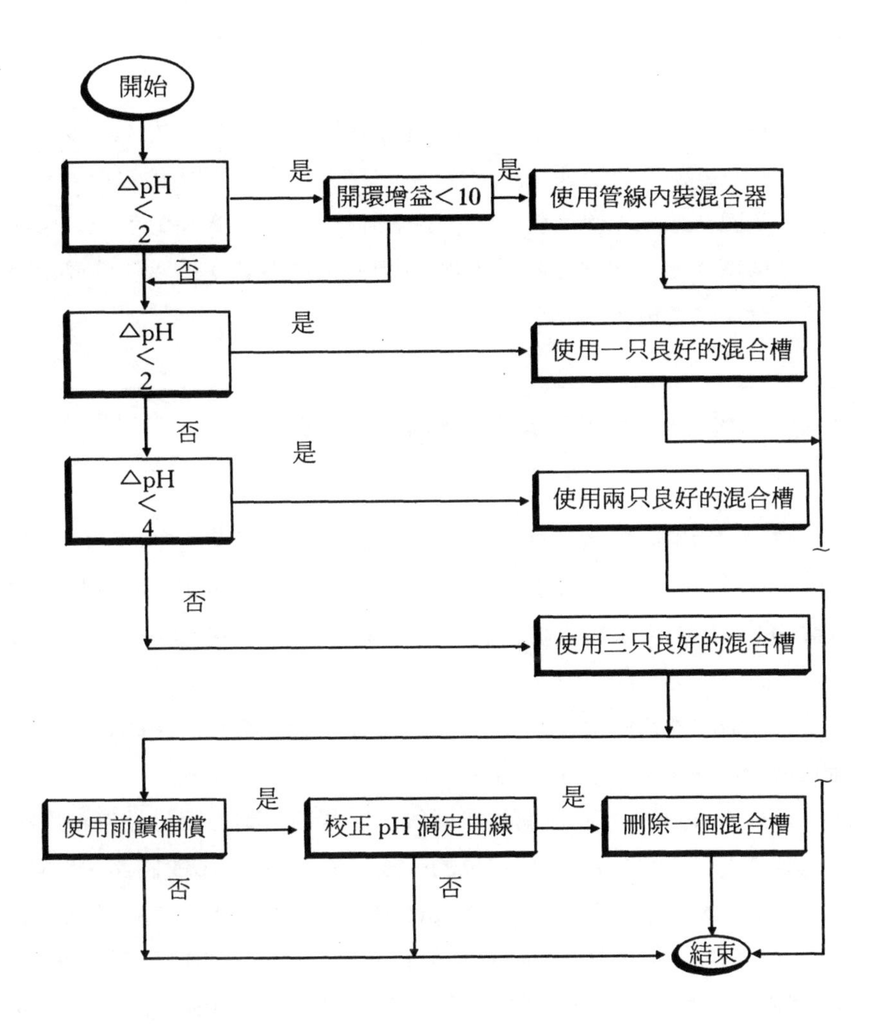

圖 8.7　pH 控制所需槽數之簡易判斷法則[1]

（已蒙 ISA 授權同意，自原著轉印）

須考慮其在溶液中的溶解速度，有些可能長達數分鐘而影響到 pH 之控制效果。

8.3.3 製程管線之大小及其位置的考慮

製程管線的問題也須稍加留心。使用靜態混合器者，在進入混合器時，中和試劑流之管線速度至少應爲進料流管線速度的兩倍以上，以達到更佳的混合效果。使用桶槽做 pH 控制者，中和試劑流的管線口應配到攪拌機葉片的上緣處（圖8.3(c)爲一半液位高度處），以便讓混合流下拉到葉片時做更佳的混合。

8.4 控制閥特性對 pH 之影響

控制閥的遲滯現象（Hysteresis，2.3節中已提）是影響 pH 控制效果的元凶之一，遲滯現象造成精度及控制範圍能力的問題。**圖8.8**顯示當 pH 的控制目標在陡峭線上時，所需要的精度遠高於 pH 的控制目標在平緩曲線上時的情況。

對於強酸強鹼的中和情況，1%的遲滯可以造成 ± 3pH 的誤差或是6個 pH 的誤差範圍，不可不慎。

圖8.8(a)的 pH 控制在曲線和緩段，當中和試劑的流量控制精度在0.1個中和試劑對進料流量比單位的誤差下（B 段），pH 將產生1個單位的誤差（A 段），而圖8.8(b)的 pH 控制在陡峭線上，當中和試劑的流量控制精度在0.01個中和試劑對進料的流量比單位的誤差下，pH 就有1個單位的誤差。因此，對(b)而言其精度要求將10倍於(a)的精度要求。pH 控制所用的控制閥其遲滯現象的要求必須非常的低，有些控制閥廠家有 pH 專用之控制閥，甚至新式之數位型控制閥更可提供到遲滯現象少到0.02%的程度，必要時應考慮選用。當然，定位器對於 pH 控制閥而言是必備的附屬設備，不能省掉。

此外，pH 控制閥其閥塞特性的選擇以快開式閥最佳，線性閥居次，而等百分比閥最差，因其非但無法概略消除 pH 特有之 S 型非線性特質，反而惡化此一非線性情況。可是等百分比閥所能提供的範圍度最寬，若要選擇等百分比閥，須將其輸出做適當的修改。

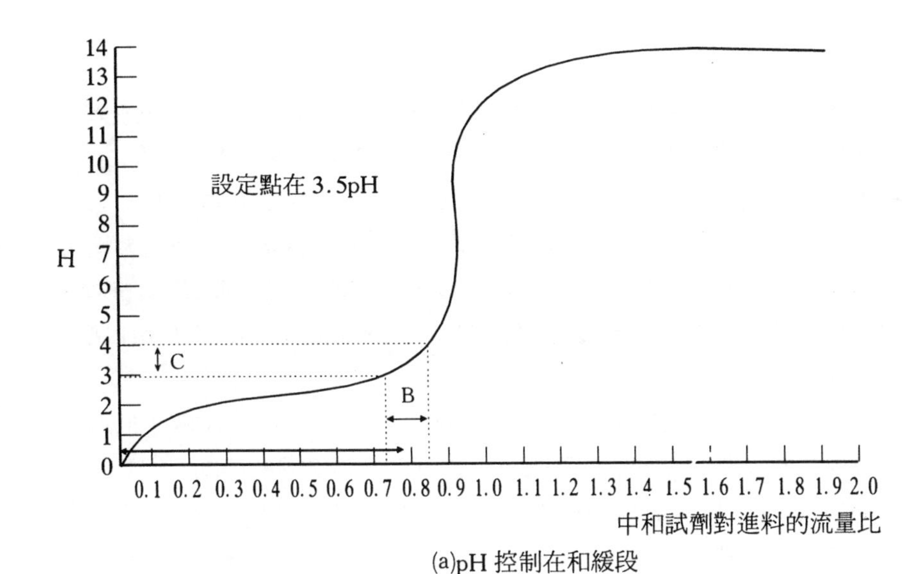

(a)pH 控制在和緩段

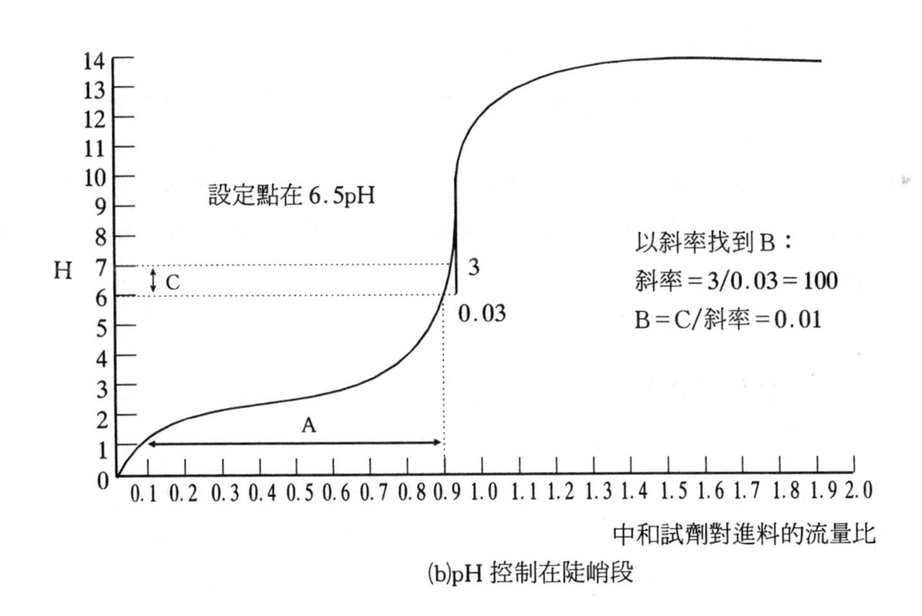

(b)pH 控制在陡峭段

圖 8.8　控制在陡峭段的 pH，必須有相當高的控制精度[1]

（已蒙 ISA 授權同意，自原著轉印）

由於 pH 在陡峭部分時變化極大，爲了提供良好的控制精度及滿意的工作範圍，兩個不同的工作範圍的控制閥是必要的。其控制方法可有兩種選擇：

第一，如圖8.9(a)所示：兩個平行的中和試劑控制閥，一個較大，另一個較小。使用兩個 pH 控制器，並使用與圖10.8一樣的 RATIO & BIAS 串控兩個控制器，以避免兩只控制器的設定點不同，而產生衝突。主控制器 pHIC1控制大閥是一般的 PID 控制器，以提供大幅度（達到大工作範圍的目的）之修正，而其精度則靠小控制閥的調節來完成。爲了降低這兩個控制閥之交互作用現象，小閥控制器只要用比例控制器即可。

第二，如圖8.9(b)所示：一樣使用兩個一大一小的控制閥，但爲維持小控制閥之開度停於50%附近，以提供較優越之精度控制。因此使用 pHIC1之 PID 控制器控制小閥，而以小閥的閥位控制器 ZIC1控制大閥，其設定點即爲50%，爲避免大閥修正過激導致 pH 劇烈變化，ZIC1只選用積分控制器即可。

使用這種一大一小的控制閥組合，可以兼顧控制閥的控制範圍能力及精確度。舉例而言，兩個範圍能力爲50：1的控制閥可以搭配成最大到2500：1的能力。

圖8.8已明示出在 pH 的特性曲線及 pH 目標值下，概略所需的控制閥範圍能力值，因爲大部分的 pH 控制在7附近，因此這種一對大小閥的搭配的設計頗符需求。

8.5 pH 控制器之設計

從 pH 的 S 型特性曲線來看，程序增益是一個變量，尤其在中和點附近，程序增益變化更大，因此簡易PID控制器根本無法應付此一情況，除非 pH 控制目標位於平緩慢變線段內，簡易 PID 控制器仍可靠其韌性而得以控制。不過，大部分的情況之下，仍須考慮下列這些方式的 pH 控制設計：(1)推理控制；(2)前饋控制；(3)三段式非線性控制（three-piece nonlinear controller）[2]；(4)人工智慧型 pH 控制。

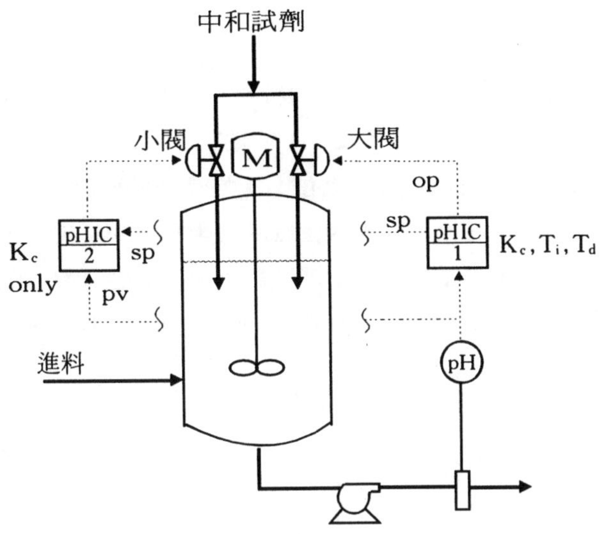

(a) pHIC2 爲 RATIO = 1.0，Bias = 0 的控制器，以確保其 SP 與 pHIC1 一樣

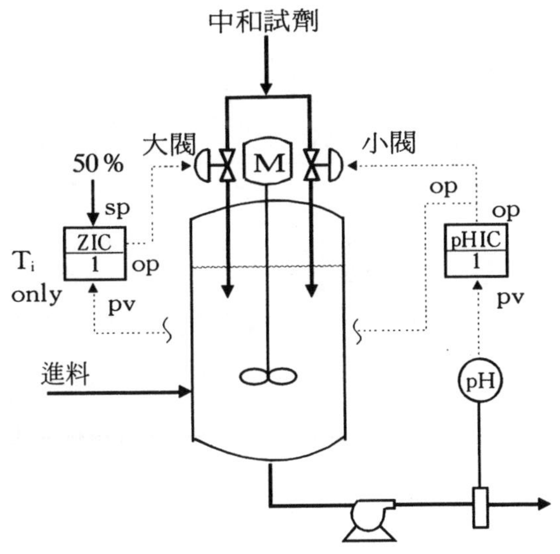

(b) ZIC1 爲閥位控制器，儘量(因只有一點點積分動作)將小閥開度拉到 50% 左右

圖 8.9　利用一大一小的控制閥組合來提供大工作範圍及高精確度的 pH 控制

8.5.1 推理控制

如果製程的 pH 的 S 型特性曲線可以**精確**得知，則根據 pH 的讀值，進料流量、pH 控制目標及 pH 特性圖，可以求得所需的中和試劑加入量，如圖8.10所示。計算器依 pH 特性曲線而設，在 DCS 內依控制目標值及進料量與中和試劑的濃度求出中和試劑所應注入的劑量，此種控制方式如第十一章所提之推理控制。但其缺點是眞實的 pH 特性曲線，因進料流組成的變化而與計算器的特性曲線時有差異，使得調整量錯誤，反而造成修正的偏差。

8.5.2 前饋控制

進料股的pH可能有所變化，若能將此一干擾預先給予補償是最好

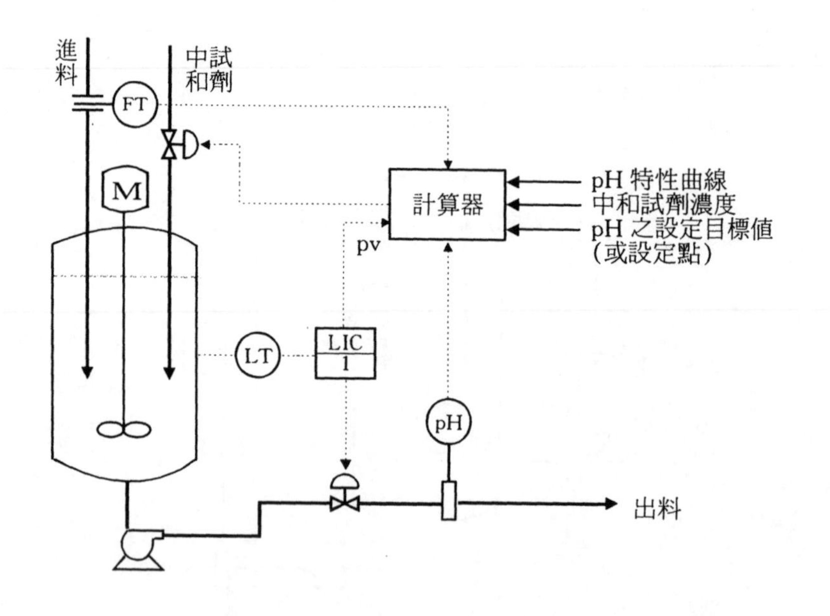

圖 8.10 pH 之推理控制

不過的事，因此自然而然地我們會考慮到使用前饋控制，其方法如前一章所言，不再重述。控制架構示於**圖8.11**。這裏必須一提的是，**pH** 的前饋控制有時會不靈光，原因是進料流的緩衝能力可能也起變化，導致中和試劑的加入量必須「反轉」。**Gustafsson**[3]已經實驗證實此一現象；在**圖8.12**的酸滴定鹼流的實驗結果中，注意三個特殊的時間（垂直點線所示），在這三個時間點，進料 **pH** 的變化，卻引起槽桶 **pH** 反向的變化，而作動變數亦須做反向修正，以將 **pH** 拉回設定點。因此前饋控制器在這些時點內的控制方向將剛好相反而造成不穩定，但是第七章說過前饋控制器的穩定性及可靠性相當高，而像圖8.11的「反向」時段雖造成控制系統的不穩定但時間極短，大部分的情況下前饋控制仍提供較優越的控制效果，是否使用前饋控制則須謹慎評估一下整體之控制效能是否划算了。

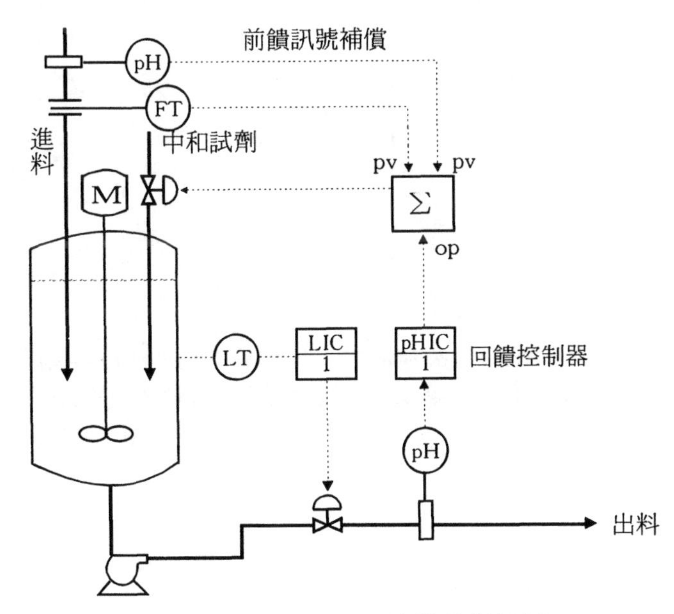

圖 8.11　pH 之前饋控制設計

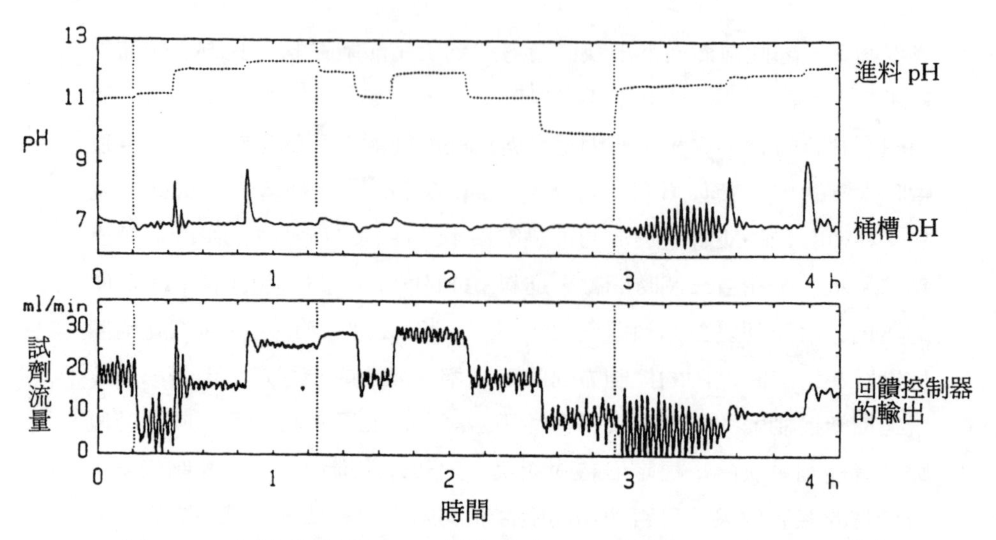

圖8.12　在點線時進料 pH 變化並未引起桶槽 pH 之同向變化[3]

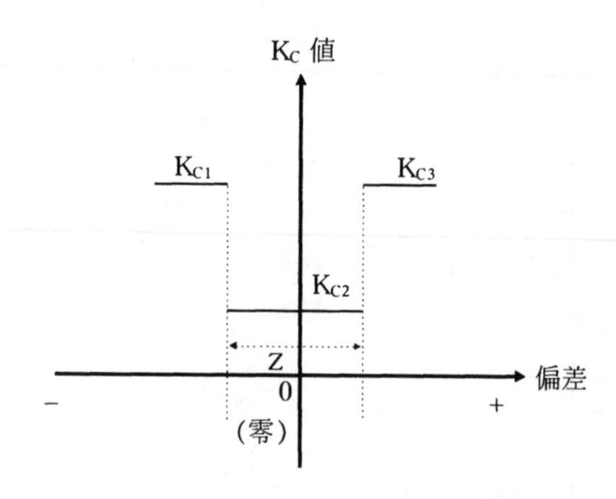

圖 8.13　根據 pH 的 S 型曲線所設之三段不同 K_C 的 PID 控制器，各段 K_C 之工作範圍應隨 pH 之設定點在 pH 曲線上的位置而適當調整

8.5.3　三段式非線性控制[2]

根據 pH 的 S 型曲線：製程增益兩邊小，中間大的特性，PID 控制器的 K_C 值，必須訂為兩邊大、中間小的三段式設計，如圖8.13所示，

圖中低 K_C 值所工作的範圍最好能設計成隨振盪是否劇烈而得以調整的方式，以加強 PID 控制器之效能。

8.5.4 人工智慧型 pH 控制

利用類神經網路（neural network，第十四章）預測程序中 pH 的變化，並加以控制已得到商業測試上的成功[8][9]，諸如圖8.12的 pH 反轉現象，均可能用類神經網路得到成功的預測，並因而可以被控制。所以當 pH 在程序中變化莫測時，可以考慮使用類神經網路找到合適的模式再加以控制。在第十四章，對此將有進一步的說明。

8.6 結　語

pH 由於其特性曲線的非線性非常大，導致在控制上具有相當的困難度。在這章，我們可以看出要控制好 pH，光從控制手法上下手是不夠的。所有控制四要件的配合才有可能得到一個好的 pH 控制，包括：量測儀器、位置的選擇……；程序管線、混合程度的安排……；大小控制閥的結合、控制閥精確度的要求……；各式控制器之設計等，實為一極佳的程序控制設計典範，值得熟悉之。

參考資料

〔1〕Gregory K. McMillan, *pH Control*, Instrument Society of America, 1984.

〔2〕F. G. Shinskey, *Process Control System*, pp.65、70, pp.242-243, pp.393-404.

〔3〕T. K. Gustaflson & K. V. Waller, *Myths about pH and pH Control*, AICHE, Feb. 1986, p.335.

〔4〕B. Jayadeva, Y. S. N. M. Rao, M. Chidambam & K. P. Madhavan, "Nonlinear Controller for A pH Process," *Computers Chem Engng*, Vol.

14, No.8 pp.917-920, 1990.

〔5〕S. C. Creason, "Selection and Care of pH Electrodes ," *Chemical Engineering*, Oct. 1978, p.161.

〔6〕J. Hodulik, "Understanding pH Measurement and Control," *Plant Engineering*, Sep. 1983, p.95.

〔7〕B. A. Horwitz, "pH Rustrations of a Process Engineer," *Chemical Engineering Progress*, Mar. 1993, p.123-125.

〔8〕H. Zhao, J. Guiver & C. Klimasauskas, *NEUCOP* Ⅱ : *A Nonlinear Multivariable Process Modeling, Control and Optimization Package*, AICHE 1997 Spring, National Meeting for "Practical Applications of Advaned Process Control and Analysis ".

〔9〕D. R. Baughman & Y. A. Liu, *Neural Networks in Biopro Cessing and Chemical Engineering*, Academic Press, Inc.,1995.

第9章

批次程序之控制

◈研習目標◈

當您讀完這章，您可以

A.瞭解每一批次操作之時程進展。

B.瞭解 PLC 上使用之時序控制（time-sequence control）及 DCS 上使用之程式控制（pro gram control）如何應用在批次製程。

C.瞭解 PD 控制器、斜坡設定點變化（set-point ramping）控制器及最佳轉換（optimal switching）之設計如何消除批次程序中最常見的超越現象。

批次程序常見於產量較少種類較多的特用化學品之生產，通常可分成下列四種生產類型：

- 單一產品，單一生產線（single product, single stream），如圖9.1(a)。
- 多種產品，單一生產線（multiple products, single stream），如圖9.1(b)。
- 單一產品，多條生產線（single product, multiple streams），如圖9.1(c)。
- 多種產品，多條生產線（multiple products, multiple streams），如圖9.1(d)。

因生產需要而有不同的選擇，產品越多，生產線越多時，其所牽涉到的排程及控制技巧也越多。

典型批次程序具有下列特質：

- 更換批次所須之設備**閒置時間（idle time）**。
- 經常性的開停俥（frequent startup and shutdown）。

前者帶來設備使用率下降及產生許多沒有意義的警報（alarm），後者實爲批次程序難以控制的主要原因，其引起之問題諸如：

- 開停俥所經歷的變化範圍廣闊，其非線性特質不容忽視，因而造成控制上的困難。
- 即使生產同樣的產品，因原料性質的差異，仍可能造成控制不易的現象。
- 配合經常性的開停俥，所須之序列控制重要性大增。

因此，程序控制在批次程度上應提供下列功能，以提升批次工廠之競爭力及利潤：

- 對同一批次同一時程之操作應能有效的控制，並減少人員僱用率。
- 減少每批次間設備閒置時間。
- 支援生管需要（如能源使用率、財務會計之計量……等）。

爲了達到此一目的，對於批次程序之控制架構應從三方面著眼：

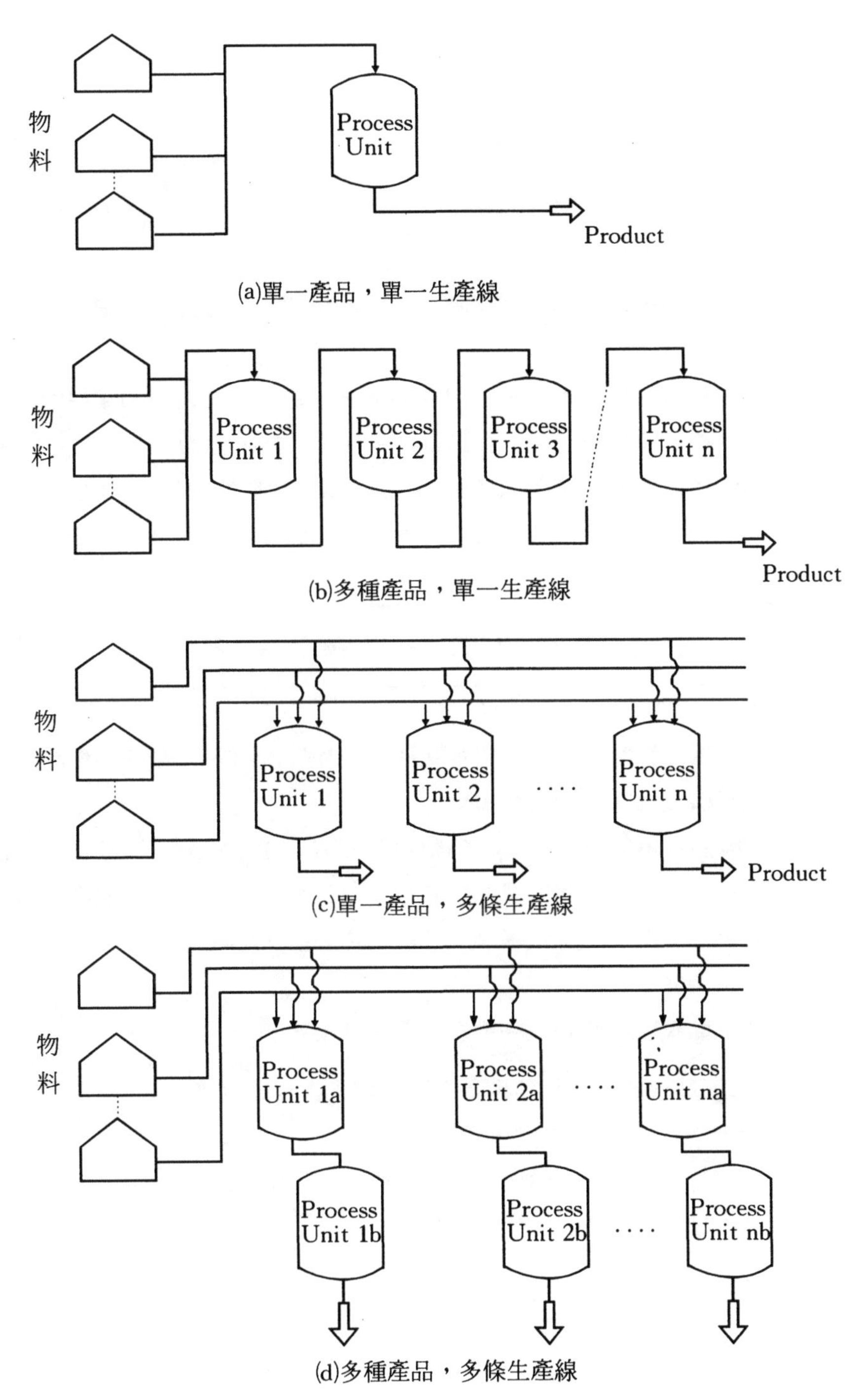

圖 9.1　批次程序之生產流程類型[1]

·上層：批次環之控制（batch-cycle control）。

·中層：單元操作之控制（unit-operations control）。

·基層：間續控制（discrete control）及調節控制（regulatory control）。

如此才能對批次程序控制有一綜觀的瞭解，各層控制的細節容後介紹。

批次程序可以說是連續性程序的縮影，時間爲其重要的關鍵因素，因此，其控制特性自成一，特於進階控制中介紹。然而，由於其不容忽視的非線性，對於控制要求較嚴的程序，批次程序控制實屬高階控制，有需要的讀者應融合本書第Ⅲ部分的說明，做進一步的研究。

9.1 批次環之控制—上層批次控制

批次環之控制主要是針對批次間的排程控制而言，對於多種產品及多條生產線之批次製程尤顯重要。

當客戶下單後，廠家即必須對這些訂單之產品種類、等級及交貨期預排流程，對生產種類繁多的工廠而言，這並不是一件簡單的事，因此有必要對每一批次的生產種類及等級預作安排，才能產出客戶所要的產品，並如期交貨。

通常批次環之控制，著重在生產管理上，包括：

·決定每一種產品及等級之生產時程。

·正確掌握每一批次的生產排程。

·當製程出狀況時，操作員得以暫停（hold）此系統或以手動操作方式完成該批次之操作。

典型之批次環控制如圖9.2所示。

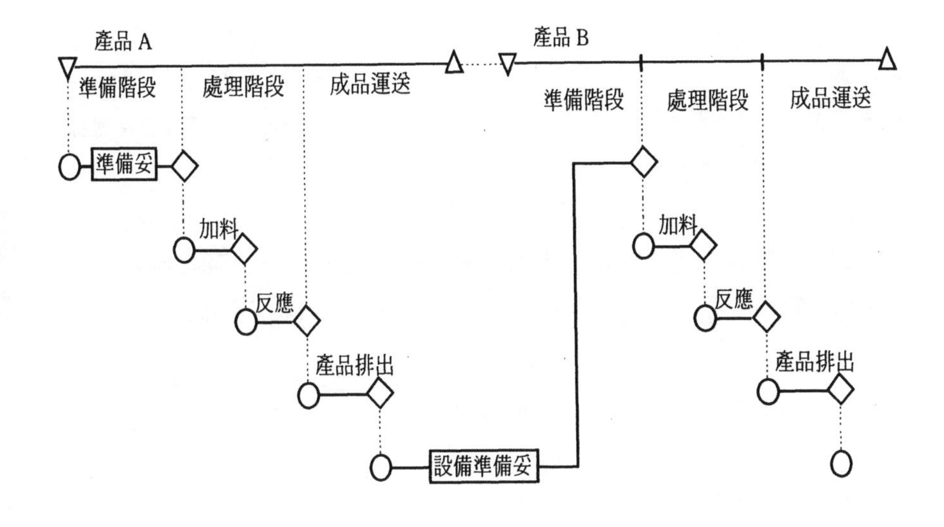

圖 9.2　某生產線之批次環控制(此圖顯示兩批次)

9.2　單元操作之控制─中層批次控制

爲了完成如圖9.2之諸如「加料」、「反應」等動作，批次程序之各單元設備必須有條不紊的接續或同時按設計條件作動才能完成處理階段的程序。通常有兩種常用的設計方式：**時序控制方式**及**程式控制**方式，前者較適合用可程式控制器（programmable logic controller, PLC）而後者較適合用DCS，以下將分別介紹之。

9.2.1　時序控制

由於整個批次程序的完成有賴於所有單元設備的諧調動作，而每一個操作設備均依時間及事件（events）而動作，故一個包含所有個別設備，對時間的動作圖將清楚地顯示每一個設備在每一個時間及事件下其相對的動作，這些設備動作的組合即顯示出該單元操作之處理情形，這種圖稱之爲**時序圖**（time-sequence diagrams）。設計者依製程需要而製作的時序圖，即爲建於 PLC 上階梯圖（ladder diagram）之母本。時序圖最大的優點就是它可以一目瞭然的看清各個設備的動作及其組合而成的動作，方便用於設計及除錯（trouble-shooting），美國儀器協會所制定的時序圖符號列於**圖9.3**，可以參考之。

〈**例9.1**〉

試設計如**圖9.4**(a)之時序批次流量自動控制，此一自動控制包含一組啓動/停止開關及一個馬達電流安全連鎖系統，其它條件尙有：

1. 泵啓動前，控制閥開度應全開。
2. 泵啓動後，控制器 FIC 置於自動位置。
3. 泵停止運轉的條件（即事件）有：
   a. 操作員按下停止按鈕。
   b. 馬達電流安全連鎖系統作動。
   c. 控制器置於自動後，經一段時間控制閥開度始終無法大於5%（此顯示某種問題之發生）。
4. 泵停止後，控制器改爲手動，並將控制閥關死 。

〈**說明**〉

圖9.4(b)之時序控制圖，顯示出啓動/停止按鈕、控制閥、泵、控制器及連鎖系統之時序相關圖，茲概述如下：

1. 在 t_0時，啓動按鈕上線，控制閥隨即全開。（pulse 信號）
2. 在 t_1時，泵啓動。
3. 在 t_2時，控制器置於自動位置。
4. 當泵停止運轉條件之一成立時，如題意之3，泵隨即停止運轉，時間成 t_6。
5. 製程一切正常，此批次反應終了，操作員按下停止按鈕，泵立即停轉，時間爲 t_7。
6. 題意3之事件 b 及 c 也一併考慮，其時間分別爲 t_4及 t_5。

時序控制圖可以作爲方法工程師、儀器工程師及控制工程師溝通的管道，避免彼此間之誤解。

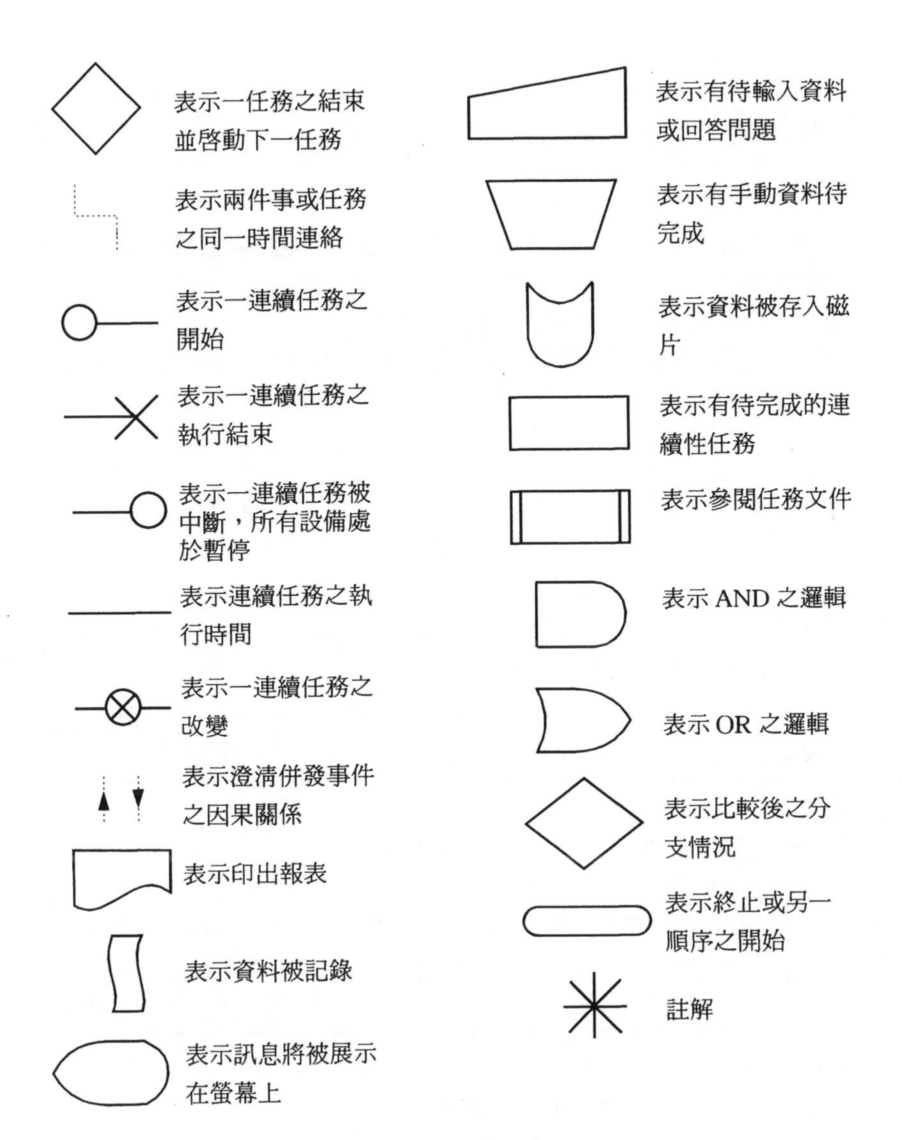

(a)單一符號說明

圖 9.3　美國儀器協會所推薦之時序控制符號圖[12]

（已蒙 McGraw－Hill 公司授權同意，自原著轉印）

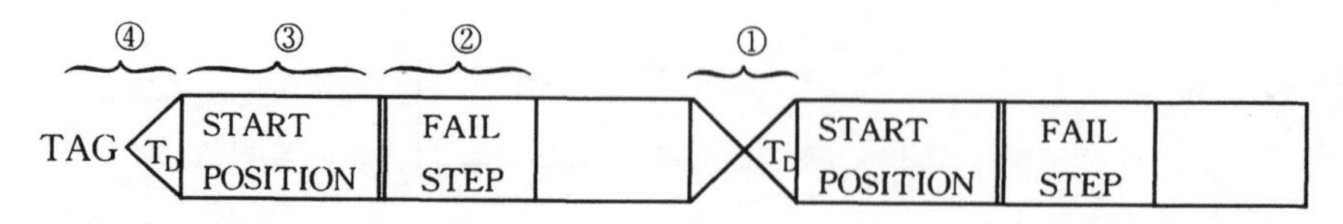

①任務改變：表示狀態之改變。

②任務失效之轉換：表示在預設等待的時間內未達到指定狀態或設備故障時應轉換到的狀態。

③任務開始位置：表示該任務開始時之設備狀態。

④任務開始：表示間斷控制將執行的任務開始，T_D 表示等待的時間(通常以秒計)，此時間內設備必須轉至任務開始位置，否則視為失效。

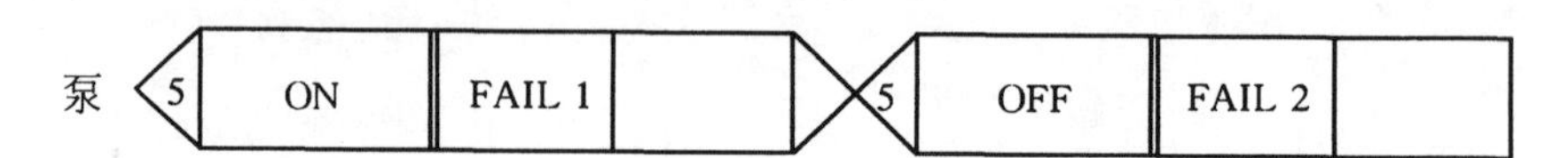

解釋：

泵起動且允許在 5 秒內達到完成啓動，若泵無法在此時間內啓動或啓動後因故失效,則跳到 FAIL 1 之失效處理。之後泵被按停，若 5 秒內未停止或因故無法停止，則跳到 FAIL 2 失效處理。

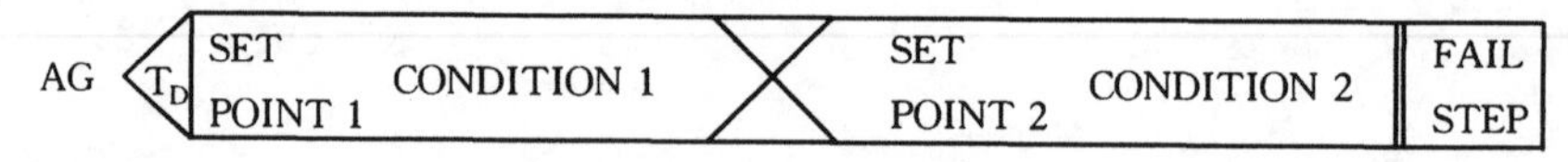

解釋：

若條件 1 為眞，則設備狀態為 SET POINT 1。

若條件 2 為眞，則設備狀態為 SET POINT 2。

若設備無法在 T_D 時間內到達新狀態或失效，則跳到 FAIL STEP 去處理。

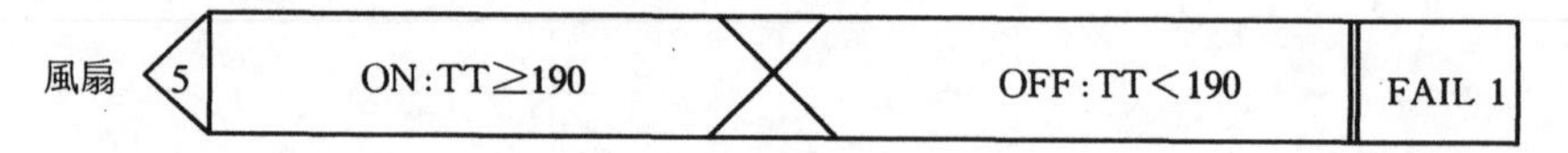

解釋：

當溫度≥190 啓動風扇且溫度<190 關掉之。

若在 5 秒內未成功轉換到新位置，則到 FAIL 1 之失效處理。

(b)時序圖：前二例為單一條件，最後二例為多重條件

(續)圖 9.3　美國儀器協會所推薦之時序控制符號圖[12]

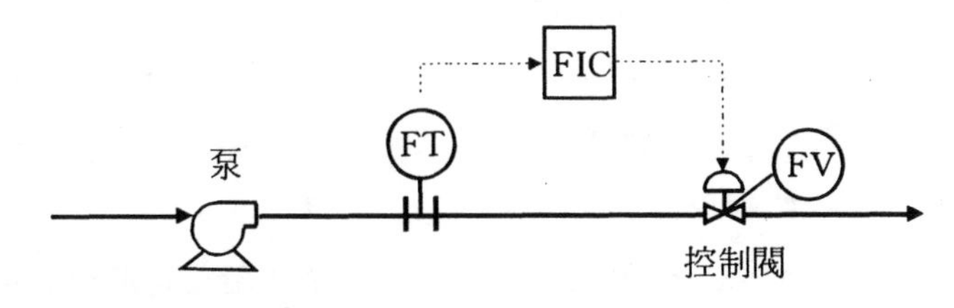

(a)流量迴路

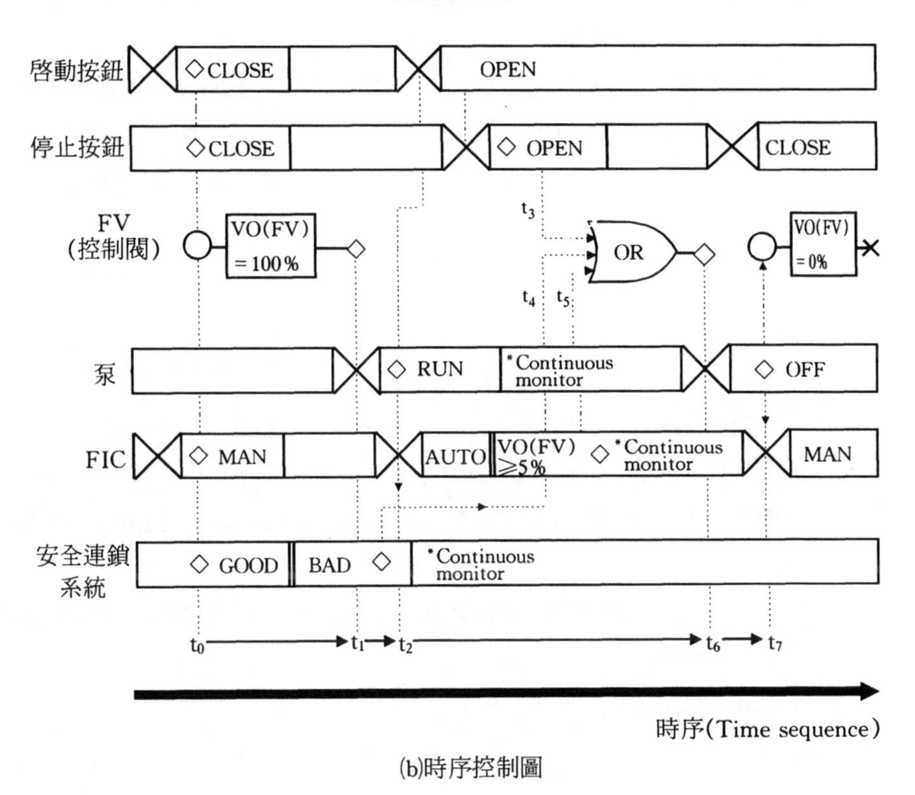

(b)時序控制圖

圖 9.4　時序批次流量自動控制圖[1]

9.2.2　程式控制

任何一種 DCS 均提供程式控制的能力，廣義來說程式控制並不只適用於批次製程，連續式製程也常使用程式控制。程式控制具有變化多端的靈活性，故對於奇特的要求或需要複雜運算的控制特別適合，但其最大的缺點即是：對操作員而言，程式控制完全是個黑盒子（black box），常使操作員人心生恐懼並增加其心裡負擔。依筆者經驗，對連續式製程而言，程式控制永遠是「不得已的最後選擇」，除非需要否則不要動輒使用程式控制；對批次製程，程式控制之使用有時無可避免，例如，某些廠只有 DCS 而無 PLC，或順序控制（sequence control）中夾雜着頗多的複雜運算。

程式控制通常將單元操作控制分成幾個**階段**（phase），每一個階段並依任務所需，如加料、反應、加熱、冷卻、卸料及清洗……等命名之。同時，每一個階段的完成均由一個或數個**步驟**（step）來完成之。

〈例9.2〉

以 DCS 之程式語言完成〈例9.1〉之順序控制，假設在 DCS 上已建有下列各點：

- switch 點：SWITCH101（on/off 表示操作員啓動/開關此一批次操作）。
- digital composit 點：PUMP101（其 PV 值 good/bad 表示泵之運轉狀況良好/有問題，其 OP 值 run/off 表示將泵起動/關閉）。
- digital input 點：INTRLOCK（good/bad 表示馬達連鎖系統良好/有問題）。
- control loop 點：FIC101。

〈說明〉

以 Honeywell TDC－3000之 APM 爲例說明，其程式語言可以寫爲：

SEQUENCE PUMPFLOW（APM；POINT FLOW101）

EXTERNAL SWITCH101, PUMP101, INTRLOCK, FIC101

LOCAL a_1 AT NN（1） －－i,e,SET a_1＝100

LOCAL a_2 AT NN（2） －－i,e, SET a_2＝5

LOCAL t_1 AT NN（3） －－SWITCH IMPULSE DELAY

```
                    TIME,SEC
  LOCAL t6 AT NN ( 4 )  - -BATCH COMPLETE TIME,HR
  LOCAL t5 AT NN ( 5 )  - -
PHASE START
  STEP ONE
  IF SWITCH101.PV=OFF THEN GO TO L1
  IF INTRLOCK.PV=BAD THEN GO TO L1
  SET FIC101.MODATTR=PROGRAM
  SET FIC101.MODE=MAN
  SET FIC101.OP=a1
  STEP TWO
  WAIT t1 SECS
  SET PUMP101.OP=RUN
  IF PUMP101.PV=BAD THEN GO TO L1
PHASE FLOWCTRL
  STEP ONE
  SET FIC101.MODE=AUTO
  SET FIC101.SP=40
  WAIT FIC101.OP>=a2 ( WHEN t5 MINS ; GOTO L1 )
  WAIT  t6 HOURS  - -  TO COMPLETE BATCH OPERATION
PHASE FINISH
  STEP ONE
  L1 : SET FIC101.MODE=MAN
       SET FIC101.OP= -5.0
END PUMPFLOW
```

每個 DCS 之程式語言所用語法各異，此只舉一例，說明程式語言如何完成順序控制之設計。

9.3 間續控制與調節控制—基層批次控制

批次程序的基層控制為配合各種單元操作所須的**間續控制**及達成各種控制目標所須之**調節控制**結合而成，例如，〈例9.1〉中之啓動／停止開關，泵及連鎖系統為間續控制，而流量控制器為調節控制。這兩種控制均為批次程序之基礎控制所需，缺一不可。

9.3.1 間續控制

間續控制的目的有三：

·作簡單的開/關動作。

·作為安全連鎖系統之使用。

·一般的順序控制。

傳統的設計均靠切換開關（limit switch）及電驛（relay）之搭配來設計，現在的PLC及DCS均使用邏輯動作（logic block）搭配現場的電磁閥或電驛來作動更能發揮變化多端的設計方式。**表9.1**列出各邏輯功能的眞值表。

〈例9.3〉

試以〈例9.1〉之時序控制圖，設計一適當的邏輯控制，其DCS

表9.1 常用邏輯函數真值表

第一輸入信號		0	0	1	1
第二輸入信號		0	1	0	1
各	AND	0	0	0	1
函	OR	0	1	1	1
數	XOR	0	1	1	0
之	NAND	1	1	1	0
輸	NOR	1	0	0	0
出	Pulse	0	0	0	Pulse

上所建的點與〈例9.2〉一樣。

〈說明〉

根據〈例9.1〉之要求，在 DCS 上之邏輯動作設計示於圖9.5。

9.3.2 調節控制

批次程序的調節控制指的是如連續製程中所普遍使用的流量控制、溫度控制、液位控制、壓力控制、成分控制或 pH 控制等。因爲批次程序常需要經歷開俥、穩定控制及停俥等操作時程，因此其調節控制的目的，即在保持歷經三階段的過程中，各控制目標均能如預期被穩定的達到。

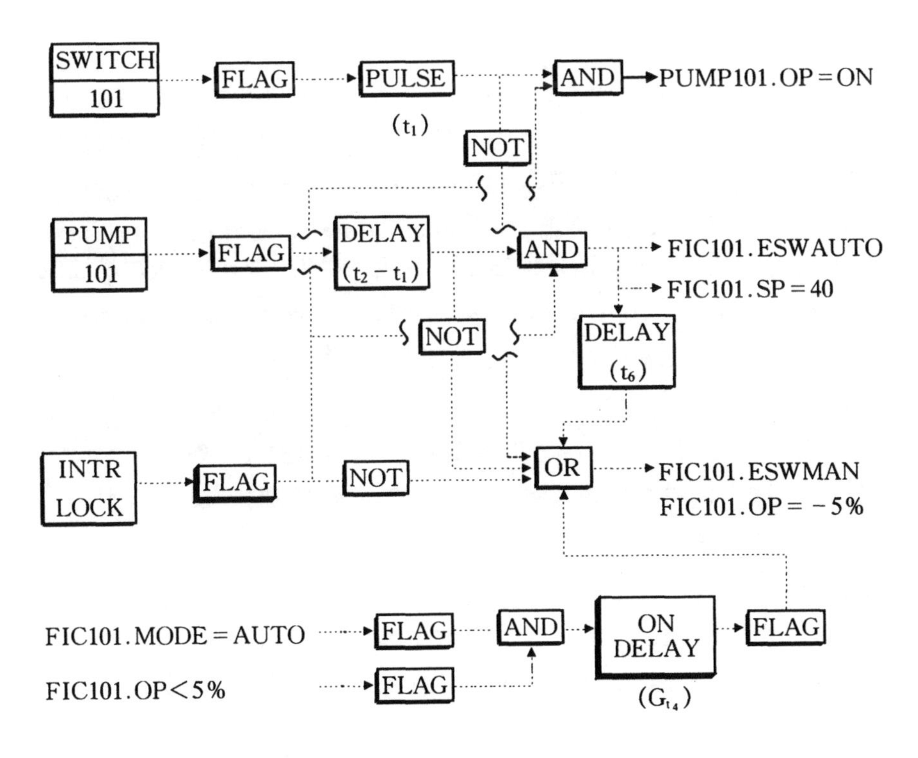

圖 9.5 〈例 9.1〉之邏輯控制圖

批次程序的調節控制較連續程序之調節控制困難度更高，如果說被控變數之特性本身又為非線性（例如 pH），那麼想在每一個批次階段都能保持良好控制則更屬不易，通常對非線性的補償（nonlinear compensation）勢所難免。

比例—微分控制器

一般來說，批次程序的調節控制之好壞與否，大多看從開始進料到穩定控制的目標時，其所須時間越少且其超越越少者越好。為了消除超越，控制器均使用比例—微分控制器，積分器（I）不要使用在此一積分程序。根據 Shinskey[11] 的研究，此一 PD 控制器之調諧參數的設定若為：

$$K_c \cong \frac{\tau_1}{1.2\tau_d} \qquad (9.1)$$

$$T_d = \tau_2 + 0.5\tau_d \text{，（且只對 PV 修正，而不對偏差修正）} \qquad (9.2)$$

其中，τ_1為一次時間常數（primary time constant）

τ_2為二次時間常數（secondary time constant）

將可以對 two capacity 積分程序避免有超越現象。此類批次端點控制（batch end point control），可能隨每批特性不同，而須重新調諧，因此宜稍保守，視情況需要，再予加強控制器強度。

〈例9.4〉

有一批次反應槽，其反應重要變數之一為反應物 A 與 B 之比例，試設計一適合之控制策略，使反應槽之液位達終點時，反應物 A 與 B 之比例亦達到吾人所設之設定點。

〈說明〉

在如圖9.6的批次進料程序，AIC 為反應物 A 與 B 之成分控制器，RATIO 為（FICB/FICA）反應物 B 對反應物 A 之比例控制器。

控制目標：

1. 讓桶槽液位（LIC）漸次爬升，並避免達設定點時有超越現象。
2. 在液位累積過程中，反應物 A 與 B 之調和成分能穩定控制。

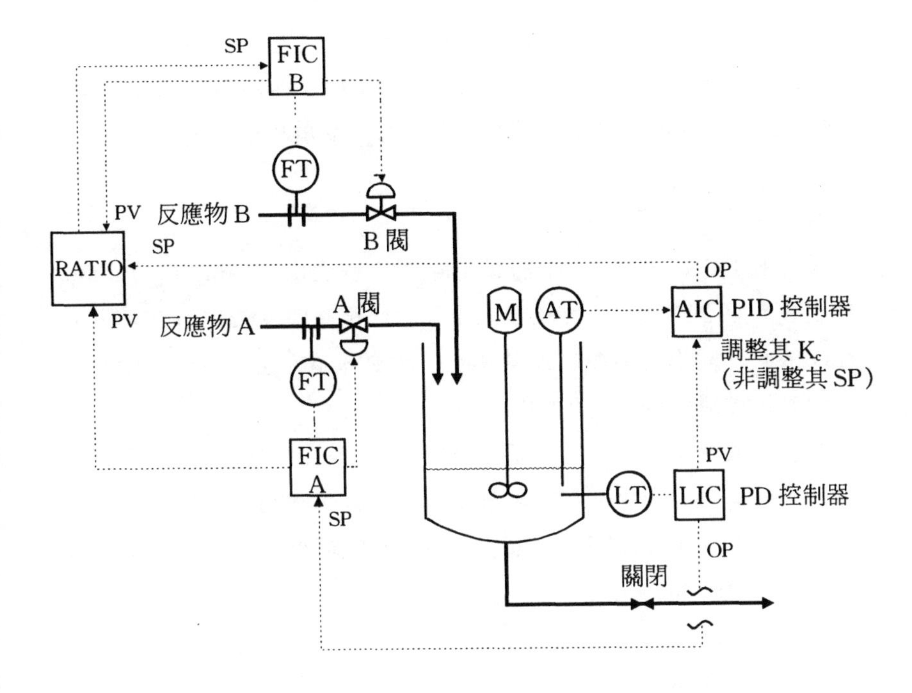

圖 9.6　批次進料程序之液位及成分控制

控制策略：如圖9.6：

1. 以液位控制器，調整反應物 A 之進入量，同時以比例控制器維持反應物 A 與 B 之進料比，爲避免液位有超越現象，液位控制器選用比例—微分控制器。
2. 爲確實控制 A、B 之成分，由成分分析儀之分析值（AIC 控制器）來精調比例控制器，即以 AIC 串控 RATIO。AIC 控制器可以使用積分動作來消除偏差。同時 AIC 控制器之 K_c 值必須隨液位之增加而增加，這是因爲當桶槽體積增加時，進料量 B 對成分之影響力漸少（或其程序增益漸減）之故也。這種現象，類似放水入浴缸的情況，開始時浴缸的水較少，很容易用冷熱水量調節其水溫，但當浴缸的水積多時，則必須用較大的冷熱水量（或等較久的時間）來調節水溫。

此一控制策略❶之設計必須搭配方法設計上的限制，否則成分可能無法控制：在每一批的進料中，必須選擇乘以比例後之反應物中之小流量者爲反應物 A，大流量爲反應物 B。因爲 LIC 使用 PD 控制器，開始注料時，A 閥必完全開，若 B 股管線達不到 RATIO 控制器所要求的流量，則成分控制就會失效。

設定點以斜坡方式變化

大部分的 DCS 均提供控制器設定點有斜坡變化（ramping）的功能，所謂設定點之斜坡變化即給予設定點之變化終値及變化所需時間，設定點即依此一變化速率漸次改變其值。而 PV 值亦將隨 SP 值而漸次變化，達到被控變數穩定變化的目的。

設定點斜坡變化的特性，乍看之下頗能符合批次程序控制的要求，實則未必。此一方式產生之超越現象極大，並非一個明智的選擇，若減少斜坡速率（即加長其時間），則超越現象可望縮小，但仍無法完全消除，惟付出增長時間的代價，得不償失。

最佳轉換

當某一被控變數由一個狀態改變到另一個狀態時，我們希望它能以最短的時間到達且沒有超越的現象，這對於簡單的線性程序而言是可能的。首先，爲了縮短時間，當設定點改變時，控制閥的開度即全開或全關；接著，在快達到終點「**前**」，控制閥開度又恢復原來的開度；最後，PV 值平穩的到達新設定值且沒有超越現象，這種使控制閥開度巧妙變換的設計就叫**最佳轉換**。

如圖9.7，當設定點改爲一新高值時，控制閥即由原來之開度 q% 改爲100%，以全速上升，當到偏差爲 e_ℓ 時，開度又回到先前之 q%，最後 PV 值將沒有超越的到達設定點。這一設計的關鍵在於**何時**將控制閥由100%，恢復到原先之 q%，以避免超越。注意當控制閥由 q%切到100%時，實際上，該迴路已經變爲開環，參考圖3.4，此一具靜時程序變化可寫爲：

$$\tau_d \times \frac{d(PV)}{dt} = \frac{m-q}{\tau_1} \times \tau_d \qquad (9.3)$$

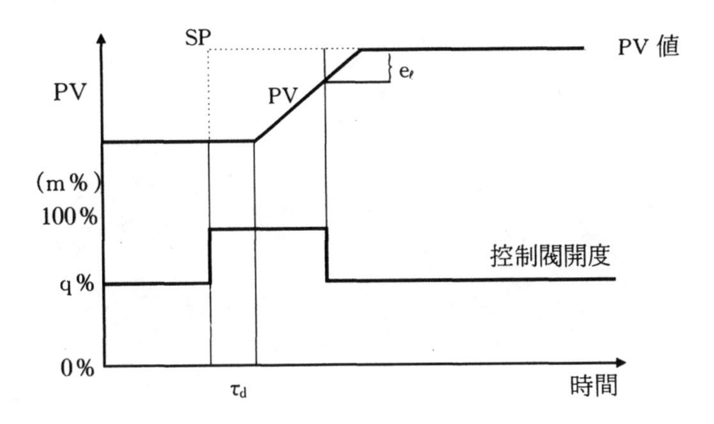

圖 9.7　最少時間達到新狀態且無超越現象

其中，τ_1為時間常數，

τ_d 為靜時，

所以當偏差為 e_ℓ 時，控制閥由100%切回 q%，以避免超越。

$$e_\ell = \frac{\tau_d}{\tau_1}(100\% - q) \qquad (9.4)$$

因此，只要充分掌握程序特性之時間常數及靜時，這種沒有超越的最佳轉換設計是可行的。

對於批次程序之控制而言，這種最佳轉換之設計更加簡單，而頗為適合，例如，在〈例9.4〉中若成分不予控制且知道進料流 A、B 對液位的靜時，則計算桶槽體積與設定點之體積差，當此差值等於反應物 A 與 B 之流量和乘以其靜時時，即關閉此二流，如此，液位將可沒有超越的到達。

對於需要經常改變狀態的連續製程而言，這種可往上往下之最佳轉換設計示於**圖9.8**。其中 e_ℓ 表示低偏差值，e_h 表示高偏差值，e_ℓ 及 e_h 之求法仿（9.4）式。

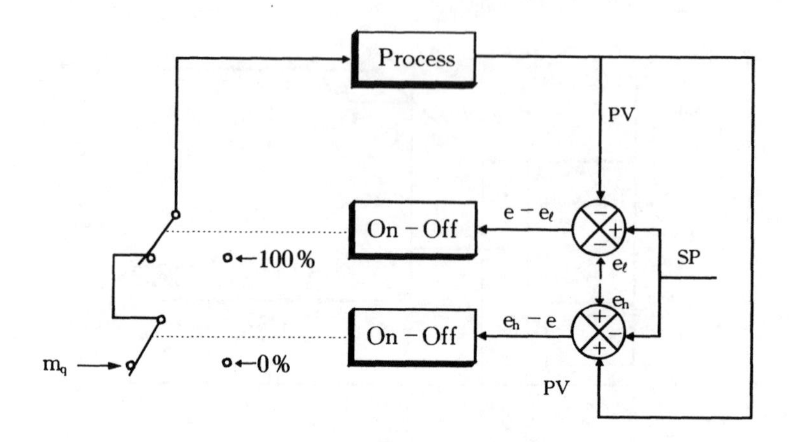

圖 9.8　雙向最佳轉換之設計[11]
（已蒙 McGraw－Hill 公司授權同意，自原著轉印）

自我調諧控制器

14.2節中提到的自我調諧控制器（**self tuning controllers**），在某些連續製程中的使用成績已獲肯定，惟在批次程序中並不適合。因爲自我調諧控制器常須擾動一些作動變數來求取模式，這些方法並不適用於批次程序。

但是近年來由於類神經網路運用的技術愈趨成熟，有越來越多的批次製程使用類神經網路控制器的研究報告出現，惟商業化之使用仍不多見，希望不久的將來能有更多的實用例出現並且普及化。

9.4　結　語

前面各節已詳述了所有批次程序之控制設計技巧，最後將對此做一總整理，以使讀者更能有結構化的批次控制觀念，而批次程序之控制系統選擇常引起困擾，這裏將作一簡評：近來由於電腦整合的技術日新月異，對於程序控制目標與商業目標的結合將是提升批次程序工業競爭力的利器，值得重視。

批次程序控制策略之設計步驟

批次程序之控制策略設計之步驟非常分明，分述如下：

1. 定義每一程序：包括所有所須操作程序，如進料、預混、反應、摻合、包裝……等，每一單元程序之結果均必須詳細定義。
2. 定義所有操作步驟：這是批次程序控制成功與否之關鍵，方法工程師必須詳細定義所有操作之步驟。
3. 將程序之操作步驟區分並設計控制策略：控制工程師依操作步驟將其區分後，依時序控制圖完成控制策略之設計（包括所有連鎖及調節控制）。
4. 檢查控制策略是否能達到緊急情況之操作要求：緊急操作步驟必須謹愼定義，而緊急情況發生時，控制系統必須能立刻切換到緊急操作步驟，並在人機介面上示出目前之程序狀態。
5. 模擬並修改控制策略：對於各種可能的情況，加以摸擬並離線測試所設計之控制策略是否能完成任務。
6. 線上測試及調整：將控制策略實際上線，並調諧所有控制器。
7. 不斷的改善：控制策略隨著操作技術之提升、量測儀器之改良……而配合增進之。

控制系統之選擇

傳統上因爲批次程序使用許多的間續控制，因此大多使用可程式控制器（PLC）以借用其優異之邏輯能力及運算速度。現在的 PLC 亦允許作一些簡單的調節控制以達到更精準的控制，惟 PLC 之人機介面功能較弱，選用時須考慮這點。

DCS 爲了搶攻批次程序的市場，幾乎均提供邏輯運算能力並在控制語言的語法上配合批次程序之需要，加上其優良的人機介面與調節控制能力，也有爲數不少的批次程序選用 DCS 控制系統，惟當點數較多時，若序列控制較多有可能使 DCS 負載過重，若估計不當將增加操作危險，不可不愼。

現在的控制系統價格占整體建廠費用的比重越來越輕，應該同時使用 PLC 來作邏輯順序控制，而用 DCS 來作調節控制及規劃人性化之人機介面畫面以達到最佳之控制效果，才是最佳的選擇。

批次程序之全面自動化

批次程序由於產量少、產品多樣化的特性，大多必須配合市場需要來預作排程，因此如何透過適當的計算才能得到最佳之排程，使設備使用率達到最大並得到最大利潤，便成爲批次程序工業經營所需之重要「武器」。

由於電腦整合之技術日益精進，批次程序之全面自動化似已成形，其主要的特徵，簡述如下：當公司接獲一些訂單後，經過最適化軟體之運算即決定各批次之排程，這些排程決定後，電腦即自動發出原料訂貨單給供應商，並要求其在最佳時間將原料送達廠區，而產品也將準確地依照排程產出並準時出貨，這樣不但降低原料及產品之庫存，並能達到最大生產效益。

全廠生產自動化將包括：

·自動排程。

·自動發出訂貨單給原料供應商。

·準確出貨。

·配方管理。

·批次環之自動監控。

·序列及調節監控功能。

·安全連鎖系統之監控。

若自動化操作設備配合得宜，實可做到無人化工廠之境界。

註　釋

❶在學完第十章「控制策略之設計」後，讀者可按這些技巧再予精進此一控制策略。

參考資料

〔1〕G. Severns & J. Hedrick, "Planning Control Methods for Batch Process", *Chemical Engineering*, April, 1983. pp.69-78.

〔2〕S. T. Lange, "Considerations for Batch Control", *Hydrocarbon Processing*, September, 1994, pp.61-62.

〔3〕D. A. Chappoll & G. Cincinnati, "Flexible Batch Control Meets Changing Requirements", *Control Engineering*, March, 1996, pp.67-70.

〔4〕A.G.Kern, "Simplify Batch Temperature Control", *Chemical Engineering*, March, 1988, pp.61-63.

〔5〕林志正，〈可程式控制器之進展〉，《化工技術》，第1卷，第7期。

〔6〕J. L. Herick, "Improve the Sequence Desckiptions for Batch Control Project," *Chemical Engineering Progress*, February, 1993, pp.40-48.

〔7〕N. Gibson, "Batch Process Safety", *Chemical Engineering*, May, 1991, pp.120-128.

〔8〕L. M. Procyk, "Batch Process Automation," *Chemical Engineering*, May,1991, pp.110-117.

〔9〕舒芳安，〈如何建立特化廠自動化系統〉，民國83年3月，工研院化工所講義。

〔10〕B. Joseph & F.W. Hanratty, "Predictive Control of Quality in a Batch Manufacturing Process Using Artificial Neural Networks", *Ind. Eng. Chem. Res.*,Vol.32, No.91, 1993.

〔11〕F. G. Shinskey, *Process Control Systems* 3rd ed. chap.4, chap. 5 & chap.12.

〔12〕D. M. Considine, *Process/Industrial Instruments and Controls Handbook*, chap. 3, ISA, 1992.

第10章

程序控制策略之設計

◈研習目標◈

當您讀完這章，您可以

A. 瞭解程序控制策略設計時，所須掌握到的六大層面考慮要項。

B. 熟悉控制策略設計步驟。

這一章對程序控制之實作者（practioner）而言，可能是最重要的一章。前面幾章已經說明了大部分基礎控制及進階控制的原理及技巧，這裏則要說明在一個整合許多單元操作程序的實際工廠中，如何設計出精準有效的控制策略來達成操作工廠的各項目標。

每一個操作程序均有其各式各樣的操作目標待達成，因此必須從製程及控制的角度來思考，將有關的單迴路控制器相關連以達成任務，否則一堆零散的單迴路控制器，任其效能再好，充其量只是一盤散沙罷了，無法發揮整體的力量。

同樣一個控制目標，可能會有相當多的控制策略可獲運用，但是最好的策略肯定只有一個，如何得心應手地設計出各式控制策略並能挑出最佳的一個以供運用，則是控制工程師必須學得的技巧。本章將就控制策略設計中整體應注意的事項及其細節作詳細的說明，以方便現場工程師參考。

讀者在讀完本書後續之章節時，仍應不時回顧本章所提之各項程序控制方法，以充分結合高階控制與基礎控制的技巧，適當地針對操作問題，並經由恰當的控制策略解決之。

10.1 程序控制策略設計—綜觀

以當今的程序工廠而言，能夠達到表10.1操作目標的工廠才能具有各方面的競爭優勢，要達到這些目標的方法有很多，然而透過優良的程序控制設計是最經濟最有效、影響面也最深廣的方法。這一節將從幾個方面來看控制策略的設計問題

10.1.1 基本的認識

程序控制設計者在設計一個工廠的控制策略時，必須具備幾個基本的認識，才能富有彈性地達成控制目標。

表10.1　具競爭優勢的工廠操作目標

種類	範圍
A.安全、設備、環保	·清楚瞭解操作特性及設備能力。 ·避免爆炸之發生。 ·避免有毒物質之排放。 ·設備或控制系統故障時之保護。
B.產品品質	·能控制產品品質之變異度，並可隨心所欲的改變控制中心線。 ·掌握影響產品品質的各種因素。
C.便利操作	·所有積分特性的製程均必須能自動控制（如液位、氣體壓力等）。 ·對干擾非常敏感的製程須有良好的控制系統。 ·避免整合性程序其變數間之相互干擾及干擾之傳播。
D.效率及最適化	·清楚掌控各原副料之消耗。 ·有能力將操作點推向設備之能力邊緣。 ·創造多餘的作動變數，以儘可能的推向最適化，以便能壓低製造成本，增加利潤。
E.診斷與監督	·建立監視系統，以及早發現效能不佳之設備或控制迴路。 ·具有診斷的能力，當系統無法發揮功能時，能迅速修護之。

清楚詳列控制目標

目標模糊甚至錯誤，其結果可想可知，未受過程序控制專業訓練的人，常無法清楚的敘述其控制目標，設計者則必須確實釐清目標與干擾，以免徒勞無功。控制目標的範圍，不妨參考表10.1所列諸項。

以製程爲控制之母

程序控制設計者，必須對製程特性有清楚的瞭解，切勿一律以控制方法解決製程問題，這樣做也許可以暫時性的解決問題，但有時候將引發不可收拾的災難。好的控制工程師必是一個優秀的方法工程師，當他面臨問題時，一切應以製程爲首要考慮，這是爲何在提升程序控制策略時，常能附帶地解決製程上的問題，改善製程能力。

排列優先順序

控制目標常有因作動變數不足（自由度不夠），被迫必須放棄某些控制目標，這時，自然地我們必須選擇最重要的控制目標確保其達成，而次要的控制目標卻不應立即放棄，而必須試著去找出更次要的控制目標，以使操作上的干擾可以推給這個最不重要的控制目標，甚至將此干擾推出製程之外。

程序控制策略之設計應於程序方法設計完成之後，或是針對已在操作中的工廠所作，因此就程序及控制的觀點而言，須考慮到下述各項問題（仍脫離不了迴路四要素）。

10.1.2　製程問題綜觀[1][2]

瞭解操作範圍及設備能力

大部分的工廠其操作範圍（operation window）均極爲狹窄，深恐一旦逾越即可能遭到不可預測的不良後果。但是，這裏必須指出，若操作條件不予變更，則將永遠停在原地不動，又談什麼製程能力之改進。然而，沒有條理地嘗試錯誤去改變操作條件，確實將遭致危險。製程能力之提升有許多的方法均可參考，但就控制策略設計而言，作者偏好兩段式分析法分析此一問題：首先列出相關設備（equipment）之能力（capacity）以此作爲限制（constraint）或最大容許操作範圍加上其低限（操作上的需要，不能低於此值，如反應溫度、壓力、濃度…等）來圍成最大可能操作空間，若以兩個操作變數對某一個控制目標而言，將圍成如**圖10.1**之四邊形操作區域，三個變數，則爲三度之立體空間，四個變數變成四度空間……，依此類推❶；接著，儘可能的在此一操作空間內尋求最佳操作點（通常是效益最大點），因此若有一個準確

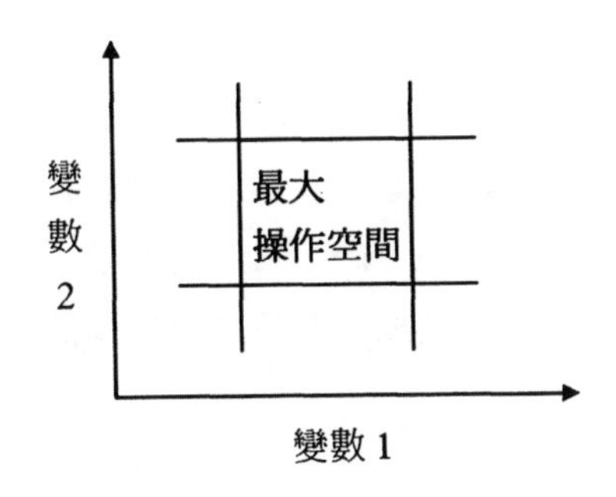

圖 10.1　兩操作變數，單控制目標之最大操作空間

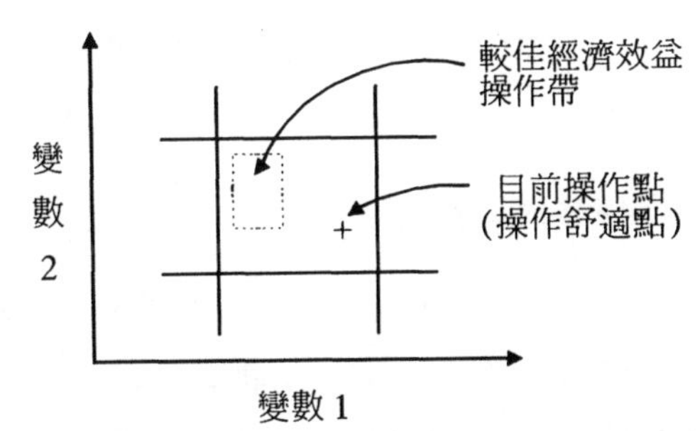

圖 10.2　點線區域為可能的最適化點存在區

的模式可供在模擬機上先逼近到一更小的操作範圍則更佳。但準確模式的獲得其困難度不亞於最適化之技術，這時可概略透過紙上分析模擬法將此一區域縮小，如圖10.2所示。此一分析的主要目的在確定圖10.1的操作舒適帶（comfort zone）及較佳經濟效益操作帶（economic optimum zone），控制策略設計必須考慮可攻可守的區域，以確知每一時刻，我們身在何處，又將往何處移動。

瞭解上下製程關係

控制策略必須經常的審視其對上下製程的影響，少了這個觀念的設計，常解決了一個問題卻又衍生新的問題。最簡單的例子如桶槽之液位控制，若液位控制器調得緊一點，則上游的干擾將不由桶槽所吸收而推向下游製程，反之則上游干擾將由桶槽所吸收而不會向下游傳遞，因此液位控制究竟是鬆或緊，應做一整體考量。

控制策略設計時，最好能整體考慮對整個製程的衝擊，一個粗略的判定法則是：若製程沒有大量迴流股者，通常越往後面的製程越次要，可以考慮將干擾往後面移動，有大量迴流股者，通常中間的製程較次要，可以將干擾往中間推。最後，再想辦法減少此一干擾帶來的衝擊。

製程經驗是否充分發揮

已操作一段時間的工廠或多或少都已累積一段經驗，例如一些經驗式，其可靠程度甚至超越幾個小時才分析一個樣品的化驗室分析值，但因偶爾與化驗室之分析值不符而遭到懷疑（到底是哪一個較具代表性，常值得我們深思），實在可惜。這些經驗式若計算基礎合理可靠，應大膽運用到製程控制上，以充分發揮這些累積已久的經驗。

充分收集並尊重操作人員的意見

操作人員的意見必須多方收集整理後，銘記於心，控制策略的設計應朝降低操作人員的負擔著眼，避免增加其負擔，否則，新控制策略將極易受到操作人員的排斥，而給予「off」的命運。

10.1.3　量測問題綜觀

精度及再現性

控制策略設計前，應對現在使用或將來欲用的量測儀器有所瞭解，其中最重要者莫過於精度（accuracy）及再現性（reproducibility）。當然，不管在什麼場合之下若能使用最好的儀器無疑是最佳的選擇，但是這並非控制工程師任事的態度，更何況大部分的量測儀器不易同時兼顧此二者。精度代表的是實際值與量測值誤差的程度，此值越小，精度越高，再現性表示同樣的實際值在不同時間下該儀器所讀出的值其差異程度，此差異程度越小再現性越高。

在選擇量測儀器之精度及再現性時，其關鍵為「此量測儀器之目的爲何？」例如在圖7.1的熱流冷卻程序中，其控制策略爲 TIC1之前饋加回饋控制，此控制策略的目的在快速消除熱流流量變化所引起的干擾，而仍能將溫度 TIC1精準的控制在目標值。因此干擾變數 FIC2及作動變數 FIC1其目的爲儘快量測到其差異性並儘快予以修正，故對FIC2及 FIC1的流量計要求而言，其再現性比起精度重要。相對的，爲了要得到精準的溫度控制，因此對 TIC1的溫度量測要求爲精度的重要性大於再現性。表10.2列出一般常見的控制目標其量測儀器精度及再現性選擇參考，此乃針對程序控制之要求而言，若有些需要精確監督者，其再現性之需求等級仍低於精度。

儀器動態特性

儀器動態響應快慢，直接影響控制效能，第2.5節中已概略提及，不再重述。這裏要再說明的是，對於較重要且又不易控制的迴路，務必要求儀器廠家提供該控制迴路的量測儀器動態響應資料，作爲改善該迴路之參考依據。

對於大部分的分析儀，因其取樣系統的限制，可以考慮後述之推理控制或 IMC 控制，請參考第十一章的論述。

可靠度

用於程序控制上的量測儀器應相當可靠（reliability），經常故障的量測儀器，不僅降低控制環路的使用率，有時更帶來災難。例如，有

表10.2　量測儀器之精度及再現性之選擇

控制目標	需要精度量測者	只需再現性較高之量測
單迴路回饋控制	重要關鍵變數	不須精確控制的地方
串級控制	主控制器	次控制器
前饋控制	控制目標量測點	干擾變數
容積控制	氣體之壓力控制 (避免超過設備之耐壓程度)	液位量測
產量控制	用於銷售量之計算時	——

些不明原因的儀器故障，其報出的實測值爲零，此時，控制器將根據此一量測值而全開（或全關）控制閥造成極大的危險，應小心調查此類儀器並設法避免之。

成本

成本（cost）應包含購買、安裝、維修及操作成本。舉例而言，流孔板流量計的購買成本較低，但因其壓降較大，消耗較大之動力操作成本，因此，可以考慮壓降較少的文氏管流量計（Venturi meter）或皮托管流量計（Pitot tube）；或甚至更昂貴的磁力流量計（maganetic meter）以提高精度且同時降低維修及操作成本（其壓降幾乎爲零）。

10.1.4 最終控制元件綜觀

容量及準確度

最終控制元件須保有適當的開度容量（capacity），通常在20%到80%之間，超過此一範圍則其調節容量受到限制，應從製程方法或更換最終控制元件上加以改良，以便更有效的控制。

對於需要高精度控制的製程或其程序增益很大的製程，控制閥的準確度越高將有助於整個控制迴路的效能。例如第八章所提之 pH 控制。

動態及故障位置（failure position）

前者影響迴路效能，後者事關操作安全，其重要性不在話下，惟1.3節及2.5節已詳細分析過，不再重述。

10.1.5 控制特性分析

自由度

對於控制策略所設計的製程範圍，必須先針對所要達到的控制目標檢查其自由度（degree of freedom）是否足夠，當自由度不夠時，必須考慮加入額外的自由度，否則，則必須犧牲較次要的控制目標，以保證較重要的控制目標得以達成。

所謂自由度即獨立的作動變數（independent manipulated variables）數目減掉這些變數間存在的等式數量。自由度的數目至少須等於控制目標的數量才可以達到所欲控制目標，當自由度數目大於控制目標數目時，則可以尋求最適化操作點，以提高生產利潤，在第十五章中將再提及最適化情況。

〈例10.1〉

在有大量迴流的程序中，因前面及後面製程的桶槽液位均屬重要，故採緊密液位控制，其干擾均推給如圖10.3中之中間桶槽 D－301及 D－401，請問如何降低這兩個桶槽之液位變化？

〈說明〉

此程序之控制目標為 LI301及 LI404，自由度只有一個：LV－401（為維持下游流量穩定，將 FIC 置於 auto，故 FIC 不能作為一個自由度因此無法同時控制這兩個槽的液位，自由度少1），只能選取 LI301或 LI401之中較重要的一個控制其液位，另一個則無法控制，純做緩衝槽。若此兩槽其重要性相當，則為降低此二槽之液位變化增加緩衝能力，可以設計成如圖10.4所示的控制策略，此兩槽將同時保持一樣的液位，當干擾進來時，同時上升或下降以增加兩槽之緩衝力。

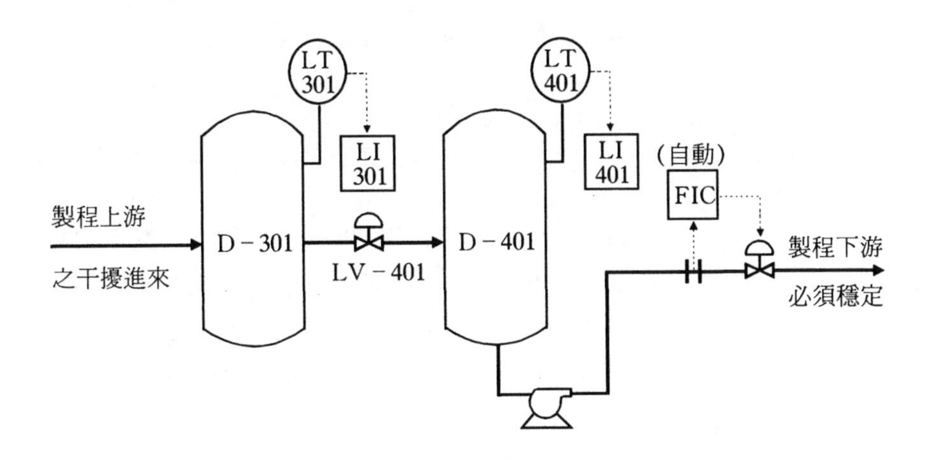

圖 10.3　自由度不夠的操作程序

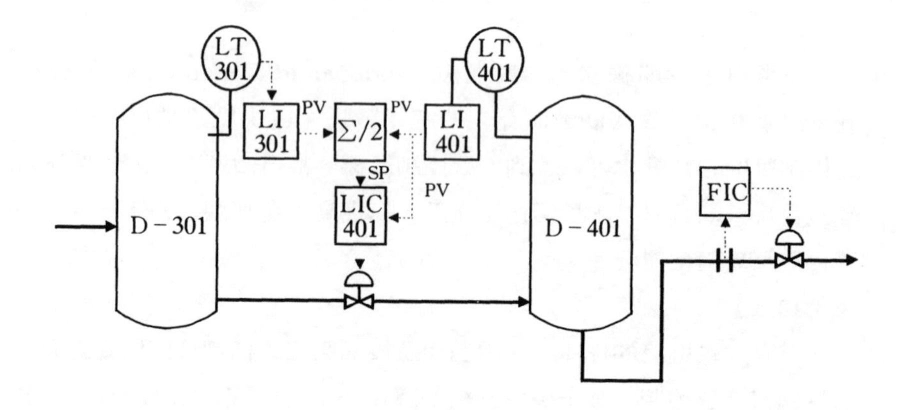

圖 10.4　自由度不够時，較佳之控制策略設計

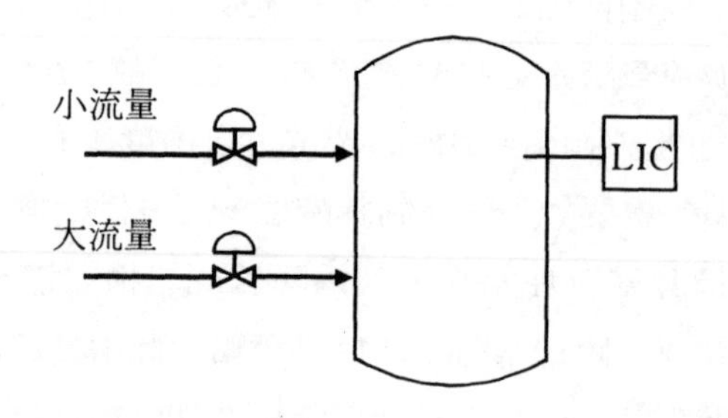

圖 10.5　簡易液位控制器之控制性之選擇

可控制性

當自由度夠時，並不表示此一系統內的控制目標均可以輕易達成。接下來要檢查的即是其可控制性（controllability），所謂可控制性的意思是說：在穩態時，雖然干擾進入此一系統，但其控制目標仍均能穩定的達到。可控制性與否的關鍵在於被控變數與作動變數之配對（pairing）是否恰當，例如圖10.5的液位控制，當液位控制器選擇小流量控制時，其控制性便低於選擇大流量控制的配對。但是大多數的系

統，配對的檢查並不簡單，第十二章詳述了檢查可控制性的各種方法，而且全都是針對靜態的分析。

可控制性的檢查至爲重要，可以說是好壞控制策略的分野，其技巧必須銘記在心，請參閱第十二章。

回饋環路及干擾環路的動態特性

回饋環路動態代表此控制策略設計之控制所能達成的能力，越快表示越強，而干擾環路的動態表示系統外對系統內的影響力，越強表示越不易控制。這類分析在第一部分已淸楚的交待過，設計者應對動態有敏銳的感受。

調諧

以控制器的調諧來做控制目標最後的把關，5.4節已說明調諧的要領，請參考。

10.1.6 效能監督（performance monitoring）

大部分的控制策略上線後，經測試及調諧後，皆明顯改善了操作便利性及其它控制目標，使操作員樂於使用。但從經驗上得知，仍有少部分的操作員習於舊式的操作習慣而隨意予以「off」掉高階控制策略，使得原先設計的控制目標不易達成；或者當某部分設備故障時，不得不暫停高階控制策略之後，當情況恢復正常時，忘記重新使用上高階控制。因此，對管理階層及控制工程師而言，隨時掌握控制策略上線使用率及其效能至爲重要，其目的在確保高效能之控制系統。一般監督的項目包括：

- 關鍵製程變數之變異度。
- 控制策略使用率。
- 適當的設定各層級的警報：在 DCS 上可以輕易地設出各式各樣的警報，但是往往各班的操作人員隨意更改，或根本隨意設定，使得警報的功能大打折扣。很明顯的，只要稍用點心力，智慧地對重要變數的各層級警報技巧設定，將對操作安全大有助益。

10.2　程序控制策略設計—細節

上節中說明了設計程序控制策略時應掌握到的幾個大原則，在符合這些原則之下，這節將說明設計的順序，以有效地設計出最好用、最有效的控制策略[3]。

10.2.1　步驟1：定義問題並詳列控制目標

問題必須清楚的定義且仔細無誤地列出控制策略設計的目標，才不致得到有偏差的結果，徒增日後修改的困擾。這個步驟是設計控制策略中最重要的步驟，設計者必須詳細及清楚地詢問操作人員或現場工程師，以便獲得此一設計的目標。當往下面步驟續進中，發覺有迷惘的現象時，須馬上回顧此一設計目標，以避免誤入歧途。

10.2.2　步驟2：根據目標，繪製草稿

繪製草稿的目的，是爲了讓腦中的概念有更具體的圖像，以便據此逐步修正。此階段必須掌握的重點就是，確定設計初稿是否違背化工原理（如質量平衡等）或是否造成難以控制的局面（如選擇到有嚴重相互作用的CV, MV配對）。下面的例子是一個非常簡單的程序，但是卻經常可見如下例的錯誤設計，完全是設計者未明察的結果。

〈**例10.2**〉

由混合槽充分混合後的反應物，打入兩個並聯的反應槽，因爲必須控制反應物的餵入總量與進入各槽的反應物量，而產生如**圖10.6**的設計。

〈**說明**〉

乍看之下，此設計頗能吻合控制目標的要求：「同時控制反應物的餵入量及各分支的進入量」，然而它卻違反了簡單的質量平衡。因爲：

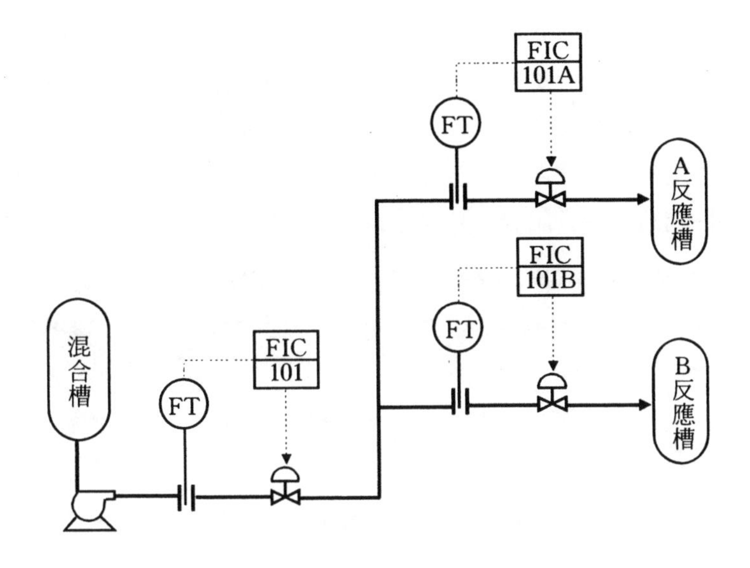

圖 10.6　錯誤的總量與分量控制

$$\text{FIC101} = \text{FIC101A} + \text{FIC101B} \qquad (10.1)$$

三個變量中存有一條等式，所以此一簡易系統只存在兩個自由度，亦即三個流量控制器中的任兩個可被給予設定值。按照圖10.6的錯誤設計，其操作結果爲，操作員必須按照等式不能有錯的給予此三個控制器設定值。即便如此，三個控制器因平衡上的困難，而永無休止的「打架」，造成調諧的困難。類似的錯誤設計，也常於能量平衡程序中見到，不僅造成控制上的予盾，也造成投資的浪費（如此例中，便多了一個控制閥）。

然而有些程序的特性即爲嚴重的交互作用程序或長靜時（long dead time）的現象，這種程序光靠控制策略的設計很難徹底解決控制上的問題，必須引進適合的高階控制器來解決問題（如第十三章之多變數控制器）。但以投資及實用的考量而言，設計優良的控制策略對此種程序仍是最佳的第一選擇。正如某位程序控制大師所言，程序工業中有

99.14%的程序存有交互作用現象，吾人是否有必要去解決那些微不足道或與控制目標無關的交互作用，答案是很明顯的。然而對於那些交互作用頗嚴重，不去解決它又會影響控制目標的程序而言，我們還是建議先以朝控制策略設計爲主的方法去做，在第12.3節中提到一些選擇最少交互作用配對的技巧可以參考。再一次的強調，解決程序控制問題必須先從控制策略設計出發，其原因爲：

- 控制策略的設計，架構清楚，容易爲操作人員所接受。
- 在 DCS 上實施控制策略，所投資的成本最低，日後的維護也較簡單且便宜。
- 在引進高階控制器時，若已充分發揮了控制策略的功能，才能讓高階控制器成功的機會增加。

所以，繪製草稿階段的三大目的如下所述：

- 作爲日後繼續改進的藍圖。
- 預先檢查是否符合化工原理。
- 儘可能使用一些技巧及經驗篩選出較佳的控制策略。

以〈例10.2〉的程序而言較佳的控制策略設計可有如**圖10.7**的兩種選擇，圖10.7(b)又多考慮了兩股流量平衡的設計而稍顯複雜，若不存在兩分股流量須相等的控制目標，圖10.7(a)的設計較爲簡單，暫可接受。

10.2.3　步驟3：離線測試

爲了安全及避免直接上線（on-line）測試對操作中的工廠造成不利的影響，新控制策略最好做離線測試（off-line test）。通常這是在動態模擬機（dynamic simulator）上依原設計規劃此控制策略，然後列出所有可能的待測情況逐一測試，最後再針對動態及靜態響應不佳的部分修改，直到通過離線測試爲止。但是由於動態模擬機並不容易使用，因此可以針對待測情況，小心的依操作及控制經驗於紙上測試，但是大多只能得到靜態的結果，動態的測試只好在線上實測。

通常在此一階段已可將控制策略修改得更好。

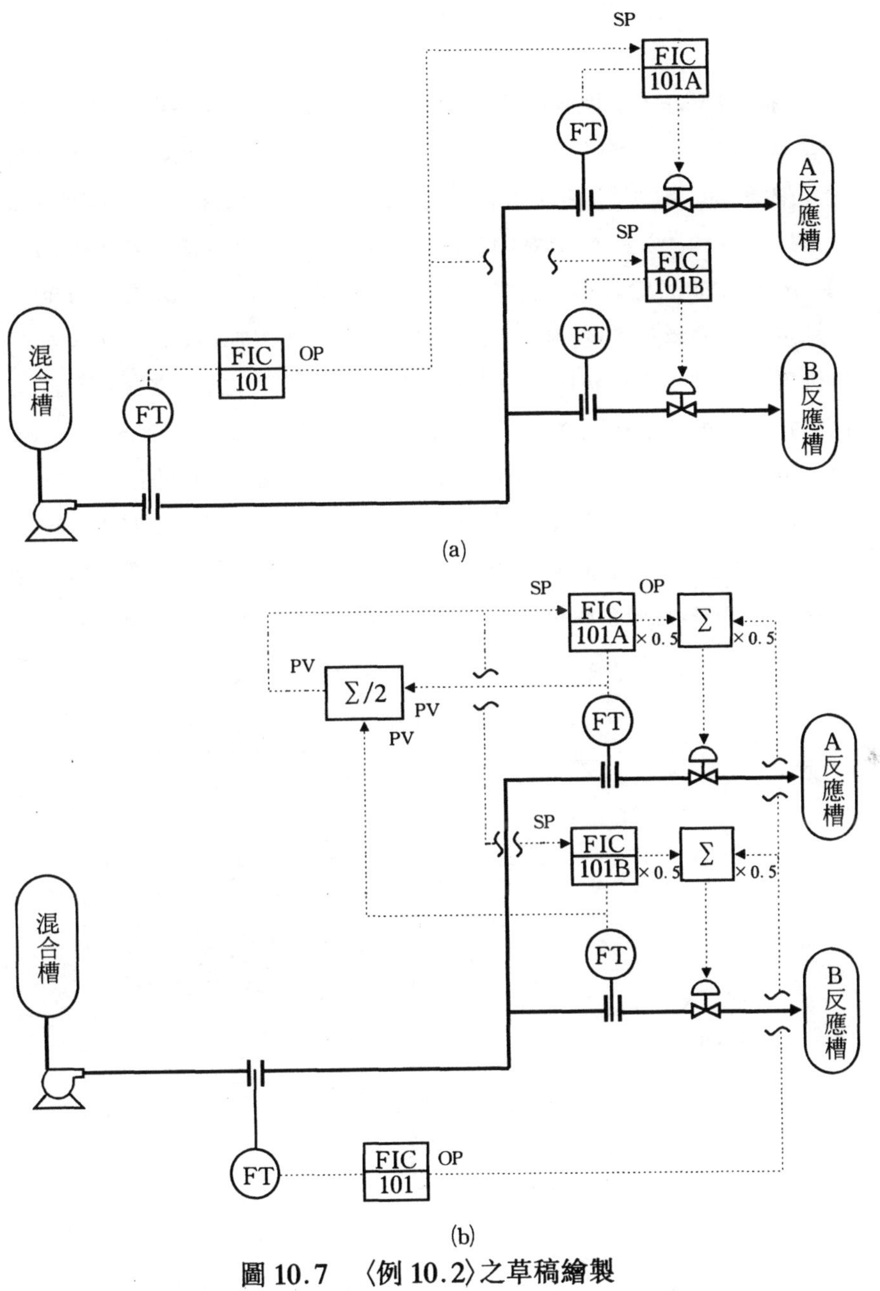

圖 10.7 〈例 10.2〉之草稿繪製

10.2.4　步驟4：簡化控制策略

簡單就是好，新控制策略在裝上現場之前，必須確定此設計是否符合簡易原則，且在沒有改變控制目標的前提下，儘可能將設計予以簡化，架構越簡單的控制越容易讓操作人員接受，將來線上使用率就會增加。以〈例10.2〉而言，圖10.7(a)的設計即可達成目標：總量控制器FIC101的OP丟給分量控制器FIC101A/B做SP的值一定是一樣的，亦即達到了分量平均的目的（但製程異常時，如控制閥堵塞時的平衡控制則無法做到）。不僅達到簡化的效果，亦節省了DCS之規劃空間，而圖10.8是根據（10.1）式所做的規劃更形簡化，此設計利用一只SP之ratio bias將分量控制器FIC101A/B之SP聯結（此例中之ratio＝1，bias＝0），即任何情況下FIC101B之SP永遠等於FIC101A之SP，因此達到平均控制流量目的，而總量FI101不須控制（但相當於被控制，因自由度只有兩個）。在某些情況下，反應器A與B，必須分

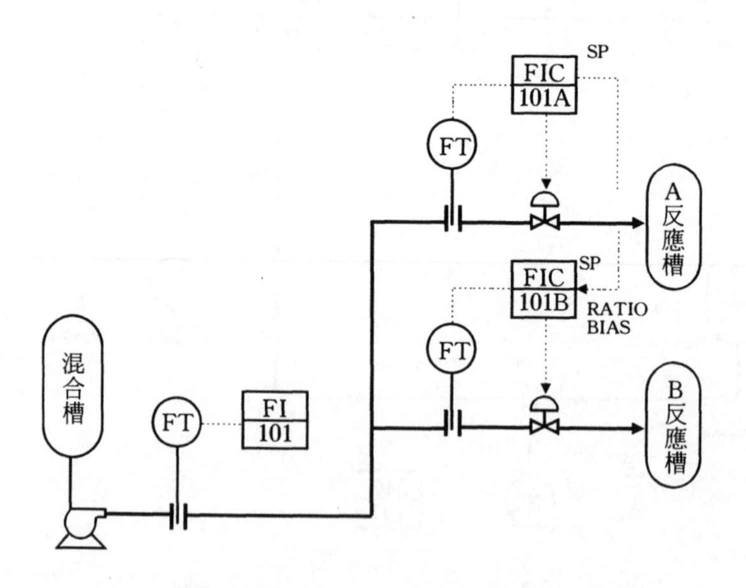

圖 10.8　用一個 Ratio Bias 直接串聯兩個分量控制器

開操作，在不同狀態時，只須將 FIC101B 之模位由串控（CAS）改成自動即可。操作員可自由輸入 FIC101A 或 FIC101B 之設定值來改變各分量大小。此設計的優點是減少一個需要調諧的控制器 FIC101。

10.2.5 步驟5：裝到現場並調諧之

在獲得「最佳」之控制策略後，即按照設計將之規劃於 DCS 上即可。完成後，即應對控制器調諧，調諧的技巧按第 I 部所提方法作即可。此例中，圖10.8的設計將極易調諧。

10.2.6 步驟6：線上查核

控制策略使用一段時間後，應隨即查核，該控制策略是否確實可勝任，通常靜態的變數間的關係在此之前應可確認，故此階段的檢查重點是動態方面的檢驗。對於簡易的製程，上線後即可檢驗該設計是否恰當，而較複雜的程序尙須一段時間的使用，才能做整體評估。若功效不彰的原因爲不好的控制策略設計，則須回到步驟2重新來過，若是其它的問題，則須回到上一節的各種考慮，此時最好請教程序控制專家以使問題迅速克服。控制策略設計的技巧對控制工程而言非常的重要，爲使讀者能更領會其妙趣將再舉一例說明。

〈例10.3〉

如圖10.9，D101與 D103均爲組成近似的原料槽打入 D104反應器，惟 D101是原料回收槽。爲儘量使用回收原料，當 FIC104不夠時應先由 FIC101來補充，在煉量增加的情況下，FIC101全開仍不夠時，新鮮原料由 FIC103補入，又 D101爲後段原料回收槽，其液位變化較大，但仍須予以控制。

〈說明〉

1.控制目標：

(1)D101之液位 LIC101必須能控制。其作動變數爲 VALVE A & B。

(2)補入D104的量（流量控制器FIC104），應先由FIC101來

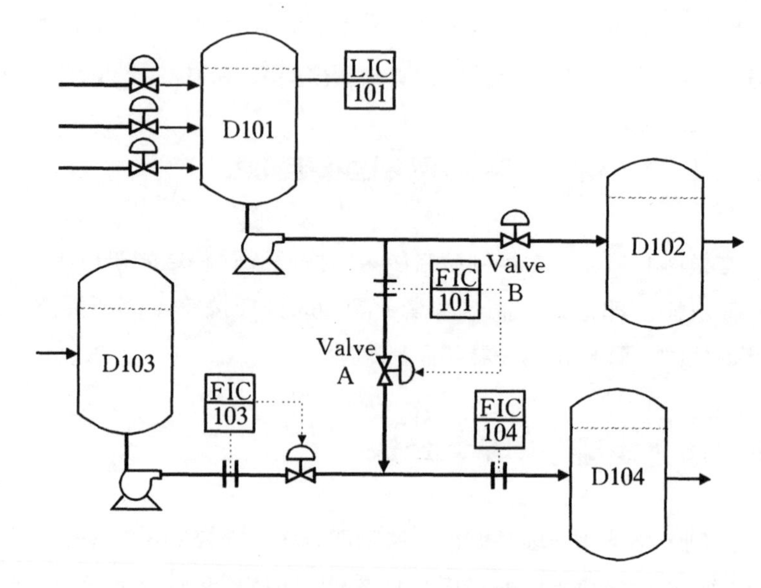

圖 10.9　〈例 10.3〉的流程圖[3]

補，其不足量再由 FIC103來補。

2.製作草稿並予改進，其結果如下：

(1)使用兩個分叉式控制器，如**圖10.10**。

(2)使用一個低訊號選擇器(low selector)，因FIC104及LIC101同時調整 FIC101，故須決定 FIC101之最佳移動方向。

(3)控制策略最後草稿，如**圖10.11**。

3.紙上測試：爲符合控制目標要求，必須能同時有效控制 LIC101 及 FIC104，共有下列四種情形待測：

(1)LIC101增加且 FIC104同時增加。

(2)LIC101增加且 FIC104同時減少。

(3)LIC101減少且 FIC104同時增加。

(4)LIC101減少且 FIC104同時減少。

經測試上述情況，此策略均能有效控制，可將之規劃於 DCS 上。在用到現場之前，仍須檢查是否有更簡易之控制策略，通常分叉控

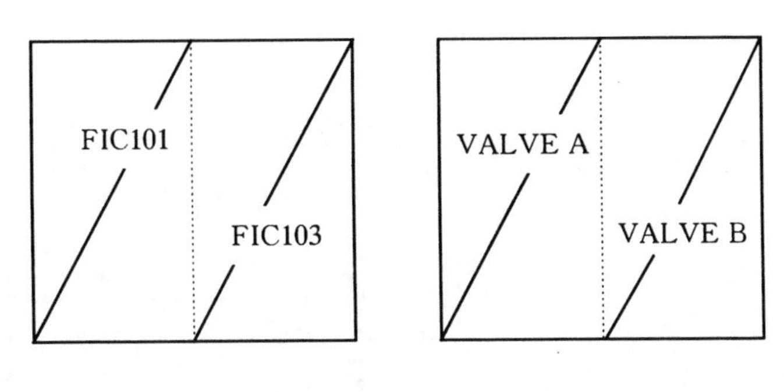

圖 10.10 〈例 10.3〉的兩主控制器之分叉式控制設計[3]

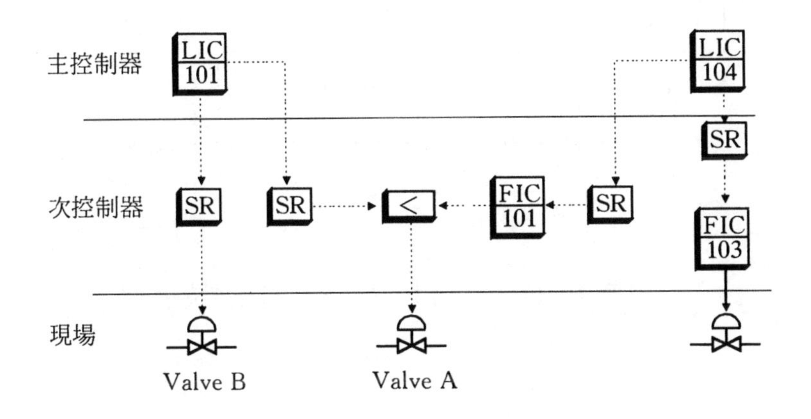

圖 10.11 〈例 10.3〉之控制策略草稿[3]

制的控制彈性較差；調諧相對困難度較高，若發現調諧有困難，則須修改此控制策略，本例最後之控制策略示於**圖10.12**。

10.3 結　語

過去，許多規劃於DCS的控制策略，均由儀器工程師因DCS規

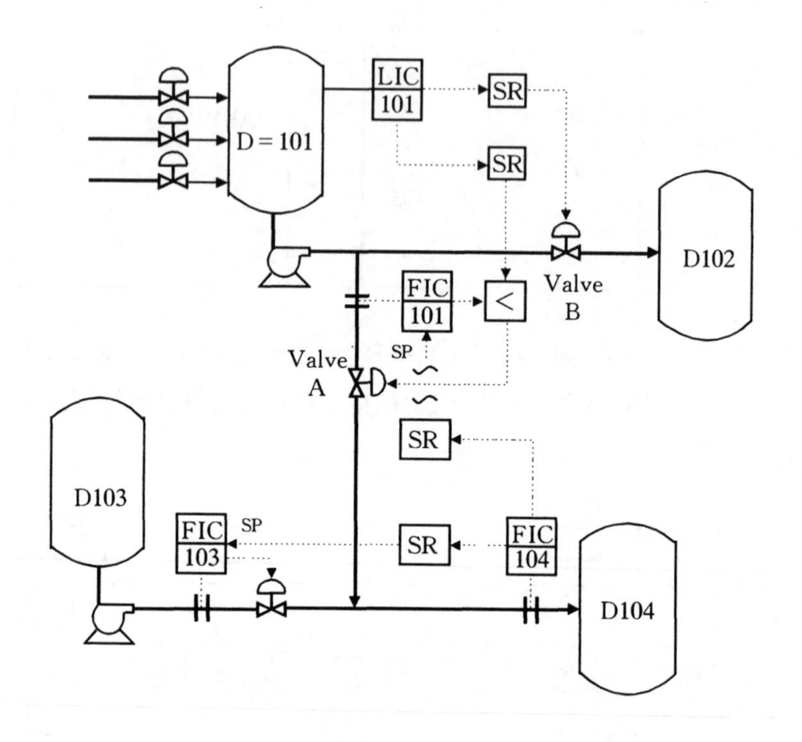

圖 10.12 〈例 10.3〉之控制策略完稿[3]

劃的關係一併完成設計。這當中，經常可見深奧難懂又繁雜的控制策略設計，其根本原因是設計者無法掌握到設計部分中最重要的程序目標與動態特性所致。而初學者又每每受困於顧此失彼的設計窘境中。在這章中，系統式地揭示了程序控制策略設計的精髓，大大減少了此一領域的學習曲線，惟想要在設計上隨心所欲的設計出良好的控制策略，須對製程、儀器及變數動態關係有深厚的瞭解，並經常練習才能如願。

註 釋

❶若變數增加，且其關係非為線性，則控制目標最適化點的尋求變成非線性多度空間的最適化問題，已遠超越本書的討論，但可以稍稍體會最適化之困難程度。

參考資料

〔1〕T. E. Marlin, *Process Control-Designing Processes and Control Systems for Dynanic Performance*, chap.24-25, McGraw-Hill, 1995.

〔2〕D. E. Seborg, T. F. Edgar & D. A. Mellichamp, *Process Dynamics and Control*, chap 28, John Wiley & Sons, 1989.

〔3〕王一虹，〈程序控制策略設計綱要〉，中華民國85年，電腦程序控制研討會。

第III部

高階控制

程序工業所面臨的控制難題計有：長靜時、交互作用（interaction）、非線性及不確定性（uncertainty）等特性。利用前述的方法很難有效解決上述困擾，因此必須使用更精緻的控制設計，才能克服之。此部分將針對這些現象介紹各種適合的控制器，它們是：

1. 第十一章之IMC及Smith Predictor：適用於單變數長靜時程序。
2. 第十二章之交互作用程度量測及去偶合設計：適用於2×2系統及量測交互作用程度。
3. 第十三章之線性多變數預測控制器：適用於長靜時且具交互作用之線性多變數程序。
4. 第十四章之適應性控制器：適用於非線性多變數程序。

而應付不確定程序的控制器，作者選擇了統計製程品管（SPC）中所用的CUSUM法而得的CUSUM控制器來介紹列於第十五章。

Smith Predictor及IMC近來用在DCS上，其規劃甚爲方便，成績亦斐然，線性MPC控制器亦已經被大量使用，工業界均已受益匪淺。目前仍有待吾輩努力的爲多變量非線性系統（已有極少的商業運轉例）及不確定性系統之控制。

當然也不要忘了所有高階控制器之運轉成功，均須有賴於堅强的基礎控制及優良的控制策略設計，無人能越級而上。

第 11 章

推理控制與分析儀控制

◈研習目標◈

當您讀完這章，您可以

A. 瞭解推理控制的設計原理，其中包括離心式氣體壓縮機之反抽動控制策略設計及蒸餾塔內迴流控制策略設計。

B. 瞭解 IMC 控制器及史密斯預測器的工作原理及其實際應用。

C. 瞭解 IMC 控制器及史密斯預測器在長靜時程序、逆向應答程序、前饋控制及某些串級控制上將優於 PID 控制器。

至此，我們所談的控制方法，其重要變數均可實測到而用於控制。然而現實中，有許多重要的性質或品質或因無法線上測量或因經濟考慮的因素而無法獲得即時量測資料。爲了改善此情況的控制效果，由製程分析技術，藉既有的相關量測資料，發展出一計算式或確定某個量測值可代表此一重要性質，而將之用於線上控制，此種控制方法即稱推理控制。好的推理控制一則可增加程控人員信心，二則幾乎不必有任何投資費用，實乃經濟實惠的控制方法，應予儘量推廣使用。

本章第一節中將介紹推理控制之一些原則及設計技巧。而與此相對的是分析儀之線上控制，有些因製程的特性很難獲得代表性之計算式，而可以安裝線上分析儀去量測物性或品質的地方上，照說理應可以輕易地被控制。事實不然，因爲製程特性及分析儀本身的問題（如取樣時間長等），使得分析儀之線上控制並不容易，在11.2節將提到分析儀線上控制之困難及如何以模式預測控制（model predictive control）之技巧克服之。

11.1　推理控制

最簡單的「廣義」推理控制，如蒸餾塔之塔頂及塔底之溫度控制，以雙成分蒸餾而言，溫度偏高通常表示重質分（heavy key）增加，溫度偏低通常表示輕質分（light key）增加，因此控制了塔頂及塔底的溫度意味著成分之被控制，但此類粗糙的推理控制對實際控制效果並無太大助益，因爲溫度有時無法反應實際成分的變化，而且又容易被干擾，故仍須進一步的分析。因此以嚴謹的角度而言像流量、壓力、溫度或液位等量測元件，因其廣泛的適用性，而無法代表某種程序的特質，故不能作爲推理控制的被控變數。而所謂推理控制，乃是根據簡易的量測變數，經過運算而成爲被控變數的控制方法而言。因爲被控變數的獲得並非經由實測，而是經由**推理**，故稱此類控制爲**推理控制**。以下將舉出幾個常見的推理控制的例子，並說明設計推理控制的技巧。

〈**例11.1**〉

離心式氣體壓縮機是一個程序工業常常使用之設備，由其特性曲線來看（**圖11.1**），當輸出之體積流量變小時，容易有抽動（surge）現象，造成對離心式氣體壓縮機之傷害，一般空氣壓縮機之製造廠家大多以性能曲線上之最高可能運轉之臨界抽動壓差（critieal surge pressure differenc）來設定反抽動（anti-surge）之連鎖系統作動點，來保護氣體壓縮機（如圖11.1之點A），惟此種設計將造成氣體壓縮機在未滿載操作狀況下之能源浪費，如何設計適當之控制策略在此狀況下可達到反抽動效果並節省能源。

〈**說明**〉

從性能曲線圖看，並沒有任何儀器可以直接量得絕熱壓力頭（adiabatic head），因此無法由絕熱壓力頭與吸入端之體積流量算出近似之抽動線（surge line），然而製程上可用之量測值有吸入端及排出端之壓力、溫度，流量計及轉動速度及引翼位置(guide-vane position)。因此，藉由改變氣體壓縮機之負載並測試其抽動點（surge point），則可得如**圖11.2**之抽動線❶，但測試之氣體組成與將來操作中之氣體品質恐略有差異，爲安全起見，均向右移動數個%。此圖中，吸入端體積流量Q與壓差（△P）爲直線關係：

$$Q = k_1 + \frac{\triangle P}{k_2} \qquad (11.1)$$

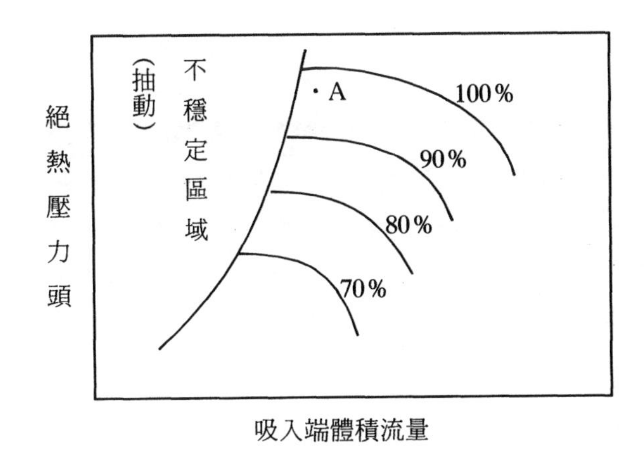

圖 11.1　典型離心式空氣壓縮機性能曲線圖

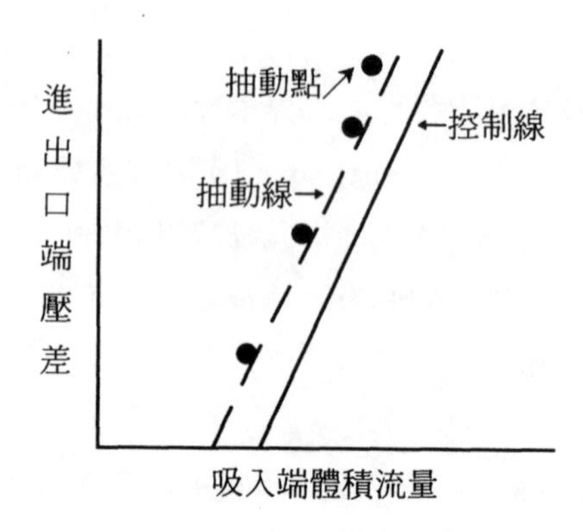

圖 11.2　抽動線之求法

最後之控制策略設計示於**圖11.3**。此解並非惟一解，根據運用之不同，亦有不同之設計，但精神則為一致。此種簡單之推理設計，當輸送氣體為高價值的氣體時，可避免在抽動時，必須將其排出而產生浪費的現象發生。

〈**例11.2**〉

對蒸餾塔控制而言，最直接有效的方法是調整塔內氣液之流動，可是幾乎沒有任何蒸餾塔裝設內在氣體或液體流量計（internal vapor flow meter），那麼如何利用外在液體流量計達到內在流量控制的目的呢？

〈**說明**〉

這是一個簡單而且典型的推理控制叫內迴流控制（internal reflux control）。在蒸餾塔頂部的氣體出口其出口溫度為泡點溫度（bubble-point），經冷凝器冷凝後，較冷的迴流液進入第一個板層，與蒸汽相遇，迅即被蒸汽加熱到其泡點溫度，而蒸汽則藉著潛熱的釋放而冷凝部分液體。因此，在頂層的熱量及質量平衡式如下：

$$X \cdot H_v = C_p (T_V - T_L) L \qquad (11.2)$$

$$L_n = L + X$$

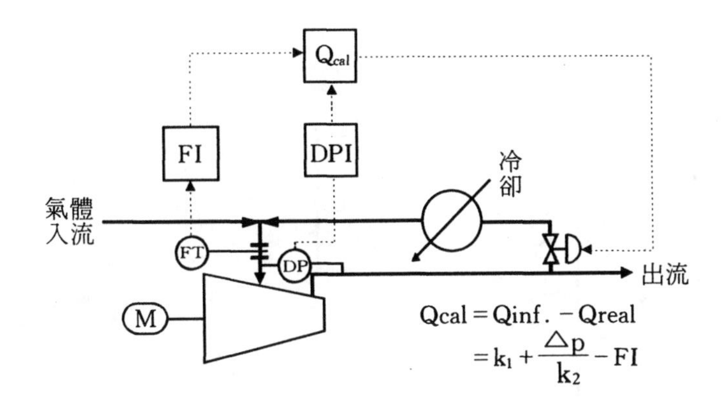

圖 11.3　離心式氣體壓縮機之反抽動控制策略設計

$$= L + \frac{C_P}{H_v}(T_V - T_L)L$$

$$= L\left[1 + (T_V - T_L)\frac{C_P}{H_v}\right] \quad (11.3)$$

其中，L = 外迴流（可實測）

L_n = 內迴流（計算值）

T_V = 起泡點（以頂部出口氣體溫度表之）

T_L = 迴流液體溫度

H_v = 潛熱（假設混合物組成不變，在該塔壓下求之）

C_P = 比熱（假設混合物組成不變，在該塔壓下求之）

X = 原氣體遇冷迴流而被冷凝成液體的量

所以若塔頂冷凝器為空氣冷卻器（air cooler）時，在夏天時將有較高的迴流溫度 T_L，故一樣的外迴流量 L，將產生較少之內迴流量 L_n，為了達到產品規範勢必提高外迴流量。簡易之內迴流控制如**圖11.4**所示。此類的控制顯然優於外迴流之控制，但是浮動壓力控制之設計或是容易有高沸點物進入塔頂者，則不適用內迴流控制。

推理控制的例子，實不勝枚舉。至此，讀者應稍可領略如何得到「推理」值而隨後將之應用於控制，以下即獲致推理控制之步驟：

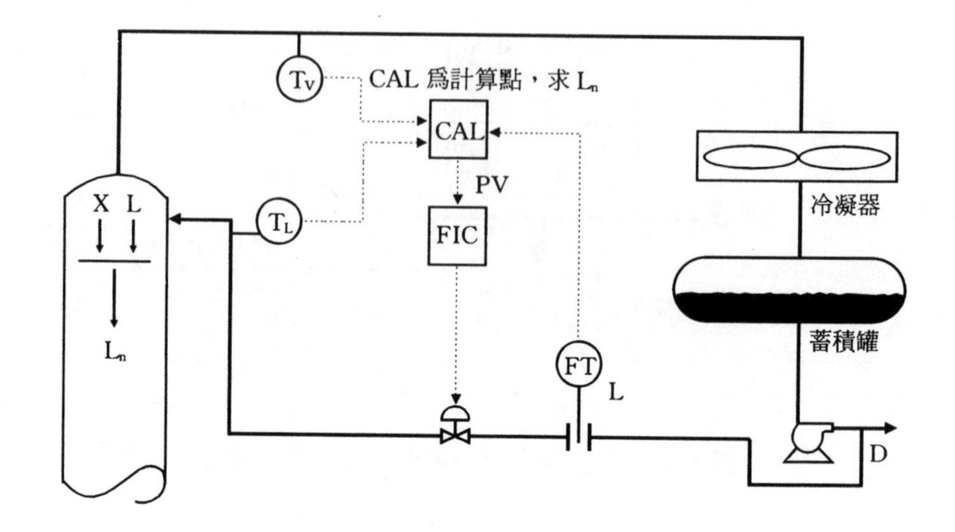

圖 11.4　簡易蒸餾塔之塔頂内迴流控制圖

- 根據製程特性，選擇一些可被測量之變數來評估。
- 從理論上去分析推理變數與測量變數之關係；或由現場測試找出作動變數及干擾變數有較明顯變化的情形下，推理變數與這些變數之關係。
- 確立推理變數與作動變數及干擾變數之關係式。
- 測試推理變數之再現性及動態響應。
- 通過上述檢驗即可線上測試推理控制架構。

由於各式分析工具日益發達，推理控制之蓬勃發展只是遲早的事，故此一技巧應予熟練之。

11.2　分析儀控制—IMC 控制器與 Smith 預測器

成分（composition）監控在程序工業中是極爲普遍的，如最簡單的導電度分析儀（conductivity analyzer）、氣體分析儀（如 O_2分析儀、CO_X 分析儀等），乃至氣相層析儀（GC）、密度分析儀甚或特殊監控所用之各式分析儀。因取樣系統及分析原理之不同，致其所須分析時間各異，以程序動態而言，即爲分析靜時（analysis dead time）不同。靜時越長，其所造成的控制問題越大。一般而言，氣體分析儀之靜時極短，其分析靜時問題幾乎無困擾，以一般 PID 控制器即可勝任。其他分析儀均有數分鐘到半小時左右的分析靜時，對一般的 PID 控制器而言，實不堪勝任，在此介紹兩種有效的控制方式：**內模式控制器**(internal model controller, IMC)及 Smith **預測器**(Smith predictor)， 此兩種控制實即單迴路模式預測控制已在工業中被成功使用經年成效極佳實堪注意。

11.2.1 模式預測控制之架構

模式預測控制實爲一種極爲自然的回饋控制調整方式。有經驗的操作員，經常在做模式預測控制的動作，只是模式存於其胸而已。例如**圖 11.5**之蒸餾塔底部成分分析儀串控溫度的架構。假設該成分分析儀對溫

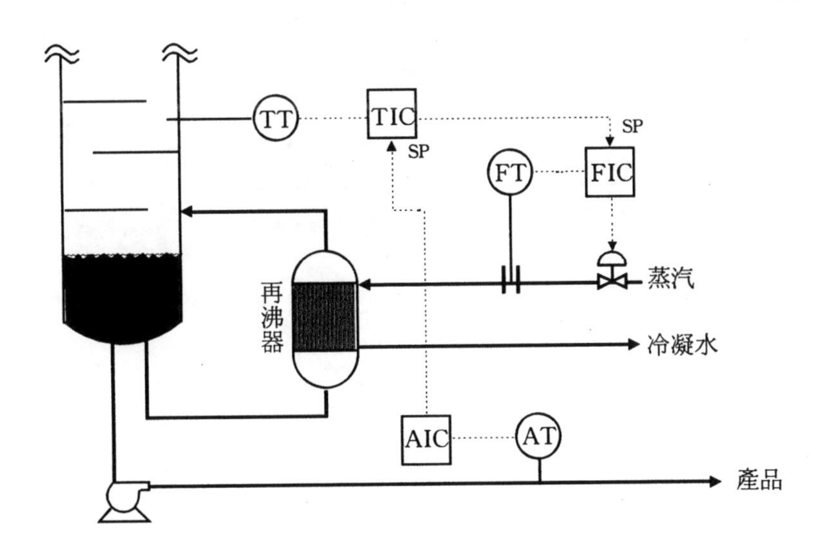

圖 11.5　塔底成分控制串控溫度控制

度控制器有兩分鐘之迴路靜時（已含分析靜時），且程序增益為負值，今若溫度串控蒸汽流量控制沒有問題，且成分分析儀使用 PID 控制器，則當分析儀讀值往上偏離時，成分分析儀之 PID 控制器將提升溫度控制器之設定點以迫使 AIC.PV 能回到 AIC.SP；然而兩分鐘內（靜時），AIC.PV 並未因溫度增加效應而下降，等到溫度效應產生時，AIC.PV 逐漸下降，此時 AIC 控制器丟給溫度控制器的設定值又開始下降。AIC.PV 終於下降到 AIC.SP，可是 AIC.PV 並不會停留於設定點，它會繼續下降，原因是剛剛溫度加過了頭。一樣的道理，當 AIC.PV 下降時，TIC 又降過了頭，如此週而復始，整個迴路始終擺盪不已如圖11.6所示。不得不將此迴路切斷改為溫度自動控制。有經驗的操作員接手後，即試著將溫度控制器切到自動並將其設定值上升一個幅度，等等 AIC.PV 之響應，兩分鐘後 AIC.PV 開始下降，等到不再繼續下降時，溫度設定值再往上拉一個比剛剛上升幅度稍小的變化，一樣的，兩分鐘後 AIC.PV 又漸次下降，而停於某一定值，此時 AIC.PV 與 AIC.SP 產生之偏離又小於剛剛之偏離，如此再經一兩次更小的修正即可將 AIC.PV 拉回到 AIC.SP，如圖11.7所示。此種操作模式實為一種模式預測控制。如上述之操作，其特點如下：

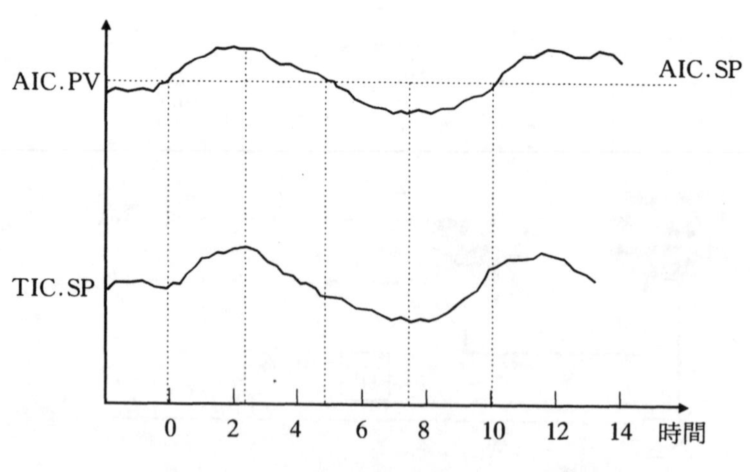

圖 11.6　成分分析儀控制器為 PID 時

·操作員已有 TIC 對 AIC 之模式，然而此一模式並不完全正確。

·假設模式完全正確，操作員只要修正一次 TIC，即可將 AIC.PV 拉回到 AIC.SP。

·即使操作員使用不是很正確的模式去修正，經數次修正後，仍可將 AIC.PV 拉回到 AIC.SP。

模式預測控制之方塊圖示於**圖11.8**，其中 G_{CP}爲模式預測控制器之轉換函數，G_e 爲預測之程序動態模式，G_P 爲眞實之程序動態模式，Em 爲實際量測與預測之被控變數誤差。

其對設定值變化之迴路轉換函數經一般之標準方塊圖解法可得如下[1][2]：

$$\frac{CV(s)}{SP(s)} \approx \frac{G_{CP}(s)\,G_P(s)}{1+G_{CP}(s)\left[G_P(s)-G_e(s)\right]} \qquad (11.4)$$

若我們的目標是要將被控變數之 PV 值拉回到 SP 值，使其偏差爲 0，則利用微積分之終值定理，當時間趨近於無窮大時，可得下式：

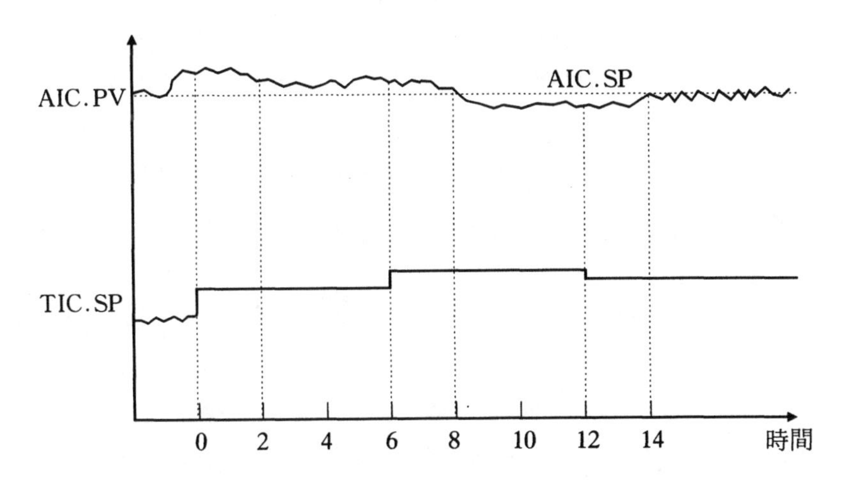

圖 11.7　操作員將溫度控制器改自動操作

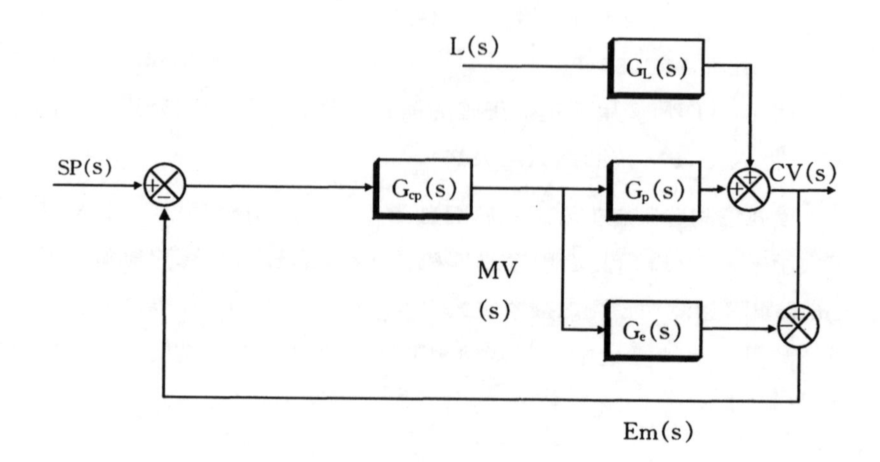

圖 11.8　模式預測控制架構[1]

$$\lim_{t\to\infty} CV(t) = \lim_{s\to 0} sCV(0)$$
$$= s\frac{\triangle SP}{s}\frac{G_{CP}(0)G_P(0)}{1+G_{CP}(0)[G_P(0)-G_e(0)]}$$
$$= \triangle SP \tag{11.5}$$

若且唯若當 $G_{CP}(0)=G_e^{-1}(0)$ 且 $G_e=G_P$

因此，此一預測控制架構滿足偏差為0時之設定值階段變化，而模式預測控制器之 K_{CP} 值，實為該模式增益之倒數。即：

$$G_{CP}(0)=G_e^{-1}(0) \text{ 或 } K_{CP}=1/K_e \tag{11.6}$$

簡單的說，模式預測控制器之參數設定即為程序動態模式之**倒數**（inverse）。可是，這裏出現幾個困難而影響到模式預測控制之效能。

靜時

因靜時的存在，使得 Ge（s）必須分成兩部分 $g_e(s)$ 及靜時

$e^{-\tau_d s}$。

$$G_e(s) = g_e(s)\, e^{-\tau_d s}$$

$$G_{CP}(s) = [G_e(s)]^{-1} = [g_e(s)]^{-1} \cdot e^{\tau_d s} \qquad (11.7)$$

此時完美的控制器必須有「預測」的功能，即作動變數在 $e^{\tau_d s}$時間後得知「未來」之CV值。

逆向應答

如3.4節所言，G_e 若為 inverse 程序，其 $\tau_2 < 0$，設：

$$G_e(s) = k\,\frac{\tau_2 s + 1}{(\tau_1 s + 1)^2}$$

$$則\ G_{CP}(s) = [G_e(s)^{-1}] = \frac{1}{k}\,\frac{(\tau_1 s + 1)^2}{\tau_2 s + 1} \qquad (11.8)$$

因為逆向應答之 $\tau_2 < 0$，所以 $G_{CP}(s)$ 將產生右半平面之不穩定極點，此時 MV 之調整將出現不穩定狀態。

模式誤差（model mismatch）

因為完美模式幾乎不可得，當預測模式與實際值偏差太遠時，由（11.4）式經穩定度分析可得，當此誤差太大時，很容易造成不穩定現象。為了改善這些缺點，Morai[3]（1983）等人提出內模式控制之方法，利用一只過濾器巧妙地解決此一問題；於實作中則留下一個微量調諧參數（detune factor），讓工程師可以根據模式誤差來修正之。

11.2.2　內模式控制控制器

由前段之分析，欲得完美控制，只須將程序動態模式倒數作為控制器之參數設定即可。然而直接由程序動態模式來做倒數並不可能，因為靜時及逆向應答之負號時間常數項無法做倒數。因此，IMC 的方法乃將程序動態分成可倒數部分與不可倒數部分，即：

$$G_e(s) = G_e^+(s)\,G_e^-(s) \tag{11.9}$$

其中，$G_e^+(s)$ = 不可倒數部分，即包含靜時及逆向應答之時間常數項

$G_e^-(s)$ = 可倒數部分，即程序動態響應之靜態增益項 K_e

而 IMC 控制器只將可倒數部分倒數之，即 $G_{CP}(s) = [G_e^-(s)]^{-1}$ 而捨棄不能倒數的部分。這樣的設計可以確保系統內部的穩定，然而卻無法保證此控制系統的應答令人滿意。爲了達到良好之控制效果必須緩和作動變數之行爲及增加系統之韌性，IMC 的方法乃將回饋訊號（feedback signal）加一個過濾器以達到此一目的，如圖11.9所示，控制器之前加入，過濾函數 $G_f(s)$。

因此，其被控變數及作動變數對設定點之轉換函數如下：

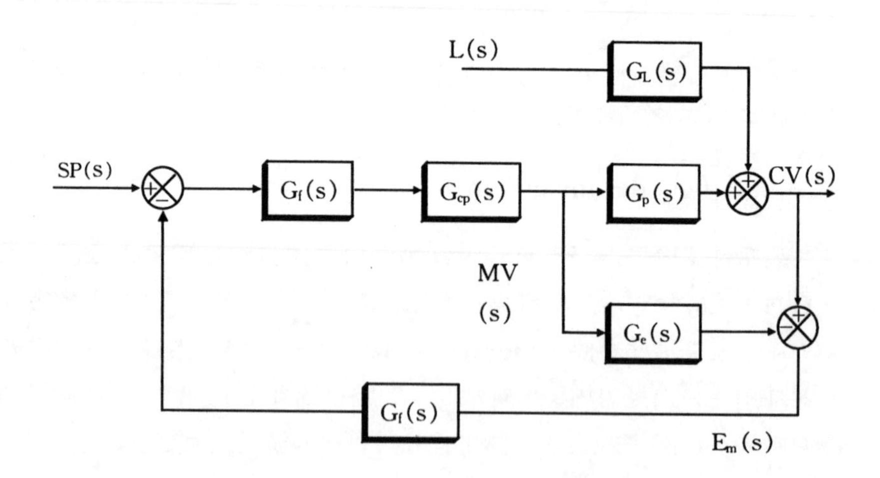

圖 11.9　加入過濾函數之 IMC 架構[1]

$$\frac{CV(s)}{SP(s)}=\frac{G_f(s)G_{CP}(s)G_P(s)}{1+G_f(s)G_{CP}(s)[G_P(s)-G_e(s)]} \quad (11.10)$$

$$\frac{MV(s)}{SP(s)}=\frac{G_f(s)G_{CP}(s)}{1+G_f(s)G_{CP}(s)[G_P(s)-G_e(s)]} \quad (11.11)$$

通常 IMC 之 $G_f(s)$ 訂爲：

$$G_f(s)=\left[\frac{1}{\tau_f s+1}\right]^N \quad (11.12)$$

給予 N 階的目的是希望 $G_f(s)\cdot G_{CP}(S)$ 之分母項 S 階次至少等於或大於分子項之 S 階次，而增加過濾時間常數 τ_f 則可以緩和作動變數之振盪，並在 PV 偏離設定點時之過渡時期有較強之韌性。因此每次 IMC 控制器的執行實包含了下列項目：

- 由模式計算**預測**之被控變數值。
- 計算被控變數之實際值與預測值之差額 E_m。
- 由回饋訊號與設定值來修正控制器的動作大小。
- 經過一過濾函數由控制器來計算作動變數所需之設定值。

由圖11.9的方塊圖，我們很輕易地可將之規劃於 DCS 上，而留下兩個調諧參數爲（11.12）式之 N 值與 τ_f 值。然而，因爲實作中通常假設製程動態模式爲一階，且如（11.12）式之 N 階過濾常數規劃及實作中難度稍高，故令 N＝1，且合併 G_f 到 G_{CP}內，而只留下一個調諧參數（通常以 detune 值來表示），其方塊圖又回到圖11.8，此時增加 detune 值，調整變數之修正將加快；反之，調整變數之修正將減緩，韌性則相對增加。此一簡易模式預測的控制，已經得到良好之效果，惟必須注意的是，當模式偏差較大時，因爲過濾函數較爲簡化，其效果會較爲遜色。

〈例11.3〉

在如圖11.5的控制迴路中，如何以 IMC 的架構來改善之，並規劃於 DCS 上假設 AIC（s）對 TIC（s）之轉換函數爲：

$$\frac{AIC(s)}{TIC(s)}=G_e(s)=\frac{1.3e^{-3.5S}}{10.5s+1}$$

且 $G_L(s)=0$

〈說明〉

按圖11.8的架構建於 DCS 上

$G_e(s)=\frac{1.3e^{-3.5S}}{10.5s+1}$直接建入 DCS 之 lead-lag algorithrn

G_{CP}之 K_{CP}值爲$1/1.3=0.769$

G_{CP}之 detune 值由工程師視作動變數及控制器之韌性給予調諧，通常介於0到1之間。

11.2.3 史密斯預測器

接著，將介紹一個與 IMC 極爲類似但較古老之控制器——史密斯預測器。此控制器由 O.Smith 早在1957年就已經提出，惟大量被使用是在 DCS 普及後才開始。其架構如圖11.10所示。

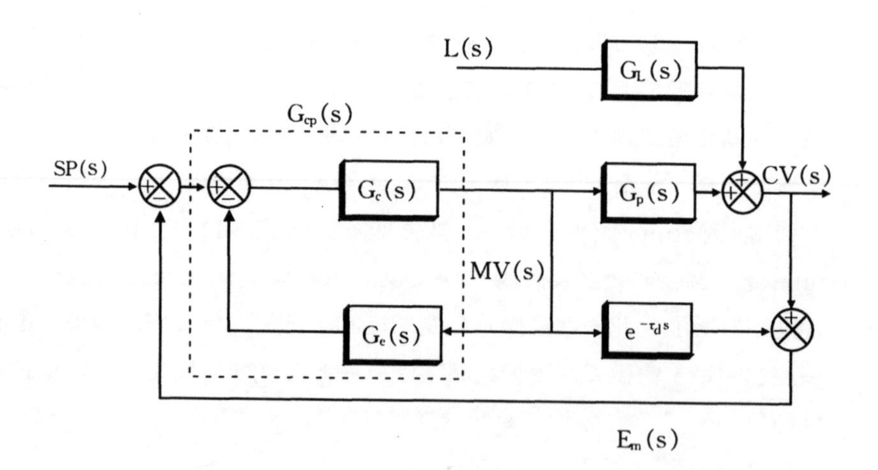

圖 11.10 Smith Predictor 控制器方塊圖[1]

Smith 的想法源於控制工程師受靜時之困擾而起，他認爲只要將製程拆成兩部分爲含靜時部分及剩餘部分，而由 PI 控制器去解決沒有靜時之虛擬程序會變得很簡單，剩下靜時的部分經與實際讀值比較後產生的誤差，再由控制器決定其修正量，即圖11.10所示之意。比較 Smith 預測器與 IMC 的架構實爲一樣。

而實作中稍有不同，IMC 之 K_{CP}爲製程模式靜態增益 K_p 之倒數且留下一個 detune 值供作爲韌性調諧用；Smith predictor 之控制器使用一組常用之 PI 控制器作爲調諧，惟須注意的是此時 PI 之調諧法則是用 IMC 之調諧法，不可用4.4節中所用一般之 PI 調諧法。

至此，兩種非常實用之單迴路模式預測控制已介紹完，相信讀者可以輕易地將之規劃於 DCS 上去解決碰到的問題。許多的分析儀控制器常有長靜時之先天缺陷，用 IMC 控制器或 Smith 預測器對付之，乃絕佳利器，而此兩種控制器實亦爲另類之推理控制。

11.3 IMC 控制器與 Smith 預測器之使用時機

雖然 IMC 控制器及 Smith 預測器有其強大的優點，但並不是當 PID 使用不順暢時，即選用此二型控制器。記住，PID 控制器仍是大部分情況下的第一選擇，只有在下列幾種情形才須考慮 IMC 控制器或 Smith 預測器。

長靜時程序

Smith 預測器又被稱爲靜時補償器（dead time compensator），因 Smith 原意乃完全針對長靜時程序（long dead time process）而設之控制器，故只要模式誤差不大，Smith 預測器用於長靜時程序將優於 PID 控制器。

逆向應答程序

雖然前節所述之 IMC 控制器或 Smith 預測器之使用模式過於簡化，甚至無法反應出逆向應答程序之動態，但至少它可將此逆向應答部分以靜時方式處理之，換言之，在逆向應答期間，控制器並不修正作動變數，而反觀 PID 控制器，在逆向應答期間，它卻修正作動變數往錯誤的方向，使得結果更為糟糕。或者平心而論，對於逆向應答程序（inverse response process）之控制，IMC 控制器或 Smith 預測器並無法將控制效果修正得更好，但是 PID 控制器卻將事情搞砸了，因此 IMC 控制器或 Smith 預測器之效果仍優於 PID 控制器。

前饋控制

在第七章所述之前饋控制，雖然確實掌握到干擾程序之動態，可是 PID 控制器卻必須等到回饋訊號回來後，再予修正，這樣使得 PID 控制器對作動變數做了額外的修正。

而 IMC 控制器的架構，如圖11.11所示將製程程序與干擾程序視為平行一起考慮將可避免過渡修正的問題，而有較佳的表現。

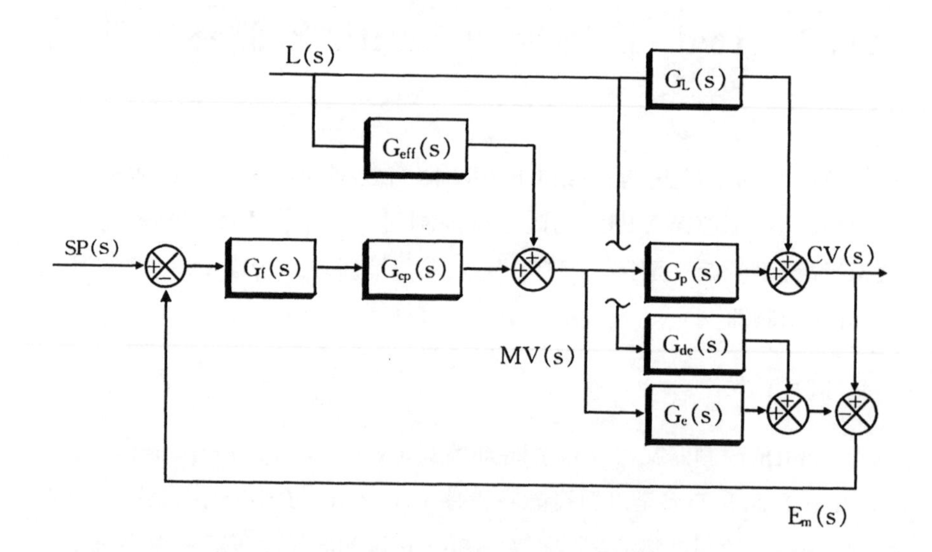

圖 11.11　含回饋預測控制之前饋預測控制[1]

串級控制

在圖11.5的分析儀控制器 AIC 串控溫度 TIC 的例子中，若 AIC 使用傳統的 PID 控制器，將經常發生**二次修正**（double correction）的現象而造成控制的不穩定。原因是外來的干擾使得溫度產生變化，而溫度控制器即刻去修正，但是過了一會兒，分析儀看到了干擾，而分析儀之 PID 控制器在不知道溫度控制器已有動作去消除干擾的情況下，又修正溫度設定點來消除干擾，產生了畫蛇添足的第二次修正，於是擺盪繼續。

模式預測控制將不致有二次修正的問題，因為模式將預測到外來干擾對未來的分析值之影響，所以它不會去修正溫度。因此，在這種情況下，使用 IMC 控制器明顯優於 PID 控制器。

對於不受外來干擾所影響的二次迴路（如一般的流量控制）之串級控制，主迴路是否使用 PID 或 IMC 控制器端視靜時是否過長或有逆向應答現象而定。

11.4 結 語

推理控制可以將工程師的知識以公式化的方式，用到實際的控制上，具有相當大的發揮空間。優良的推理公式甚至可取代貴重的分析儀，一個工廠只要有一個這種推理控制，光是省下的購買分析儀成本及維修費用，即已值回票價。

IMC 控制器及 Smith Predictor 均為模式預測控制之先驅，這類簡易的模式預測控制很值得在稍具靜時的程序中實施，其效果優於 PID 控制器。有計畫邁入多變數預測控制（multi-variable predictive control，MPC）領域者，若能先嘗試 SISO 之 IMC 或 Smith Predictor，不但可以試試看此類控制器可以改善多少空間，更可以體會到預測控制之作動原理與調諧方法，作為日後 MPC 實施之基礎。

推理控制與 IMC 等簡易預測控制的有效結合，可以發揮強大的效果，頗適合作為高階控制的入門，熟悉此類費用低廉兼具實效的控制設計是吸取高階控制經驗最豐富之處，任何控制工程師均不應錯過。

註 釋

❶抽動線資料應由氣體壓縮機製造商提供，不應由現場人員測試，以免損及氣體壓縮機。

參考資料

〔1〕T. E. Marlin, *Process Control-Designing Processes and Control Systems for Dynamic Performance*, 1995, McGraw-Hill.

〔2〕D. E. Seborg, T. F. Edgar & D. A. Mellichamp, *Process Dynamics and Control*, 1989, John Wiley & Sons.

〔3〕D. Rivera, S. Skogestad and M. Morari, "Internal Model Control：4, PID Controller Design", *IEC Proc. Des. Devel.*, 25, 252-265 (1986).

〔4〕F. G. Shinskey, *Distillation Control*, McGraw-Hill, 1977.

第 12 章

交互作用程序與去偶合控制設計

◈研習目標◈

當您讀完這章，您可以

A. 瞭解交互作用程序所造成的程序控制問題，特別是作動變數所需的修正量更與單迴路控制系統大大不同。

B. 瞭解如何以相對增益 λ_{ij} 來量測控制系統的交互作用程度爲何。

C. 瞭解如何以 Singular value，Condition Number，Morai Index，Niederlinsk index 及 SVD 等判斷原則來選擇多變數控制系統中最佳之控制配對。另外，傳統蒸餾塔所用的質量平衡及能量平衡控制策略亦加以解釋比較。

D. 瞭解如何以變數重組、直接去偶合及 IMC 型去偶合法達到以去偶合的方法消除交互作用的程序控制設計。

在一個控制系統中，若有超過一組以上的控制迴路存在，則此系統即屬於多迴路之控制系統。多迴路之控制系統較之單迴路控制系統複雜而棘手。爲了能有效控制多迴路系統，應先瞭解多迴路系統之特性：

- 變數間存在著交互作用而影響控制系統穩定性及效能。
- 是否能有效控制該系統，取決於整個製程，而非由單一因果關係可推得。
- 被控變數與作動變數之配對必須小心分析、設計。
- 有些系統之被控變數數目與作動變數數目並不相等。
- 有些多變數控制系統之設計對於模式誤差（modeling error）極爲敏感。
- 在設計多變數控制系統時，應考慮到干擾源。

解決多迴路程序之控制設計，目前有兩種方法可行，一種是**多重單迴路**之設計（multi-single loop design），此類設計以單迴路控制器來達成多迴路之控制目標，先天上可說是不可能百分之百達到目標，惟透過適當之分析，所設計出之系統，仍然可達到一定程度之效果，是一種花腦力的工作，也是本章的重點。如圖12.1的程序中，混合槽內之成

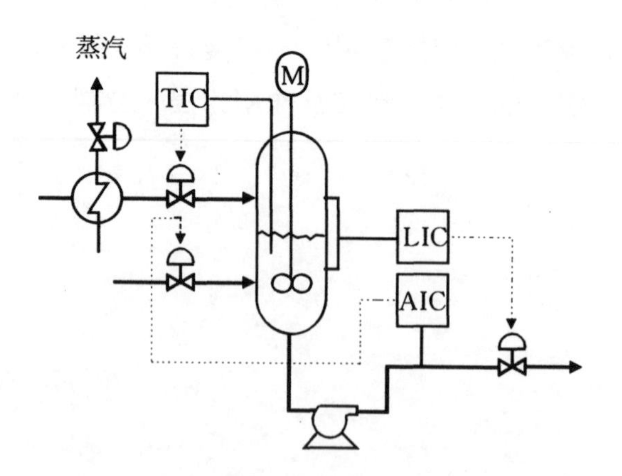

圖 12.1　多變數控制程序:多迴路控制設計

分、溫度及液位爲控制目標，所採取的方法即是。另一種方法是**集中式控制**（centralized control design）或多迴路控制設計（multiloop control design），通常是透過多變數控制器（multi-variable controller）一起考慮所有變數的情形，其成效較佳，惟須同時花費腦力與軟體的投資，此爲下章所談的重點，如**圖12.2**所示。

12.1 交互作用之程序

程序中到處存在著交互作用的程序，此種作用是否必須處理，端視控制目標是否因相互作用的影響而無法達成。連續製程的安排，通常是重要的操作單元置於前頭，多少有避免相互干擾的意味在裏面；若此製程沒有迴流的干擾或迴流不具重要意義，此類製程之相互作用干擾可由前頭一直往後推到最末端。換言之，前面重要的操作單元均可顧及，而將干擾往後推到後面不重要的程序。不幸的是，絕大多數的製程均含有大量的迴流，其結果使製程存在程度不一的交互作用。在這種情形下控制目標均同樣重要且又有相互作用存在的情況下，如何選擇最佳之控制配對，誠非易事，須小心分析。這裏，我們將從相互作用所造成之困難談起，再說明如何消除相互作用之現象。

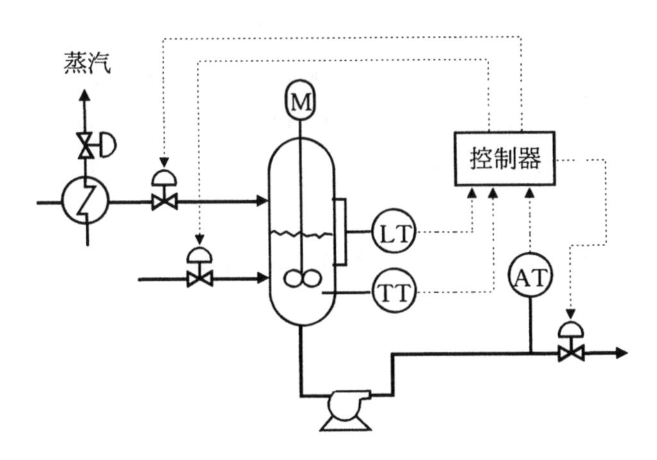

圖 12.2　多變數控制程序:集中式多變數控制設計

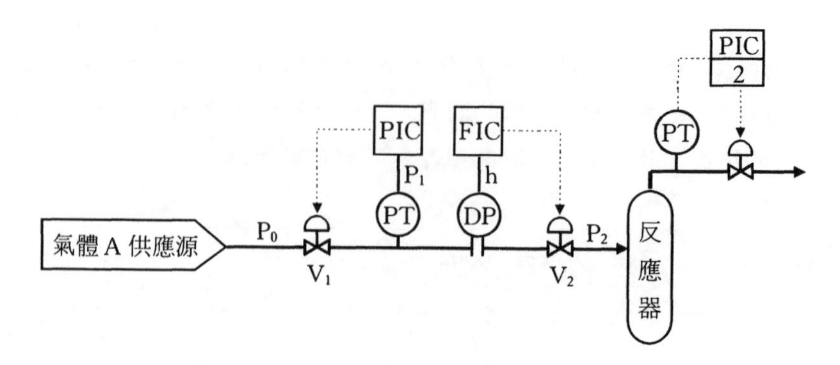

圖 12.3　兩個控制閥同時影響兩個被控變數

〈**例12.1**〉

在如**圖12.3**的例子中，氣體反應物 A 進入反應器中反應，根據反應條件，餵入反應器的氣體 A 流量必須依反應式控制之，然而氣體 A 供應之壓力 P_0不甚穩定，爲了增進反應效果，乃多加一個壓力控制器來穩定壓力。結果，在一條管線中，使用兩個控制閥來達到控制兩個控制目標。無疑地，相互作用現象必然存在，其嚴重程度視壓力控制器設定點 P_1之不同而異，下節將會進一步分析此系統。此例中，當操作員提升氣體 A 的流量時，V_2將開大，導致 P_1下降，爲了保持一樣的 P_1不變，V_1因而開大，可是 FIC 並不控制 V_1，當 V_1開大時，使流量增加，又迫使 V_2關小，V_2關小又將增加 PIC 之壓力，使得 V_1關小。因此 FIC→V_2→PIC→V_1→FIC 的影響順序一直持續，嚴重時，此系統將無法穩定操作，情況和緩時，若調諧適當，則晃動數次後，有機會回到穩定狀態，此爲典型之相互作用程序。

〈**例12.2**〉

程序工業中經常見到之摻合操作（blending openation）也是一個有相互作用的例子，在如**圖12.4**之操作中，摻合後之總量及濃度必須控制，然而當操作員提升摻合物流量 FIC3時，溶劑將增加，而 AIC 將因此而變稀，並將增加 FIC2，使得 FIC3必須再度減小，這種相互作用的關係與上例相似，系統是否能趨於穩定，與 FIC3及 AIC 之設定有關，將在下節中再述。

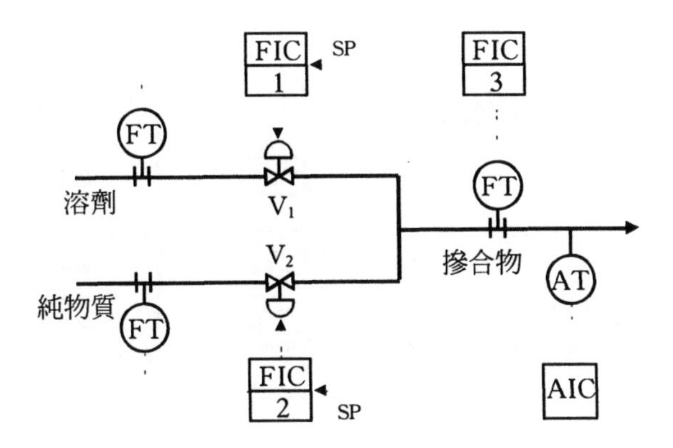

圖 12.4　摻合操作之控制

在此二例中，我們可以發現兩個相互作用程序的現象。

- 兩個單迴路控制器完全獨立地調整個自的控制閥。
- 每個控制器改變其控制閥時，將透過程序而影響到另外一個被控變數。

因此，相互作用的定義即為：在多變數程序中，作動變數變化時將影響到一個以上的被控變數。

在程序工業中，很容易存有相互作用的程序，一個最普遍的例子，當非蒸餾塔莫屬了。如何在多組被控變數的作動變數間，選擇最佳配對來降低相互作用現象，實須花一些心血才可，稍後將提到一些決定最佳配對之技巧。

一般2×2系統的相互作用方塊圖，如**圖12.5**所示，若此系統中干擾變數不存在，則穩態的關係為：

$$CV_1 = K_{11}MV_1 + K_{12}MV_2 \qquad (12.1)$$

$$CV_2 = K_{21}MV_1 + K_{22}MV_2 \qquad (12.2)$$

以矩陣的型態表示變成：

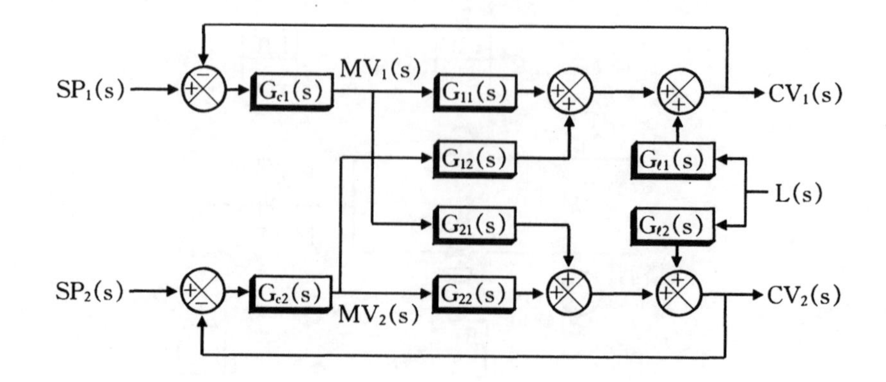

圖 12.5　兩個單迴路控制器之 2×2 相互作用方塊圖[1]

$$\begin{pmatrix} \triangle CV_1 \\ \triangle CV_2 \end{pmatrix} = K \begin{pmatrix} \triangle MV_1 \\ \triangle MV_2 \end{pmatrix}\text{，其中 } K = \begin{pmatrix} K_{11} & K_{12} \\ K_{21} & K_{22} \end{pmatrix} \tag{12.3}$$

故作動變數可為：

$$\begin{pmatrix} \triangle MV_1 \\ \triangle MV_2 \end{pmatrix} = K^{-1} \begin{pmatrix} \triangle CV_1 \\ \triangle CV_2 \end{pmatrix} \tag{12.4}$$

$$K^{-1} = \frac{1}{\det K} \begin{pmatrix} K_{22} & -K_{12} \\ -K_{21} & K_{11} \end{pmatrix} \tag{12.5}$$

其中，$\det K = K_{11}K_{22} - K_{12}K_{21}$

表12.1中列出2×2系統中，相互作用的關係。系統 A 為兩個獨立的單迴路組合，系統 B 為中等程度之相互作用程序，系統 C 為強相互作用之程序，系統 D 大到極限，已經無法控制，其反矩陣根本不存在，系統 D 的情況稱為**奇異**（singular）。在狀況1中，當 CV_1及 CV_2 同時改變一個單位，系統 A 如單迴路時一樣，$\triangle MV_1$及$\triangle MV_2$亦改變一個單位；而系統 B 則只改變0.58個單位；系統 C 更少，只有0.52個單位。在狀況2中，只有CV_1改變一個單位，CV_2不變，則系統A之

表12.1　比較2×2系統不同程度相互作用程度下，兩種狀況改變時，作動變數之變化（設沒有模式誤差）

系統	製程增益矩陣，K	增益矩陣倒數，K^{-1}	改變狀況1 $\triangle CV_1=1.0$ $\triangle CV_2=1.0$	改變狀況2 $\triangle CV_1=1.0$ $\triangle CV_2=0.0$
A. 沒有交互作用	$\begin{pmatrix}1.0 & 0.0\\0.0 & 1.0\end{pmatrix}$	$\begin{pmatrix}1.0 & 0\\0 & 1.0\end{pmatrix}$	$\triangle MV_1=1.0$ $\triangle MV_2=1.0$ 與單迴路時同	$\triangle MV_1=1.0$ $\triangle MV_2=0.0$ 與單迴路時同
B. 中等強度之交互作用	$\begin{pmatrix}1.0 & 0.75\\0.75 & 1.0\end{pmatrix}$	$\begin{pmatrix}2.29 & -1.71\\-1.71 & 2.29\end{pmatrix}$	$\triangle MV_1=0.58$ $\triangle MV_2=0.58$ 比單迴路時少	$\triangle MV_1=2.29$ $\triangle MV_2=-1.71$ 比單迴路時大
C. 強烈交互作用	$\begin{pmatrix}1.0 & 0.9\\0.9 & 1.0\end{pmatrix}$	$\begin{pmatrix}5.26 & -4.74\\-4.74 & 5.26\end{pmatrix}$	$\triangle MV_1=0.52$ $\triangle MV_2=0.52$ 比單迴路時少	$\triangle MV_1=5.26$ $\triangle MV_2=-4.74$ 比單迴路時大
D. 根本無法控制	$\begin{pmatrix}1.0 & 1.0\\1.0 & 1.0\end{pmatrix}$	不存在		

MV_1改變一個單位，MV_2沒動；系統 B 則 MV_1改變2.29且 MV_2須減少1.71個單位才能達到目標；系統 C 之 MV_1及 MV_2修正幅度更大，分別爲正5.26與-4.74才能將$\triangle CV_1$改變1.0且$\triangle CV_2=0$。

此例中，很明顯的，在多變數之相互作用程序中，絕對不可單獨考慮某個個別的控制迴路，必須將所有相關之控制迴路同時考慮才行。表12.1中之系統 A 及 C 在狀況2的條件下，作動變數出現強烈之不同，即爲明證。

另外，對於靜態增益矩陣爲正方形的系統（CV 與 MV 的數目相等），在下列情況中，無法控制，因靜態增益之倒數不存在。這個觀念，對於多變數控制器之 CV 與 MV 之選取格外重要。

- 有兩個以上之 MV 是線性相依。
- 有兩個以上之 CV 是線性相依。
- 矩陣中存在有一個與任何 MV 無關之 CV。

·矩陣中存在有一個與任何 CV 無關之 MV。

12.2 交互作用程度之量測

早在1960年代，Birstol 已提出對相互作相程序之度量，他提出**相對增益** λ_{ij}（relative gain）與控制環路穩定之關係。λ_{ij}可作爲鑑別多環路控制系統的配對（即 CV 與 MV 之搭配）是否造成強烈的相互作用。在多變數控制器尙未問世之前，所有的控制系統均仰賴單迴路控制器，因此如何選配單迴路控制迴路來減少交互作用程序的干擾，爲一種極重要的技術。這裏將介紹此一實用的技術，λ_{ij}之定義如下：

$$\lambda_{ij}=\frac{\left(\frac{\partial CV_i}{\partial MV_j}\right)_{MV_K=\text{常數},\ K\neq j}}{\left(\frac{\partial CV_i}{\partial MV_j}\right)_{CV_K=\text{常數},\ K\neq j}}=\frac{\left(\frac{\partial CV_i}{\partial MV_j}\right)_{\text{所有迴路均爲開環}}}{\left(\frac{\partial CV_i}{\partial MV_j}\right)_{\text{除}i,j\text{這對外，其餘迴路均爲閉環}}} \tag{12.6}$$

（12.6）式的物理意義爲，分子部分：第 i 個被控變數 CV_i 與第 j 個作動變數之組合，在不受其它控制迴路影響時之程序增益❶；分母部分：同樣是這組的程序增益，惟其餘之迴路均爲閉環。換言之，相對增益 λ_{ij}代表 CV_i 與 MV_j 這組配對之無相互作用與有相互作用情況下，兩項增益之比值。如 $\lambda_{ij}=1$，分子與分母所代表之程序增益相同，也就是此配對獨立，不受其餘迴路的影響是爲理想之配對組合。

λ_{ij}的幾項重要特徵如下：

·λ_{ij}爲無因次數，故可很容易用作各配對之比較。

·由（12.6）式中知：

$$\lambda_{ij}=\left(\frac{\partial CV_i}{\partial MV_j}\right)_{MV_K=\text{常數},\ K\neq j}\times\left(\frac{\partial MV_i}{\partial CV_j}\right)_{CV_K=\text{常數},\ K\neq i} \tag{12.7}$$

所以 $\lambda_{ij}=k_{ij}k_{ji}^{-1}$，對於2×2系統：

$$\lambda_{11}=\frac{1}{1.0-\dfrac{K_{12}K_{21}}{K_{11}K_{22}}} \qquad (12.8)$$

・將所有相對增益 λ_{ij} 排列好，即成爲**相對增益矩陣**（rlative gain array，RGA），在此矩陣中某行或某列之和爲1，對於2×2系統，其 RGA 如下：

	MV_1	MV_2
CV_1	λ_{11}	$1-\lambda_{11}$
CV_2	$1-\lambda_{11}$	λ_{11}

（12.9）

・根據（12.8）式，各組之靜態增益 K_{ij} 有誤差時，使得計算出之 λ_{ij} 出現極大的誤差，因此3.6節所介紹之實驗方法最好不用要來求取 λ_{ij}，否則恐有誤導之虞。所以 λ_{ij} 之求取，必須從理論推導，或由嚴謹模式的靜態模擬求取才能信賴。

λ_{ij} 之大小、代表的意義，整理在**表12.2**中。

因此表12.1之四種系統，其相對增益 λ_{11} 列於**表12.3**，由此表中，可知系統 A 爲最佳之組合。

〈**例12.3**〉

在〈例12.1〉中的氣體流量及壓力之控制系統，求其流量對 V_1 相對增益 λ_{h1}。

〈**說明**〉

設差壓傳送器所輸出之壓差值爲 h，此 h 的大小代表氣體流量的大小；且設 P_0，P_1 之壓差不大，氣體密度視爲常數：

流經流孔板之流量爲：

表12.2　λ_{ij}值表示之含義

λ_{ij}	意　　義
1.$\lambda_{ij}<0$	開環時與閉環時之程序增益符號相反，此迴路是否有希望穩定，須靠其它迴路改變操作狀態——非爲所欲之狀況。
2.$\lambda_{ij}=0$	當開環程序增益爲零時，表示 CV_1與 MV_j 無靜態關係。這種情況也不是我們所想要的。但在某些特殊情況下是可接受的。
3.$0<\lambda_{ij}<1$	其它迴路閉環時之增益大於其它迴路開環時之增益，表示迴路間存在某一程度之相互作用。
4.$\lambda_{ij}=1$	此配對迴路爲獨立之迴路，沒有任何交互作用存在。
5.$\lambda_{ij}>1$	其它迴路閉環時之增益小於其它迴路開環時之增益，此值越大，表示相互作用之程度越強。
6.$\lambda_{ij}=\infty$	其它迴路閉環時之增益爲0，表示此 CV 根本無法控制。

表12.3　在表12.1之四種系統其相對增益 λ_{11}值

系統	相對增益，λ_{11}
A	1.0
B	2.29
C	5.26
D	∞

$$q_0 = OP_0 \times \sqrt{\frac{h}{\rho}} \tag{12.10}$$

流經 V1, V2之流量分別爲：

$$q_1 = OP_1 \times \sqrt{\frac{(P_0 - P_1)}{\rho}} \tag{12.11}$$

$$q_2 = OP_2 \times \sqrt{\frac{(P_1 - P_2)}{\rho}} \tag{12.12}$$

其中，OP_1及 OP_2分別為 V_1及 V_2之開度由質量守恆得：

$$OP_0 \times \sqrt{\frac{h}{\rho}} = OP_1 \times \sqrt{\frac{(P_0 - P_1)}{\rho}} = OP_2 \times \sqrt{\frac{(P_1 - P_2)}{\rho}} \quad (12.13)$$

$$h = m_1(P_0 - P_1) = m_2(P_1 - P_2) = \frac{m_1 m_2 (P_0 - P_1)}{m_1 + m_2} \quad (12.14)$$

其中，$m_1 = \left(\frac{OP_1}{OP_0}\right)^{\frac{1}{2}}$

$m_2 = \left(\frac{OP_2}{OP_0}\right)^{\frac{1}{2}}$，可視為作動變數之變化

今欲求 λ_{h1}，根據定義：

$$\lambda_{h1} = \frac{\left(\frac{\partial h}{\partial m_1}\right)\Big|_{m_2}}{\left(\frac{\partial h}{\partial m_1}\right)\Big|_{p}} = \frac{\frac{m_2(P_0 - P_2)}{m_1 + m_2} - \frac{m_1 m_2 (P_0 - P_2)}{(m_1 + m_2)^2}}{P_0 - P_1}$$

$$= \frac{(P_0 - P_2)\left(\frac{m_2}{m_1 + m_2}\right)^2}{(P_0 - P_2)\left(\frac{m_2}{m_1 + m_2}\right)} \quad (12.15)$$

所以，$\lambda_{h1} = \frac{m_2}{m_1 + m_2} = \frac{P_0 - P_1}{P_0 - P_2}$

同理，可求得 $\lambda_{h2} = \frac{P_1 - P_2}{P_0 - P_1}$

由（12.9）式，可得相對增益矩陣為：

$$\begin{array}{c} \\ h \\ P_1 \end{array} \begin{array}{cc} m_1 & m_2 \\ \left[\begin{array}{cc} \frac{P_0 - P_1}{P_0 - P_2} & \frac{P_1 - P_2}{P_0 - P_2} \\ \frac{P_1 - P_2}{P_0 - P_2} & \frac{P_0 - P_1}{P_0 - P_2} \end{array}\right] \end{array} \quad (12.16)$$

在圖12.3的設計，為使流量控制有較佳之效果，則 λ_{h2}應儘量靠近 1，即 P_1與 P_2間之壓差應占總壓差之大部分。或者說，P_1之設定將可決定最佳之配對方式；當 P_1之設定點在 P_0與 P_2之中點時，任何一種配對產生的效果均一樣，當 P_1設定點較靠近 P_0時，FIC－V_2與 PIC－V_1之

配對較佳；當 P_1之設定點靠近 P_2時，FIC－V_1與 PIC－V_2之配對有較佳之效果。

另外，2×2交互作用程序之控制器調諧尚須考慮動態應答之快慢與否，其原則爲：

- 對於應答快速的迴路，與一般單迴路之調諧法一致。
- 對於應答緩慢者且 $\lambda_{ij}<1$者，其 K_c 應乘以 λ_{ij}。λ_{ij}越小，表示相互作用越強，其 K_c 應越少。
- 兩者具有相似之應答速度且交互作用程度相當其 $\lambda_{ij}>1.5$者，則 K_c 及 T_i 的設定先依單一迴路之調諧設定，再給予減到原來 K_c 的一半的強度，T_i 則可維持不變或漸增到原來的一倍。

12.3　多變數交互作用程序之控制策略設計準則

傳統的控制架構，只能選取單迴路之控制方式，因此如何在交互作用系統中選擇最適當的配對以降低系統之交互作用，使成爲交互作用系統之控制策略設計中最重要的一環。對於一個有 n 個被控變數及 n 個作動變數之方形架構而言，有 n（n－1）/2個2×2配對之組合；如3×3系統可有3個可能的2×2子系統；4×4系統可能有6個2×2子系統。Shinskey 曾利用 RGA 的方法來分析最佳配對，以尋求蒸餾塔之最佳控制配對。然而，當今之蒸餾塔設計，由於熱整合觀念之運用而益趨複雜，單用 RGA 很難搜尋到最佳之控制配對。近十幾年來，有部分的學者致力於此方面的研究，成效不錯，將一併整理作概要的陳述。

就如同第10章所提的控制策略設計技巧一樣，從設立控制目標開始，到離線模擬（off-line simulation）及線上測試（on-line test）。對於多變數交互作用的程序控制策略的方法也完全一樣，但因爲多變數中，可能存在的組合相當多，因此必須加入一些指標（index）作判斷，以去蕪存菁得到優良之控制策略。表12.4排序出多變數系統之控制策略設計步驟。

爲使讀者對此一歷史的發展有完整的瞭解，此地將簡列 SVD、

CN、MRI 及 NI 等指標值之算法，至於詳細之矩陣運算請參閱參考資料〔2〕〔3〕。

表12.4　多變數系統之控制策略設計順序

步驟	目的	方法
1.	訂出控制目標（或控制變數，CV）之優先順序	·從製程目標判斷 · Singluar Value Decomposition（SVD），選擇最大的元素 ·去除有大之 Condition Number 架構
2.	選擇適當的作動變數	有最大之 Morari Resiliency Index（MRI）值者
3.	消除無法工作的配對	將有負 Niederlinski index 之配對取消
4.	繼續篩選較佳的配對	選擇 RGA 中主對角線有接近1之 λ_{ij} *
5.	動態響應之考慮	動態關係直接且快速者
6.	對干擾變數之敏感度	·去除對干擾變數較敏感者

* 然而 Marline〔1〕已經證明 λ_{ij} 最靠近1者，並不保證其效能必為最佳，請注意。

奇異數

奇異數（singular value）是計算此類指標值之基礎，奇異數是用來測量此矩陣之靠近「奇異」有多近之值。一個 N×N 階的矩陣將有 N 個奇異值，通常以 σ_i 代表奇異值，所有 σ 之最大值以 σ^{max}表示，最小值以 σ^{min}表示之。

N×N 階矩陣之 N 個 σ_i 定義爲該矩陣與該矩陣之 transponse 相乘所形成之矩陣特徵值（eigen value）之開平方，即：

$$\sigma_{i[A]} = \sqrt{\lambda_{i[A^TA]}}, \ i=1,2...N \qquad (12.17)$$

〈例12.4〉

求矩陣 A 之奇異數，$A = \begin{pmatrix} -2 & 0 \\ 2 & 4 \end{pmatrix}$

〈說明〉

$A = \begin{pmatrix} -2 & 0 \\ 2 & -4 \end{pmatrix}$, $A^T = \begin{pmatrix} -2 & 2 \\ 0 & -4 \end{pmatrix}$

$A^T \cdot A = \begin{pmatrix} -2 & 2 \\ 0 & -4 \end{pmatrix} \begin{pmatrix} -2 & 0 \\ 2 & -4 \end{pmatrix} = \begin{pmatrix} 8 & -8 \\ -8 & 16 \end{pmatrix}$

對 $A^T \cdot A$ 矩陣之 eigen values 爲：

$\mathrm{Det}[\lambda I - A^TA] = 0$

$\mathrm{Det}\begin{pmatrix} (\lambda-8) & 8 \\ 8 & (\lambda-16) \end{pmatrix} = 0 = (\lambda-8)(\lambda-16) - 64$

$\lambda^2 - 24\lambda + 64 = 0$

$\lambda_1 = 20.94, \ \lambda_2 = 3.06$

$\sigma_1 = \sqrt{20.94} = 4.58 = \sigma^{max} \quad \sigma_2 = \sqrt{3.06} = 1.75 = \sigma^{min}$

條件數

條件數（condition number，CN）定義爲最大奇異數與最小奇異數之比。

$$CN = \frac{\sigma^{max}}{\sigma^{min}} \qquad (12.18)$$

CN 為多變數系統穩定度之簡易指標，CN 值越低，表示此系統之個增益值平衡良好，可達到控制目標，高 CN 值，表示此系統之個增益值之間平衡不良，可能對某些變化極為敏感，致不易達成控制目標。CN 可以作為同一控制體系中控制配對擇取的參考，但對於不同控制體系，其可控制度與 CN 無關，應搭配其它控制分析技巧一起評估。〈例 12.4〉之條件數為：

$$CN = 4.58/1.75 = 2.62 \text{（理想之 CN 值為1）}$$

莫氏指標

莫氏指標（Morai index）是指開環轉換函數矩陣之最小奇異值，其定義為：

$$MRI = \sigma^{min}_{[K_p(0)]} = \min \sqrt{\lambda_i [\ K_p{}^T K_p\ ]} \qquad (12.19)$$

MRI 值越大，表示此系統之可控制性越高，對於作動變數（獨立的）之選取極為方便。

〈例12.5〉

有一控制系統其轉換函數靜態增益矩陣為 $\begin{pmatrix} 12.8 & -18.9 \\ 6.6 & -19.4 \end{pmatrix}$，求此系統之 MRI？

〈說明〉

$$A^T A = \begin{pmatrix} 12.8 & 6.6 \\ -18.9 & -19.4 \end{pmatrix} \begin{pmatrix} 12.8 & -18.9 \\ 6.6 & -19.4 \end{pmatrix} = \begin{pmatrix} 207.4 & -369.96 \\ -369.96 & 733.57 \end{pmatrix}$$

求此系統之特徵值 $Det[\ \lambda_I - A^T A\ ] = 0$

$$Det \begin{pmatrix} (\lambda - 207.4) & 369.96 \\ 369.96 & (\lambda - 733.5) \end{pmatrix} = \lambda^2 - 940.97\lambda + 15{,}272 = 0$$

$\lambda = 916.19,\ \lambda = 16.52$

因此 $MRI = \sigma^{min}_{K_p} = \sqrt{16.52} = 4.06$

奈氏指標

奈氏指標（Niederlinski index，NI）是一個必要但不充分的檢查值，當此值為負時，表示此系統將導致不穩定；當此值為正時，此系統可能穩定也可能不穩定，需要進一步的分析，奈氏指標定義如下：

$$\text{Niederlinski index} = \text{NI} = \frac{\text{Det}[K_P]}{\sum_{j=1}^{N} K_{pjj}} \qquad (12.20)$$

〈例12.6〉

如〈例12.5〉之靜態增益矩陣，求此系統之 NI 值？

〈說明〉

$$\text{NI} = \frac{\text{Det}[K_P]}{\sum_{j=1}^{N} K_{pjj}} = \frac{(12.8)(-19.4)-(-18.9)(6.6)}{(12.8)(-19.4)}$$

$$= 0.498$$

此值為正，此系統可能穩定也可能不穩定。

奇異值分解

奇異值分解（singular value decomposition，SVD）之觀念，取自統計學之大數分析法（principal component analysis），可以用來分析被控變數在某些 MV 之下其敏感程度之差異。

$$K_P = U\Sigma V^T \qquad (12.21)$$

其中，K_P：為 M 個作動變數產生之 n 個被控變數之靜態增益矩陣

U：代表此 n 個被控變數，對 M 個作動變數的相對敏感程度，絕對值越大的值表示該 CV 越容易受該 MV 的影響

Σ：是依 M 個奇異值（σ）之大小順序所排列的對角矩陣

V^T：為一 Orthogonal 矩陣，代表作動變數的同位體系（coordinate system）第一行（V_1）表示具最強烈影

響力之組合，第二行（V_2）次之，……依此類推。

由 K_P，Σ，V^T 可得 U，此類矩陣的運算，用 MATLAB™軟體，可以很快得到答案。詳細運算及例題請參閱參考資料〔2〕之〈例17.1〉及參考資料〔3〕第八、十四及第二十章。

表12.4中除第5步驟外，其餘均爲對靜態特性之分析，對於一個較複雜的多變數系統而言，若沒有靜態模式或如 ASPEN、PRO Ⅱ 等靜態模擬軟體，可說相當難得到此類分析結果。因爲準確的靜態模式取得本身即爲高度的技術，所以說一般之多變數系統（如蒸餾塔）尙可以用表12.4的方法耐心地去分析（畢竟其靜態模式之發展已較爲完備），對於較特殊之多變數系統（如反應系統），因準確可靠的靜態模式非常難得，幾乎使本法無用武之地，因此，如何得到最佳之控制策略設計，實爲程控工程師的一大挑戰。一般而言，仍是仿照下面要介紹的雙成分蒸餾塔之分析方式爲之。

典型的雙成分蒸餾塔，如圖12.6所示，其中有四個控制閥，因此最多可以有四個控制目標（或被控變數）來完成，而這四個被控變數與四

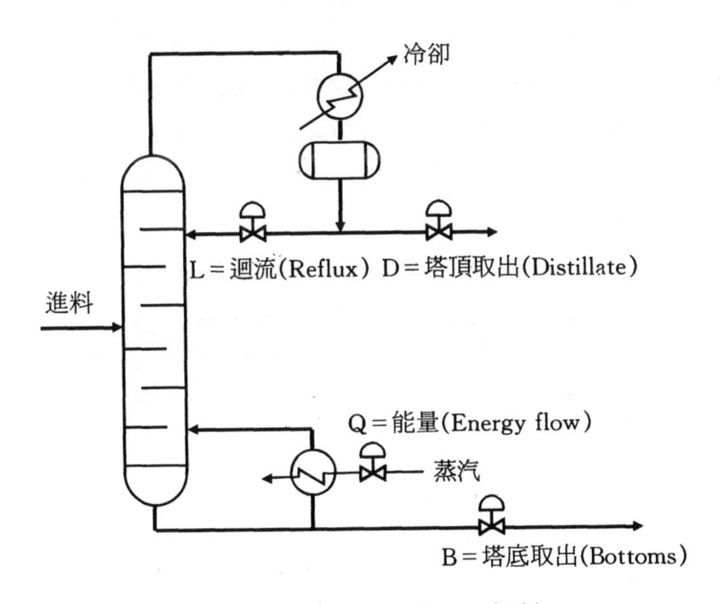

圖 12.6　典型蒸餾塔流程設計

個控制閥將可有二十四組不同的組合，加上考慮兩個作動變數之比例搭配，迴流比 L/D（reflux ratio）及沸溢比 Q/B（boilup ratio）亦可能有較佳之控制，故其組合將超過二十四組❷，其選取的步驟如下：

1. 將控制目標分成兩大部分：容積控制（inventory control）與成分之分離度控制（separation control）。首先，塔頂蓄積槽及塔底之液位等兩個容積控制較直接由 D,L,B,Q 中任選二者來擔任，剩下的兩個即用於分離控制用。
2. 根據動態響應及一般通用原則，考慮表12.5的8組已經足夠。表12.5中，第一組合即著名的**質量平衡控制**（material balance control，MBC）。蒸餾塔之成分，藉由流出之流量大小來調整；第二組合即一般所稱之**能量平衡控制**（energy balance control，EBC），產品成分藉由迴流量來調整，MBC 及 EBC 之控制架構示於圖12.7。
3. 依照表12.4的方式來篩選最佳之 CV 與 MV，此階段最好能有好的靜態模式配合靜態模擬軟體，將結果列表比較。一般而言 MBC 均有比 EBC 優良之控制穩定性。
4. 測試系統對干擾的敏感度：一般蒸餾塔的干擾有三，即頂部壓力變化、進料變化及進料組成變化。由靜態模擬軟體上測試此三種狀態之成分變化程度。成分變化越小者，對干擾有較佳之吸收能力，宜以選用，通常仍以MBC較優，惟MBC對進料組成變化

表12.5 典型蒸餾塔控制架構搭配

	控制架構	作動變數之選取	
		容積控制	分離控制
1	D−Q	L,B	D,Q
2	L−Q	D,B	L,Q
3	L−B	D,Q	L,B
4	L/D−Q	D,B	L/D,Q
5	L/D−B	D,Q	L/D,B
6	D−Q/B	L,B	D,Q/B
7	L−Q/B	D,B	L,Q/B
8	L/D−Q/B	D,B	L/D,Q/B

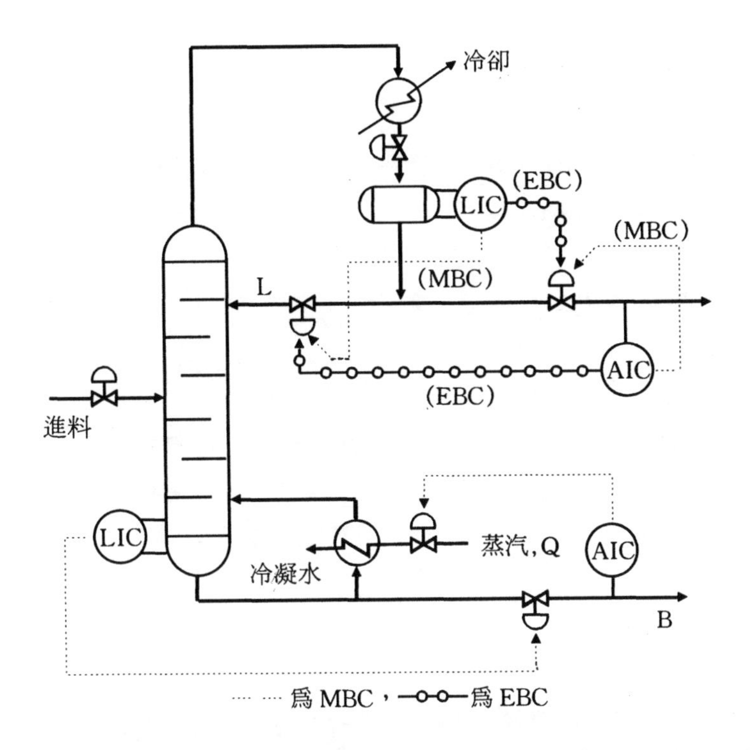

圖 12.7　蒸餾塔之質量平衡控制(MBC)與能量平衡控制(EBC)，只有塔頂不同

極度敏感必須小心。

5. 整體考慮：將上述所得結果，綜合操作限制及可能之干擾程度，作最後之抉擇

12.4　多重單迴路組合設計—去偶合

對於多變數中相互作用程序，如何透過巧妙地設計達到消除相互作用的干擾，實在是控制工程師責無旁貸的任務。以下將介紹幾個實用的技巧。

12.4.1 變數重組

既然變數間存在著相互作用的干擾，那麼將兩個以上相同的變數重新組合，是否能消除其相互作用之干擾呢？答案往往是肯定的。

〈例12.7〉

試對〈例12.1〉的程序重新設計控制策略，以消除其相互作用之干擾。

〈說明〉

從反應式而言，進入反應器的反應物A，該被控制的是它的質量流率，而不是它的壓力或體積流率，因此先算出其質量流率。

若該氣體近似於理想氣體，其質量流率爲：

$$n = PV/ZRT \tag{12.22}$$

其中，P＝反應物A供應之壓力（P_0）

V＝反應物A之體積流率（FIC）

Z＝氣體之壓縮因子（理想氣體時，Z＝1）

T＝反應物A之溫度

故其新之控制策略如圖12.8所示，將可省下一個控制閥，而且消除了壓力與體積流率之相互干擾。

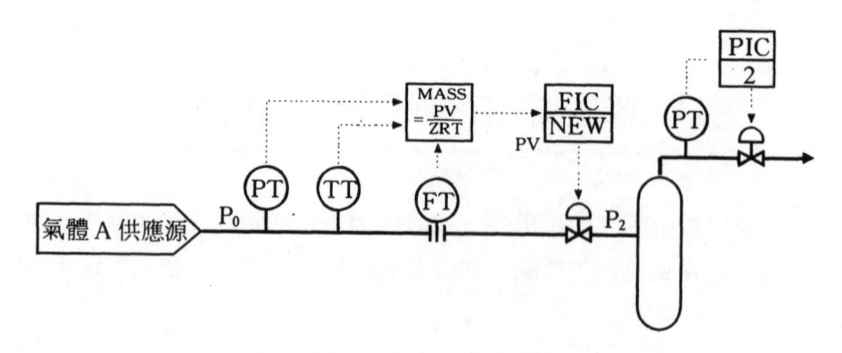

圖12.8 將CV重新組合並減少一個控制閥以消除其相互作用之干擾

〈**例12.8**〉

在〈例12.2〉的摻合操作中，重新設計控制策略，以消除混合流之總量與濃度控制之相互干擾。

〈**說明**〉

由質量平衡：

$$\mathbf{F_3 = F_1 + F_2} \tag{12.23}$$

$$濃度 = \frac{\mathbf{F_2}}{\mathbf{F_1 + F_2}} \tag{12.24}$$

因此，爲了控制總量及濃度，我們得到兩個新的作動變數，$\mathbf{F_1 + F_2}$ 與 $\mathbf{F_2/F_1 + F_2}$。新控制策略示於**圖12.9**。

此新之控制策略，一起考慮到總量與濃度的調整，故可望產生較小的相互作用現象。例如，當 **AIC** 之濃度提升時，比例控制器 **RATIO** 將提升 $\mathbf{F_2}$的流量，爲了保持 $\mathbf{F_3}$之總量不變，**FIC SUM** 將降低 $\mathbf{F_1}$的流量，故可同時兼顧總量與濃度。

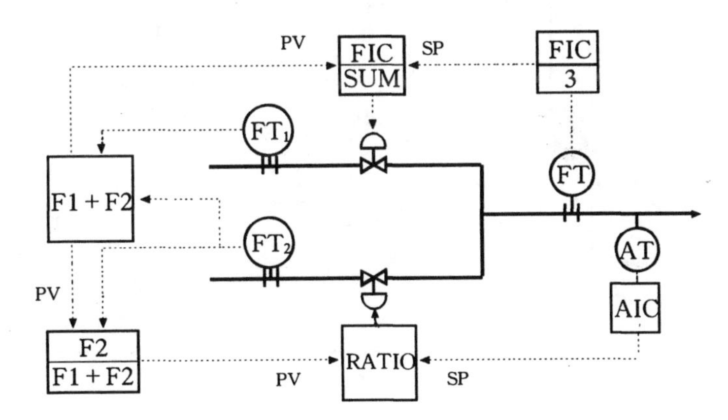

圖 12.9　將 MV 重新組合成兩個獨立之新 MV

這種由控制目標倒推，利用相互干擾之被控變數及作動變數之重新組合以達到消除相互作用的目的，實爲一簡易實用的技巧，可應用於許多工業中的例子。事實上在上節最後的蒸餾塔例子，**Shinskey** 即利用此技巧，將蒸餾塔設計稍加改良，如**圖12.10**，以消除蓄積槽之液位與

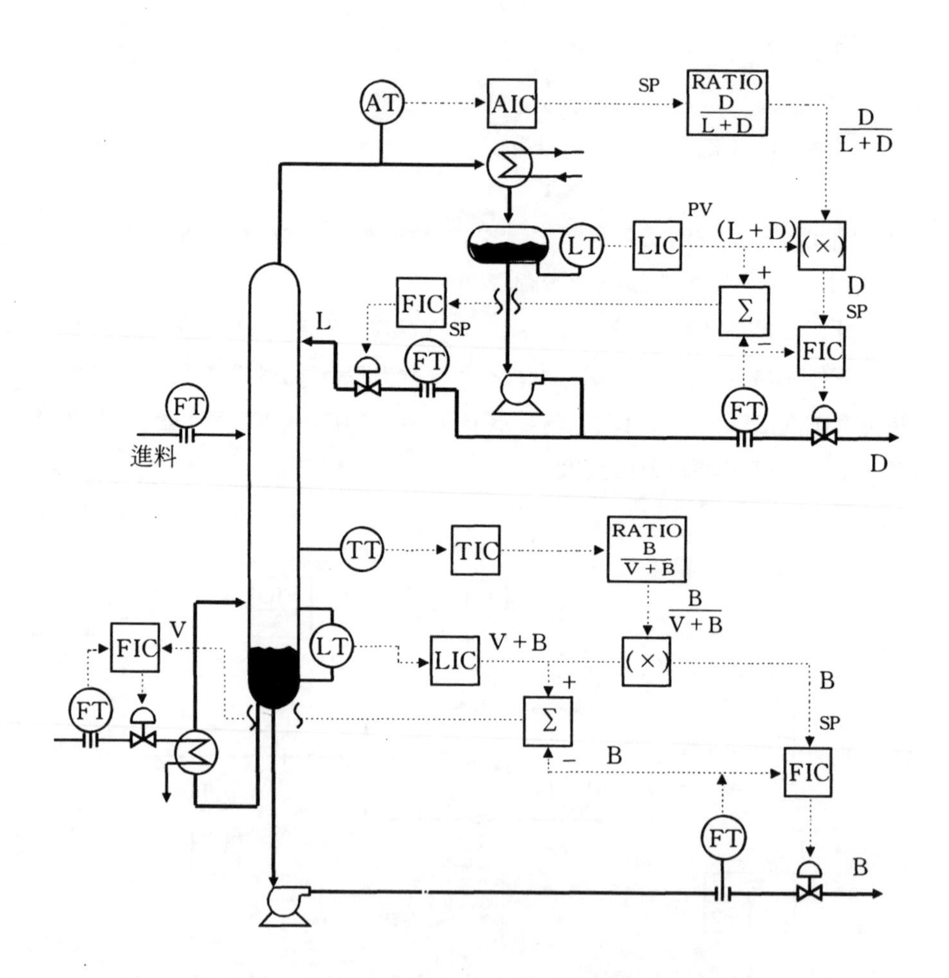

圖 12.10　蒸餾塔之迴流比與沸溢比之控制

塔頂組成控制之相互干擾，此法所用之蒸餾液比（distillate ratio）$\frac{D}{L+D}$而非 L/D 的原因是大部分的蒸餾塔 L/D＞1.0，若用 MBC 的控制方式，其蓄積槽之液位控制效果較差（第五章中我們已經提過，液位之控制應選擇流量大者爲作動變數），當此液位之控制效果變差時，迴流量 L 修正不當，將造成塔頂組成 AIC 之不穩；而此法所用之$\frac{D}{L+D}$，能穩定蓄積槽液位，而破壞蓄積槽液位控制與塔頂組成控制之相互干擾，其中的減法器實爲一個去偶合器（decoupler），它提供一個正確的迴流量 L 而不致再度影響塔頂組成。塔底的情況與塔頂相當，其沸溢比用$\frac{B}{V+B}$而非 Q/B，原因如上，不再重述。

12.4.2 直接去偶合

如果，各被控變數與作動變數之模式可知，則可以運用去偶合器去消除迴路間之交互作用。去偶合器與第7章所提之前饋控制器之功能完全一樣。前饋控制器是爲了補償可測干擾變數而設，而交互作用程序之可測干擾變數即爲來自相對迴路之作動變數，如圖11.5所示。因此，就如前饋控制器之設計一樣，將去偶合器置於相對迴路之作動變數控制器之間，如圖12.11之 D_{12}或 D_{21}即爲兩只去偶合器，其中：

$$D_{ij}(s) = -\frac{G_{ij}(s)}{G_{ii}(s)} = -\frac{K_{ij}}{K_{ii}}\left(\frac{1+\tau_{ii}s}{1+\tau_{ij}s}\right)e^{-(\theta_{ij}-\theta_{ii})s} \qquad (12.25)$$

雖然上式可以輕易地將之規劃於 DCS 上，可是因爲交互影響的關係，使得此模式之正確與否，直接影響到此系統之穩定性，因此這類的設計並不多見。再者2×2系統所需爲兩個本身控制器，加上兩個交互去偶合器，共需四個控制器；3×3系統則需六個控制器，其所需之控制器數量加倍且維修麻煩，又大大降低了工程師們用它的興趣。在這種機緣下，集中式之多變數控制器（第13章）乃應運而生。

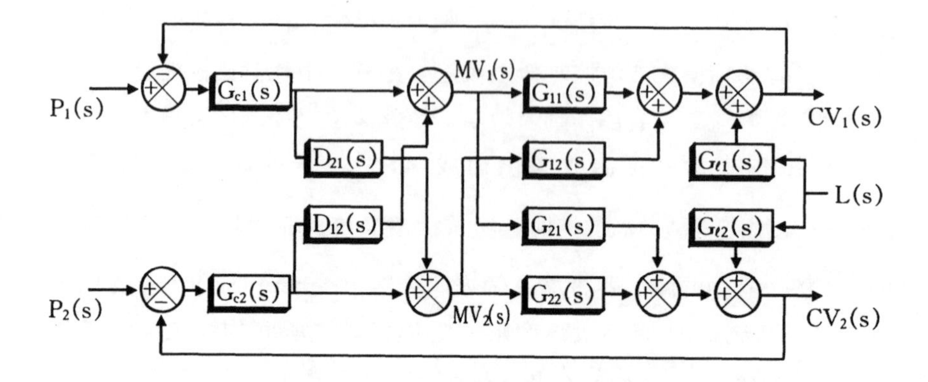

圖 12.11　2×2 系統之去偶合設計[1]

12.4.3 IMC 型去偶合器

第11章所提到之四種適用 IMC 控制器的程序，若在其多迴路程序中同時存在著交互作用，則可以使用 IMC 型去偶合方式設計之，然而它跟直接去偶合一樣，只適用於2×2系統，因爲太多的迴路產生 DCS 之控制點數的浪費與維修不易之困擾。因此，如圖12.11之2×2系統，在 DCS 上所需之規劃點爲：4個 G_{ij}預測器，兩個回饋控制器 G_{c1}, G_{c2}及兩個去偶合器 D_{21}與 D_{12}。必須注意的是，四個控制器之 K 值，不能直接將 K_{ij}倒數，而須利用矩陣 K 之反轉求得〔如（12.5）式〕，且四個控制器有其個別之 detune 因子，可以調諧模式誤差產生之偏離。這對於無集中式多變數控制器者而言，雖顯繁複卻也算是實惠之設計，值得嘗試。

12.5 結　語

交互作用現象是程序工業極爲常見的現象，可以說是除靜時之外的第二大程序控制難題，學會如何消除或降低交互作用是控制工程師進入高階控制領域的重要技巧，至少在交互作用嚴重的地方，我們也應該瞭解「棄卒保帥」的一些處理原則——喪失一點控制效能，增加一點韌性，因此在許多交互作用程序上必須適當 detune 控制器。

註 釋

❶再次提醒讀者，第 i 個 CV 與第 j 個 MV 這組的程序增益求取，必須是在開環狀況。

❷若在頂部冷凝器之冷卻液上加一個控制閥，且塔壓亦為被控變數，則五個被控變數與五個控制閥將可有一百二十組不同的單迴路配對。因此絕不可能用嘗試錯誤的方法去求得最佳配對，也不允許這樣做。

參考資料

〔1〕T. E. Marlin, *Process Control—Designing Processes and Control Systems for Dynamic Performance*, McGraw-Hill, 1995.

〔2〕W. L. Luyben, *Process Modeling, Simulation and Control for Chemical Engineers*, 2nd ed, 1990, McGraw-Hill.

〔3〕W. L. Luyben, *Practical Distillation Control*, 1992, Van Nostrand Reinhold.

〔4〕F. G. Shinskey, *Distillation Control*, 1977, McGraw-Hill.

第 13 章

多變數預測控制

◈研習目標◈

當您讀完這章，您可以

A. 瞭解線性多變數模式預測控制器之運作原理。

B. 瞭解有限脈衝響應（FIR）模式之識別原理及實作方法。

C. 瞭解 MPC 專案的四大執行步驟。

前一章中已提過用模式預測的方法來解決相互作用程序的問題，其控制器設計的觀念概取製程模式之倒數而來。然而超過兩個以上的變數、有限制的程序或有逆向應答程序者將產生模式變多而且複雜化，用以前的方法數學上難以取得製程模式的倒數，因此也無法獲得控制器的設計。爲了突破此一瓶頸，Culter 等人在1978年用 DMC（dynamic matrix control）的方法，有效地解決多量變數間之相互干擾、限制因素或逆向應答程序的問題。然而它的主要的缺點爲其模式只適合於現場測試條件上下小範圍的線性操作條件，因此對於非線性程序（如高純度蒸餾程序），其效果有限。儘管如此，對於連續操作的製程，若操作條件不是經常需要改變很大，DMC 仍是解決多變量程序的最佳利器，根據 S.J.Qin 教授在1996年，對全美程序工業使用 MPC 狀況的調查，目前在過去二十三年裏由五家程序控制設計公司設計的多變數預測控制器❶設計數達2233個，足見 MPC 的產品已趨成熟，殆無疑問。然而依作者經驗，MPC 能否成功最重要的支柱仍在基礎控制，因此依序踏實建立程控體系才是成功之道。再者 MPC 對操作員而言是一個十足的黑盒子，對大部分的工程師而言，維修亦非易事，必須有相當的程序控制根基才能使得上力，因此，如何讓好不容易建立的 MPC 能不讓操作員排斥且平穩地發揮其功能，訓練是不可忽視的重要步驟。

本章將討論一般 MPC 之模式識別方法、控制器設計的方法及實作上如何進行 MPC 專案。

13.1 多變數模式預測控制器之原理

MPC 求解所需之作動變數變化量（$\triangle$MV）的原理與 IMC 的方法可說完全一致，但 IMC 的致命傷是無法由所得之 S domain 模式**倒數**求得控制器，MPC 技巧地由數學的方法求解模式的倒數進而將問題迎刃而解。爲便於說明，此地將藉由較易理解的階段響應模式（step response model）來說明 MPC 的原理（注意商業化的軟體並不一定由階段響應模式來求解）。

對於一個一階模式可以寫成：

$$Y(s)=\frac{K_P e^{-\tau_d s}}{(\tau s+1)}X(s) \tag{13.1}$$

若輸入訊號 X（s）給予階段變化，$X(s)=\triangle x/s=1/s$，上式變成：

$$Y(s)=\frac{K_P e^{-\tau_d s}}{s(\tau s+1)} \tag{13.2}$$

此式之 t-domain 方程式可表示成如（3.40）式

$$y(t)=\begin{cases}0 & \text{，當 } t<\tau_d \\ K_P(1-e^{-t/\tau}) & \text{，當 } t\geq\tau_d\end{cases} \tag{13.3}$$

為便於瞭解，將以實際系統之應答來分析（13.3）式：

取樣時間	取樣序號	輸入訊號 x	輸出訊號 y
$-2\triangle t$	-2	0	0
$-1\triangle t$	-1	0	0
0	0	1(x 作階段變化)	0
$1\triangle t$	1	1	0
$2\triangle t$	2	1	0
	(持續到靜時 τ_d 到達時均一樣)		
τ_d	$\tau_d/\triangle t$	1	0
$\tau_d+\triangle t$	$(\tau_d+\triangle t]/\triangle t$	1	$K_P(1-e^{\triangle t/\tau})$
$\tau_d+2\triangle t$	$(\tau_d+2\triangle t)/\triangle t$	1	$K_P(1-e^{2\triangle t/\tau})$
⋮	⋮	⋮	⋮

因此，對於每一個取樣時間的階段響應輸出訊號 y 的大小，可以用輸入變化△x 以下式表之：

$$y=a_k\triangle x_0 \tag{13.4}$$

對此一階模式而言，若其靜時 τ_d 爲零，則 a_k 代表著（$1-e^{-t/\tau}$）的動態響應如**圖13.1**所示。

若系統爲線性而輸入訊號 x，有兩個連續的輸入變化爲 $\triangle x_0$ 與 $\triangle x_1$，前者代表現在的取樣時間，後者代表下一個未來的取樣時間的輸入變化，則：

$$
\begin{aligned}
y_1 &= y_0 + a_1\triangle x_0 \\
y_2 &= y_0 + a_2\triangle x_0 + a_1\triangle x_1 \\
y_3 &= y_0 + a_3\triangle x_0 + a_2\triangle x_1 \\
&\vdots \\
y_n &= y_0 + a_n\triangle x_0 + a_{n-1}\triangle x_1 \qquad (13.5)
\end{aligned}
$$

亦即利用兩個輸入變化，在知道 $a_1, a_2 \cdots a_n$ 的值情況下，即可用來預測未來的 n 個輸出變化，此即爲預測控制的基本原理。同理，當輸入訊號 x 爲數個連續變化時，以 $\triangle x_i = x_i - x_{i-1}$ 表之，則對於**線性單進單出**（linear single-input-single-output，SISO）的系統，其輸入與輸出的關係可爲如下〔2〕（依取樣順序）：

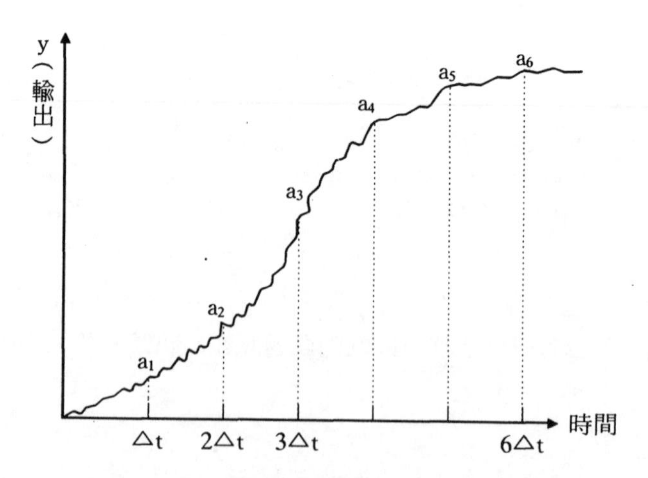

圖 13.1　靜時為零，輸出(y)與單一階段輸入變化(x)的響應圖

$$y_1 = y_0 + a_1 \triangle x_0 \quad (13.6)$$

$$y_2 = y_0 + a_2 \triangle x_0 + a_1 \triangle x_1$$

$$y_3 = y_0 + a_3 \triangle x_0 + a_2 \triangle x_1 + a_1 \triangle x_2$$

$$\vdots$$

$$y_{K+1} = y_0 + \sum_{j=1}^{K+1} a_j \triangle X_{k-j+1} \quad (13.7)$$

將（13.7）式依時間到達穩態的時間做一切割，則其一般式如下：

$$y_{K+1} = y_0 + \sum_{j=LL+1}^{K+1} a_j \triangle x_{k-j+1} + \sum_{j=1}^{LL} a_j \triangle x_{k-j+1} \quad (13.8)$$

初值條件　到達穩態　　過渡狀態

此式之**安置時間**即為 $LL \times \triangle t$，此即達到確定穩態所需的時間。在做模式識別時，當此時間選取太小時，識別出的模式代表性恐有問題，選取太大則徒增運算時間而已並無助益。對（13.8）式而言，等號右邊的第一項及第二項均不會有所變化，因此以 y^* 表示之，（13.8）式可以寫成：

$$y_{K+1} = y_K^* + \sum_{j=1}^{LL} a_j \triangle x_{k-j+1} \quad (13.9)$$

此式即為階段響應模式的通式。

因此對於 SISO 之控制系統而言，在開環的情況下，未來的被控變數值應等於目前之穩態的被控變數值加上未來因輸入之變化而產生的變化所得：

$$CV_i^f = CV_k + \sum_{j=1}^{LL} a_{j+i} \triangle MV_{k-j}$$（在沒有控制的情況下，並假設未來實際輸出與預測輸出沒有誤差）　（13.10）

其中，　CV_i^f ＝被控變數在未來 i 時間的預測值

CV_k ＝根據過去輸出所得的現在被控變數值

i ＝未來的取樣數（$i=1$到 NN）

故當此 SISO 迴路改爲閉環路控制時，其控制效能之目標函數可如下表之：

$$OBJ=\sum_{i=1}^{NN}[SP_i-CV_i]^2=\sum_{i=1}^{NN}[SP_i-(CV_i^f+\triangle CV_i^f)]$$
$$=\sum_{i=1}^{NN}[E_i^f-\triangle CV_i^f]^2 \qquad (13.11)$$

其中，SP_i ＝未來第 i 個取樣時間之被控變數設定值

CV_i ＝有控制的情況下，未來第 i 個取樣時間之被控變數之實際值

CV_i^f ＝沒有控制的情況下，未來第 i 個取樣時間的被控變數之預測值〔與（13.10）式定義相同〕

$\triangle CV_i^f$ ＝未來第 i 個取樣時間時因調整△MV 因而變化之 CV 值

E_i^f ＝未來第 i 個取樣時間之（設定值－預測值）＝（$SP_i-CV_i^f$）

NN ＝有控制的情況下，被控變數可以達到穩態的時間，又稱**輸出界限**（output horizon）

在（13.11）式中，最佳的目標當然是 $OBJ_{min}=0$時，表示完美無缺的控制，因此：

$$E^f=[\triangle CV^f] \qquad (13.12)$$

爲最佳之選擇。

由（13.9）式之階段響應模式，可以得知在未來第 i 個時間因過去調整△MV 所得之變化，即：

$$\triangle CV_{i+1}^f=\sum_{j=1}^{i+1}a_j\triangle MV_{i-j+1}^f \qquad (13.13)$$

如果將此關係依取樣時間取到輸出界限 NN 的時間，如（13.5）

式一樣，則可得如下之矩陣：

$$\begin{bmatrix} a_1 & 0 & 0 & \cdots & 0 \\ a_2 & a_1 & 0 & \cdots & 0 \\ a_3 & a_2 & a_1 & \cdots & 0 \\ \vdots & \vdots & \vdots & \ddots & \cdots \\ a_{NN} & a_{NN+1} & a_{NN+2} & \cdots & a_{NN-MM+1} \end{bmatrix} \begin{bmatrix} \triangle MV_0^f \\ \triangle MV_1^f \\ \triangle MV_2^f \\ \vdots \\ \triangle MV_{MM-1}^f \end{bmatrix} = \begin{bmatrix} \triangle CV_1^f \\ \triangle CV_2^f \\ \triangle CV_3^f \\ \vdots \\ \triangle CV_{NN}^f \end{bmatrix} \quad (13.14)$$

其中 MM 稱為**輸入界限**（input horizon），其代表輸入變數△MV 之取樣次數，MM 必須小於 NN，而矩陣 a_{ij}可以 A 表之，是一群與時間相關之數據，代表此一系統之特性，故稱為**動態矩陣**（dynamic matrix）。以矩陣的方式可以將（13.14）式寫成

$$A〔\triangle MV^f〕=〔\triangle CV^f〕 \quad (13.15)$$

由（13.11）式、（13.12）式與（13.15）式可得：

$$〔\triangle MV^f〕= A^{-1}E^f = A^{-1}(SP_i - CV_i^f) \quad (13.16)$$

所以若知道 A^{-1}、CV_i^f，即可算出△MV，而使得 OBJ 之偏差可以為零。

因此 A^{-1}的求得至為重要，將在下節提到，先以 K_{DMC}代表動態矩陣 A 之倒數，其關係如下：

$$K_{DMC} = (A^TA)^{-1}A^T \quad (13.17)$$

圖13.2清楚地繪出 SISO 系統△MV 如何影響未來的△CV 及其控制效果。

對於SISO系統而言，矩陣A可能為狀態不佳（illcondition）或

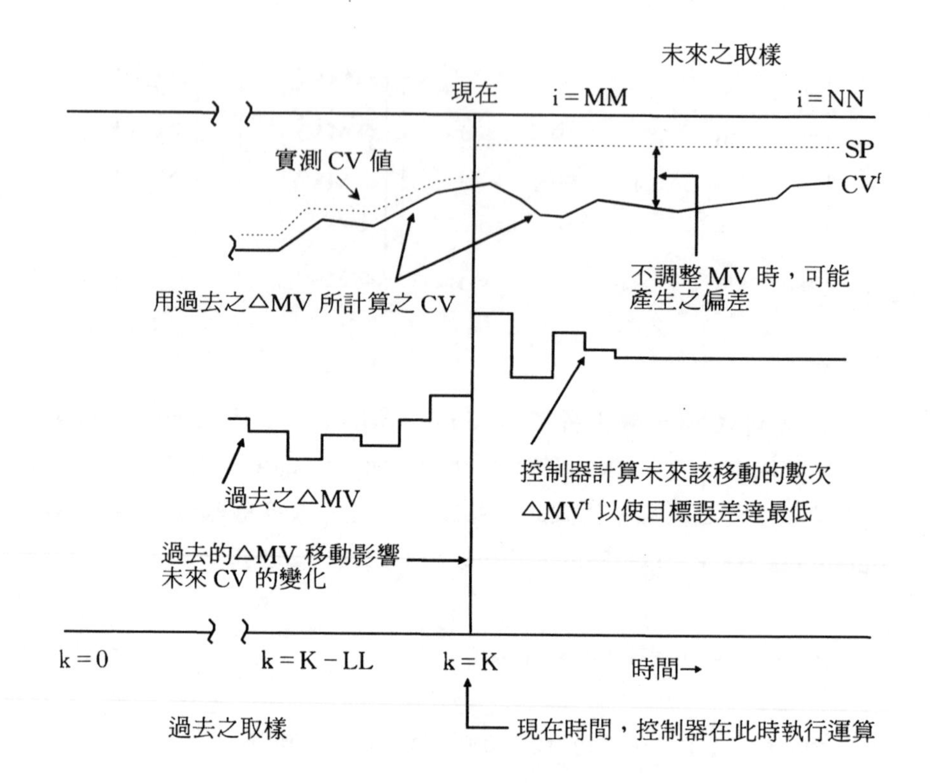

圖 13.2　多變數預測控制器之響應[2]

者非常靠近奇異性，因此如何求得最佳之韌性以避免矩陣A求出的倒數對△MV^f 修正過大造成系統之不穩定，便成為商業化多變數控制器的最重要設計。過去 DMC™這家公司使用的方法是以一個移動抑制因子（move suppression factor）加諸在△MV 上來達到；再者考慮到操作上的需要，可給予對 CV 之加權（weighting）使得控制效果能更符合實際需要，因此（13.11）式變成：

$$OBJ_{min} = \sum_{i=1}^{NN} \{ ww [SP_i - (CV_i^f + \triangle CV_i^f)]^2 \} + \sum_{i=1}^{MM} [qq (\triangle MV_i)^2] \qquad (13.18)$$

$$=\sum_{i=1}^{NN}〔ww(E_i^f-\triangle CV_i^f)^2〕+\sum_{i=1}^{MM}〔qq(\triangle MV_i^f)^2〕$$

其中，ww＝可改變之被控變數與其設定值之誤差權重

qq ＝可改變之作動變數變化量之權重或稱爲移動抑制因子

（13.18）式之 ww＝1，qq＝0的情況下即爲（13.11）式。因爲模式的求得多少存在著一些不確定性，因此（13.18）式特留下 qq 的調諧參數使此控制系統有更佳之韌性。而 Honeywell RMPC™之韌性設計方式與此不太一樣，它是利用限制型漏斗（limit funnel）軌道範圍來慢慢移動 CV，利用奇異數限制（singular-value thresholding）來避免狀況不佳的 CV 有過快的修正，加上類似 μ 因子合成（μ-systhesis）之韌性設計方式來達到韌性控制的目標。

根據（13.18）式，對一個有 NC 個被控變數及 NM 個作動變數的**多進多出系統**而言，其控制之目標函數變成：

$$OBJ_{min}=\sum_{j=1}^{NC}ww_j\sum_{i=1}^{NN}(E_{j,i}^f-\triangle CV_{j,i}^f)^2+\sum_{k=1}^{NM}qq_k\sum_{i=1}^{MM}(\triangle MV_{k,i})^2 \tag{13.19}$$

其中， NC ＝被控變數 CV 之數量

NM ＝作動變數 MV 之數量

ww_j ＝第 j 個被控變數與其設定值之誤差加權係數

gg_K ＝第 k 個作動變數之改變量加權係數

因此變數控制器共有下列四個調諧參數可供調整：

- NN：輸出限制必須夠長，以確保其能到達穩態，而穩態到達的時間即爲安置時間，其值等於△t（NN），△t 爲取樣時間（sampling time）。
- MM：輸入限制應小於 NN，通常爲 NN 之1/3或1/4。
- ww_j：被控變數間彼此權重之比較，此值越大，其偏差越小，惟其對△MV 之修正亦加大，控制效果較緊。
- gg_k：作動變數彼此間調整權重之比較（或稱爲移動抑制因子），此值越大該$\triangle MV_k$能被改變的量越小，控制效果更溫和。

不同的商用 MPC 軟體其調諧參數與名詞雖有不同，惟原則與此類似。

13.2　有限脈衝模式識別之原理與實驗求解技巧

13.2.1　有限脈衝模式原理

由於實際工廠無法取得連續的輸入輸出關係資料，因此對於間斷式數據取得的資料必須考慮其數學上的處理可行性。於是有限脈衝模式（finite impulse response，FIR）乃被用在許多商用 MPC 軟體的模式識別中❷。

與階段響應模式一樣，有限脈衝模式指的是過去某些個微小「輸入」變化所造成未來某一個「輸出」之差值，因此自調程序之 FIR 通式可以寫為：

$$\triangle y_K = \sum_{i=1}^{LL} a_i \triangle x_{k-i} \qquad (13.20)$$

如此即可用於實際取樣資料的數學處理上。

在求取 FIR 模式之前，我們先來看看如何求解非正方形之矩陣。

假設，有下列之矩陣方程式：

$$b = Ax \qquad (13.21)$$

其中 b、A 為已知之數據矩陣，但是 A 中之數據，其列數（row）多於行數（column），使得欲解出之 x 其自由度不夠，無法求出正解（exact solution），這時，引進餘數 ρ，使得：

$$\rho = b - Ax \qquad (13.22)$$

如果能使 ρ 趨近於零，則可得 x 之最佳解，因此上式變成一個最適化的問題。亦即：

$$\min_{x}\rho^{T}\rho=\min_{x}(b-Ax)^{T}(b-Ax) \tag{13.23}$$

其條件爲：

$$\frac{d(\rho^{T}\rho)}{dx}=-2A^{T}(b-Ax)=0 \tag{13.24}$$

且其二次微分式應大於零：

$$\frac{d^{2}(\rho^{T}\rho)}{dx^{2}}=2A^{T}A>0 \tag{13.25}$$

由（13.24）式可得：

$$x=(A^{T}A)^{-1}A^{T}\cdot b \tag{13.26}$$

這裏，矩陣 $(A^{T}A)^{-1}A^{T}$ 稱爲矩陣 A 之**通用倒數**（generalized inverse），x 可由最小平方法求解出，其詳細方法請參考數値分析書籍，不在此介紹。惟商用 MPC 軟體因爲要克服諸如模式誤差（model mismatch）、限制、積分程序……等問題，均以 Quadratic Programming 方式進行解決此一問題。

現在，假設有 M 個獨立之輸入同時作變化（任何形式之變化），根據 FIR 之模式，對某一個輸出而言，其**未來某個取樣時間 k 之變化値**爲：

$$\triangle y_{k}=\sum_{m=1}^{M}\sum_{i=1}^{n}a_{m,i}\triangle x_{m,k-i}+\nu(k-1) \tag{13.27}$$

$\nu(k-1)$ 爲此取樣時間 k 之前的任何模式誤差（或稱餘數 residual)，因此從過去 N 個取樣時間到現在 N + n 的時間而言，上式可以寫成：

$$\begin{bmatrix} \triangle y(n+1) \\ \triangle y(n+2) \\ \vdots \\ \triangle y(n+N) \end{bmatrix} = \begin{bmatrix} h_{1,1} \\ h_{1,2} \\ \vdots \\ h_{1,n} \\ h_{2,1} \\ \vdots \\ h_{m,n} \end{bmatrix} \cdot \begin{bmatrix} \triangle x_{1,n} & \cdots & \triangle x_{1,1} & \triangle x_{2,n} & \cdots \triangle x_{m,1} \\ \triangle x_{1,n+1} & \cdots & \triangle x_{1,2} & \triangle x_{2,n+1} & \cdots \triangle x_{m,2} \\ \vdots & & \vdots & \vdots & \vdots \\ \triangle x_{1,n+N} & & \triangle x_{1,n+N} & \triangle x_{2,n+N} & \cdots \triangle x_{n,1+N} \end{bmatrix} + \begin{bmatrix} \nu(n+1) \\ \nu(n+2) \\ \vdots \\ \nu(n+N) \end{bmatrix}$$

亦即 $\mathbf{Y_N} = \theta \qquad \mathbf{X_N} + \nu_n$

(13.28)

$\mathbf{Y_N}$ 及 $\mathbf{X_N}$ 是過去 N 個取樣時間之輸出及輸入變化差數據，θ 是我們要求解的 FIR 模式之係數，若 θ 可以使得 ν_n 到最小（爲一個 constraint），則（13.28）式變成：

$$\mathbf{Y_N} = \theta \cdot \mathbf{X_N} \tag{13.29}$$

此式與（13.21）式同，由（13.26）式可解出 θ（即 FIR 之模式）。而 θ 即爲（13.15）式的動態矩陣 A，利用（13.17）式與（13.16）式即可得到控制所需之作動變數的調整量。這個觀念與第十一章之 IMC 控制觀念是完全一致的，但是採用全新的數學技巧，使得模式預測控制可以運用到更大的領域上。

另外在求得不連續（discrete）的 FIR 原始模式後，亦可以轉換成 S domain 之連續式函數供判讀。

在瞭解模式識別之原理後，我們將探討實務上爲獲得可信賴的數據其實驗設計方法與執行上該注意的技巧，其步驟如**表13.1**所示，若最後所得之模式仍不滿意，則應探討其錯誤的原因，再重做之。

表13.1　模式識別之步驟

順序	工作範圍	方法
1.	實驗設計及執行	階段變化，PRBS……等
2.	模式識別 ·數據處理 ·模式之架構 ·參數估算	·利用 MPC 軟體或數據處理軟體 ·製程知識判斷
3.	模式驗證	·模擬 ·統計分析技巧

13.2.2　實驗設計及執行❸

現場測試是模式識別最重要的步驟，為了獲得有用的數據，此一階段當越挑剔越好，早期投入的心血越多，將來可以越省力氣。

預測階段

在現場測試之前，必須對所有受測單元之量測元件、控制閥及控制器作一些測試或檢驗，以確定其量測準確、動態良好及適當之控制效果，將來可以放心地相信這些數據。最好也能預先做一些階段變化，瞭解一下動態模式大概之範圍，在實際測試時比較能掌握正確變化之大小。

受測單元測試信號的選擇

常用的信號有階段變化及 PRBS 這兩種輸入信號，對於初次測試的工廠，仍以使用階段變化測試為佳，雖然某些頻率之響應，無法由此得到，但從製程經驗上可以很快地對初步之模式識別結果作研判其結果是否恰當。因為測試時，可能有一些未被量測的干擾進來或操作上之限制，階段測試應注意下列幾點：

振幅大小：作動變數改變幅度的大小取決於信號本身雜訊的大小，通常階段變化之幅度至少應大於雜訊的3倍，然而現場操作中有時不允許做幅度太大的變化，但是爲了求得更佳的模式，在測試階段對程序暫時的干擾仍是值得的，故若能做比較大幅度的變化，也許可避免日後因模式不甚滿意再重做對製程的二次干擾。

安置時間：由於 **FIR model** 的決定來自於「係數」的決定〔如（13.28）式〕，係數求得的基本要求即是穩定不再變化，因此必須決定安置時間的長度，若選擇的安置時間太短，將使得係數無法「安定」造成模式不可靠。

取樣時間：因爲數據的取得爲間斷的，爲了節省將來電腦運算的時間，只要取得足夠的有意義的數據即可，不必一大堆「意義相似」的數據；但究竟有意義的數據定義如何？一個簡易的判定爲：

$$\text{取樣時間} = \textbf{max}\{0.03\times\text{安置時間}，0.3\times\text{靜時}\}$$

因此 **FIR** 模式所需之係數量約爲30個，因爲安置時間/取樣時間約爲30。若選擇太長，雖然增加一些運算時間仍是值得。因此，初次作模式識別時，可以選擇幾次稍長的安置時間，檢查其一致性。若結果相當一致，則可以放心使用，若不一致則須小心檢查其眞相了。

測試次數：因爲系統有可能存在可量或不可量之干擾，所以不要只做一次測試，最好能多做數次，視對程序的把握程度而定。典型的測試型態見圖13.3。

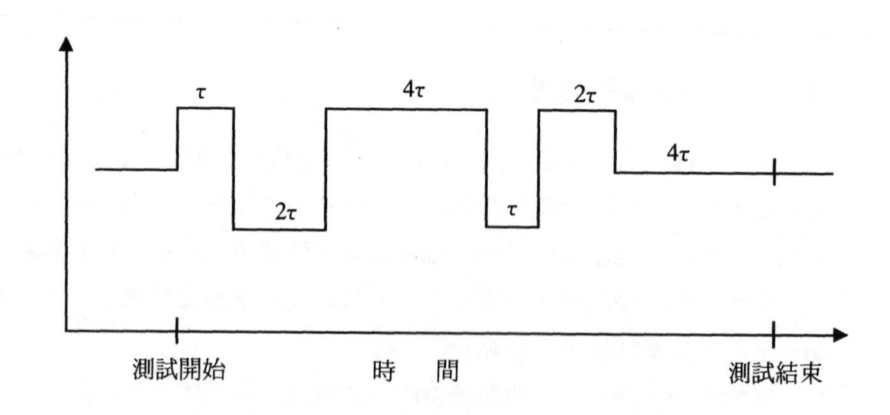

圖 13.3　典型階段測試次數與每次停留時間

當雜訊較大且改變幅度不允許太大之程序，若階段變化測試效果不佳，可考慮使用 PRBS，當可獲得較佳之模式。惟 PRBS 訊號的產生目前尚不十分普及，但相信日後會有越來越多的機會用到 PRBS。

13.2.3 模式識別

利用 MPC 軟體進行模式識別（model identification）時，依下列順序進行。

數據處理

在獲得原始數據後，應先對有疑問的數據刪除或更改。尤其是一些可疑的變化應檢討其適用性，以避免影響模式之分析。通常 MPC 軟體亦會對這些原始數據「過濾」，以避免最後之模式失眞。

模式之架構

雖然 MPC 軟體會自動分析這些數據並轉換成 S domain 之模式，但工程師仍應判斷這些結果是否合理。通常軟體選擇的是有最小誤差之模式，惟這些模式常是高階、有反轉之模式，而程序中有這麼多具高階又有反轉的程序嗎？軟體可以把數據 fit 得很好，並不足信，重要的是如何從製程知識的判斷來修改這些原始模式，使其能更具代表性，必要時亦可利用波氏圖……等比較各個可能的模式架構，如果變化不大，則選擇較低階的模式，如果差異頗大應再考慮如何取捨。模式的架構，必須決定概略的靜時、合理的階數及有無前導時間常數項。

參數的估算

靜時、增益及各時間常數的決定，須靠製程知識及多次試誤才能做最後的決定。如果模式之架構大致底定，此一步驟應不至於花太多時間。如果有兩種以上的不同方法之模式識別軟體，則可作爲互相檢驗的對象，更可得到較具信心的模式。

13.2.4 模式驗證

這種純由現場數據經數學統計分析技巧而得的模式，必須經過嚴格的驗證與離線測試才可用，其順序如下。

模式之確認（model validation）

所獲得的模式是否眞能吻合實際情況，可用殘值（residual error analysis）及一些統計數之要件來初步檢視。

殘值分析：由先前實例的數據與模式所計算的值相減得殘值，此殘值若趨近於零，此模式理應可靠。此值變大，表示模式之代表性有問題。

統計數之要件：良好的模式其殘值之自我相關度（auto-correlation）及殘值與輸入信號之交互相關度（cross-correlation）會接近零。另外，其 AIC❹值亦會最低。

離線模擬

用模擬器❺（simulator）測試在與現場測試時所作同樣的輸入變化下其模式計算值如何，或者找以前的操作數據，比較與測試時不一樣的輸入值其模式計算值與歷史資料之吻合程度。

經過這些步驟所獲得的模式，其可信度應已極高，可供使用。模式識別是 MPC 最耗時也最重要的步驟，需要小心執行，現場測試更是模式識別的關鍵，務必謹愼執行。

13.3 多變數預測控制專案之執行

MPC 專案如同一般建廠專案，其成功繫於有條不紊之執行步驟與嚴謹小心的態度，每一步驟均應確實做好，才得以進行下一步驟，若抱持不求甚解的態度，最後的結果恐將大失所望。一般而言，MPC 的專案約可分成四個段落（假設其基礎及進階控制已經穩固）。

・基礎設計及效益分析。

・細部設計。

・線上測試及調諧。

・驗收。

每個段落之工作重點分述如後。

13.3.1 基礎設計及效益分析

此階段所須做的工作項目如下：

功能設計（functional design）

此一階段的工作主要是決定整個控制的架構，主要有控制目標的設定、作動變數的選擇及決定適當的干擾變數。控制目標的設定甚為重要，一般從容積、品質及經濟上的效益來考量。

作動變數的選擇，應從製程上判斷，且相互間須為獨立變數者。通常在程序設計之初會留有控制閥可供調整，以達到某一程度之控制效果，故這些含有控制閥之控制迴路可以被選為作動變數。

干擾變數有兩類，一類來自於上游之調整所需，為可量測之變數；另一類不可量測之干擾變數，其來源不知，其量也不知，是較為棘手的部分。

若以一般的蒸餾塔而言，其典型的控制架構如下：

■控制目標

・底部液位控制——容積控制。

・頂部蓄積器液位控制——容積控制。

・底部成分控制——品質控制。

・頂部成分控制——品質控制。

・塔差壓控制——最大鍊量（經濟效益考量）。

■作動變數

・頂部迴流量。

·頂部抽出量。

·底部熱輸入量。

·底部抽出量。

■干擾變數

·進料量之變化。

·進料組成變化（若有量測則為可量測 DV，若無量測則為不可測之 DV）。

·外界氣溫的變化（塔頂使用空氣冷卻者）或冷卻水溫的變化（塔頂使用冷卻水冷卻者）。

這只是一個簡例表明控制架構的設計，而非一個標準，最佳之架構須與製程相配，它的選擇標準已在第12.3節中說明。

效益評估

初次執行的 MPC 案，通常需要評估其效益何在，作為整個案子的標竿及最後的評價用。一般而言，MPC 專案之有形無形之效益均頗高，可是這仍須很多基礎工作的配合及適當的設計才可達到。

效益評估的範圍不外從控制目標之偏差縮小以及可因而增加之有形經濟價值（如產量可因而再提升）或品質上之增進去估算。其估算方法可參考第1.2節。

預先測試

預先測試的目的主要是為了要確保真正現場測試時能拿到有用的數據，其項目包括：

·檢視在 MPC 工作範圍內所有之儀錶控制器之調諧等基礎工作是否完善。

·決定日後現場測試時，較佳之 MV 移動大小、安置時間及改變次數量。

·測試數據收集軟體之功能是否正常。

此階段內，小規模之 MV 開環測試是必須的。

13.3.2 細部設計

現場測試

此一階段，可說 MPC 專案勝負之關鍵，務必小心執行。其要點如下：

- 測試前應有一完整的計畫，並尊重盤面操作員之意見。
- 記錄一切操作狀況的變化。
- 初次做時，一次以變動一個 MV 之階段測試為佳。
- MV 移動大小及安置時間依 pretest 階段及現場人員之意見而訂。

圖13.4為一典型蒸餾塔之測試圖，作動變數為塔底之蒸汽加入量與塔頂之迴流量，干擾變數為進料量，而其被控變數為塔頂及塔底的組成及與塔負荷能力有關的設備能力限制（constraint 控制，即差壓控制，作為防止塔負荷超過其能力而引起氾濫的指標）。

模式識別

模式識別的技巧在前節已經說明，不再重述，惟模式識別的過程，通常需要輔以製程經驗做判斷及測試階段之記錄做判斷，才能得到較佳之模式。典型之模式如**圖13.5**為一3×3之蒸餾塔模式。

離線模擬

離線模擬的目的有：

- 輔助模式之識別。
- 預調 MPC 之調諧參數。

故此一階段當依上述目的，設計一些特定的狀況分別測試記錄之，作為日後上線時調諧依據

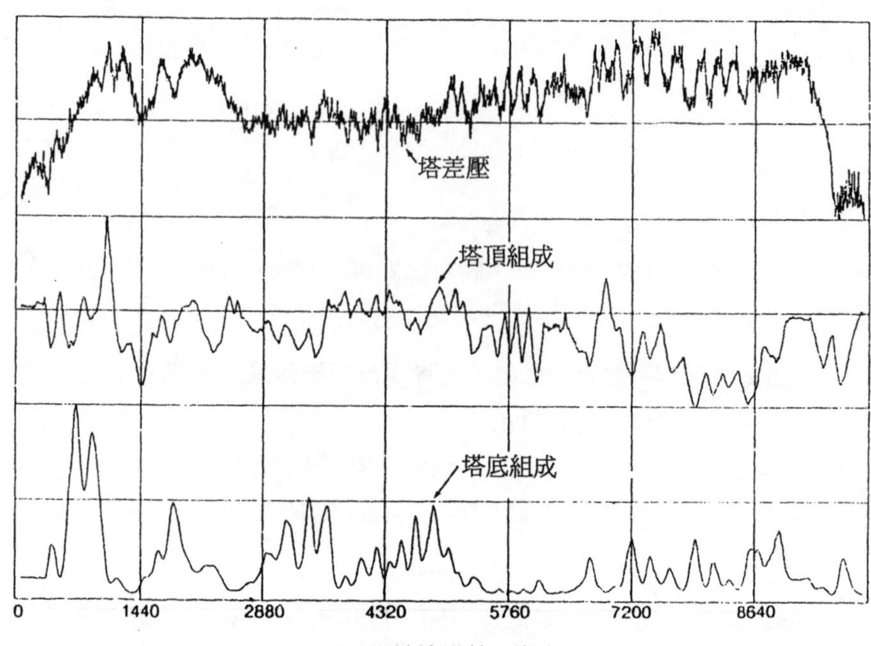

(a)三個被控變數之響應

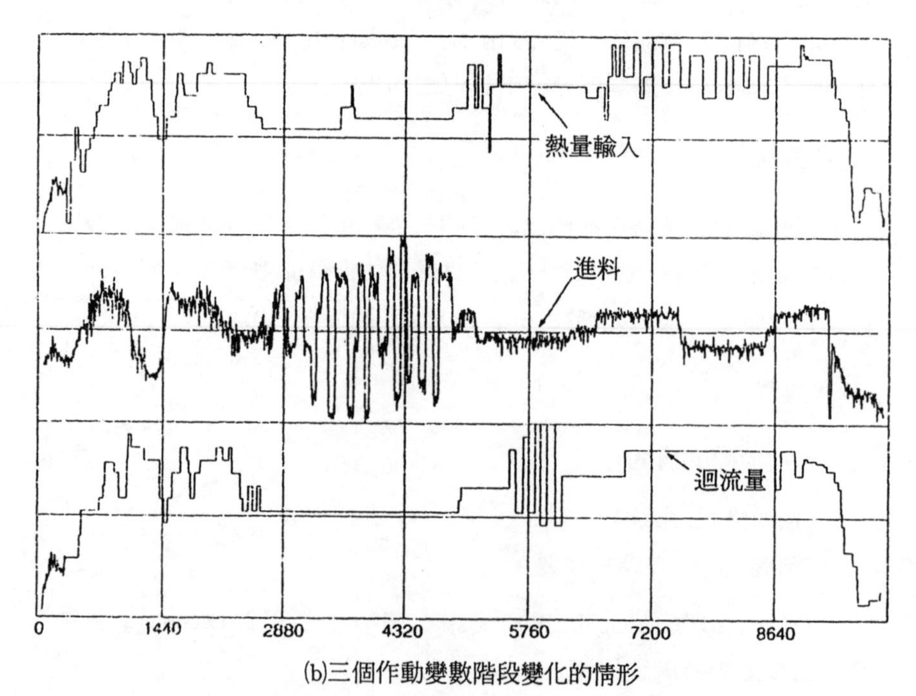

(b)三個作動變數階段變化的情形

圖13.4　典型之蒸餾塔現場測試收集數據〔1〕

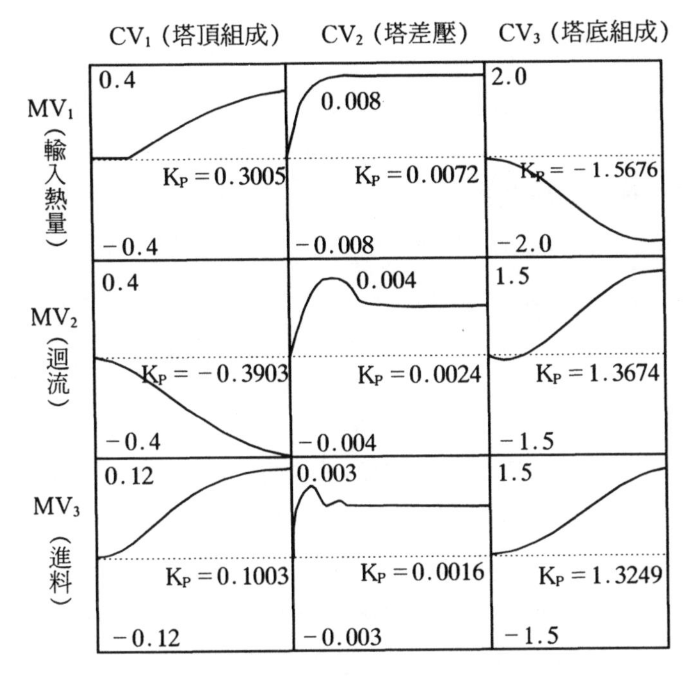

圖 13.5　根據圖 13.4 所得之 3×3 蒸餾塔矩陣模式[1]

13.3.3　線上測試及調諧

在將 MPC 閉環使用之前，擬再確認識別出的模式是否可眞正代表此一程序。將 MPC 置於「預測狀態」（prediction mode），此時 MPC 並無控制功能，藉由其預測值與實際值之誤差，可知此模式是否可靠。

接著，將 MPC 閉環使用之，根據需要，做一些適當的調諧。如果模式相當正確，剩下來的困擾是那些不可量測之干擾變數（這是在模式識別時唯一遺漏的變數）所引起之傷害到底有多大。所以上線後的幾週內，小心查驗是否有不可量測之干擾變數，並檢查此干擾對控制目標的影響。並據此，作爲是否需要進一步改進的參考。

13.3.4 驗收

驗收的目的主要是檢驗 MPC 之效益是否充分發揮，MPC 之效能不要光靠偏離來判斷，因爲 MPC 會隨時找機會往限制移動，故應以整體目標之達成爲判斷準則。

13.4 結　語

商用多變數預測控制器必須能處理積分程序、變數限制（variable constraints）、模式誤差、韌性等諸多問題，其數學處理頗爲複雜，有興趣的讀者可參考 Morari 等所著 *Model Predictive Control*[4]。對於實用者而言，MPC 成功與否的關鍵在於模式識別階段是否可獲得較精準的模式，而其更根本的因素，乃在基礎與進階控制之體質是否良好有關。

只存在適用的模式，而不存在完全正確的模式（All models are wrong, some are useful），此類由數學統計分析技巧得來的模式，雖不可以一味地要求其高精確度及高再現性，但執行專案的控制工程師對所用模式可用的程度應了然於胸，才能將 MPC 運用到最佳狀況。

註　釋

❶MPC 是一般對多變數控制器的通稱，而 DMC 是其中的一種解法，也是此類產品中最早大量商業化的產品，DMC™後來由原創者成立公司，廣泛在石化界中推廣，享有極高的市場占有率，1996年由 Aspen 公司所購併。

❷FIR 模式之求取，只須決定取樣時間及安置時間即可，對 MPC 之新手相當的便利，故爲商用軟體喜歡使用之原始模式分析。

❸此部分請回顧第3.6節「對現場測試尋求模式」。

❹AIC 值（Akaike Information Criterion）$= N\ln\left[\frac{1}{N}\sum_{k=1}^{N}\Sigma(k)^2\right] + 2\varphi$，$\varphi$ 爲模式參數之數目。

❺通常 ID 的軟體都附有模擬功能，可直接使用，此種模擬器不同於16.1節之訓練

用動態模擬機，亦不同於一般化工所用靜態或動態等由化工原理所得之模擬軟體（如 Aspen 或 Hysis 等）。

參考資料

〔1〕W. L. Luyben et al, *Practical Distillation Control*, Van Nostrand Renhod, 1992, chap 12 & 14.

〔2〕T. E. Marlin, *Process Control*, McGraw-Hill, 1995, chap 23.

〔3〕D. E. Seborg, T. F. Edgar & D. A. Mellichamp, *Process Dynamics and Control*, John Wiley & Sons, 1989, chap 27.

〔4〕M. Morari, C. E. Garcia, J. H. Lee & D. M. Protl, *Model Predictive Control*.

〔5〕D. C. Montgomery & G. C. Runger, *Applied Staticties and Probability, for Engineers*, John Wiley & Sons, 1984, chap 9 & 10.

〔6〕王一虹等人，〈多變數預測控制專案——成功之鑰〉，1997電腦程控研討，台灣大學，台北。

第 *14* 章

增進高階控制系統—適應控制

◈研習目標◈

當您讀完這章，您可以

A. 瞭解非線性程序的一般控制方法：從量測、最終控制元件及非線性控制器設計等各方面著手。

B. 瞭解以 relay feedback 方式達到 PID 控制器自動調諧的方法及以 pattern recogniton 及 correlation 法達到 PID 控制器自我調諧的方法。

C. 瞭解適應性多變數控制器之工作原理。

D. 瞭解專家系統、類神經網路及模糊等三種人工智慧控制器的工作原理。

雖然我們已經介紹過許多的程序控制設計方法，但在此章之前全是以線性方式設計，其涵蓋面不足以擴充到非線性程序或開環不穩定❶程序。因此有必要對這類程序之控制系統設計加以補足。

線性控制系統在程序工業中可以成功運用的主要原因爲，通常工廠操作的範圍極爲狹窄且很多程序非線性的程度並不嚴重，在這樣的情況下利用較簡單的線性控制系統即可達到控制目標。但是有些需要較精確控制的程序，其非線性的特性若被簡化將無法增進其控制效能，或者在連續式操作過程中因爲設備故障或其它問題常因而降低煉量或甚至停俥，在升降煉量及重新開俥回正常操作狀況的過渡期必須經歷相當大範圍的操作變化，其非線性使得原有的線性控制系統無法維持良好的控制效果，因而產出一些次級品，增加經營上的困擾。基於這些原因，適應控制乃應運而生。

適應控制可以看作回饋控制環路之另一外加迴路，此迴路的目的在隨時調整回饋控制器之參數以「**適應**」製程的變化，使控制目標得以達到，因此從簡單的 PID 控制器到複雜的 MPC 控制器理論上均可以改良成適應控制器如**圖14.1**所示，惟其穩定度(stability)及韌性(robustness)是較大的問題。目前除 PID 適應控制較常見外，其餘大部分可說仍處於學界研究的範疇。儘管如此，由於程序控制系統將愈趨精緻，新的控制設計隨著理論的完備及電腦運算速度的增進，越來越快的解決了

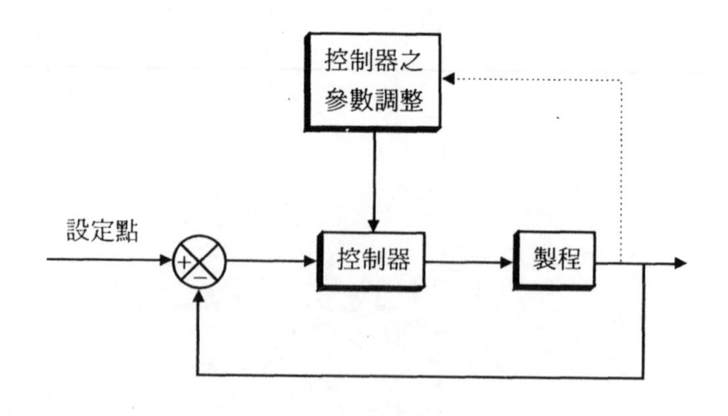

圖 14.1　適應控制架構

以前認為不可能解決的問題，類神經網路控制系統（neural network control system）可作為這方面一個典型的例子。因此，程序控制工程師除了想辦法解決目前的問題外，對於新的控制方法亦須研究，以便能有效地引進新控制器去改善程序控制。

14.1 控制非線性系統的方法一綜觀

幾乎可以概略的說所有的程序特性都是非線性的，其增益、靜時及時間常數會隨時間而變，但是實作上，眞正需要以非線性控制系統來處理的程序並不是那麼多，如果線性控制系統之穩定度及韌性足以彌補此非線性程序在某一特定範圍之變化，則只須以線性控制系統來操控即可，因此大部分的控制系統仍以線性設計為大宗。

從迴路的四要素中，我們必須儘可能的利用各種方法將程序的非線性補償之，使得程序、量測元件及最終元件等三要素結合後之程序接近線性。這樣控制器就能以線性方式來設計。但是，藉由量測元件的補償或控制閥的選用所能消除的程序的非線性範圍實在太小，通常無法解決非線性的問題，最後的方法仍然必須以「隨機應變」之控制器來解決之。此節中，將就非線性程序之控制系統設計做一概略的整理，其中部分重要細節於之後各節分述之。

14.1.1 對量測元件引起之非線性加以處理

此類問題引發的非線性只占極小的一部分，通常稍加留意即可避免。例如流孔板流量計所量得的訊號為壓差（如7.8式），必須加一開根號計算器，使流量變為線性後才可用來被控制。其它許多的量測值也應處理到線性後，才能拿來被控制，任何量測值都必須確定其為線性後再予使用。程序的複雜度已經夠我們忙了，千萬不要再追加一個可以先處理而不處理的非線性到迴路來，徒增困擾。

另外一個量測所引起的非線性即為其雜訊。在6.3節中，我們已經探討過量測訊號雜訊的處理，這裏只是重申雜訊處理不當，將或多或少的增加控制迴路的不確定性（uncertainty），仍應小心處理才是。

14.1.2　由控制閥的選用消除程序非線性

控制閥的閥塞（valve plug）特性在6.4節中已經言明，如果我們可以針對程序的特性善加選擇不同的閥塞，將有助於消除程序之非線性。

〈**例14.1**〉

熱交換設備是程序工業中最常使用的熱傳輸設備，在如**圖14.2**的殼管熱交換器中，製程端流量變化時，其滯留時間（=管側總體積/製程流量）隨流量之增加而減少。由實作經驗得知，此一簡單系統之程序增益、時間常數及靜時，均和滯留時間成正比（即與製程流量成反比），對於這種非線性的程序，吾人如何透過閥塞的選擇來降低此一非線性所引起之不良控制？

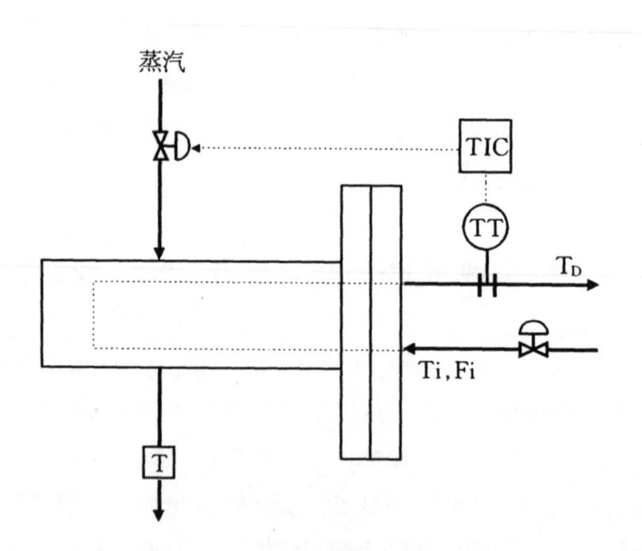

圖 14.2　熱交換器之加熱程序模式因製程流體流量變化而變

〈說明〉

程序增益之變化與製程流體之變化約略如**圖14.3**，經選用等百分比閥塞特性之控制閥，其組合爲如**圖14.4**之十字線，由十字線之線型而言，組合後之程序幾乎爲線性，此將有效改善此一系統之控制效果。

控制閥閥塞特性的選用準則，概略依此一準則，一般如溫度控制及成分控制等非線性程序，以等百分比閥塞特性之控制閥將能消除部分之非線性，其它如流量、液位及氣體壓力因程序爲線性，故選用線性閥塞。但這只能作爲一般的選用法則，詳細之閥塞選用最好詢問專業人士，因爲管線壓降的變化（與管線流體特性相關）常使得等百分比偏成線性，線性閥塞偏成快開式閥特性，因此須小心研判。

藉由閥塞特性的選擇以降低程序之非線性，由此可見一斑。

14.1.3 經由串級控制消除非線性

雖然在〈例14.1〉中選用等百分比之閥塞可以約略將程序近似爲線性，若能改爲溫度串控蒸汽流量之控制方式，則因爲此一次級流量控制與主溫度控制迴路之關係爲線性，且蒸汽流量控制器之快速響應可以消除蒸汽端擾動及非線性，將有效增進此一控制迴路的穩定性。

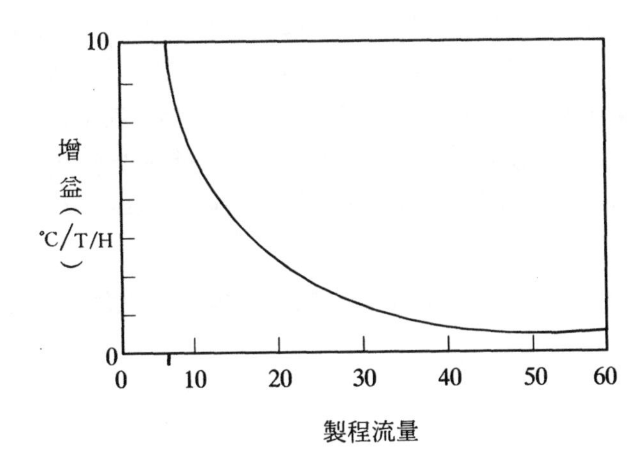

圖 14.3 製程增益（K_P）隨製程流量之變化情形

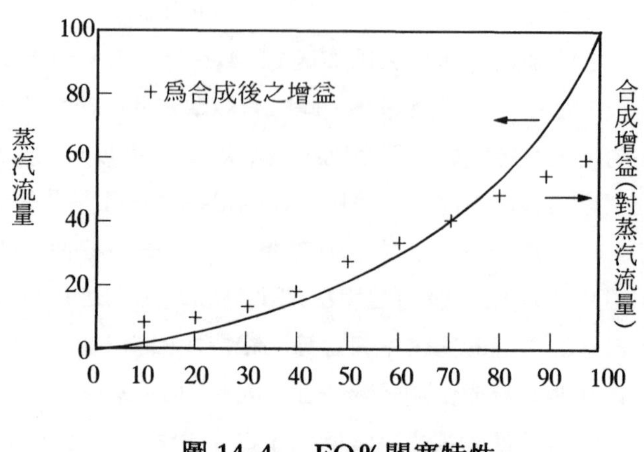

圖 14.4　EQ%閥塞特性

串級控制的優點及其實施方法已在第7章言明，請參考之。

14.1.4　降低控制器的強度

有些程序之非線性來自於強度不定的干擾，當干擾較弱時，控制器之強度可以較強以保持控制目標之效能，但是當干擾強度變大時，原來使用之控制器設定值將可能使此系統變成不穩定，甚至失去控制。這時候，較簡單的做法就是以安全爲首要的考慮，即在干擾強度較強的情況下，選擇較弱的控制器強度（以 PID 控制器而言，即降低 K_c 或增加 T_i）來避免高干擾時程序可能發散的危險，然而在降低控制器的強度後，當程序在干擾較弱時，恐將不能有好的控制效能。因此如何在這之間做一個較適中的抉擇，必須從製程特性及實作中決定。

14.1.5　以前饋設計補償或使用預排式增益控制器

對於干擾強度可以掌握的程序，若其干擾靜時長於程序靜時，則可以第七章所述之前饋控制方式補償之。若不適合用前饋控制設計來補償，可考慮預排式增益控制器（gain scheduling）來控制，此種設計一般專指對PID控制器而言。對於PID控制器之增益值（K_c）而言，若

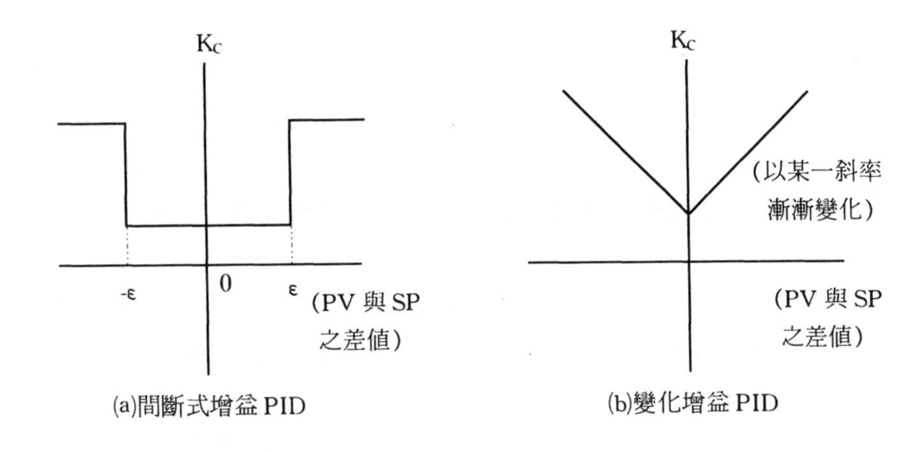

圖 14.5　預排式增益控制器之二簡例

能使其隨製程模式變化而調整，則可以維持控制效果。最簡單常用的預排式增益 PID 控制器即爲**間斷式增益** PID（PID GAP）及**變化增益** PID 控制器❷（nonlinear gain）如**圖14.5**所示。由於此類控制器有隨製程變化而自我修正的功能，故有些控制器廠家即稱此爲「適應控制器」（adaptive controller），但以目前的程控技術而言，此類控制器所能「適應」的範圍太窄，實在離適應控制的目標尚有一大段距離；而通用的預排式增益，其所要改變的控制器增益、積分、微分等調諧參數，可以隨製程變化特性產生之非線性，預製對照表或數學式來改變控制器增益。

PID GAP 用於兩種以上之操作程序模式存在時，一個常見的例子是，液位或氣體壓力之控制等之容積控制，當設定值與 PV 值之差值在容許範圍內，則使用較小之 K_c 以緩和對上下游之擾動，一旦此差值增大，爲避免溢流或排空，必須讓控制器快速動作，故 K_c 設定爲一個較大值。

增益變化 PID 適用於製程特性變化爲線性者，如〈例14.1〉之溫度控制，通常是在有大範圍操作變化時，才須以此考慮，否則以固定 K_c 應付即可。

一般控制器之增益調諧已屬不易，何況變化性之間斷式或變化性之增益更是困難；兩個 K_c 值之間斷式增益尚可一試，線性變化式之增益，除非導出一個可靠之製程模式，否則光靠一般常用之調諧法，可說完全無用武之地，在這種情況下，自我調諧（self tuning）及自動調諧（auto tuning）式控制器乃應運而生。

14.1.6 自我調諧及自動調諧來適應製程變化

爲了適應變化多端的程序（不管是線性或非線性的變化），一個直接的想法就是製程變化時，控制器調諧參數亦跟著適當的調整，以增加控制效能。因此在原有的控制環路之外，須加入兩種功能以調整控制器之調諧參數。一個是線上自動模式分析的功能，以自動偵測製程模式的變化；另一個是控制器調諧設定的功能，此功能可以將模式分析所得的新模式計算出較佳之新控制器參數，這樣控制器即可隨製程的變化跟著適當的變化，以確保控制效能的獲得。有這類設計的控制器，才稱它爲**適應控制器**。

因爲模式的變化可能突如其來，可能是儀錶故障，爲了避免自動模式分析的結果因上述情況自動調諧的結果，反而導致對程序不當的干擾。一般適應控制器分爲自動與半自動兩種。全自動者即**自我調諧**，控制器將在接收到製程資料後自動分析後並自我調諧，全然不需要靠人；半自動者即爲由操作員或工程師啓動後，對當時之製程狀況自動分析**自動調諧**一段時間後即停止調諧，爾後即使製程有所變化，若沒有人爲的啓動亦不再自動調諧。自我調諧的優點是可以完全自動地隨程序而調諧，其缺點亦正是此點，當製程不正常的變化引起過度的修正，將可能導致製程的災難；自動調諧因應程序變化之調諧能力可能較差，但其可靠度較高，至少是人工認可後才進行的。

因此，在使用自我調諧控制之前，若能有一個診斷分析工具（diagonois analysis tool）幫助分析後，再使用之顯然較爲安全，已商業化的部分此類軟體均有提供簡易的診斷分析，更精緻的診斷目前有一部分的學者已在研究中，惟尚離商業化一段距離。

14.2 自動調諧及自我調諧之 PID 控制器

這一節我們將介紹 PID 控制器自動調諧及自我調諧的方法。自動調諧及自我調諧均在原有回饋控制上外加一個可以調整原有控制器參數的迴路，如圖14.1所示，因此它必須有能概略掌握程序特性並藉以修正控制參數的功能。

自動調諧控制器在4.4節所介紹之 Zigler-Nichols 最終圈環法（Z-N ultimate cycling tuning method）中，首先將積分作用（I）及微分作用（D）消除，剩下比例作用（P），再逐漸加大 K_c，以求得最終增益 K_u 及最終週期 T_u（詳細請參考4.4節）。自動調諧控制器跟此法一樣，不同的是，它是由電腦程式在接受到調諧的命令後，將控制器暫時置於手動位置，並連續以一定的振幅上下自動改變控制器的輸出，其型式類似 on-off 開關的動作，故又稱開關式回饋適應控制器❸（on-off feedback adaptive controller），將程序輸出記錄後，即可將最終增益及最終週期求出，如圖14.6。

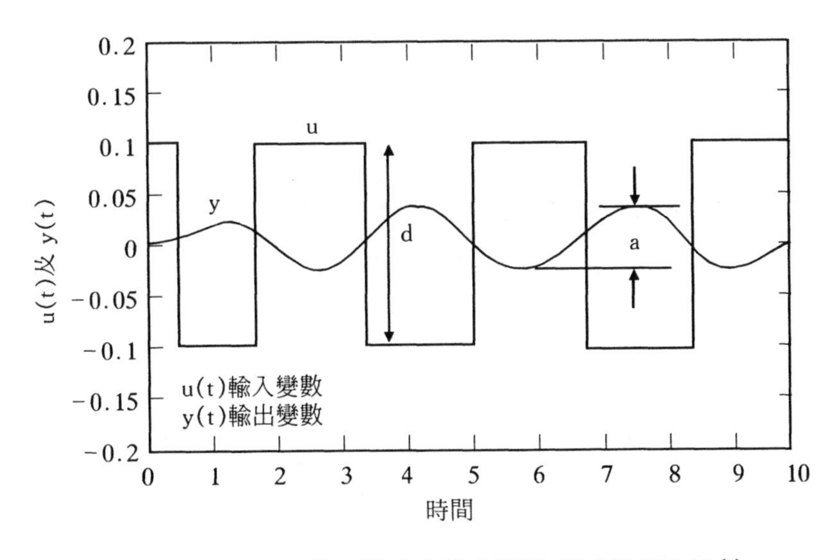

圖 14.6　自動調諧適應控制器的模式識別方法[1]

圖14.6之 K_u 約爲$\frac{d}{a}$，但更精確之 K_u 可以下式得知：

$$K_u = \frac{4d}{\pi a} \tag{14.1}$$

在得知 K_u 及 T_u 後（相當於得到概略之程序模式），接下來，可以調整 PID 的參數，一般商用自動調諧控制器均有「強」、「中」、「弱」之控制能力選擇，若選爲中等強度，其 PID 之設定參數約爲下述：

$$K_c = 0.35K_u \tag{14.2}$$

$$T_i = 1.13T_u \tag{14.3}$$

$$T_d = 0.18T_i \tag{14.4}$$

若因雜訊較強，不想用 T_d，可以變成：

$$K_c = 0.5K_u \tag{14.5}$$

$$T_i = \frac{2}{\pi}T_u \tag{14.6}$$

若此程序之靜時太長，則選爲：

$$K_c = 0.25K_u \tag{14.7}$$

$$T_i = \frac{0.8}{\pi}T_u \tag{14.8}$$

總之，在人機介面上，已經設定好各種情況供使用者選用。一旦選用，則這組調諧參數將不再變化地運作，直到使用者重新啓動另一次之調諧爲止。

實用上，自動調諧控制器仍會遭遇下列三種實況必須予以解決：(1)在開關動作時，程序雜訊所引起之干擾；(2)適當的開關動作其幅度之大小；(3)在開關動作期間，負載變化對程序引起之干擾。

14.2.1 自我調諧控制器

自我調諧 PID 適應控制器根據線上模式識別（on-line system identification）的方法，分爲形式認知法（pattern recognition）及關係法（correlation）兩種。

形式認知法

形式認知法與4.4節所介紹的四分之一衰退比的 PID 控制器調諧法相似，當程序有負載（load）的變化或作設定值的改變時，程序輸出響應的典型形式將如**圖14.7**(a)，(b)所示，其中：

$$\text{振盪比（damping ratio）} = \frac{E2 + E3}{E1 + E2} \qquad (14.9)$$

$$\text{超越} = \frac{E2}{E1} \qquad (14.10)$$

根據振盪比與超越的大小，即可決定 PID 之 K_c 及 T_i 之增減方向，圖4.11(a)～(d)即爲四種可能的形式其 K_c 及 T_i 之增減方向。

此類適應控制器之運作方式如下：

1. 第一次先預調，如3.6節所述之模式識別一樣，即控制器開始調諧時，自動地置於手動位置並作一次之階段變化，求得程序模式的三要素，K_p、τ 及 τ_d；並由經驗法則設初步之 PID 調諧參數如下：

$$K_c = \frac{4\tau}{K_p \tau_d} \qquad (14.11)$$

$$T_i = 1.5\tau_d \qquad (14.12)$$

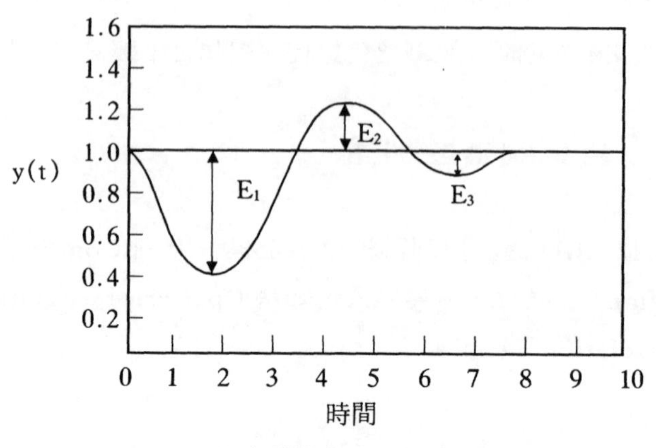

(a)負載變化時之程序響應

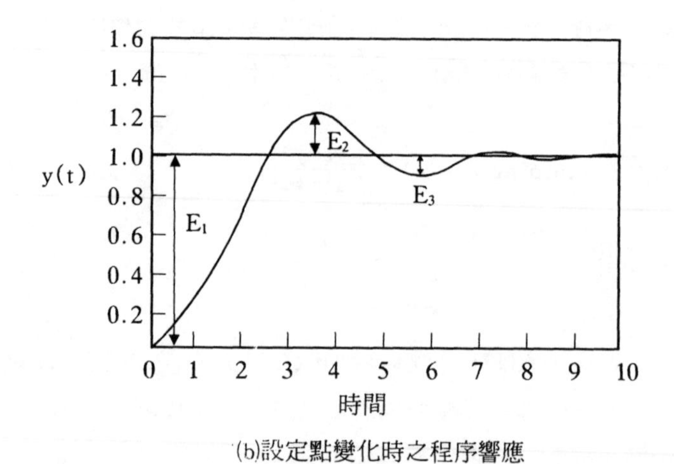

(b)設定點變化時之程序響應

圖 14.7　自我調諧適應控制器—形式認知法

$$T_d = T_i/6 \qquad (14.13)$$

2.當設定值與實測值之誤差超過兩倍之干擾訊號時在$5\tau_d$ 的時間內，決定第二個波（E2），控制器即按其響應之形式自動地調諧 K_c 與 T_i 一般都還留有下列幾個選擇式參數供使用者輸入，以決定控制器之效能：

- ·最少希望之振盪比（比如說0.3）。
- ·最大容許之超越（比如說0.5）。
- ·微分動作比例（derivative factor，0～1），使用者可依程序特性（例如雜訊是否太多）決定微分動作減小的比例。
- ·改變限制（change limit），每次新的調諧參數產生時，此值必須在預設的範圍內，例如十倍（即0.1（原 K_c）＜新 K_c＜10（原 K_c））等。

關係法

所謂關係法（correlation technique）是指用 PRBS 的訊號來對控制器的設定點給予擾動，經由 FIR 的模式分析所得的程序特性之**關係**後，再轉換成相當的轉換函數，根據此一模式，用 Zierler-Nichols 的調諧設定，自動計算出控制器所須最恰當的調諧參數。此法特別適用於雜訊較多的程序。

這個方法實際上只是分成兩大步驟，觀念上是很容易做的。

- ·以第十三章的模式識別（model ID）方法，決定模式。
- ·以所得的模式，求出最佳之控制器調諧參數設定。

14.3　適應性多變數控制器

商業化之適應性多變數控制器（adaptive multivariable controller）極爲少見。跟前面的介紹一樣，只要有可靠之線上識別模式，理論上要做多變數控制器之適應控制不難。目前仍無法眞正商業化的主要原因爲，多變數程序之模式繁多，一般人很難掌握矩陣型之模式關係，即使離線識別就須花費相當的人力，怎能放心的讓控制器自己去線上識別，再自我修正模式。然而對此一領域的研究，仍爲控制界尙待努力的目標。

有一個常用之適應性多變數控制器叫通用預測控制策略（generalized predictive control strategy，GPC），其方法與第十三章所介紹的最小平方法模式識別相似，其差異只在於 GPC 可以線上自動做出程序的模式識別，因此當程序變化時，即爲 GPC 所知，故可以修正控制器的調諧參數，其概略的作動如**圖14.8**所示。詳細的 GPC 技術，當參考相關的書籍文獻[1]。

GPC 所用之模式識別架構示於**圖14.9**，爲一回歸式線上識別模式。

GPC 特別適於複雜的程序，諸如：

·具變動靜時、變動模式等之程序。

·開環不穩定程序。

·具操作限制之程序。

雖然 GPC 有其相當多的優點，然商業化過程仍須克服一些困難。

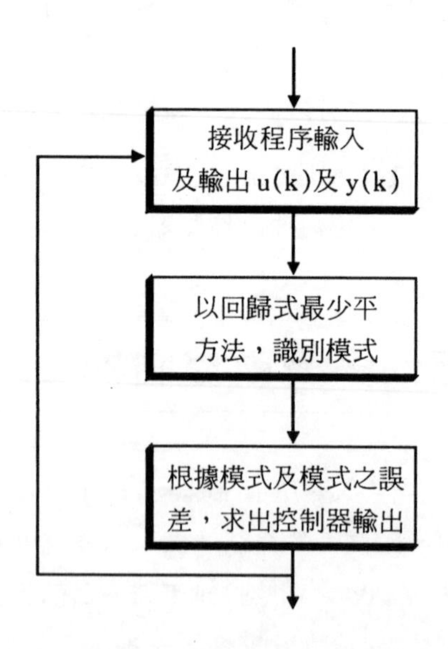

圖 14.8　GPC 之運作流程

14.4 人工智慧控制器

人工智慧（artifical intelligent，AI）用於複雜之非線性程序控制領域，目前大約可分為三個不同的技術：專家系統、類神經網路（NN）及模糊控制（fuzzy logic control），以目前發展的趨勢看來，類神經網路因其使用容易及只需要歷史資料即可進行分析的方便性，在工業界上的應用有越來越多的跡象，值得注意。以下將分別介紹這三種方法。

14.4.1 專家系統

專家系統或稱知識基礎控制系統（knowledge-based control system），其關鍵全在於推理機（inference engine）上面，此推理機實即為一個含有現存知識並能經由預設策略而學習新知的程式，其架構示於圖14.10。目前所發展出的商用專家系統主要有兩大領域：設備維護及診斷與線上程序除錯（on-line process troubleshooting），後者對於複雜的控制系統排難除錯上特別有用。

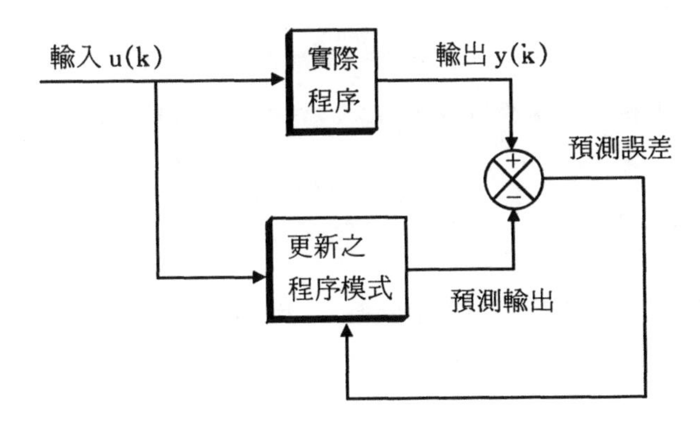

圖 14.9　回歸式線上識別

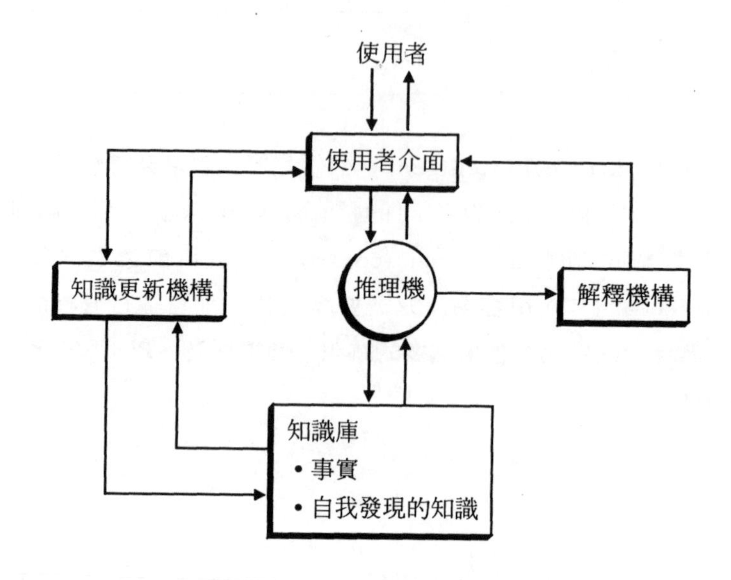

圖 14.10　典型專家系統架構圖

另外一個有名的專家系統應用即爲警報分析（alarm analysis），此一智慧型警報分析系統會解釋警報條件及提供操作員應採取何種最佳處理方案。此一觀念並可與其它統計技巧結合〔如統計製程品管（SPC）、大數分析法則（PCA）……〕，以及早獲知製程傾向並及時調整，避免發生問題。

專家系統設計方法，一般分爲規則導向型（rule-based）、狀況導向型（case-based）及框架導向型（frame-based）等三種，簡述如下：

規則導向型

目前專家系統最普遍的類型仍爲規則演繹型，此方法將知識以「若—則」（if-then）的形式來表出，例如：

·規則1：若 A 爲眞則 B 爲眞。

·規則2：若 B 爲眞則目標甲爲眞。

執行此類規則架構的方法又可分爲兩種：向前連鎖(forward chain-

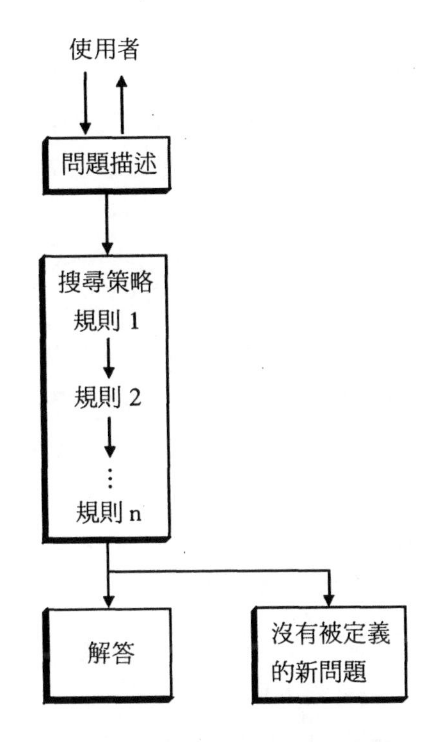

圖 14.11　規則導向型專家系統架構

ing）及向後連鎖（backward chaining）方式。向前連鎖法是以數據來駕馭：由收集到的數據來搜尋相關的目標。舉例而言，在此規則庫中，若 A 爲眞時，規則1當推 B 亦爲眞，藉由 B 往前推，根據規則2之推論，目標甲亦爲眞。向後連鎖法是以目標來駕馭：以目標出發並根據規則庫搜尋數據來推論目標，以此例而言，使用者將詢問目標甲是否爲眞？根據規則2，專家系統將檢查 B 是否爲眞？若 B 爲未知，則由後向前連鎖到根據規則1檢查 A 是否爲眞？若 A 爲眞，則 B 及目標甲均爲眞，其典型演繹步驟示於**圖14.11**。

狀況導向型

一個完整之程控專家系統，應有能力針對各種情況決定何時使用哪一種最佳之策略來解決程控問題。例如 PID 之適應控制：在剛開始調諧或系統剛恢復穩定時以繼動回饋適應控制（relay feedback control，亦即前述之開關式回饋適應控制器）來應付，當設定值變化較大或負載變化較大時，以形式認知法來處理，當製程呈現緩慢飄移現象及雜訊較明顯時，採用關係法自動調諧法等。如此針對各式不同的變化，由專家系統決定最佳之解決方案，比之規則演繹法有更大的效能。其典型演繹步驟示於圖14.12。

框架導向型

有些知識適合以分類方式分析演繹，則以框架來構建此一知識系統，例如某些批次反應，當每批生產的產品不同時，其操作狀況（如操作溫度、壓力、攪拌機轉速……）亦不同。此類專家系統適合以框架爲基礎來建立。

專家系統仍在各領域逐步發展中，當以上這些形式的專家系統再予精進後，混合型的專家系統料將會出現。

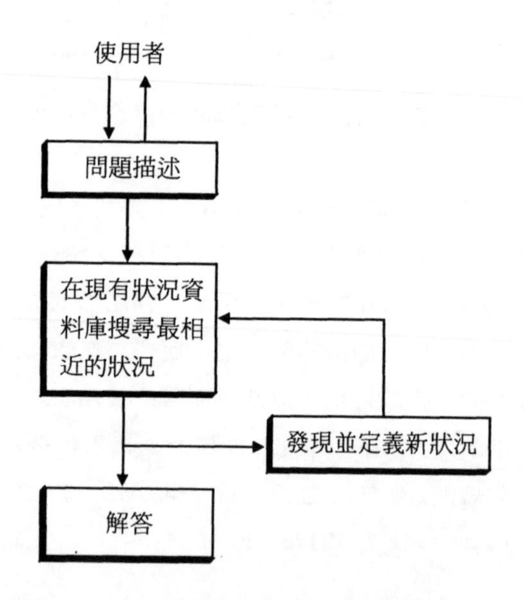

圖 14.12　狀況導向型專家系統架構

14.4.2 類神經網路

以類神經網路找尋輸入輸出關係的方法出自於神經學家對神經與大腦傳遞訊息的研究。當身體的感覺器官接受某些外在訊號後（相當於輸入訊號），經由神經元（neuron）之獲知並傳於大腦，當大腦接獲此一訊息後，經其分析並激化（excite）其它相關的神經元，最後做出適當的反應（相當於輸出動作）。舉例而言，當手不小心碰觸燙的熱水時，會很快地將手收回，此一現象之輸入訊號：手碰到滾燙的水，輸出訊號：迅速將手抽回，而此一動作中，負責分析及反應工作的大腦，則是隱藏性的。因此人工智慧的研究者便根據此一現象建立起類神經網路之分析架構，如**圖14.13**，以獲得輸入變數與輸出變數間之模式。

類神經網路的架構

神經節（或稱處理單元，processing element）：負責輸入變數與輸出變數之運算，典型的神經元構造如**圖14.14**所示。$a_1 \cdots a_n$ 爲輸入變數，b_j爲輸出變數，f（x_j）爲轉換函數，是一種隨意選擇的函數，例

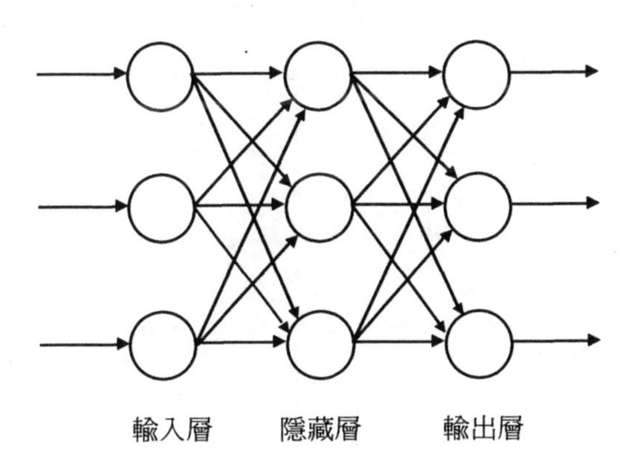

圖 14.13　典型含一層隱藏層之多層次類神經網路

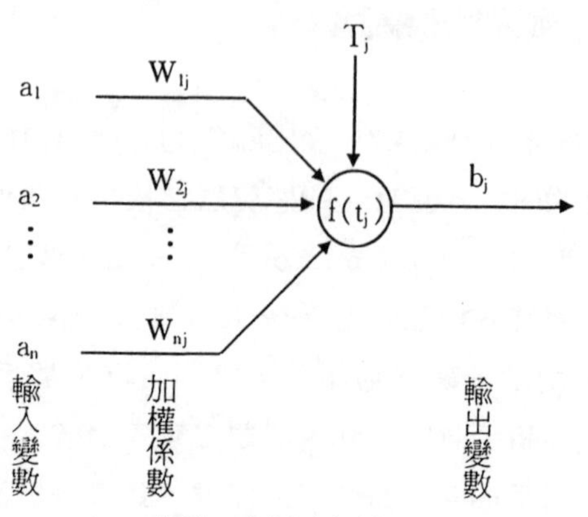

(a) 節點 j 之網路架構

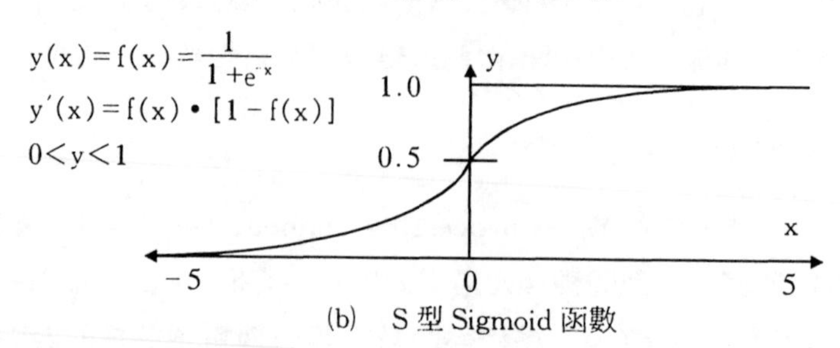

(b) S 型 Sigmoid 函數

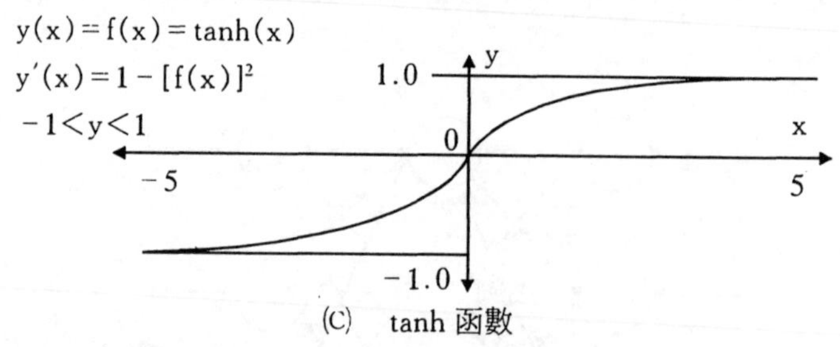

(C) tanh 函數

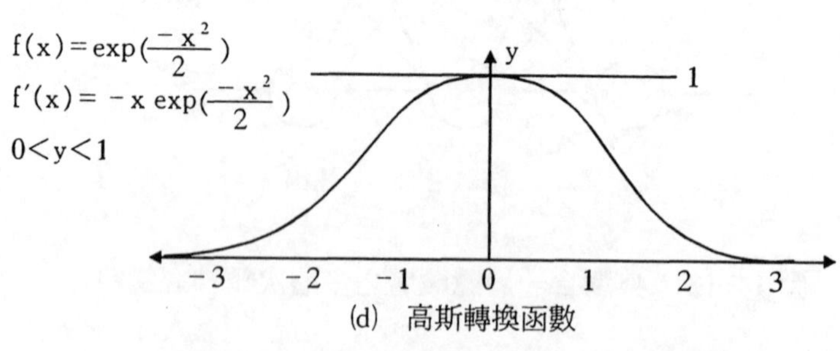

(d) 高斯轉換函數

圖 14.14 第 j 個節點之架構圖及函數特性[2]

如開根號、log、e^x 或任何其它函數，但通常選擇 Sigmoid, tanh 或 Gaussian 轉換函數三者中之一個。W_{1j}， $W_{2j} \cdots W_{nj}$為每一組輸入變數與輸出變數之加權係數。另外定義 T_j 爲第 j 個神經節之內部門檻（internal threshold）用以控制此神經節之活化程度，並定義第 j 個節點之總活化度（total activation）X_j 爲：

$$總活化度 = X_j = \sum_{i=1}^{n} (W_{ij} a_i) - T_j \tag{14.14}$$

典型的多層次類神經網路架構示於圖14.13，其中的隱藏層可多達數層輸入層（input layer）：接受外界資訊，並將之傳給往後之網路。隱藏層（hidden layer）：接受來自輸入層的資訊，並「安靜地」處理這些資訊，整個數據處理的過程猶如一個黑盒子，無法見到眞正之運作。輸出層（output layer）：將這些處理過的資訊，由此送到外界接受者。

連接形式（connection option）

節點間之連接形式分前向式(feedforward)與後向式(feedback)兩種，如圖14.15，前向式適合已知輸入變數，欲求輸出響應之問題解析，後向式連接形式則較適合於「自我訓練」的問題解析。

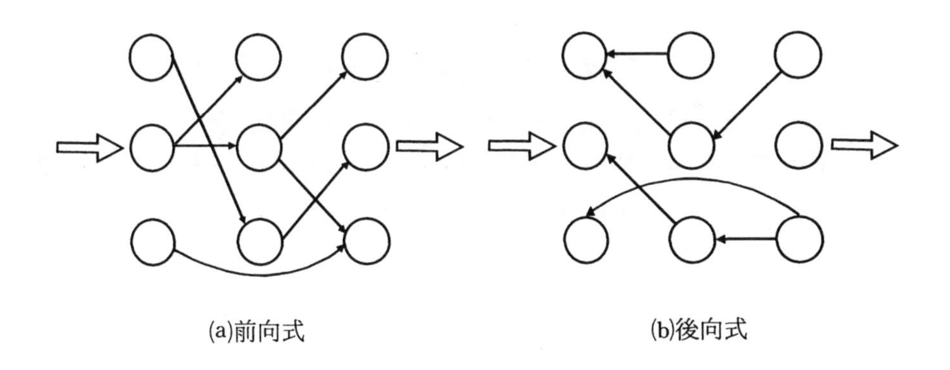

圖 14.15　前向式與後向式節點連接

類神經網路如何學習

類神經網路的學習只是不斷以試誤法（ try and error ）調整節點之加權係數之過程。因此以圖14.14之節點而言，不論所選用的轉換函數爲何，只要有辦法找到適合的加權係數並使之收斂，即爲確立輸入與輸出變數之關係。而如何有效地找到正確的關係，即爲目前商用軟體之差別。由此，我們也可以看出，類神經網路只是基於一大堆可以相信的數據，去找到一些變數間的複雜關係罷了（其實只是決定變數間之加權係數而已）。因此，對於類神經網路的分析方法可予不必苛求，重要的是其分析的結果，必須以專業領域的知識來判斷是否合理。

典型的訓練法爲**錯誤修正學習法**（ error-correction learning ），它是利用想要的輸出 d_k 與計算出的輸出 C_k 之誤差 ε_k：

$$\varepsilon_k = d_k - C_k \qquad (14.15)$$

來求得在誤差平方和最少的情況下，所應得的加權係數 W_{ij}：

$$E = \sum_k \varepsilon_k{}^2 = \sum_k (d_k - C_k)^2 \qquad (14.16)$$

$$\triangle W_{ij} = \eta_j a_i E \qquad (14.17)$$

其中，η_j = 第 j 個結點之學習速率（ learning rate，通常 $\eta_j \ll 1$ ）

類神經網路近年來在各領域的運用有越趨蓬勃的現象，其中在化工上的應用集中在量測儀器之驗正（ sensor validation ）、程序控制及製程最適化方面。由於類神經網路具有的非線性學習能力，使得它在程序控制的發展潛力無窮，必須特別予以注意。

類神經網路在程序控制上的應用

類神經網路用於程序控制的方法依劉裔安教授（ Y.A.Liu ）及其學生 D.R.Baughman[2] 的方法，約可分成下列三種類型：

·**直接網路控制**（direct network control）：直接訓練類神經網路爲控制器並直接決定輸出後送出。

·**反轉網路控制**（inverse network control）：訓練類神經網路成爲製程模式的反轉模式（inverse model），這樣做是爲了求得我們想要的輸出（desired output），由此一反轉模式即知適當的輸入應爲何。

·**間接網路控制**（indirect network control）：訓練網路成爲製程模式，與第十一章或第十三章之多變數預測控制一樣，先求得製程模式後，再據此求出適當的輸入。

不論類神經網路是訓練成爲控制器、製程的反轉模式或製程模式它的最大優點即爲其非線性控制的能力，因此類神經網路之控制設計之使用彈性極佳其普遍的使用應是指日可待。上述三種方式的控制類型均已有成功的商業化例子，茲分別簡述於下：

■直接網路控制

如圖14.16的架構即爲直接網路控制的訓練方式，網路控制器Gc,nn以兩組數據餵入：一組輸出值與設定值的誤差（ε），另一組爲現有控制器輸出與網路控制器的輸出誤差（ε_{nn}）。經此訓練之網路控制器可模

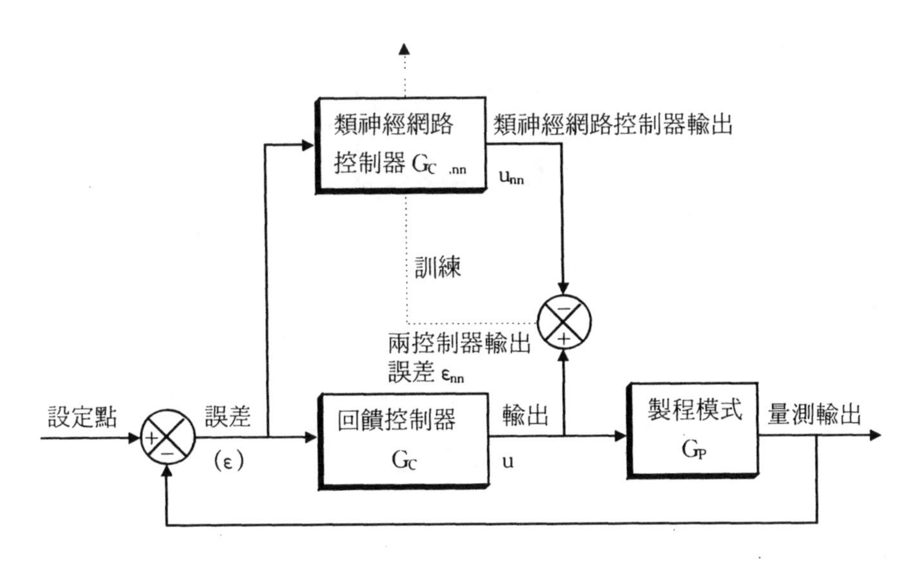

圖 14.16　直接網路控制器 $G_{C,nn}$ 被訓練來模仿現有控制器[2]

仿現有控制器並進而消除輸出值與設定值的誤差（ε），以達到完美控制的目的。

一旦此網路控制器訓練完成，即可將之與現有控制器結合，其功能將超越現有控制器。

■**反轉網路控制**

記得在第十一章我們曾經提過，當程序模式獲知後，控制器的設計只要爲其反轉即可，問題是模式的反轉相當不易。因此如**圖14.17**直接利用類神經網路所輸入輸出的數據來訓練出反轉製程模式可謂相當直接的想法，一旦反轉製程模式獲知，即可按 IMC 控制架構一樣完成設計，如圖14.17，網路可以預測爲達到所欲之未來輸出 $Y_d(t+1)$，所需要的未來輸入 $u_{nn}(t+1)$。

■**間接網路控制**

此型控制與前述各章所提的任何模式控制可說完全一致；其差異只在先用類神經網路訓練出非線性製程模式。**圖14.18**所示爲利用類神經網路找出非線性製程模式及控制器反轉模式之控制架構。

介紹到這裏，我們可以比較出類神經網路及專家系統的差異並整理於表14.1。

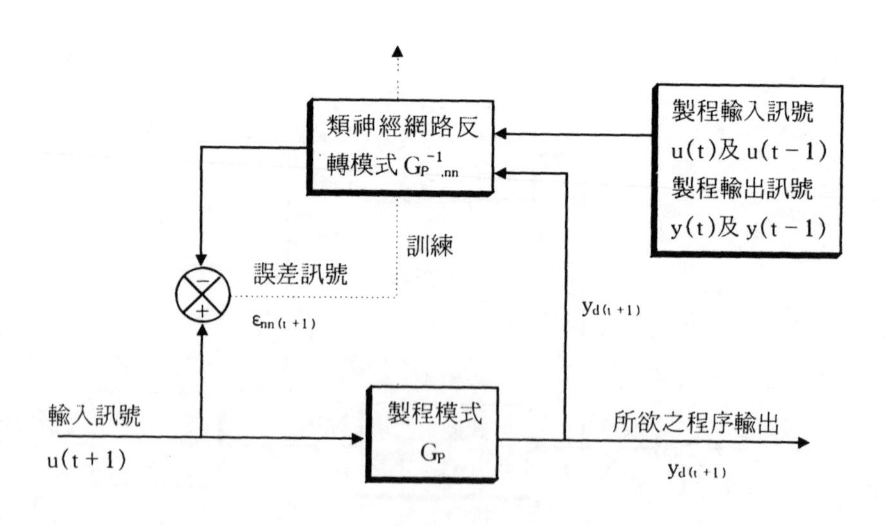

圖 14.17　類神經網路 $G_{P}^{-1}{}_{,nn}$ 被訓練成製程模式 G_P 之反轉[2]

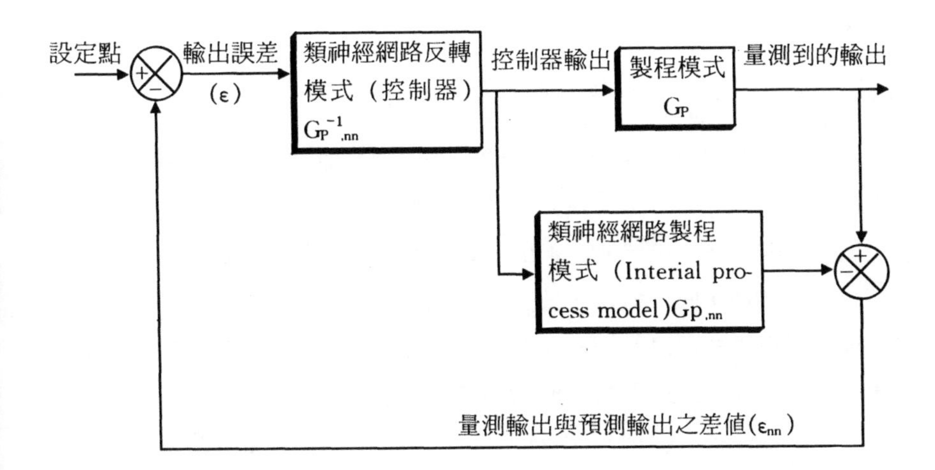

圖 14.18 用 IMC 的架構建立類神經網路反轉模式(控制器)及製程模式[3]

表14.1 類神經網路與專家系統之簡易比較

類神經網路	專家系統
·以個例爲基礎	·以規則或知識爲基礎
·適用於各種領域	·每個領域有其特殊的專家系統
·找到規則	·需要給予規則
·少量的程式即可	·需要大量的程式
·維護容易	·維護不易
·允許錯誤	·不允許錯誤
·需要許多可靠的數據	·需要眞正的專家
·模糊的邏輯	·嚴謹的邏輯
·需要專家判定結果	·結果可以直接相信

14.4.3 模糊控制

從1965年札得（Jadeh）教授發表“Fuzzy Sets”一文以來，模糊理論從開始被冷漠的對待，一直到最近各式各樣的家電產品只要有 fuzzy 控制者即大爲暢銷的現象看來，模糊控制可說在控制領域上已攻占一席之地，惟其在化工程序控制上的應用似仍未被投以足夠的注意，殊爲可惜。

模糊理論的基礎——模糊集合

在一般日常用以溝通的自然語言中，到處充滿了曖昧不明涵義模糊的用語，比如說：「今天天氣好熱」，我們並未刻意去看溫度計上的刻度，但周遭的人仍可感受到我們的意旨，對於這種模糊的訊息，我們的大腦毫無困難地接收、處理、傳送、絲毫不感困難。模糊理論乃針對人腦這種利用模糊的訊息及不完整的資料仍可做出正確的判斷的特色發展而成。而模糊集合論即爲當一個元素屬於某一個集合的程度越大，其**隸屬度**（membership grade）越接近於1，反之，則接近零的集合法，經過專家來給予明確的歸納集合後，則模糊控制器將能產生正確的動作，如**圖14.19**表示七種不同程度誤差值之隸屬度函數圖，此一隸屬函數圖並無一定的結構，只要合情合理，爲大家所接受即可。

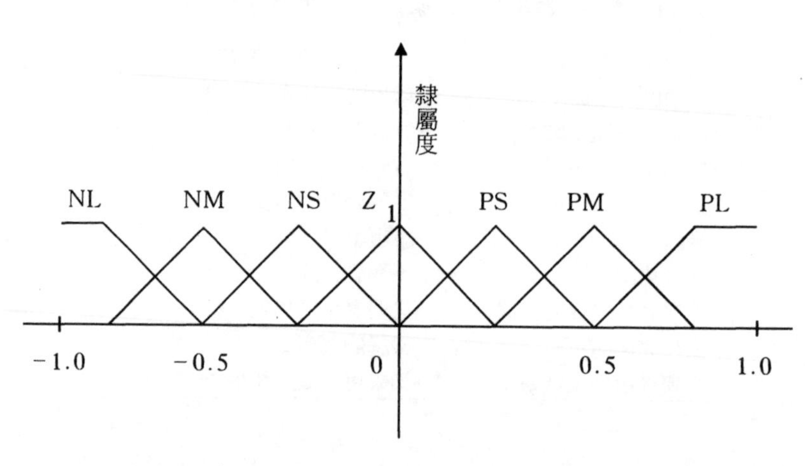

圖 14.19　七種不同程度之隸屬度函數圖

模糊邏輯控制器

典型的模糊邏輯控制器包括下列四大部分：

■**模糊化介面（fuzzification interface）**

負責將輸入變數轉化到適當的值域中，最常使用的方法即是正規化（normalization），將輸入變數的數值對應到－1到＋1的範圍裏。亦即把原來的數據口語化。

■**知識庫（knowledge base）**

知識庫包括資料庫及規則庫（rule base），其中規則庫的建立（通常爲 if-then 形式）可說是模糊控制器中最重要的部分。規則庫的內容是描述輸入變數與輸出變數的邏輯規則。表14.2爲規則庫建立之一例。

■**推理機**

推理機主要的進行步驟包括：

表14.2　模糊控制器規則庫建立之一例[10]

（已蒙原作者授權同意使用）

IF e is PL	AND △e(k) is Z	THEN △u(k) is PL	ALSO
IF e is PM	AND △e(k) is Z	THEN △u(k) is PM	ALSO
IF e is PS	AND △e(k) is Z	THEN △u(k) is PS	ALSO
IF e is NS	AND △e(k) is Z	THEN △u(k) is NS	ALSO
IF e is NM	AND △e(k) is Z	THEN △u(k) is NM	ALSO
IF e is NL	AND △e(k) is Z	THEN △u(k) is NL	ALSO
IF e is Z	AND △e(k) is Z	THEN △u(k) is Z	ALSO
IF e is Z	AND △e(k) is PL	THEN △u(k) is PL	ALSO
IF e is Z	AND △e(k) is PM	THEN △u(k) is PM	ALSO
IF e is Z	AND △e(k) is PS	THEN △u(k) is PS	ALSO
IF e is Z	AND △e(k) is NS	THEN △u(k) is NS	ALSO
IF e is Z	AND △e(k) is NM	THEN △u(k) is NM	ALSO
IF e is Z	AND △e(k) is NL	THEN △u(k) is NL	ALSO

（其中 e 爲誤差、△e 爲誤差改變量，△u 爲作動變數改變量）

‧求出每一條規則的適用程度。

‧求出每一條規則的輸出數值。

‧綜合所有規則的輸出量來求得模糊控制器的整體輸出量。

典型的推理過程及結果示於**圖14.20**[10]，該圖表示有兩個輸入變數 x_1^*，x_2^*，經四個隸屬度 B_{11}～B_{22}所得的最後控制器輸出 y^*。

■**去模糊化介面（defuzzificative interface）：**

當控制器的整體輸出值求出後，還不能用在實際的控制問題上，因

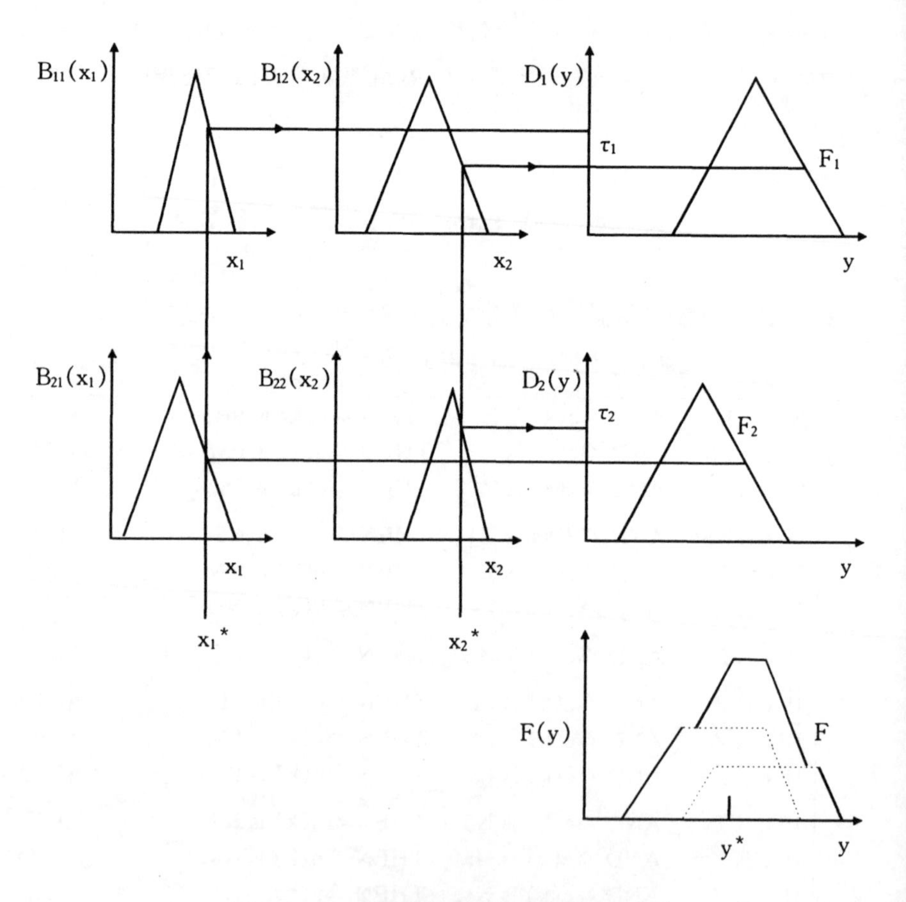

圖 14.20　模糊控制器的推理過程[10]

(已蒙原作者授權同意使用)

爲此時所得到的仍只是一個模糊集合而已，爲了將此模糊集合轉化成系統能接受的明確數值，必須求出一個具代表性的輸出值。最常被使用的方法即是重心法（center of area， COA），表示如下：

$$y^* = \frac{\int yF(y)\,dy}{\int F(y)\,dy} \tag{14.18}$$

圖14.20之明確輸出值 y^*，即由此得到。

整個模糊控制器的架構如**圖14.21**所示。模糊控制器有絕佳的非線性適應能力，因此只要能將工廠中已經累積多年的經驗，以模糊控制的觀念結合製程及控制的專家，相信不難發展這種容易理解，成本低廉又具實效的控制器。

14.5 結　語

製程的非線性及不確定性可以說是程序控制所面臨的第三大難題，而適應性控制方法是目前仍亟待發展的解決工具，除少數有商業化的應用外，仍待程控界繼續努力。

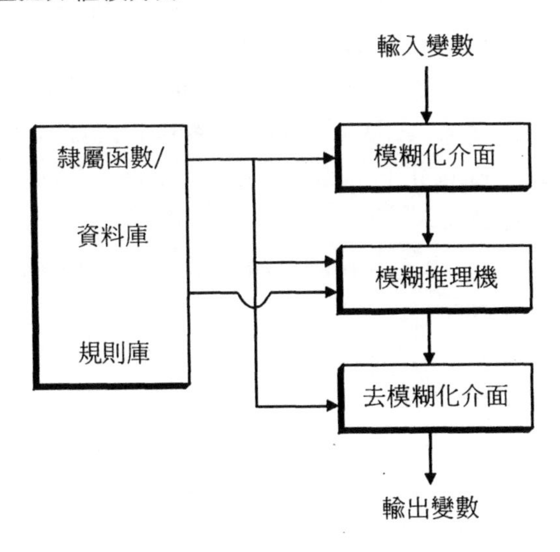

圖 14.21　模糊控制器的架構

自動調諧及自我調諧被部分的廠家過度的宣傳，很容易誤以為「從此以後，PID 控制器之調諧不再有**困擾**」。事實上，不當的使用這些自調式控制器反而對製程帶來更大的災難。小心謹慎地使用此類控制器才能帶來眞正的效益。

最後，從最近商業化程序控制發展的趨勢來看，類神經網路兼具預測及控制的功能，最近兩年來有越來越多的商業化實績，咸信是解決多變數非線性系統的一大利器，值得密切觀察。

註 釋

❶這裏所指的開環不穩定程序並非積分程序，而是指那些在開環狀態下，無法穩定收斂於某一定值的程序（如第四章所言對「穩定」採較嚴格的定義者）。

❷有些 DCS 廠家所稱 nonlinear PID，實即線性增益變化之 PID，而不可直譯成非線性 PID，以免引起誤解，請參考第五章之註釋。

❸舊式氣動器控制器，必須靠一個電驛來完成這個連續開關的動作，故又稱之為電驛回饋適應控制器（relay feedback adaptive controller）。

參考資料

〔1〕Chang C. Hang, Tong H. Lee & Weng K. Ho, *Adaptive Control*, ISA, 1993.

〔2〕D. R. Baughman & Y. A. Liu, *Neural Networks in Bioprocessing and Chemical Engineering*, Academic Press, 1995.

〔3〕E. R. Crowe & C. A. Vassiliadis, "Artifical Intelligence: Starting to Realize its Practical Promise", Jan, 1995, *Chemical Engineering Progress*, pp.22-31.

〔4〕Newsfront, "They Learn from Examples", Aug. 1990, *Chemical Engineering*, pp.37-38.

〔5〕R. Hingoraney, "Putting Expert Systems to Work", Jan. 1994, *Chemical Engineering*, pp.121-124.

〔6〕R. Baratti, G. Vacca & A. Servida, "Neural Network Modeling of Distillation Columms", June, 1995, *Hydrocarbon Processing*, pp.35-38.

〔7〕S. Ramasamy, P. B. Deshpande & G. E. Paxton, "Consider Neural Networks for Process Identification", June, 1995, *Hydrocarbon Processing*, pp.59-62.

〔8〕K. E. Stoll & S. Ramaganesan, "Simplify Fuzzy Control Implementation", July, 1993, *Hydrocarbon Processing*, pp.49-55.

〔9〕楊英魁，《Fuzzy 控制》，金華科技圖書公司。

〔10〕陳誠亮、謝中天，〈簡介模糊理論與模糊邏輯控制器〉，民國84年1月號，《化工技術》。

第IV部

程序控制之發展與整合

程序控制最後的發展，目前看來似是提供各種商業管理得以成功的保證，至少可以從三個趨勢看出：

1. 邁向最適化：長久以來，操作最適化的許多設計，均經由程序控制的運作來達成，相對地，幾乎所有的商用線性多變數預測控制器亦均提供有最適化的功能，可以做各式程度不一的最適化設計。第十五章將介紹幾種簡易的最適化設計技術。
2. 異常狀況管理（abnormal situation managment，ASM）：程序工業層出不窮的工安環保事件，經常造成人員與利潤的龐大損失。此一現象，為力求改善，除從管理面著手外，技術面已趨向於嚴謹製程模式（rigorous process model）、資訊管理技術、預測診斷及程序控制技術的整合，以有效地降低異常狀況的發生。第16.3節提到部分發展中的技術。
3. 與商業目標之結合：透過資訊管理系統的協助，許多的程序控制之功能可以更有效地發揮，各種商業管理系統、生產管理系統經由資訊管理系統的整合，最後靠優良的程序控制體系完成任務，最近幾年來均已在大型石化中實施，可以大幅度地提升經營績效。第16.4節中將說明一般的建構方法。

至於程序控制的分支發展亦趨向多元，包括用來訓練操作員的動態訓練模擬機、進行最適化之前或為了更準確的會計作業所須的數據重整技術目前均有不少的應用實例，成果亦頗受肯定，在16.1節及16.2節將述及。

有人預言，在2005年之後，電腦技術將更為精進，足以發展更為精緻的理論模式（first principle model），此類模式不同於目前所用的數據模式，屆時程序控制將有更突破性的演變，而方法、程控、工安、環保等工種的藩離將更模糊而趨向整合，且讓吾等拭目以待。

第15章

邁向最適化

◈研習目標◈

當您讀完這章，您可以

A. 學會如何以控制策略設計方式達到簡易最適化。

B. 瞭解典型嚴謹模式與多變數控制器設計結合達到最適化的方法。

C. 瞭解進化操作法（evolutionary operation）與田口氏之直交試驗法如何直接搜尋最適化點的方法。

D. 瞭解統計製程品管的CUSUM法如何用在不確定性程序的線上程序控制及其最適化之應用。

程序最適化操作已被公認確實可爲操作工廠帶來利潤，但是三十幾年來嘗試由嚴謹模式來做最適化的策略，似乎是一再的失敗[1][2]，其原因是：

·模式無法推理出眞正的進料物性。

·模式無法準確預測未來穩態的量測值。

·中間產物的經濟價值無法取得。

·可用自由度無法被最適化器認知。

·很多原因造成最適化器無法得到一個正確解。

然而長久以來，其它方法所進行之最適化技術卻早已普獲認同，諸如：

·透過控制策略所得之簡易最適化。

·一般多變數控制器均有提供的線性最適化器。

·進化操作法。

·直交試驗法。

·CUSUM 法。

惟這些方法求得的最適化操作點部分依賴線性模式，部分則需要大量的試驗，其適用度及使用方便性仍有頗多的限制，因此由嚴謹模式求得最適化點的技術，目前雖遭遇些困難，仍有極大的價值有待克服。

這一章，將介紹所有上面提到的最適化技術， 而每一個技術都可以單獨寫成一本厚厚的書，作者的用意旨在闡明最適化技術並非遙不可及之事，只要有所瞭解仍可按步實施，若有些讀者因此而引發興趣，則必須去尋求更專業的書籍，才能獲得充分的滿足，如此亦達成作者的願望。

第15.4節提到的直交試驗法是品管大師田口玄一（Taguchi）所極力倡導的，而第15.5節的 CUSUM 法源自於人盡皆知的統計製程品管（statistical process control，SPC），在品質控制路上都與程序控制不謀而和。因此，欲提升一個製程的品質控制能力，亦須思索如何有效地運用這些方法與程序控制技術緊密結合，達成目標。

15.1　透過控制策略之設計達到最適化

第十章之控制策略設計之綜觀已提出最適化操作區的尋找，若最適化的目標較簡單時，可以透過控制策略的設計來達到目的。最常用的方法，例如以閥位控制器（valve positioner controller）或限制控制器（constraint controller）將操作區逼到近似之最適化點或最適化操作區域。

〈例15.1〉

A公司為單一產品生產廠家，其利潤與產量直接成正比，當產量最大時，利潤最大，其製程簡述如下，利用控制策略如何達到利潤最佳化？

製程：如圖15.1的化學反應器，反應物A、B分別進入反應器，在某一反應條件下得產品C，產品C繼續進入後段單元操作程序作必要的處理。

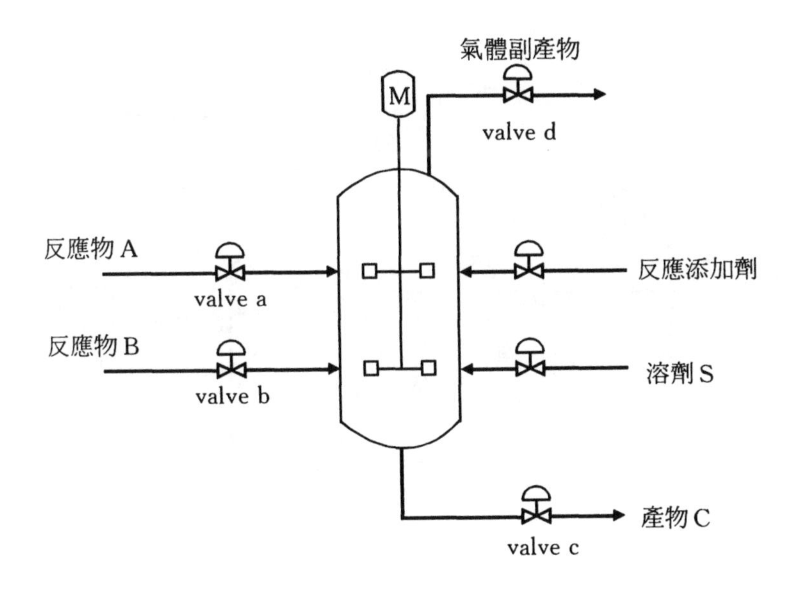

圖 15.1　單一產品反應製程

〈說明〉

控制目標：在產物 C 之規格不變下，儘量增加利潤。

分析：經簡易分析，當產量越大時，其利潤越大。

達成方法：其步驟如下

1. 分析此一單元操作程序之能力及限制：以此例而言，即比較 a、b、c、d 控制閥的開度（假設限制不在反應器上），開度最大者即爲最靠近此單元程序之操作能力者，亦即第一個將會碰到的瓶頸（此例假設 A 閥開度最接近100%）。
2. 將此一控制閥的開度移動到最大。
3. 最後的控制策略如**圖15.2**所示，控制目標及方法爲：
   a. 產量最大化（即利潤最大化），靠設定點爲100%之 VPC1閥位控制器。
   b. 反應物 A 與 B 須依一定比例餵入反應，靠RATIO比例控制器。
   c. 反應滯留時間必須控制，靠 RT 控制點串控液位控制器 LIC1。

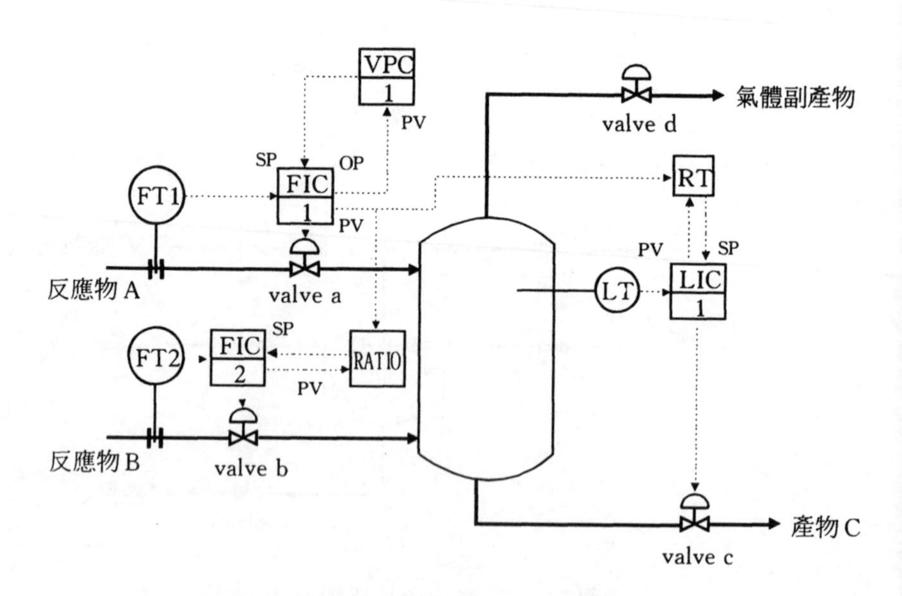

圖 15.2　以閥位控制器完成產量最大化

上例爲單一限制（如製程能力）存在下以閥位控制器來達成最適化的設計，若同時存在兩個以上的限制時，則可用限制控制器來完成，以〈例15.1〉而言，若增加產量將導致產品品質變差，而此一品質指標可由氣體副產物之不純物氣相層析儀GC得知，則爲了同時兼顧產量最大化及品質的要求下，加一低訊號選擇器（low selector）之限制控制器，即可達到局部之最適化，**圖15.3**示出最適化控制策略之修改。

用控制策略的方法完成某一程度的最適化，相當有效，但嚴格說來這種最適化可以應用的範圍相當有限，故應繼續予以增強。

15.2　透過程序模式達到最適化

如果有辦法得到一個可以信賴的數學模式，當原副料及產品價格有所變動時，則以此模式可以算出一個最大利潤的操作條件。即使以〈例15.1〉之最大產量而言，雖用控制策略的方法可以增加產量，但是若有嚴謹反應模式可用，當可算出最低製造成本所須之最佳液位控制（亦即最佳滯留時間）。以該例來說，欲降低製造成本必須增加滯留時間以減

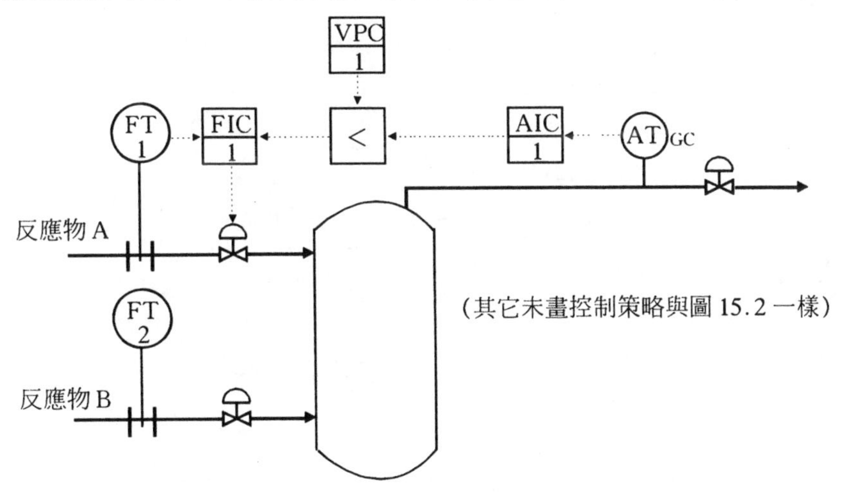

圖 15.3　衍生自圖 15.2 之控制策略，但多加一只低訊號選擇器，避免產品超出規範

少觸媒等添加劑之耗用量，但是滯留時間加長，將使反應產生更多沒有價值的副產品，反而減少了利潤。因此，如果可以獲得此反應之嚴謹模式，則當原副料與產品價格變化時，可以用線性規劃（linear programming）產品算出一個最大利潤之產量與滯留時間（或液位控制點）。實作上，只要給予各原副料與產品之價格，最適化器即能求出此一經濟環境下，最大利潤之產量，其架構如**圖15.4**所示。

嚴謹模式之求得實非易事，此乃一般最適化技術不易大量在工業中推行的主要原因，但製程較簡單的單元操作，則較有把握找到嚴謹模式，煉油工業的摻合程序（blending process）即爲一頗適合做最適化的程序。頗多的廠家有提供此類的技術，方法雖各有差異，本質上卻是相同的。

在**圖15.5**的摻合程序中，產品的品質如蒸汽壓（reid vapor pressure，RVP）及辛烷值（product octane no，OCT）與各摻配股之品質及流量有如下關係（或模式）：

$$(RVP)F_{total}=\sum_{i=1}^{n}(rvp)_iF_i \tag{15.1a}$$

$$(OCT)F_{total}=\sum_{i=1}^{n}(oct)_iF_i \tag{15.1b}$$

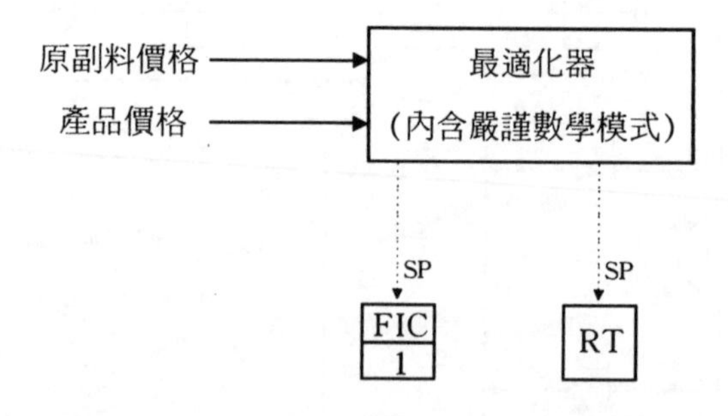

比例控制設定點因維持反應物比例關係假設仍維持不變

圖 15.4 〈例 15.1〉之最適化器與控制策略之結合

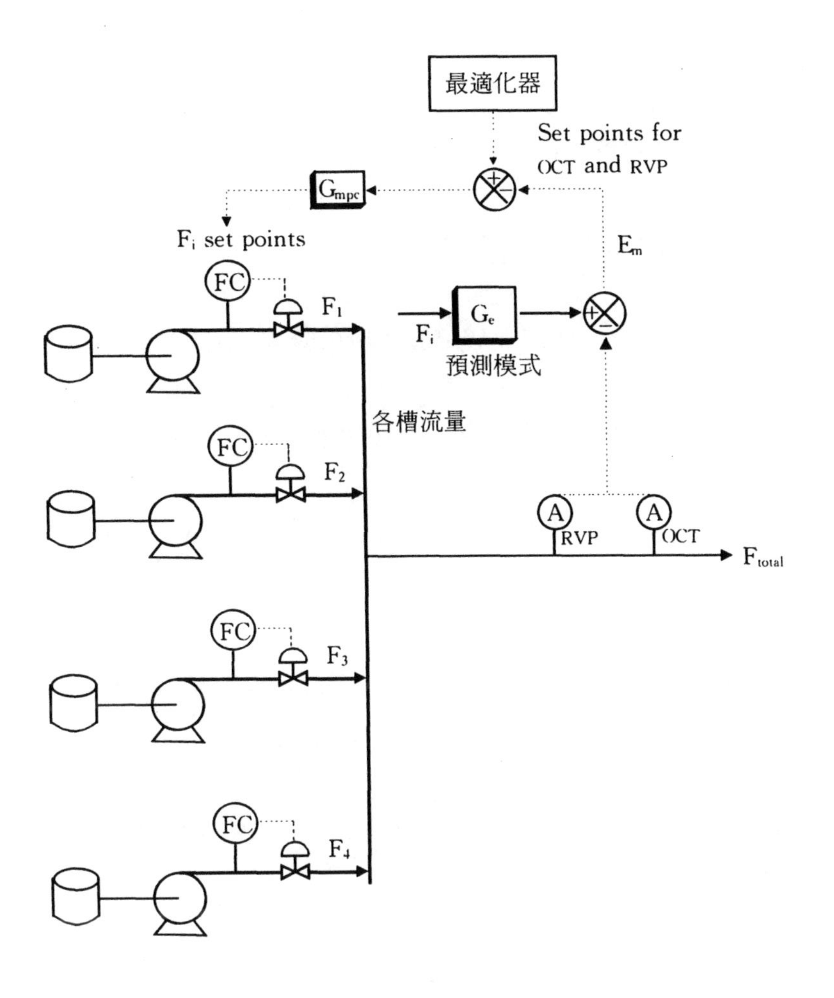

圖 15.5 油品摻合程序之最適化控制[3]

$$F_{total} = \sum_{i=1}^{n} F_i \qquad (15.1c)$$

其中，**RVP** = 產品之蒸汽壓值

rvp_i = 各摻配股之蒸汽壓值

OCT = 產品之辛烷值

oct_i = 各摻配股之辛烷值

F_i = 各摻配股流量

F_{total} = 摻合品流量

而最佳效益之目標函數定義爲：

$$最大利潤 = V_{total}F_{total} - \sum_{i=1}^{n} V_iF_i \tag{15.2a}$$

其中，V_{total}；V_i = 摻合股及各摻配股之價値

此最大利潤須於所設定之產品規範內搜尋：

$$(RVP_{min})F_{total} \leq \sum_{i=1}^{n} (rvp_i) F_i + F_{total} \times E_{m,RVP} \leq (RVP_{max})F_{total} \tag{15.2b}$$

$$(OCT_{min})F_{total} \leq \sum_{i=1}^{n} (oct_i) F_i + F_{total} \times E_{m,OCT} \leq (OCT_{max})F_{total} \tag{15.2c}$$

其中，$E_{m,RVP}$及 $E_{m,OCT}$分別爲 RVP 及 OCT 的量測與模式值之誤差，用於校正之用。

$$E_{m,RVP} = (RVP)_{量測} - (RVP)_{模式} \tag{15.3a}$$

$$E_{m,OCT} = (OCT)_{量測} - (OCT)_{模式} \tag{15.3b}$$

以此例而言，兩個品質規範必須符合（（15.2b）式及（15.2c）式），且各股流量存在著等式（15.1c），因此至少必須有四個摻配槽才能做最適化，多餘的第四股摻配股，將因 LP 的運算而往其允許的最大或最低流量移動來達到最大利潤。

爲了要得到即時最適化器（real time optimizer），通常必須先決定某些重要參數的估算及更新方式、模式的架構及高階控制器之聯結方

式，才能確保最適化器能發揮功能，有些最適化器沒有使用高階控制器而直接將其運算的結果丟給 DCS，將會有危險，除非最適化器能認知 DCS 控制器之飽和與否及尙存之自由度。

曲型的摻合程序，其摻合最適化之架構如**圖15.6**所示。其中的物性估算器算出更準的進料物性，以供最適化器計算更可靠的模式；最適化器將以線性或非線性規劃法算出在品質規範要求下，所須達到的品質規範及某些流量之範圍；摻合高階控制則特別適用於摻合品之規範有多種產品規範時，爲一多變數關係，必須使用多變數控制器算出結果後，丟到 DCS 去執行。

摻合程序的最適化，最好能做到自動化以降低操作員的負擔，提高最適化之使用率。所謂自動化，就是當摻合程序開始時，自動選擇哪幾個進料股要摻配，並自動起動泵，當摻合程序結束時，輸送泵即自行停止。

由於根據化工原理及各項物性而求得嚴謹模式實非易事，而模式又爲最適化技術所迫切需要的，因此又衍生兩條支路來前進；一則繼續尋找模式，惟此一模式完全以實際操作中的工廠之數據來尋求，如大多數的商用多變數控制器均提供簡易線性最適化功能及目前大行其道的非線性類神經網路均是；另一條，則捨模式而以直接搜尋來尋找最適化

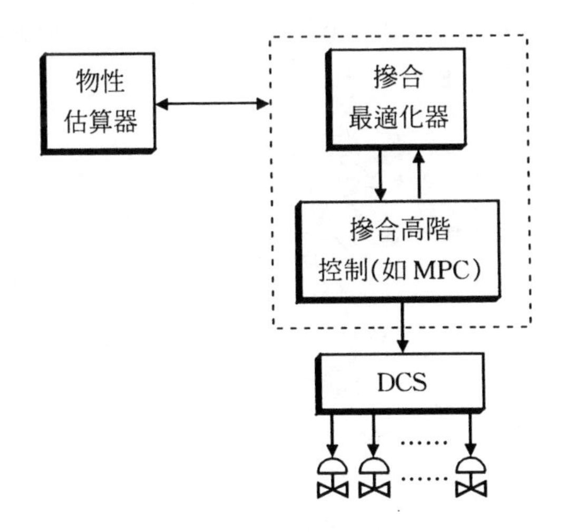

圖 15.6　一般最適化器之架構

點，惟其弱點爲不易找到全域（globe）最適化點，但仍值得一提。

15.3 直接搜尋最適化點

以直接搜尋法找尋最適化操作點的方法，並不是一項新科技，早在1968年 Box 氏及 Draper 氏即提出進化操作法[3][4]來不斷的改變操作條件，以將目標函數逼近到一個較佳的操作區域內，而稍後著名的品管大師田口玄一也大力推廣直交試驗法，以求得最佳的操作點。這些方法的特點就是直接搜尋，並沒有較嚴謹的理論基礎，因此它們只能找到區域（local）式而非全域式的最適化操作點，茲簡介如下。

15.3.1 進化操作法

爲了搜尋到最佳利潤的操作點，必須決定搜尋的方向，然後由最大利潤的目標函數求得的利潤回饋，決定最佳之操作點。有許多的方法可以做，這裡介紹一個單變數之最適化尋求法。

首先，先確定現行操作點之目標函數值，然後試著改變幾個操作點，並計算出這幾個點之目標函數值（如利潤值），由過去的資料決定較佳的搜尋路徑。最簡單的方式即如**圖15.7**由 N 對數據以最小平方法求得的搜尋路徑斜率 S：

$$S_{opt}=\frac{\sum_{i=1}^{N}(P_i-P_{ave})(X_i-X_{ave})}{\sum_{i=1}^{N}(X_i-X_{ave})} \qquad (15.4)$$

其中，N = N 對歷史資料

S_{opt} = 最佳操作路徑線之斜率

P_i = 第 i 點之效益

P_{ave} = N 個 P_i 點之平均

X_i = 變數 X 在第 i 點的值

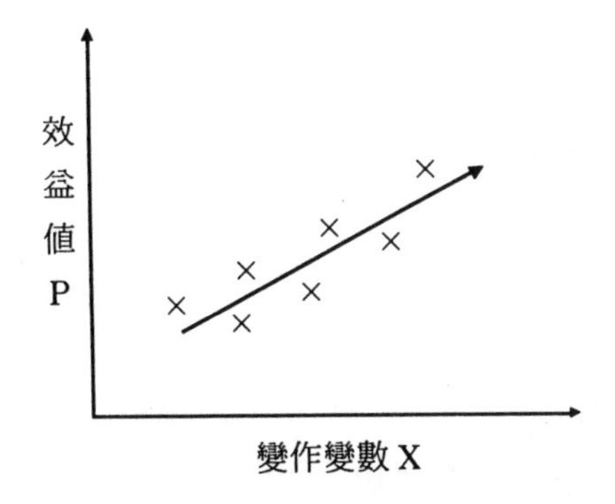

圖 15.7　以歷史數據尋求最佳效率之路徑圖

X_{ave} = N 個 X_i 點之平均值

最佳操作點的搜尋即依此斜率爲 S_{opt} 直線尋找，一直到限制到達時。這種簡易的搜尋方式對操作中的工廠而言可說是相當實用的，但是它的角度太過狹隘，已有很多較精緻的方法來改進之。另外，就是當操作變數增加時，處理上亦稍受限制，因此田口氏所推崇的直交試驗法在某些工業中的運用，也已得到相當的肯定。

15.3.2　直交試驗法

直交試驗法主要是針對多變數系統而來，此法利用直交表有效的決定試驗的變數組合，而不必對每一種變數組合均予測試，大大的減少了直接搜尋的範圍而迅速的找到符合目標函數的最佳變數組合。

直交表有 L_4、L_8、L_{12}、L_{16}等2水準❶系（level）直交表；L_9、L_{18}、L_{27}、L_{36}等3水準系的直交表。一般田口品質工程中常用2水準系的 L_{12}及3水準系的 L_{18}，因此在這裡將簡介3水準系的 L_{18}表直交試驗法求最適操作點的步驟（詳細作法請參考品質工程專業書籍）。

1. 選定研究範圍，決定獨立之自變數（independant variable）或作動變數及干擾變數，此變數性質可能爲定量的（如流量、壓力、溫度……等）或定性的（如泵之起動與否，攪拌機之啓動與否……等）。

2.決定自變數之測試水準；定量的取3個水準，定性的取2個。

3.根據**表15.1**之 L_{18}直交表將定性的自變數（即具2水準之自變數）擺在第一個因素。

4.按照 L_{18}表的各自變數及水準的配置，依序作18個試驗，去記錄每一個試驗所得的目標函數值，最大（或最低）者即爲最適化操作點之自變數及其水準（或設定點）❷。

5.當目標函數值相等或極爲相近時，須再檢查其訊號雜訊值（db）值以進一步的確認。

表15.1　L_{18}直交表配置〔5〕（已蒙允許使用）

No. ＼ 自變數	A	B	C	D	E	F	G	H
1	1	1	1	1	1	1	1	1
2	1	1	2	2	2	2	2	2
3	1	1	3	3	3	3	3	3
4	1	2	1	1	2	2	3	3
5	1	2	2	2	3	3	1	1
6	1	2	3	3	1	1	2	2
7	1	3	1	2	1	3	2	3
8	1	3	2	3	2	1	3	1
9	1	3	3	1	3	2	1	2
10	2	1	1	3	3	2	2	1
11	2	1	2	1	1	3	3	2
12	2	1	3	2	2	1	1	3
13	2	2	1	2	3	1	3	2
14	2	2	2	3	1	2	1	3
15	2	2	3	1	2	3	2	1
16	2	3	1	3	2	3	1	2
17	2	3	2	1	3	1	2	3
18	2	3	3	2	1	2	3	1
	1群	2群	3群					

直交表的使用大大縮小了搜尋的範圍，以 L_{18}而言，對於一個2水準及七個3水準的自變數系統而言，若直接搜尋將有$2\times 3^7=4374$組試驗待做，而以 L_{18}表只須要做18個即可，可說相當節省。問題是它只提供了一個地域性最適化的搜尋，而無法達到全域法的最適化，且對於製程而言，決定各因素的最佳水準並非易事，若選擇不當將更限制最適化的效果。

〈例15.2〉

延續上一例之反應器，試找出使產品 C 之品質變異度最少的最佳操作條件，其影響反應的自變數因素列於**表15.2**。

〈說明〉

因爲自變數及其水準已經決定，則根據 L_{18}表（即表15.1），直接排定18個試驗。舉試驗9爲例，其8個反應自變數的條件即爲：

A：攪拌機速度　：高速（即水準1）

B：反應溫度　：180（即水準3）

C：反應壓力　：11（即水準3）

D：滯留時間　：110（即水準1）

E：反應添加劑量　：40（即水準3）

F：溶劑比　：4.4（即水準2）

G：氣體副產物量　：3.6（即水準1）

H：反應物 A 之流量　：55（即水準2）

表15.2　影響反應品質之自變數及其水準

自變數	水準		
	1	2	3
A. 攪拌機速度	高速	低速	
B. 反應溫度(℃)	200	190	180
C. 反應壓力(Kg)	15	13	11
D. 滯留時間(分)	110	90	70
E. 反應添加劑量(kg/hr)	80	60	40
F. 溶劑比($\frac{S}{A+B}$)	4.8	4.4	4.0
G. 氣體副產物量(Vol.%)	3.6	3.2	2.8
H. 反應物 A 之流量(T/H)	60	55	50

並記錄產品品質狀況，其餘的17個試驗亦按 L_{18}表的配置方式，逐一進行。最後，選擇一個品質變異度最少的最佳操作條件。

通常在決定自變數的數量後再選擇較適合的直交表。例如 L_{18}表的自變數數量若非剛好8個，只要適當的調整亦可使用。此外，目標函數並不只限定一個，實際上它並無限制，只要將這些被考慮的目標函數值之 SN 比求出，做最後的比較即可；然而，隨著目標函數的增加，直交試驗法所找到的最適化點越受限制，使用者必須有此認知。

15.4 CUSUM 控制器及其最適化

統計製程品管技術是廣泛被用於工業製程品質控制的方法，其成效早獲肯定，但大多數 SPC 的應用並沒有做到眞正的自動化，這裡將介紹一個已在工業上成功使用的即時 SPC 自動控制的控制器——CUSUM 控制器[6]。

15.4.1 何謂 CUSUM

一般 SPC 的控制均根據 XBAR（即次群組 subgroup 之平均值）的變化來判斷是否須調整作動變數，而 CUSUM（cumulative summation）採用不同的計算方式，能比一般的 SPC 法感受到平均值之較少變化且更爲快速，故適合於即時線上控制。CUSUM 的計算爲：

高於目標值之高 CUSUM 值爲：

$$SH(j) = \mathrm{Max}[0, SH(j-1) + Y(j) - K_1] \quad (15.5)$$

低於目標值之低 CUSUM 值爲：

$$SL(j) = \mathrm{Max}[0, SL(j-1) - Y(j) - K_2] \quad (15.6)$$

而正規化之後的偏差值（normalized deviation from target）

Y（j）爲：

$$Y(j)=\frac{XB(j)-Target}{S(j)}, j=1, \cdots NS \qquad (15.7)$$

而 $$XB(j)=\frac{\sum_{i=1}^{N} X(i,j)}{N}, j=1, \cdots NS \qquad (15.8)$$

$$S(j)=\sqrt{\frac{\sum_{i=1}^{N}[X(i,j)-XB(j)]^2}{N-1}}, j=1, \cdots NS \qquad (15.9)$$

其中，Target＝目標值

SH（j）＝比目標值高之第 j 個次群組之高累計差值（cumulative sum high）

SL（j）＝比目標值低之第 j 個次群組之低累計差值（cumulative sum low）

Y（j）＝第 j 個次群值之正規化後之偏差（與 target 值之偏差）

XB（j）＝第 j 個次群值之平均值（或 XBAR）

S（j）＝第 j 個次群值之標準偏差（或 sigma）

N＝次群組之大小（subgroup size，以上均假設各次群組之大小相等）

K_1＝目標值之上的允許偏差量（slack variable above target

K_2＝目標值之下的允許偏差量（slack variable below target）

CUSUM 控制圖尙須決定修正界限 h_1及 h_2，即當 CUSUM 值高或低於 h 值時，即須採取行動。

h_1＝高於目標值之高修正界限

h_2＝低於目標值之低修正界限

注意，$h_1 \geq K_1 \geq 0$ 而 $h_2 \geq K_2 \geq 0$

通常專家建議 K＝0.5，而 h＝4.0左右爲最佳，一般 K 值的決定可參閱參考資料[6]。

典型的CUSUM管制圖如圖15.8所示，其中Y代表Y(j)值，S代表CUSUM值，Ⓢ表示超過修正界限之CUSUM值。

15.4.2 CUSUM 控制器

CUSUM控制器所需之量測值為CUSUM值，其設定值範圍在目標值與修正界限之間（Target + h_1～Target − h_2），因此，當量測之CUSUM值超過此一設定值範圍後，控制器的輸出可依下式送出：

$$M(j)=M(j-1)+(KC1)(HA)[SH(j)]-(KC2)(LA)[SL(j)] \quad (15.10)$$

其中，M(j)＝目前作動變數的值

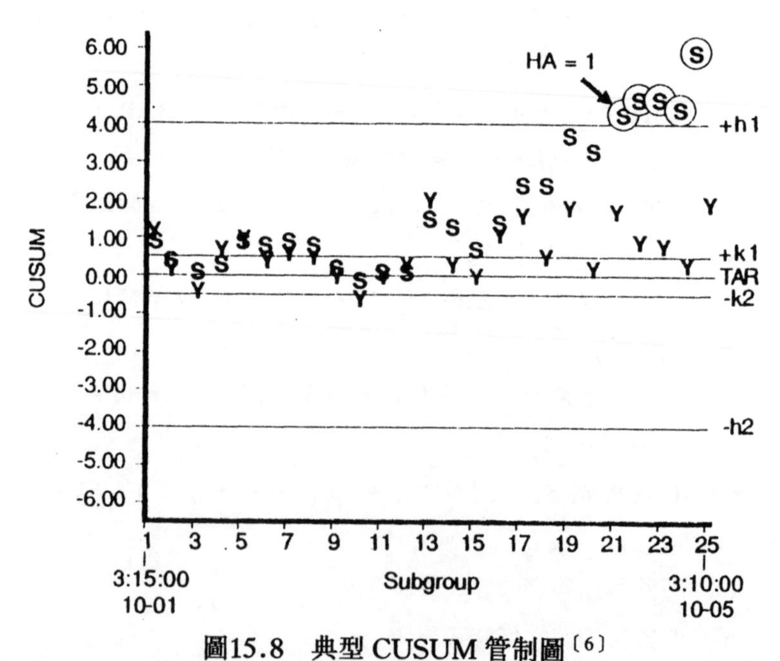

圖15.8 典型CUSUM管制圖[6]
（已蒙Prentice Hall公司授權同意，自原著轉印）

M（j－1）＝前次作動變數的值

KC1＝高過 CUSUM 高值時之控制器高值增益，其須修正的方向，若須反向則爲負值，若須同向修正則爲正值

KC2＝低於 CUSUM 低值時之控制器低值增益，其須修正的方向，若須反向則爲負值，若須同向修正則爲正值

HA＝high alarm，高過 CUSUM 高值時爲1，低於 CUSUM 高值，則爲0

LA＝law alarm 低於 CUSUM 低值時爲1，高於 CUSUM 低值，則爲0

典型的 CUSUM 控制器響應圖如圖15.9所示，被控變數值均被壓在 h_1與 h_2之間。

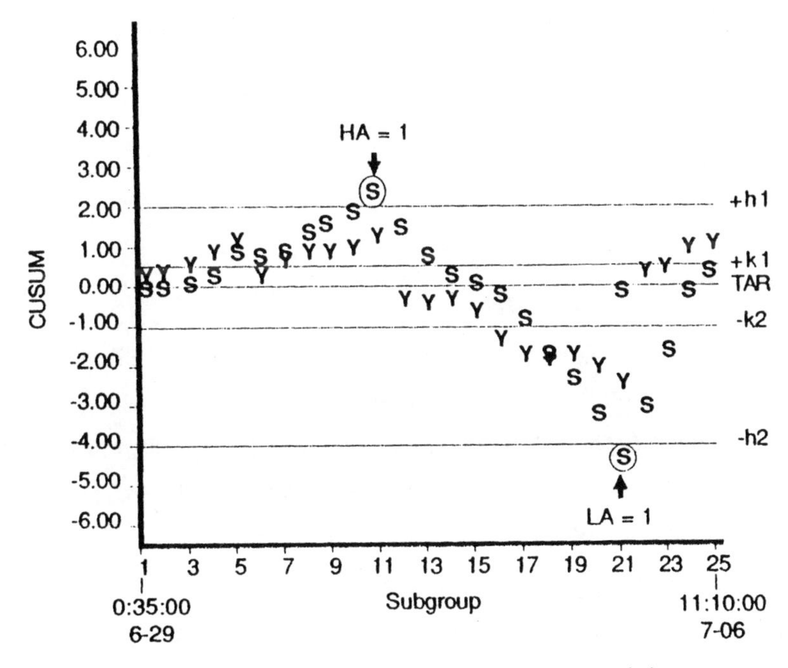

圖15.9　典型 CUSUM 控制器之響應圖[6]

（已蒙 Prentice Hall 公司授權同意，自原著轉印）

CUSUM 控制器特別適用於非線性或不確定性程序且無線上分析儀的控制上，如一般的品質控制；此外因其較一般之 SPC 有較高的敏感度並能自動修正，作者曾經目睹歐洲某石化廠已用此型控制器取代傳統的 SPC，成效不錯。

15.4.3 最適點的決定

通常越高的品質規範表示越高的製造成本，因此為了降低製造成本，只要做出符合規範邊緣的產品即可，不必製造「太好」的產品。但是欲做出符合規範邊緣的產品，所須避免的危險性即是不可讓產品超出規範。例如咖啡粉末的製造，其產品含水量規格為3%，自然不用製造含水量2%的咖啡粉，但是產品的變異度變化，使製造商只好將控制目標訂於2%的含水量，以避免某些產品超出含水量3%的界限，因而形成製造成本的增加。

品質最適控制器即根據產品變異度而設，其最適化器的輸出可以簡單的定義成：

$$OPPT = SL + K \times SIGXB \qquad (15.11)$$

其中，OPPT = 最適器之輸出

SL = 產品規範

K = 常數，若須反向調整則為負值，正向調整則為正值

SIGXB = XBAR sigma

其中 K 值將決定超過產品規範的產品比例，以變異度為常態分布的產品而言，K = －1，其產品超過產品規範的比例將為15.865%，K = －2時為2.275%，而 K = －3將只有0.135%。

最適化器之控制效果，示於圖15.10，由此圖可知，產品均可壓在規範之下，當 SIGXB 較少時，設定值將向規範值推，以節省製造成本，當 SIGXB 較高時，設定值則離開規範值遠一點，以避免產品超出規範。

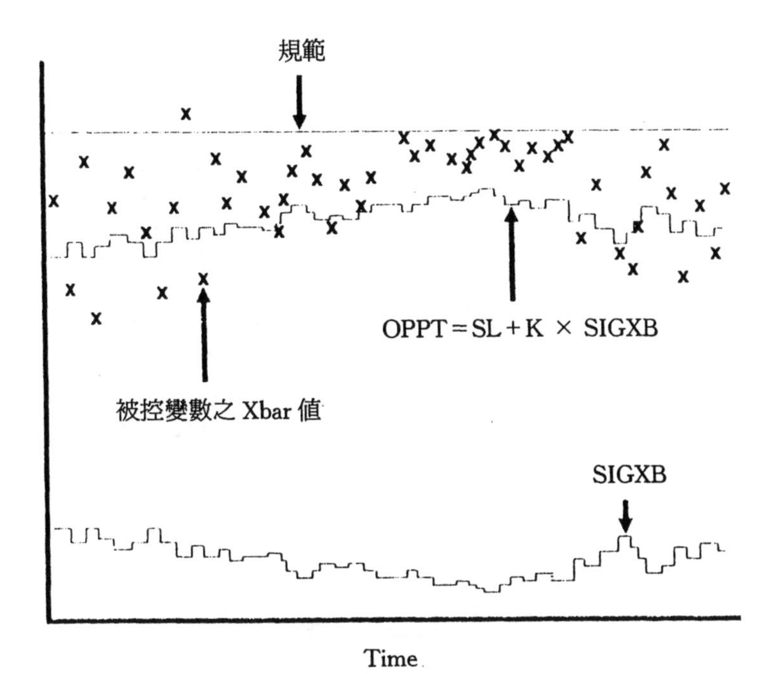

圖15.10　最適化輸出與 SIGXB 之變化情形〔6〕
（已蒙 Prentice Hall 公司授權同意，自原著轉印）

品質最適化器與 CUSUM 控制器的架構示於**圖15.11**。品質最適化器很適合用於長時間需要化驗室分析之品質控制上，其與 CUSUM 控制器的結合，對於無法適用模式預測控制等 APC 的程序將大有助益，值得參考。

15.5　結　語

這一章列舉了一些最適化操作點尋求的方法，當工廠欲考慮推往最適化操作前進時，應考慮製程特性及目標函數之不同，而選擇不同的最適化策略，**表15.3**綜合整理出這章所介紹的最適化方法之適用程序。一般而言，嚴謹模式所求得的最適化效果最佳，但也是最不容易獲得的。因此，對於最適化的過程，不妨先從簡單的控制策略著手，進而透過進化操作法或直交試驗法來提昇能力。CUSUM法對單邊規格的產品

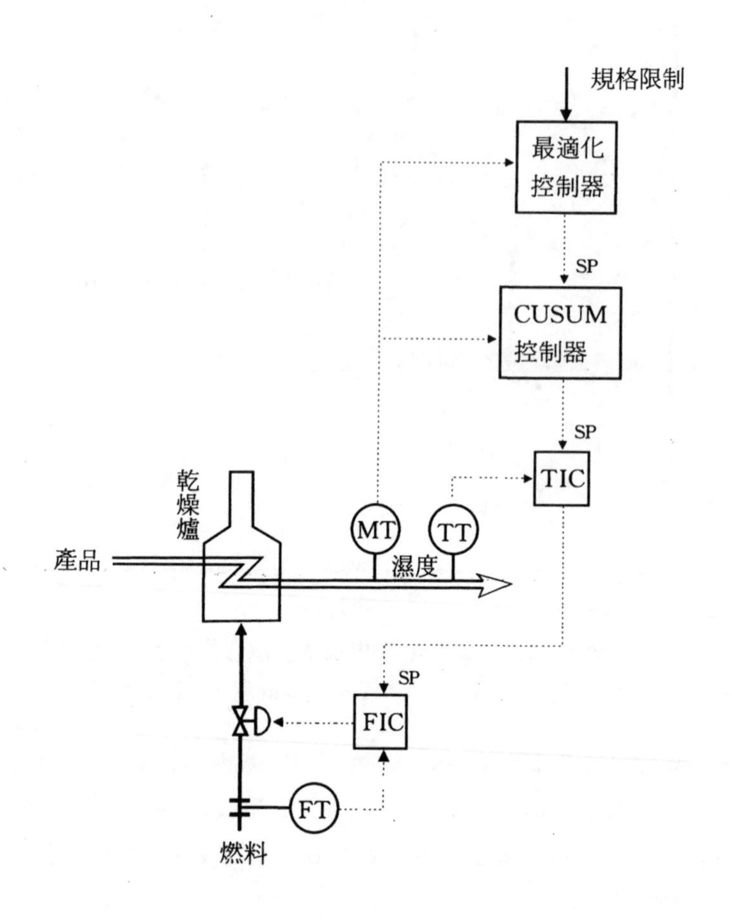

圖 15.11 最適化器與 CUSUM 控制器之結合應用例 (產品乾燥度最適化控制)

表15.3 最適化方法及其適用程序

最適化法	程序特性及目標函數
1.透過控制策略之設計	對程序特性較有把握或者產品規格要求較不嚴格
2.以嚴謹模式來尋求	程序特性已徹底瞭解
3.進化操作法或直交試驗法	對程序特性較無把握時
4.CUSUM 法	對程序特性較無把握時，對單邊規格品質較合適

最適化效果極佳，其運算稍顯複雜是下一個考慮。如此循序漸進，當可逐漸增加工廠利潤。

註 釋

❶此所謂水準，即作動變數的可能設定點或干擾變數的可能值，例如作動變數爲流量時，其3水準可設在40T/H、50T/H 及60T/H 等，或干擾變數爲某股進料之進入與否，其2水準可設爲進入與不進入等。

❷當品質爲目標函數值時，通常檢定其變異度、靈敏度及信號/雜訊比（S/N比），S/N 比乃依照噪音學之噪音求法得出其 db 值，與變異度有關，細節請參考田口品質工程學。

參考資料

〔1〕Y. Z. Friedman, " What's Wrong with Unit Closed Loop Optimization ? " *Hydrocarbon Processing*, Oct'.95 pp.107-116.

〔2〕Y. Z. Friedman, "Advanced Process Control：It Takes Effort to Make it Work", *Hydrocarbon Processing*, Feb.'97, pp.17 & 144.

〔3〕T. E. Marlin, *Process Control-Designing Processes and Control Systems for Dynamic Performance*, 1995, McGraw-Hill.

〔4〕T. F. Edgar & D. M. Himmelblau, *Optimization of Chemical Processes*, 1988, McGraw-Hill.

〔5〕田口玄一，《開發·設計階段的品質工程》，中國生產力中心譯及出版，中華民國79年。

〔6〕P. C. Badavas, *Real-Time statistical Process Control*, P. T. R Prentice-Hall, Inc.

第16章

程序控制與商業目標之整合及其分支發展

◈研習目標◈

當您讀完這章，您可以

A.瞭解訓練用動態模擬機之功能及基本架構。

B.瞭解數據重整的應用及基本原理。

C.瞭解控制系統之失誤偵測及診斷的發展趨勢。

D.瞭解程序控制系統在現代商業管理體系中所具有的關鍵地位。

當程序控制由基礎控制漸漸成功地發展到高階控制時，其終極的目標乃為提供企業達到其商業目標的保證，因此整個程序控制又為企業達成其商業目標的基石。近年來，控制系統與資訊系統的結合，提供了企業更能有效經營的環境，在此一潮流下，程序控制愈發顯現其重要性，因為商業目標的完成終須靠程序本身來完成之，沒有堅實的程序控制體系，其經營目標的達成自將大打折扣，在16.4節中將探討程序控制與商業目標之整合趨勢。然而在這之前，我們將先說明程序控制最近數年來的一些分支發展情況，使讀者能更清楚的瞭解程序控制上主幹與分支的發展趨勢，同時亦顯示出程序控制工程師的任務越趨多樣化。這當中較顯著的有：訓練操作員的動態訓練模擬機（dynamic training simulator）的發展，進行最適化控制前所不可或缺的數據重整（data reconciliation）技術及控制系統之失誤偵測及診斷（fault detection & diagnosis）。這些技術，嚴格說來與程序控制並無太大關聯，但因有些源自於程序控制，如訓練用動態模擬機，有些為發展程序控制所必須，如數據重整或控制系統失誤偵測及診斷。因此，在最後一章中特對此做一介紹，以使讀者對於程序控制之分支發展趨勢亦能掌握之。

16.1 訓練用動態模擬機

訓練用**動態模擬機**主要的目的是用來訓練並提升操作人員操作製程的能力。在模擬機上，預先設計好的許多程序可能出現的**異常狀況**（scenario），可以反覆的用來訓練操作員平常不易碰到的狀況，從而當程序出現異常時，操作員能發揮平常在模擬機上累積的經驗從容應付此一情況，使工廠有形無形的損失降到最低。這種訓練用動態模擬機與一般耳聞的飛行員或太空人的飛行訓練模擬機的功能雷同，只是機器不同罷了。一般程序工業所用的動態模擬機包括兩大部分的模擬：

- 控制系統的模擬：包括 DCS 系統的模擬與真正使用之程序控制系統的模擬。
- 程序動態的模擬：包括所有單元操作設備（泵、控制閥、熱交換器、蒸餾塔、反應器……等）之整合模擬。

為了得到良好的訓練效果，動態模擬機的效果必須逼眞，因此人機介面最好與實際操作中的機器（通常是 DCS 的人機介面）一致且程序之動態響應與操作員之經驗近似，這種身歷其境的感覺，讓操作員分辨不出是否操作眞正程序或模擬程序，將可以收到最好的訓練效果。

這裏將簡介程序動態的模擬，而控制系統的模擬因 DCS 的廠家不同而有差異，且其技術範疇非本書論述重點，因此不擬介紹。

簡言之，程序動態的模擬即是對整個操作程序作一動態的質量與能量的平衡（亦即尋找程序之動態）。對於一個龐大的操作程序而言，通常模擬是指對下面兩大部分而言：

- 有化學變化程序之模擬（如反應器）。
- 無化學變化程序之模擬（如泵、控制閥、熱交換器、一般的蒸餾塔……等）。

有化學變化程序通常指反應模式（reaction model），是決定能否發展動態模擬機的關鍵，因爲大部分的程序其最主要的單元在反應器，若不能提供近似的反應模式，則反應結果無法模擬，整個程序之質量與能量平衡與實際工廠有極大出入，因而失去模擬的意義。無化學變化程序的模擬相形之下就極爲簡單，一般的動態模擬機廠家均可提供此一模擬。例如不同形式的泵，其特性曲線（performance curve）不同，其輸出亦稍有不同；不同的控制閥閥塞其特性不同，其輸出也不同，這類程序可以精準地模擬不成問題。至於較複雜的蒸餾塔模擬，也引用適當的動態響應即可。

訓練用動態模擬機的用途在於訓練操作人員而非用於控制系統的設計，因此，其使用的模式只要近似即可，不必要非常的準確，這是訓練用動態模擬機與設計用動態模擬機最大的不同，必須分清楚。目前訓練用動態模擬機的競爭非常激烈（如 Honeywell，ABB……及國內之新鼎公司均有提供），其評估的重點除了價格之外，系統是否可以容易地維護、修改也是重點之一。

訓練用模擬機的重點當然是「訓練」，因此其典型的架構如**圖16.1**所示，講師台可以按照預先設計好的許多狀況下達狀況，這時盤面操作員及現場操作員即按標準操作步驟(standard operation procedures，

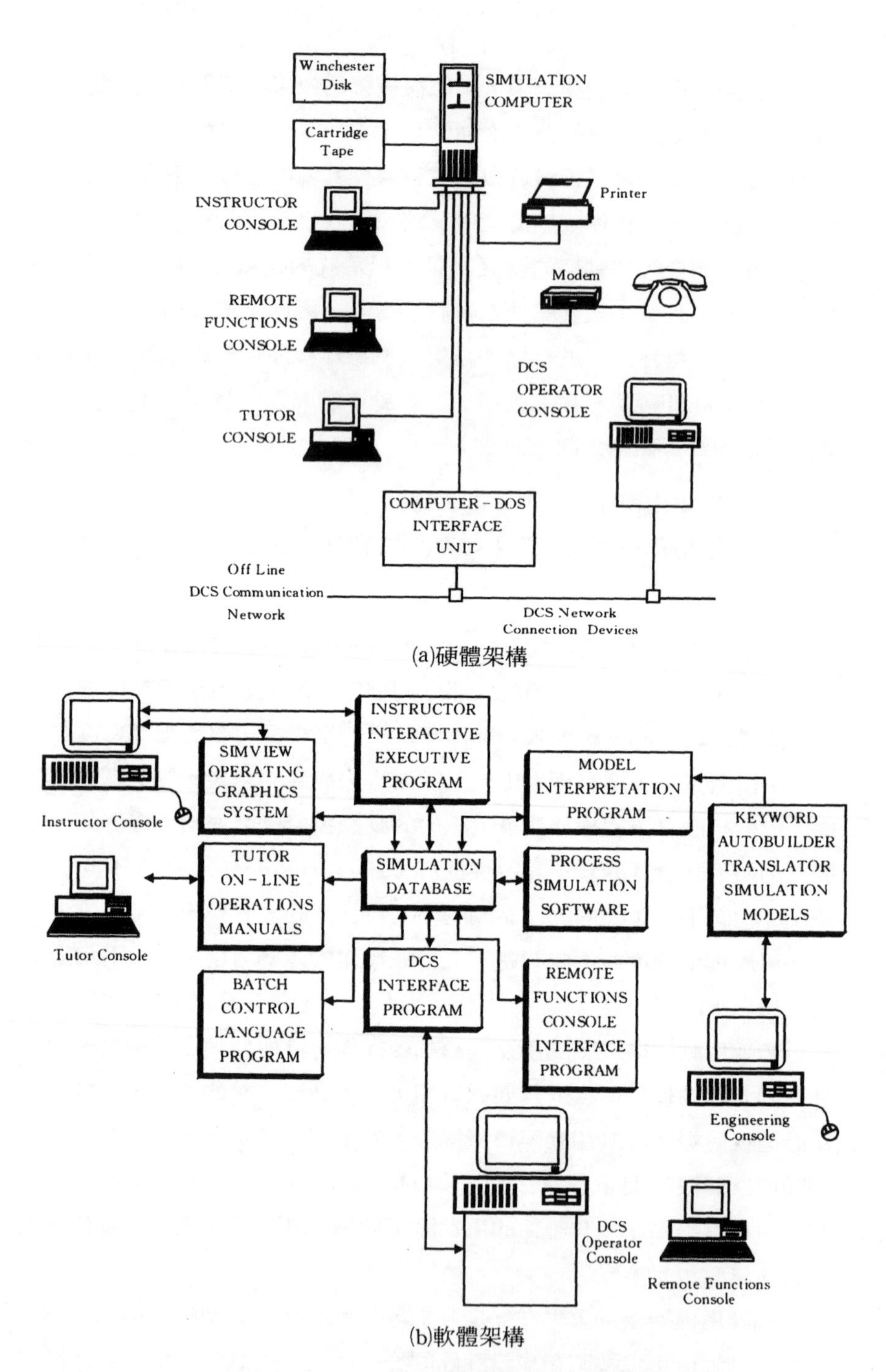

(a)硬體架構

(b)軟體架構

圖 16.1　訓練用動態模擬機之軟硬體架構
（摘自 Honeywell 公司訓練模擬機講義）

SOP）合作處理此一狀況，達到訓練效果。

事實上一般簡易的動態模擬可以在 DCS 系統中完成，利用現場測試後所得的模式（通常為一階具時延模式）重新在 DCS 內建立可以得到與眞實程序應答幾乎一樣的模擬，這種不須再額外花費（利用原有操作中的 DCS 系統即可）的模擬可以用來訓練操作員對於高階控制系統的使用，然而因不易設定許多異常狀況，因此無法做到異常狀況處理的訓練效果。

16.2 數據重整技術

大約從1980年左右開始，由於管理效率的需求及程序控制最適化的發展，數據重整技術開始受到全球各大石化公司的注意，歷經將近二十年的發展，數據重整的技術已成功的運用在管理與程序控制上，現代的程序工程師對此一技術應具備基本的認識才行。

數據重整主要是用來偵測讀值有問題的儀錶，在大部分的情況下，甚至可以將近似正確的讀值計算出。企業引用此一技術的原因為：

- 增加會計帳目的準確性及增加營運單位的經營效率。
- 減少與客戶爭辯的事情發生。
- 避免最適化控制程式引用錯誤的讀值而計算出有問題的結果，而使整個控制效果出現嚴重後果。

所謂數據重整是基於兩個現象：工廠中**大部分**的儀錶其讀值可靠性均很高，且異常的儀錶將會有**總體偏差❶**（gross error）較大的現象發生。因此，傳統數據重整的方法即是以偵察總體偏差來找出讀值有問題的儀錶，再利用其它可靠的儀錶以質量及能量平衡關係**重整**出此一有問題的儀錶其近似正確值。下面，將簡述傳統數據重整的方法[1][2]。

圖16.2是一個典型的鍋爐蒸汽配送與發電程序，每一個圓圈代表一個**節點**（node），此一節點代表一個質量與能量平衡的操作單元。此例中，節點可能是鍋爐、減壓閥、蒸汽分配器或蒸汽混合槽。節點的數量表示獨立的質量與能量平衡數量，以下的討論將簡化成對流量計讀

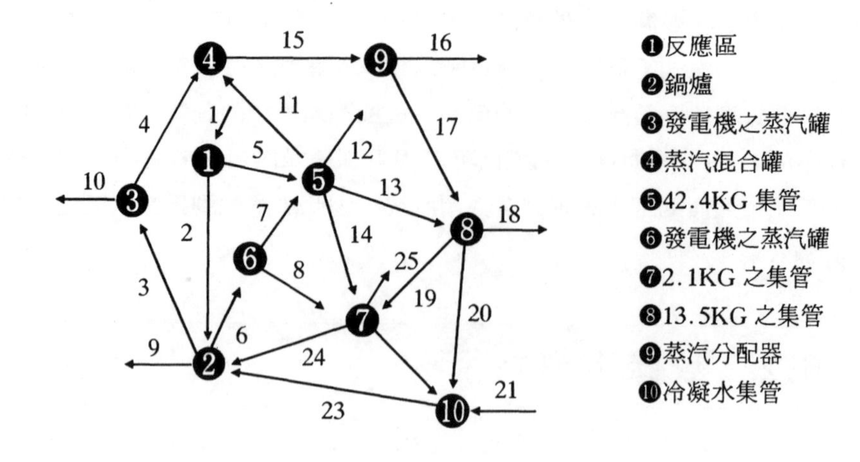

圖 16.2　典型程序之平衡關係[1]

值的探討。

$$\sum \text{Inputs} - \sum \text{Outputs} = 0 \qquad (16.1)$$

若上式不爲0，表示至少有一個以上的流量讀值錯誤，而檢查流量計是否有問題的方法即爲檢查其總體偏差。這是一個純數學問題，我們的目標是使正規化後的平方誤差和最小（minimize the sum of normalized squared errors），因此定義 $\phi(X_i)$ 爲所有流量計之正規化後之平方誤差總和：

$$\phi(X_i) = \sum_i \left(\frac{1}{\sigma_i^2}\right)(X_i - X_i^*)^2 \qquad (16.2)$$

且條件爲每一個節點 j 須符合質量平衡：

$$\Psi_i(X_i) = \sum_i a_{ij} X_i = 0 \qquad (16.3)$$

其中，X_i = 第 i 個流量的正確值

X_i^* = 第 i 個流量的量測值

σ_i^2 = 第 i 個流量的偏差變異

a_{ij} = 第 j 個節點之某 i 個流量的係數，入流時爲 +1，出流時爲 −1

利用 Lagrange 的方法可以將 X_i 求出：

$$\frac{\partial}{\partial X_i}\left[\phi(X_i)+\sum_j \lambda_j \Psi_j(X_i)\right]=0 \qquad (16.4)$$

$$\frac{\partial}{\partial \lambda_j}\left[\phi(X_i)+\sum_j \lambda_j \Psi_j(X_i)\right]=0 \qquad (16.5)$$

其中，λ_j 爲 Lagrangian 乘數

很多技巧可以求解（16.4）與（16.5）之聯立方程式，正確的流量值 X_i 可以被估出。接著，可以進行可疑流量計的偵察與數據重整。

分析個別流量計之最小平方殘值（least-squares residuals）來**偵察**可疑流量計：將個別流量計的殘值定義爲：

$$e_i = X_i - X_i^* \qquad (16.6)$$

當 $\left|\frac{e_i}{\sigma_{ei}}\right| > 1.96$ 時，表示殘值偏差超過95%的可靠度（confidence level），此一狀況並顯示此一流量計存在著總體偏差，對於此一存疑的流量計可以利用結點集合法[1]（nodal aggregation）將更正確的流量值**重整**之。以上，即爲傳統數據重整的方法，目前的數據重整方法，對於非線性問題已能克服，使得此一技術能偵測的範圍更廣更準，然而新的競爭者在此時亦加入市場的競爭行列，舉例而言利用類神經網路的技巧也可同時做到數據重整的功能，對使用者而言又多了一個選擇的機會。

實施數據重整能否成功的關鍵因素尚有：

·量測數量必須足夠。

·必須能有效掌握從製程中洩漏的量。

·有化學變化的操作單元，若無適當的量測可用，至少必須有可靠或足夠的經驗式可用，必須一併考慮。

16.3 控制系統之失誤偵測與診斷[4]

雖然高階控制系統的理論及實務上仍持續不斷的發展，然而確保高階控制系統得以發揮功能的還是基礎控制系統。「基礎」常常被看作是「簡單」的同義字而予輕視甚至忽略之，實爲目前程序工業中高階控制系統未能發揮功能的主要原因之一。根據第Ⅰ部分所探討的基礎控制迴路架構，量測（含儀錶等訊號傳輸）、控制閥、控制器及程序本身是組成回饋迴路的四要素。工程師每日面對的問題，百分之八十以上是維護上百甚或上千的基礎環路得以保持良好效能，即便是經驗豐富的程序控制工程師，都將感到力不從心，因爲迴路的偵錯不是一件容易的事（第五章）。有鑑於此 Gertler 從1988年即開始研究一套控制系統失誤偵測及診斷的方法以提供一個良好的工具，來幫助工程師能更快速有效地維護基礎控制系統，進而使其上的高階控制系統效能得以發揮，而 Seborg 教授近幾年來也積極地投入此一領域的研究，目前雖尙未看見具商業化的成功運用，但程序控制的研究又有一支朝更實用更基礎（或許是更重要的）的控制系統方向前進，特別使程序控制工程師感到興奮，學術界與實用界的鴻溝可望進一步的縮小，控制系統將得以更堅實。

程序工業的操作單元是環環相扣的，因此上下游之間之控制環路亦或多或少的彼此相連，當一個環路的效能被覺得功能不彰時，卻不一定是這個環路本身的問題所造成的，爲了能找到眞正問題的起因，Gertler 提出失誤偵測與診斷的三步曲：

·**失誤偵測**（fault detection）：指出控制系統中即將發生的問題。

·**失誤隔離**（fault isolation）：指出正確的失誤位置。

·**失誤確認**（fault identification）：指出失誤問題的大小。

目前大部分的研究仍在第一步的失誤偵測上，所使用的偵測策略有：

- 利用模式及統計技術來偵測流量迴路之失誤。
- 操作員或儀錶技術員之判斷及經驗的專家系統。

Seborg 教授利用 Shewhart 及 CUSUM 等統計製程品質（SPC）等常見的手法，用來判斷控制閥的問題已略具成效[4]，相信日後將會有更多的領域更明確的方法可資運用，值得期待。

16.4 程序控制系統與商業目標的結合

在競爭日益激烈的環境下，企業不僅要有計畫的逐步引進適當的技術來增加競爭力，先進的管理技術之運用更是競爭成敗的重要關鍵，而利用電腦及網路的整合技術，將這兩種技術緊密的結合更是如虎添翼的利器，幾乎已成爲現代程序工業的競爭典範，這節將說明程序控制技術與資訊管理系統技術（management information system）之整合趨勢及未來的發展。

企業的經營均有其**願景**（vision），達到此一願景的方法有很多，此地專談由建立**次級結構**（infrastructure）及控制系統的運用將企業由現實（reality）帶到願景成眞的方法。

16.4.1 建立次級結構

現代程序工業中，DCS 早已是必備的設備了，因爲 DCS 直接獲取現場即時的數據，如何將這些數據快速地分享給有需要的人員，並將之儲存，以利日後之分析、比較及運用便成爲不可或缺的工具，而提供這些功能的所有軟硬體技術，泛稱爲次級結構。沒有具備這些次級結構的工廠，很難在現代企業競爭中跟對手一較長短，而次級結構能發揮功能的大小又與公司所具備的智慧庫（knowledge bank）成正比，這兩者又有相得益彰的效果。

次級結構的建立程度及方式與企業目標有關。一般來說，次級結構至少須做到將企業內各部門之訊息彼此很容易之溝通及整合，因此**溝通網路的次級結構**（communication networking infrastructure）及**數據與商業系統的次級結構**（data and business system infrastructure）爲兩個主要的部分。

TCP/IP 乙太網路（Ethernet）是最常使用的溝通網架構，**圖16.3** 所示爲一典型的煉油廠網路架構方式，使用者可以很方便的在其辦公室的工作站或 PC 上取得即時的製程資料（從 DCS）、化驗室資料（LIMS）、財務訊息、高階控制系統狀況……甚至 E-mail 等，大大的減少了跨部門溝通的障礙，甚至可以傳給遠端的使用者，而提升了跨國企業的效率。

另外，操作工廠每天均產生數量相當龐大的原始數據（raw data），這些數據均必須經過適當處理，而產生有意義的指標值以吻合商業管理（business management）之用，經過處理後的這些數據，必

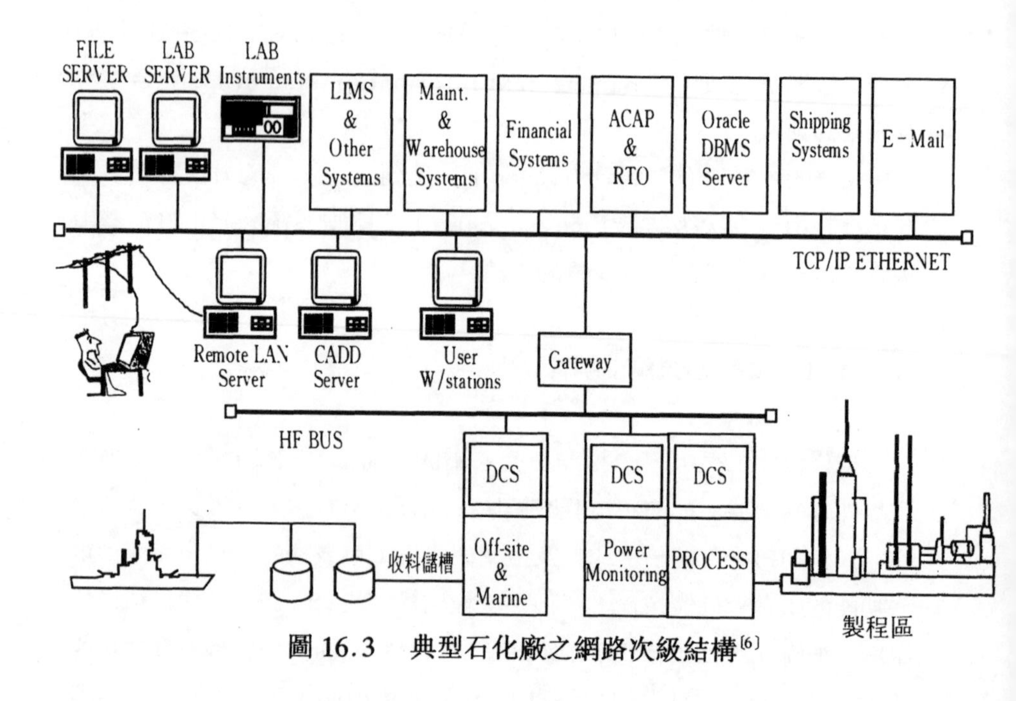

圖 16.3　典型石化廠之網路次級結構[6]

須在網路上適當的規劃讓使用者很方便的取得，而管理者（包括各級主管、財務會計單位的管理師及各工種工程師乃至操作領班）可以輕易快速地獲得各種工廠營運狀態指標，而大大提升工廠的運轉效率。**表16.1** 列出了典型的石化廠中其數據與商業系統次級結構的一般操作資訊與商業管理資訊。表中的一般操作資訊系統中，有相當多的項目要監視，但只有高階控制系統具有更多的主動性及更積極的意義（第十章已列），

表16.1　典型石化廠運轉所需之一般操作資訊與商業管理資訊

商業管理資訊

·重要效能指標 *（Key Performance Indicators, KPI）

·財務模型

·生產模型

·排程模型

·原油成分分析

·管理報告與資訊

一般操作資訊

·從 DCS 所得的操作數據

·油槽區之儲量及儲槽溫度

·化驗室資料

·出貨管制

·存量管制

·維修與工單系統

·設備狀態

·產率（yield）與數據重整

·CAD 資訊（如 P & ID 各種 data sheet……等）

·工安環保資訊

·高階控制系統

·摻合最適化模式

·工程資訊管理

* 指工廠之品質指標、生產力指標、生產成本指標……等等。

因此越來越多的企業視高階控制系統的發展爲達成企業願景最主要的方法，甚至將高階控制納爲商業管理系統之基層結構[5][8]，如**圖16.4**所示。

16.4.2 不斷提升程序控制

程序控制系統具有更主動積極的意義是因爲電腦速度越來越快，新的方法被不斷引入到這個領域，爲了競爭，企業越來越仰賴技術，而程序控制技術隨電腦技術的精進更容易地被成功運用在實際工廠上。在程序工業中，這種技術可以說是共通性最高的技術，只要找到適當的人才循一定的軌跡前進，不但增強競爭力外，幾乎均可得到令人滿意的回收（ payback ），具強勁競爭力的公司，幾乎都離開不了發展強有力的控

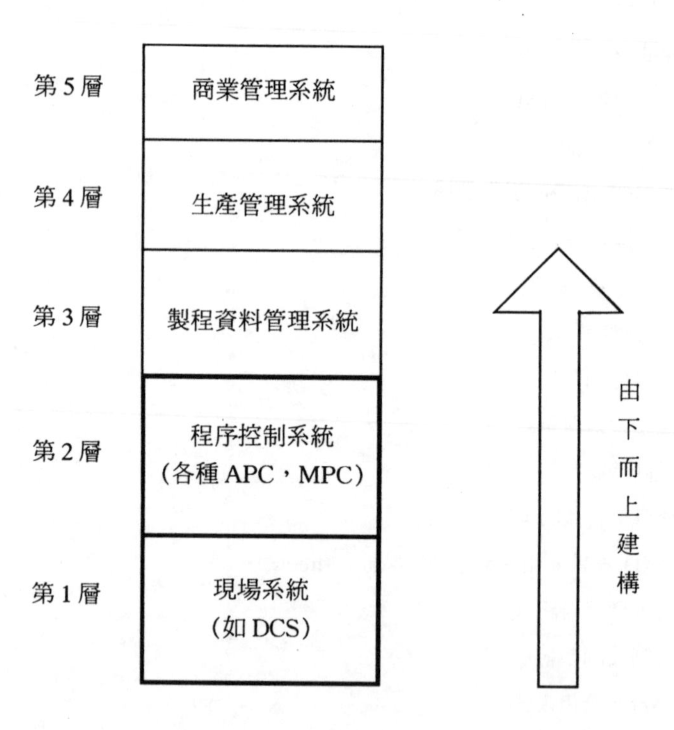

圖 16.4　程序控制系統在整個商業管理架構中的地位

制系統來支援生管，他們共同的特色就是由次級結構中所儲存的大量歷史資料經分析消化轉變成知識，再加上其它領域中得到的知識[7]，共同來推動及不停地改良控制系統，使公司帶來效益並延續競爭力，如圖16.5所示。

16.5 結　語

程序控制系統隨電腦技術的進步及經驗知識的累積將會有越趨蓬勃的發展，值得期待，而這些轉變或將改變工程師們的工作及就業型態。筆者在1996年美國 NPRA 的會場上，目睹了 Honeywell 工程師經由網際網路（Internet）在亞特蘭大的會場上調諧位於鳳凰城（Phenoix）總部的 process，這個現象更佐證了程序控制技術隨電腦科技進步的實況，工程師們將可在家上班了，而客戶所擔心的機密外洩問題，只要利用網際網路上銀行業一般使用的安全系統即可避免之。

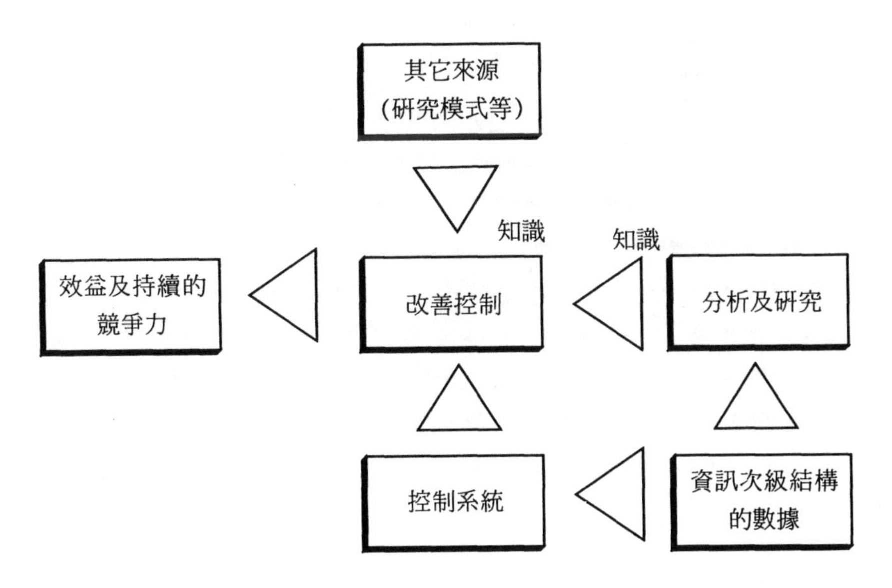

圖 16.5　資訊系統與其它知識結合，不停地改善控制而帶來利益

種種的跡象似正暗示著次級結構所帶來的美麗新世界的早日到來，然而從次級結構中龐大的數據礦（data mine）提煉出的知識庫才是點石成金的精彩好戲，明智的企業經營者當不致錯過，而人才的培育、引用及適當技術的導入[9]，正是此一過程成功的保證。

註　釋

❶正常的儀錶產生的偏差爲隨意偏差（random error）。

參考資料

〔1〕William A. Heenan & Robert W. Serth, "Detecting Errors in Process Data", *Chemical Engineering*, Nov. 1986, pp.99-103.

〔2〕J. E. Albess, "Data Reconciliation with Unmeasured Variables", *Hydrocarbon Processing*, Mar. 1994, pp.65-66.

〔3〕M. T. Tham & A. Parr, "Succeed at On-line Validation and Reconstruction of Data", *Chemical Engineering Progress*, May. 1994, pp.46-56.

〔4〕D. E. Seborg & T. Y-T. Miao, "*A Montioring Strategy for Flow and Pressure Contorl Loops*", 2nd APC-CN Conference Wuhan-Chongqing, China, June, 1995

〔5〕E. Cosman, "Integrating Process Control and Process Information Systems", *Chemical Engineering-Chemputers*, Feb. 1997, pp.48c.4-7.

〔6〕K. T. Wong & P. Ling, "Towards Fully Integrated Refinary Opercation," NPRA handout, NOV. 1996.

〔7〕M. R. Krenek, "Improve Global Competitiveness with Supply-chain Management", *Hydrocarbon Processing*, May 1997. pp.97-100.

〔8〕P. L. Early, F. Alonso & E. Monsalve, "Integrutod Terminal Operations Improve Profits", *Hydrocarbon Processing*, May, 1997, pp.101-110.

〔9〕余政靖，《化工程序控制——反省與挑戰》，《化工》，第44卷，第2期，1997，pp.85-93.

附　錄

附錄 A　本書所用符號說明

A.英文字母

AR：振幅比（amplitude ratio）

$G_C(s)$：控制器之轉換函數

$G_{CP}(s)$：模式預測控制器的轉換函數

$G_e(s)$：預測之 $G_P(s)$，等於 $G_{MO}(s)$

$G_L(s)$：干擾（或負荷）之轉換函數

$G_M(s)$：量測儀錶之轉換函數

GM：增益極限（gain margin）

$G_P(s)$：程度之轉換函數

$G_V(s)$：控制閥之轉換函數

$G_{OL}(s)$：開環迴路之轉換函數 $= G_C G_V G_P G_M$

K：總合增益（overall gain）$= K_C \cdot K_V \cdot K_P$

K_p：程序增益（process gain）

K_c：控制器之增益

K_{CP}：IMC 預測控制器之增益

K_{ff}：前饋控制器之增益 $= -K_L/K_P$

K_L：程序負荷之增益

K_p：程序之增益

K_u：最終增益（ultimate gain）

K_V：控制閥之增益

$L(s)$：程序負荷（process loading）

PM：相極限（phase margin）

P_u：最終週期（ultimate period）

$SP(s)$：控制器設定點之變化

T_i：①控制器之積分時間；②進料溫度

T_d：控制器之微分時間

u（s）：作動變數（MV）之變化

y（s）：被控變數（CV）之變化

B. 希臘字母

ζ：阻尼係數

σ：奇異值

ϕ：相角（phase angle）

λ_{ij}：相對增益（relative gain）

ω_N：自然頻率

τ：時間常數（time constant）

- τ_1：第一時間常數
- τ_2：第二時間常數
- τ_a：程序的前導時間常數（lead time constant）
- τ_d：程序之靜時（process dead time）$=\tau_{dp}$
- τ_i：程序之時間常數 $=\tau_p$
- τ_L：程序負荷之時間常數 $=\tau_e$
- τ_o：全迴路之靜時
- τ_{df}：前饋控制器之靜時補償常數 $=\tau_{dl}-\tau_{dp}$
- τ_{dl}：程序負荷之靜時
- τ_{fg}：前饋控制器之滯後時間常數 $=\tau_l$
- τ_{fl}：前饋控制器之前導時間常數 $=\tau_p$

C. 圖上控制迴路圖示

——//——//—— 氣動式訊號線

………………… 電子類比式訊號線

—o—o—o—o— 數位式訊號線

• 典型 DCS 之單迴路架構

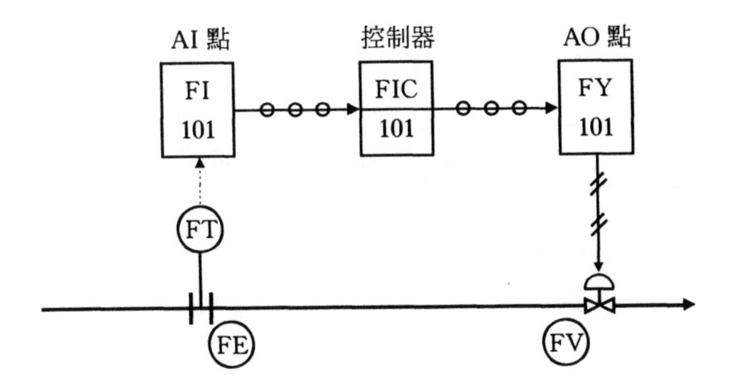

• 在本書中爲避免過於擁擠，一律省略 AI 點與其數位訊號線及 AO 點與其氣動式訊號線，而簡化如下圖示：

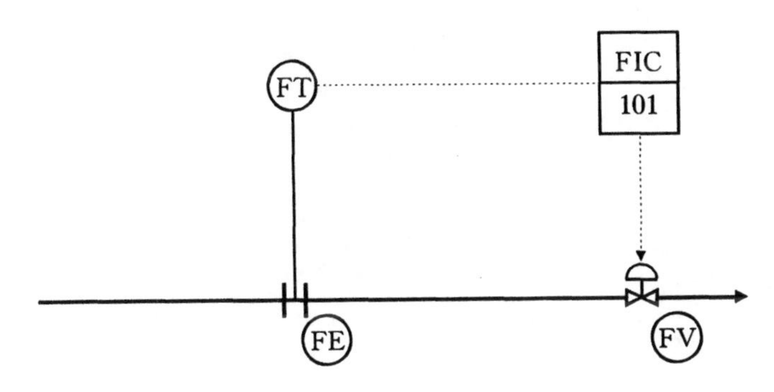

附錄 B　建議增讀書本及期刊

書本是累積經驗最快的途徑，限於國內專業程序控制書籍過於貧乏，作者特別出下列書籍供有需要或有興趣的讀者參考之。此順序概略依作者喜好程度而編。

A.書本

1. G. K. McMillan, *Tuning and Control Loop Performanu*, 1994, ISA.
2. F. G. Shinskey, *Process Control Systems*, 3rd ed. 1988, McGraw-Hill.
3. T. E. Marlin, *Process Control – Designing Pocesses and Control System for Dynamic Performance*, 1995, McGraw-Hill.
4. W. L. Luyben, *Practical Distillation Control*, 1992, Van Nostrand Reinhold.
5. Chang C. Hong, Tong H. Lee & Weng K. Ho, *Adaptive Control*, 1993, SIA.
6. M. Morari, C. E. Gareia, J. H. Lee & D. M Prett, *Model Predictive Control*, 1995.
7. G. K. McMillan, *PH Control*, 1984, ISA.
8. F. G. Shinskey, *Controlling Multivariable Processes*, 1981, ISA.
9. D. E. Seborg, T. F. Edgar & D. A. Mellichamp, *Process Dynamic Control*, 1989. John-Wiley & Sons
10. W. L. Luyben, *Essentials of Process Control*, 1995, McGraw-Hill.
11. P. C. Badavas, *Real-Time Statistical Process Control*, 1993, PTR Prentice-Hall, Inc.
12. W. L. Luyben, *Process Modeling, Simulation and Control for Chemical Engineers*, 2nd. ed, 1990, McGraw-Hill.

13.M. A. Henson & D. E. Seborg, *Nonlinear Process Control*, 1995, McGraw-Hill.

14.D. R. Cough, *Process System Analysis and Control*, 2nd ed. McGraw-Hill.

15.D. R. Banghman & Y. A. Liu, *Neural Netwoorks in Bioprocessing and Chemical Engineering*, 1995, Academic Press, Inc.

16.T. F. Edgar & D. M. Himmelhlau, *Optimization of Chemical Processes*, 1988, McGraw-Hill.

17.D. M. Considine, *Process/Industvial Instruments & Controls, Handbook*, 1992, ISA.

18.田口玄一，《開發‧設計階段的品質工程》,1988，中國生產力中心譯。

19.T. G. Fisher, *Batch Control System Design, Application & Implemention*, 1990, ISA.

20.P. S. Buckley, W. L. Luyben & J. P. Shunta, *Design of Distillation Column Control Systems*, 1985, ISA.

21.F. G. Shinskey, *Distillation Control*, 1977, McGraw-Hill.

22.楊英魁，《Fuzzy 控制》，全華科技圖書股份有限公司。

23.C. A. Smith & A. B. Corripio, *Principles and Practice of Automatic Process Control*, 1985, John Wiley & Sons, Inc.

24.C. D. Johnson, *Process Control Instrumentation Technology*, 3rd ed. John Wiley & Sons, Inc.

25.D. R. Patrick & S. W. Fardo, *Industrial Process Control Systems*, Prentice-Hill, Inc.

B. 期刊

有許多的期刊可以散見程序控制的文章，依密集性而言，概略爲

1.*Computers Chemical Engineeing*.

2.*Industrial Engineering Chemical Research*.

3.*AICHE J*.

4.*Control Engineering*.

5 *Hydrocarhon Processing* 每年至少有一期 Process Control Review.

6 *Chemical Engineering Progress*.

7 *Chemical Engineering*.

8.*Chemical Engineering Communication*.

工業叢書 12

程序控制

作　　者／王一虹
出 版 者／揚智文化事業股份有限公司
發 行 人／葉忠賢
總 編 輯／林新倫
執行編輯／晏華璞
登 記 證／局版北市業字第 1117 號
地　　址／台北市新生南路三段 88 號 5 樓之 6
電　　話／(02)2366-0309
傳　　眞／(02)2366-0310
郵撥帳號／14534976 揚智文化事業股份有限公司
印　　刷／偉勵彩色印刷股份有限公司
法律顧問／北辰著作權事務所　蕭雄淋律師
初版一刷／1999 年 12 月
初版二刷／2002 年 7 月
定　　價／新台幣 450 元

ISBN　957-818-059-4
網址：http://www.ycrc.com.tw
E-mail：book3@ycrc.com.tw

國家圖書館出版品預行編目資料

程序控制＝Process control / 王一虹著. -- 初版. -- 台北市：揚智文化, 1999 [民 88]
面；　公分. -- （工業叢書；12）
含參考書目
ISBN　957-818-059-4（平裝）

1. 程序控制

460.23　　88012719